电力系统主设备
监造技术与应用

◎ 广东天广工程监理咨询有限公司　组织编写

◎ 陈　忠　黄　星　刘淑芬　著

华南理工大学出版社
SOUTH CHINA UNIVERSITY OF TECHNOLOGY PRESS

·广州·

内 容 简 介

本书总结了"西电东送"重点工程十几年的监造经验,分析了影响电力系统主设备制造质量的因素,介绍了换流变压器、常规变压器、换流阀、断路器、组合电器、电抗器、电容器、套管、避雷器、互感器及控制保护等电力系统主设备的内部结构、主要生产工艺、制造过程出现的问题和监造要点,首创编制各类设备制造计划网络图和故障树,为各类主设备的制造进度、质量问题的分析和管控提供新方法,并提供了近期设备监造实例以供参考。

本书可以作为电力设备监造技术人员(包括业主自主监造人员)的参考书,也可以作为电力系统运行单位基建、运行、检修人员的参考书或培训教材。

图书在版编目(CIP)数据

电力系统主设备监造技术与应用/广东天广工程监理咨询有限公司组织编写;陈忠,黄星,刘淑芬著.—广州:华南理工大学出版社,2020.4
ISBN 978 – 7 – 5623 – 5437 – 6

Ⅰ.①电…　Ⅱ.①广…　②陈…　③黄…　④刘…　Ⅲ.①电力设备 – 制造 – 质量监督
Ⅳ.①TM405

中国版本图书馆 CIP 数据核字(2019)第 293227 号

电力系统主设备监造技术与应用
陈 忠 黄 星 刘淑芬 著

出 版 人:卢家明
出版发行:华南理工大学出版社
　　　　　(广州五山华南理工大学 17 号楼,邮编 510640)
　　　　　http://www.scutpress.com.cn　E-mail:scutc13@scut.edu.cn
　　　　　营销部电话:020 – 87113487　87111048(传真)
责任编辑:詹志青
印 刷 者:广州市新怡印务有限公司
开　本:787mm×1092mm　1/16　印张:25.5　字数:636 千
版　次:2020 年 4 月第 1 版　2020 年 4 月第 1 次印刷
定　价:98.00 元

编 委 会

序

当前，中国制造已经从规模扩张转入质量提升的关键历史时期。随着国内科技水平快速提高，不断涌现出大量的高科技、智能化设备，传统制造业也纷纷转型升级，提升了产品的技术含量。然而，决定中国制造业转型能否成功的最重要因素之一就是设备质量是否过硬，能否经得起日益复杂的应用环境和时间的考验。因此，在这个历史交汇的新时代，加强重要设备质量保障有着特殊背景和重要意义。

重要设备尤其是电力系统主设备，其质量对国内经济会有较大影响。例如，一个特高压直流输电工程一般送电容量达 500 万千瓦及以上，约相当于广州市一半的用电负荷，或柳州市用电负荷的 3 倍，一旦重要设备出现故障，将会导致整个工程停运，进而可能引发大面积停电，因此，保障重大设备质量是关乎国计民生的大事，加强重大设备质量管控是当务之急。保障重要设备质量的手段之一，就是发展第三方专业设备监理制度，由独立第三方的专业设备监理师对设备工程进行全过程监督，一旦发现质量偏差或隐患即可及时纠正。大多数发达国家都有发达的专业设备监理行业，独立的专业咨询工程师具有很高的权威性，对设备质量及造价等要素进行监控。这种经过几百年发展而形成的科学的质量保障体系，非常值得我国借鉴和发扬光大。我国 20 世纪 80 年代末从发达国家引进专业设备监理制度，30 年来对促进设备质量的提高起到较大作用。

设备质量已经引起国家层面高度重视，我国开始以法律手段强制要求、以政策手段引导各设备生产单位重视管控设备质量。虽然在国务院不断加强深化简政放权、放管结合、优化服务和行业组织按改革要求重新进行功能定位等背景下，取消了对设备监理的行政许可（国发〔2016〕9号），但是原国家质检总局为了继续做好设备监理工作，发布了《关于继续做好重大设备监理工作的通知》（国质检质〔2016〕461 号）（以下简称《通知》）。《通知》要求各省级质监部门（现市场监督管理部门）要高度重视、深化认识，积极贯彻国务院的决策部署，探索完善运用市场化手段保障重大设备质量安全工作机制，引导行业协会加强行业自律管理，推动设备监理行业健康发展。《通知》指出，在 2014 年 2 月 8 日，国家质检总局、国家发展改革委、工业和信息化部联合印发的《关于加强重大设备监理工作的通知》，明确了国家鼓励实施设备监理的重大设备目录（以下简称《目录》），并要求对政府投资项目、国有企业或者国有控股企业投资建设需要政府核准的投资项目中涉及《目录》的重大设备，应当实施设备监理；对于《目录》以外的其它设备鼓励实施设备监理。

广东天广工程监理咨询有限公司作为南方电网"西电东送"重点工程建设中设备监造的主要承担单位，十几年来在电力系统主设备监造方面累积了丰富的经验，尤其近几年积极开展监造技术的总结与提炼，在国内电力系统设备监造行业中广受赞誉。本著作是该公司监造团队监造经验的总结，从影响电力系统主设备制造的质量因素、基于管理要素（质量、进度、履约协调、信息等）的监造方法、各类主设备的主要生产工艺与监造要点等方面对监造技术进行详细论述，并提供丰富的设备监造实例供监造人员参考。他们探索采用网络图和故障树等先进项目管理技术，对电力系统各类主设备的物理结构、生产工艺及质量因素等进行分解，揭示设备生产进度和质量的影响因子，为监造问题的分析和处理提供了专业依据，降低了对现场监造人员的技术要求。

相信本著作的出版将有力推动电力系统主设备质量的提升，为高等院校、科研院所以及设备监造行业从业人员提供翔实的一手监造资料。

南方电网超高压输电公司
科创中心主任
钱海
2020 年 2 月

前　言

我国自 20 世纪 80 年代末从发达国家引进专业设备监理制度,30 年来对设备质量提升起到非常积极的作用。目前,虽然设备监理制度在各个行业的大型设备制造过程中普遍推行,但是受各种因素影响,设备监理行业发展相对滞后,尚不能适应当前中国设备制造业快速转型升级的质量保障要求。国内设备监理行业普遍存在取费标准过低、从业人员年龄偏大等现象,设备监理相关技术发展未见重大进展,设备监理人员技术水平参差不齐,相当部分的设备监理项目仅为形式上的存在而无法起到实质作用,导致这个行业不被重视。因此,相关专业领域十分需要系统阐述设备监理技术的专著。基于此,我们编写了《电力系统主设备监造技术与应用》,总结了"西电东送"重点工程十几年的监造经验。本书从影响电力系统主设备制造的质量因素、基于管理要素(质量、进度、履约协调、信息等)的监造方法、各类主设备的主要生产工艺与监造要点、设备监造实例等方面进行详细论述。其中开创性地利用了网络图和故障树等先进项目管理技术对电力系统各类主设备的物理结构、生产工艺及质量因素等进行分解,并对典型问题进行了剖析,形成各类主设备的监造集成技术和综合问题分析方法,为电力系统各类主设备监造提供借鉴。

本书的作者是一个研究团队,均在电力系统设备监理机构专门从事电力系统主设备监造技术的研究和工程实践工作,围绕关键技术瓶颈进行了近 16 年的研究,取得比较丰富的成果,甚至部分成果已被推广为标准。在公司领导组织和大力支持下,编写团队经过两年多的努力,合力撰写了本书。我们深切地希望本书的出版能够有益于电力系统主设备监造技术的发展。

本书的撰写由姚森敬和张雪波等负责组织和指导;陈忠负责技术统筹和提纲拟定,主导其中创新成果的研究,并对全书进行修改和统稿;黄星、刘淑芬辅助全书修改,做了较多工作;陈伟成负责对全书网络图和故障树的制图编辑。具体分工如下:陈忠撰写第 1 章、第 2 章、第 15 章、第 16 章、第 17 章和第 18 章,刘淑芬撰写第 3 章第 1 节、第 9 章和第 14 章,黄星撰写第 3 章第 2 节、第 4 章第 1 节,傅新平撰写第 3 章第 3 节和第 10 章,陈冲、梁语斓、王力撰写第 3 章第 4 节,徐和撰写第 4 章第 2 节,寇峰撰写第 4 章第 3 节,贾清明、陈伟成、王圣焱撰写第 5 章,张忠杰撰写第 6 章,史建兴撰写第 7 章和第 13

章，文子军撰写第 8 章，王丽雅撰写第 11 章和第 12 章。

本书收集和提炼了广东天广工程监理咨询有限公司近 16 年设备监造的经验成果。在这些监造经验成果的创立过程中，公司历年来从事设备监造工作的工程师和领导都做出了各自的贡献，为本书的编写奠定了坚实的基础，尤其肖勇同志负责的领导班子大力发展监造业务和增强监造技术力量，鼓励专业成果总结提炼，为本书出版提供全方位的支持，在此一并表示感谢。

限于作者的水平和认识上的局限，书中的错误和不足之处在所难免，请读者批评指正。

著 者

2020 年 2 月

目　录

第三编　电力系统主设备监造应用案例

第一编
电力系统主设备制造质量影响因素和监造方法

1 绪 论

　　电力行业作为我国国民经济的基础性支柱行业，与国民经济发展息息相关。随着我国经济持续稳定发展，电力工业取得了飞跃式发展，并将持续保持较高的景气度。

　　2016 年全国用电量 5.92 万亿 kW·h，同比增长 5.0%；全口径发电量 5.99 万亿 kW·h，同比增长 5.2%；截至 2016 年底，全国发电装机容量 16.5 亿 kW，同比增长 8.2%。2005—2016 年间，受国民经济持续稳定增长的推动，全国用电量保持了 8.28% 的年化复合增长率。

　　2005—2016 年全国年用电量及年增长率如图 1 - 1 所示。

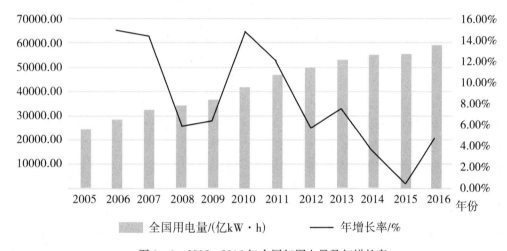

图 1 - 1　2005—2016 年全国年用电量及年增长率

（资料来源：公开资料整理）

　　目前，中国电力系统主设备规模未见有权威统计的具体数据，但从国内某区域大电网运行数据中可见一斑。某区域大电网共有 800kV 换流站 4 座、500kV 变电站（包含 500kV 换流站、500kV 升压站，不含串补站、终端站、高抗站）146 座、220kV 变电站 816 座、110kV 变电站 3 326 座、35kV 变电站 2 917 座、35kV 及以上各电压等级变电站共计 7 209 座，35kV 及以上变压器 13 826 台，断路器 41 580 台，隔离开关 113 805 台，GIS 5 982 间隔，控制保护 66 498 套。如果考虑电厂升压站和用户站点，全国电力系统设备规模估计超过以上区域电网统计数量的 10 倍。当前各类 35kV 及以上设备退役平均年限约 19 年，全国每年维修费用估算超过 1 000 亿元，因此，管好电力系统主设备质量是国民经济中的一件大事。

　　以最新统计的月份数据为例。该区域大电网一次设备当月发生缺陷总数 198 次，其中断路器、隔离开关、互感器类设备缺陷最多，分别为 61、41、39 次，总占比达 71.2%。按原因统计，主要原因为产品质量不良，约占 40.36%。断路器缺陷次数 61 次，缺陷部件主要为本体(占比 70.5%)，其次为分合闸线圈(占比 11.5%)；从缺陷原因来看，主要原因以密封不良居多。隔离开关缺陷次数 41 次，缺陷部件主要为机构箱(占比 53.7%)，其次为触头等(占比为 22.0%)；从缺陷原因来看，主要原因以机构异常居多。互感器缺陷为 39 次，其中 SF_6 型电流互感器压力异常和油浸式电流互感器渗油为 21 次，占比 53.8%，主要原因都是密封不良。变压器缺陷次数 33 次，缺陷部件主要为本体(占比 57.6%)；从缺陷原因来看，主要原因以渗漏居多。某月份一次设备缺陷分布比例如图 1-2 所示。

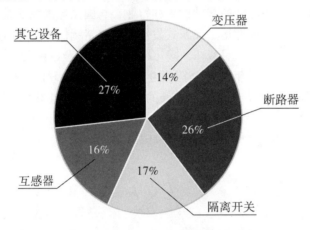

图 1-2　某月份一次设备缺陷分布比例

二次设备当月发生缺陷总数 168 次，缺陷主要是继电保护及安全自动装置(90 项，占 53.57%)、电源类设备(27 项，占 16.07%)、自动化设备(22 项，占 13.10%)的缺陷。按原因统计，主要原因为产品质量不良，约占 56.55%。继电保护及自动装置缺陷共 90 项，其中保护装置插件、故障录波装置分别发生 68 项、9 项，分别占总缺陷的 75.6%、10%，缺陷类型主要为"装置故障/装置异常"。电源类设备缺陷共 27 项，其中直流馈线屏发生 12 项，占总缺陷的 44.4%，缺陷类型主要为"直流接地/装置故障"。自动化设备缺陷共 22 项，其中测控装置、远动工作站缺陷分别发生 18 项、4 项，分别占总缺陷的 81.8%、18.2%，缺陷类型主要为"装置异常/装置故障"。某月份二次设备缺陷分布比例如图 1-3 所示。

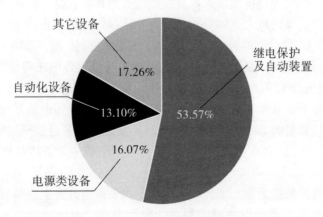

图 1-3　某月份二次设备缺陷分布比例

可见，运行中出现的设备缺陷主要原因为产品质量不良，一次设备约占 40.36%，二次设备约占 56.55%，因此，管控设备质量仍然是当务之急。

电力系统主设备采购不同于现货型普通产品，属于典型的契约型订购产品，买方在购买时永远无法确定所买产品的质量。虽然买方在招标采购时根据卖方应标文件及其以往履约情况评估产品优劣，但是，在当今以价格为重的采购原则下，往往无法按质量最优的标准来选择设备。卖方应标文件能否兑现也是个问题，因为卖方为了中标而轻易承诺的现象很普遍，买卖双方谈判确定的设备技术协议是否能够落实也就难以保证。此外，在买方评标过程中很难做到全面真实地反映卖方以往履约情况，并且设备质量受卖方自身情况影响较大，是一个动态过程，以往信誉较好的供应商（包括国际著名供应商）在某段时期生产的设备出现较大的质量分散性也屡见不鲜。然而，如果等到设备生产出来才知道其质量不符合要求，就会给买方造成巨大的经济损失。例如，一百多亿元的大项目因某种设备质量问题而延期几个月投运。而对于已生产的设备存在一些难以整改的小缺陷，买方往往迫于工期压力而被动接受，这样就会让设备带着缺陷进入系统运行，从而增加了发生故障的风险。一旦引发故障，带来的损失是难以估量的。基于以上原因，20 世纪 80 年代末国内电力设备监造业务应运而生。

电力设备监造起步阶段主要是借鉴国外经验，或引进国际著名咨询公司、试验室等进行大型设备监造。经过 30 年的发展，国内电力设备监造业务逐渐成熟，对设备质量起到积极的促进作用。目前，国内已经有许多单位（如大型工程监理单位和各级电器科学研究院）随着监造业务的发展而开展了电力设备监造业务。成立了中国电力设备监理协会，已颁布施行《设备工程监理规范 GB/T 26429—2010》等国家、行业标准，各大厂网公司也都发布了设备监造业务指导书或规范等相关企业标准。然而，国内电力设备监造水平依然不容乐观，监造企业和从业人员良莠并存，甚至有些单位基于成本考虑，只派出少量非专业技术人员进行蜻蜓点水式的象征性监造，仅仅履行流程手续，工作效果可想而知。国内各电力运行单位为了加强设备全寿命管理，纷纷开展自主监造，而自主监造是不经济的行为，花费大量人力物力而监造效果依然达不到预期目标。例如，国内某大型供电局近几年派出 1/3 检修人员驻厂监造，对日常运行维护工作影响较大，但运行中出现的设备缺陷主要原因依然是产品本身质量不良。其中有许多原因，而最主要是从业人员的专业技术和责任心不足。最初从事电力设备监造工作大多数是各种设备制造厂的退休技术人员，他们有专业特长，在监造过程中能起到积极作用。然而，各制造厂一般分工都比较细，某个人的专业无法覆盖整台设备的制造过程，而设备质量有典型的木桶效应，一个部件或一项指标有问题就会造成整台设备故障，因此，从制造专家转变为监造专家需要一个过渡过程。运行单位经验较浅的检修人员、新员工或某监造单位非专业人员，比制造厂退休人员更显技术和经验的欠缺，虽然有一套作业标准体系在支持，但在标准的执行过程中非常需要从业人员具有较高的专业技术水平和高度的责任心，否则只是例行公事履行流程，无法达到监造目标。只有继续发展设备监造专业技术，才能促进电力设备质量提高，助力中国制造品质提升。

本书总结了"西电东送"重点工程十几年的监造经验，针对电力系统各类主设备，从影响电力系统主设备制造质量的因素与监造方法、主设备的主要生产工艺与监造要点、设备监造实例等方面进行详细论述。本书既可以作为电力设备监造（包括自主监造）技术人员的参考书籍，也可以作为运行单位运行、检修人员的培训教材。

2 影响电力系统主设备制造质量的因素

随着全面质量管理体系引入中国，绝大多数电力设备生产厂商都经过了 ISO 9000 质量管理体系认证，对设备质量起到积极的促进作用。目前，各大用户招标文件几乎都把 ISO 9000 质量管理体系认证作为设备准入条件之一，进一步推动 ISO 9000 质量管理体系认证在电力设备厂商中普及。关于质量，ISO 9000 标准对其进行以下定义：一组固有特性满足要求的程度。对于电力系统主设备来说，质量就是其固有特性满足电力系统运行要求的程度。对于设备制造过程来说，质量应该定义为其固有特性满足技术协议要求的程度。设备质量管理的过程如图 2-1 所示，技术协议（顾客需求）是产品，质量管理的输入，最后输出产品，质量评判标准依然是技术协议的符合性。

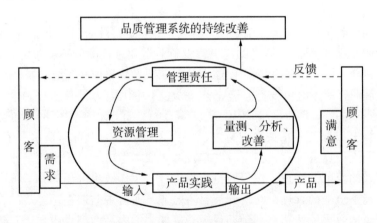

图 2-1　设备质量管理的过程

虽然绝大多数电力设备生产厂商都推行全面质量管理，但是，在设备生产活动中，各个环节还是会出现不同程度"变通"而走样。甚至在相当部分厂商观念里，通过质量管理体系认证的最主要的作用只是形式上满足用户招标要求。全面质量管理只是一堆文件，没有转化为从业人员的行为习惯，这成为制约中国制造品质提升的瓶颈。

影响电力系统主设备质量的因素比较多，主要由"人""机""料""法""环"5 个方面组成，如图 2-2 所示。

一般来说，当产品出现质量问题时，大家都会从这 5 个方面进行原因分析（用鱼骨图）寻找最根本的原因，采取措施纠正。

1. "人"的因素

没有不需要人就能自行解决的问题或生产的产品，当然也是因为有人的思维、技能等诸多因素的影响使问题重重，产品质量出现偏差甚至背离标准，但是，无论哪一种情况，无一不说 明人在诸事中的关键作用。对于电力系统主设备的质量，人的因素至关重要，尤其是承制 方的人员资质和质量管理体系运行情况。监造方应严格审查的内容包括：管理者的资质，

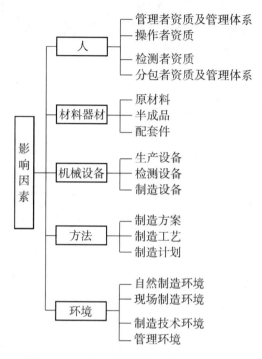

图 2-2 影响电力系统主设备质量的因素

承制方组织机构人员的资质，质量管理体系的运行情况，各种加工设备、检测设备、试验设备操作人员的资质，设备的外协件、外购件的生产单位的相应资质。

对于承制方的基本要求是：项目生产组织机构完整，人员职责及分工明确，项目产品生产人力资源配置充足、合理；相关人员培训按计划实施；相关生产特殊工种作业人员、试验人员、检验人员定期进行培训并取得相应上岗资质；确保承制方单位人员的基本素质和管理水平满足合同设备的生产要求。

2. "机"的因素

这里的"机"是指承制方生产合同设备使用的机械设备，主要包括生产设备、检测设备、制造设备。机械设备的性能偏差往往会导致产品质量出现系统偏差，甚至会造成恶劣的安全隐患，因此，为了保证产品质量，承制方必须采用合格的机械设备，并应定期对使用的机械设备进行检查、维修、保养。对承制方生产设备的基本要求是：应有符合合同设备生产、试验、检测的所有设备，且设备的性能、精度满足生产需要，有完整的设备检查维修计划和检查维修校验记录。检测、试验用的仪器仪表按照相应标准规范定期到权威机构进行校验，有完整的校验记录和有效的校验文件，保证使用的设备完好、仪器仪表精度准确。

3. "料"的因素

这里的"料"指生产合同货物产品的原材料、半成品、配套件等。因为只有质量性能优良的原材料、半成品、配套件进入生产系统，才能生产出性能优良的产品。如果没有合适的原材料，即使采用成熟工艺，也无法生产出优质的产品。"料"的因素即指源头管控，好比如果没有上游优质的泉眼，下游水质就拙劣了。原材料的品质是关系到产品品质的根本。在产品出现问题时，排除了"人""机"因素后，就不得不考虑这一方面的因素了，因此，料的质量管控也是管控产品质量的重要手段。其管控主要应从以下几个方面入手：①对原材料进行出入厂符合性检查、检测，与图纸工艺文件、协议及相关标准的符合性检查；②对半成品按图纸及工艺要求进行检测；③对配套件进行合格供货方评审、出入厂检查。未经检查或检查不符合要求的原材料、半成品、配套件不允许进入生产工序。所有检查结果都应有文件记录并备档。

4. "法"的因素

"法"就是方法、办法、操作法，在产品制造过程中就是指制造工艺、制造方案、制造计划等。对于"法"的基本要求是：任何制造活动都应该有科学、规范、符合相关标准的"法"。在产品整个制造过程中，各个工序生产活动是否严格按照工艺规程、方案、计划等进行，直接影响产品质量。因此，其管控主要应从以下几个方面入手：①检查产品各个制造阶段相关工序的工艺文件、方案完备性、科学性、与相关标准的符合性；②检查产品相关的检验计划、标准的完备和科学性；③检查工艺文件、方案，检验计划和标准实际执行情况。检查制造方案和工艺文件要不怕繁琐，不求捷径，不凭空捏造，一步一步认真仔细地落实，才能真正保证产品的质量。

5. "环"的因素

"环"，在产品制造过程中就是指自然制造环境、现场制造环境、制造技术环境、管理环境等。环境的变化往往是一个不能小觑的问题。例如换流变压器的生产，对现场制造环境要求十分严格，温度、湿度和降尘量都会严重影响产品的质量，如铁芯叠装时温度、湿度过大，硅钢片就会生锈，生锈的铁芯会引起短路，污染变压器油，铁芯局部过热。如果降尘量过大，会使产品局部放电量超标。因此，对环境因素的控制是非常必要的。对于产品制造过程的环境控制应采取下列手段：①重点审查项目产品相关车间、试验室、库房等环境和条件，包括与项目产品有关的车间封闭、净化情况，车间温度、湿度控制情况等；②产品相关安全管理落实情况，包括安全生产规定及措施、安全标识、安全装备设施等；③项目产品相关环境保护管理落实情况，包括环境污染控制措施。

在产品出现异常的情况下，如果能够排除前4种因素，我们就应该考虑到环境因素的影响了。

3 电力系统主设备监造方法

3.1 质量监督方法

3.1.1 电力系统主设备质量特性

电力系统主设备包括换流变压器、站用变压器、换流阀及阀冷、断路器、组合电器（GIS、HGIS、GIL）、电抗器（油浸电抗器、干式电抗器、平波电抗器）、穿墙套管、电容器、互感器（电压互感器、电流互感器、电子式互感器）、避雷器、隔离开关及接地开关、支柱绝缘子、直流控制保护等。为保证电力系统安全、正常运行，主设备必须满足以下质量要求：①绝缘水平与电力系统匹配，符合相关标准，绝缘必须可靠；②性能参数符合系统要求，在正常运行情况下，如温升等必须符合有关标准；③当系统内某一环节发生短路时，应能承受短路电流产生的热效应和动力效应而不受损坏；④能可靠地进行控制、保护，并具有规定的测量精度；⑤能适应一定的自然条件，在规定的使用条件下，能正常工作；⑥结构合理，便于维护和监视。以上性能在设备运行寿命中呈现出"浴盆曲线"特征，在设备运行初期（第 1 年），开始接受运行环境的考验，故障率明显偏高；在运行中期（第 2 年至 70% 运行寿命期），设备状态一般都比较稳定，在适当维护下，故障率一般低于 3%，但相对于系统供电可靠率（99% 以上）来说，还需要提高设备整体质量或增加系统冗余度；在运行后期（70% 运行寿命期以后），设备绝缘老化及部件磨损等因素逐渐凸显，故障率明显上升，设备材质优劣和设计裕度大小一般将在这个阶段逐渐显现出来。

3.1.2 质量监督原则

监造方应严格依据《设备监造服务合同》《设备技术协议》《设备买卖合同》及供需双方确认执行的相关文件，以及该设备相关标准和法律法规等，对设备生产全过程进行制造质量监督。设备监造应不减轻被监造单位的质量责任，不代替物质需求部门或单位对设备的最终质量验收。对设备的制造质量承担监造责任，监造责任包括违法或违纪责任、渎职责任、失职责任，并且有对设备制造单位保守秘密的义务，若因泄密而给被监造的制造单位造成损失或严重后果，将被追究法律责任。

3.1.3 质量监督流程

监造是电力系统主设备普遍采用的品质控制方法，其过程是监造人员根据供货合同和作业指导书的要求，按照监造委托方预先设置的 W、H、S 关键点，对合同设备的设计、原材料选用、制造和试验等环节实施的质量监督。

1. 当前监造的一般依据

1）标准与规范

DL/T 586—2008《电力设备监造技术导则》，GB/T 26429—2010《设备工程监理规范》。

专业技术标准：与被监造设备相关的国际标准、国家标准、行业标准、项目单位企业标准，以及制造单位企业标准、涉及项目设备监造用专业技术标准、技术协议确认指标。

法律、法规、规章及有关设备监造行业管理方面的其它规范性文件。

2）合同与协议

《设备监造服务合同》《设备技术协议》《设备买卖合同》《主设备合同谈判纪要》《主设备设计冻结会议纪要》《监造委托函》。

3）通过报审的作业文件

监造方向业主方报审的《监造质量计划》和《监造作业指导书》等，承制方向监造方报审的《方案》《工艺文件》。

2. 监造工作流程图（图3－1）

3. 监造作业文件的编制

（1）《监造大纲》　是为了获得设备监理任务、用来响应顾客的设备监理服务招标技术文件要求、在投标前编制、经设备监理单位技术负责人批准、提供对具体监造项目服务过程和资源做出承诺的项目监造技术方案性文件，是公司设备监理服务投标书的重要组成部分，是在中标并签订监造服务合同后、开展项目监造工作前编制监造质量计划（或称监造规划）的依据性及指导性的文件。

（2）《监造质量计划》　是对特定的项目、产品、过程或合同，规定由谁及何时应使用哪些程序和相关资源的文件。一般由总监理工程师根据本监造项目依据性文件（招标文件、订货合同、技术协议、纪要和监理服务合同以及有关标准规范等文件），组织编制项目《监造质量计划》，应明确设备制造全过程每个关键点的检查方式，以及相关组织落实措施，质量计划的详细程度与委托人的要求、运作的方式和监理项目的复杂程度相一致。经监造单位技术负责人审批后，报委托方审批确认后作为项目实施指导文件。

（3）《监造实施细则》或《监造作业指导书》　是监理服务过程中规定某项具体监理活动详细作业方法等的作业指导文件。至少应包括被监造设备的技术特点、监造的过程、见证点的设置、监造的方法及措施。由总监或总监代表根据项目《监造质量计划》或《监造规划》组织编制《监造实施细则》或《监造作业指导书》，应以《监造文件审查确认表》的方式报委托方审批，经确认后送承制方备案。

4. 采取与主设备相适应的产品质量控制方式

质量控制方式有：驻厂监造、关键点见证和综合抽检等三种方式。

（1）驻厂监造。是从设备的设计、原材料、部件制造、装配、试验及存储运输等设备制造全过程，且从"人""机""料""法""环"等涉及设备制造全方位进行驻厂质量监督，适用于单台主设备庞大而复杂、价格比较昂贵或有一定生产数量的设备。电力系统220kV电压等级及以上主设备，如换流变压器、站用变压器、换流阀及阀冷、断路器、组合电器（GIS、HGIS、GIL）、电抗器（油浸电抗器、干式电抗器、平波电抗器）、穿墙套管、电容器、互感器（电压互感器、电流互感器、电子式互感器）、避雷器、隔离开关及接地开关、支柱绝缘子、直流控制保护等均要求驻厂监造。本书主要介绍驻厂监造相关技术。

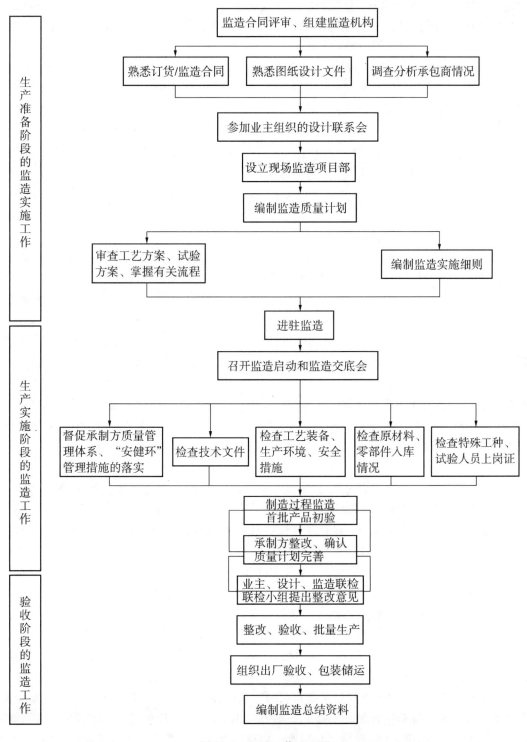

图 3-1 监造工作流程图

（2）关键点见证。是将生产过程分接细化，确定质量控制关键点，监造方采取相应的质量监造见证方式进行工序质量监督。关键点见证监造适用于数量少、对技术有一定要求的重要设备，或重要程度一般但批量大的设备。由于不同设备的重要性或其质量问题的后果影响程度不同，实施监造的程序和要求也有区别。

（3）综合抽检。是指第三方根据合同和标准的要求，对业主提供的物资进行抽样、送样，并按国家、行业及业主相关的品控标准完成产品质量检测、质量分析、出具检测报告、样品处理等工作，是一项借助具有相应资质的独立检测机构对物资供货批次按一定抽样比例根据相关标准进行检测的物资质量控制服务行为。综合抽检适用于物资品类多、数量大、检测技术复杂、不宜大量开展检测的项目或物资，是电网物资质量管理的重要手段之一。目前，物资综合抽检主要有到货抽检和专项抽检两种方式。

5. 与主设备生产相关的文件审查与报审

（1）召开由委托方、制造厂和监造方参加的监造启动会，完成开工条件审查，督促制造厂完成设备开工报审，报送监造方、委托人审批。

（2）项目开工前报审材料。①审查合同货物制造单位质量管理体系、环境管理体系、职业健康安全管理体系运行情况，督促制造单位完成三大体系文件报审，报送监造方审查。②检查主要生产工序的生产设备和工器具、操作规程、检测手段、测量试验设备的完备情况，审查生产设备的检修记录、操作规程和检测手段文件、测量试验设备的校验文件。生产设备主要技术参数、检验校验文件应齐全且真实有效。督促制造单位完成主要设备及工器具清单、检验完好记录报审；试验设备清单及测量试验设备检测校验文件报审，报送监造方审查。③检查主要生产工序工作人员上岗资格，督促制造单位完成特殊工种及主要试验人员上岗资格证或有效批文报审，报送监造方审查。④审查确认设备制造单位在合同设备设计、生产、检查、试验、包装存储发运等过程中所采用的标准规程规范清单，督促设备制造单位完成所采用的标准规程规范清单报审，报送监造方审查。⑤根据协议和购货合同有关设备技术参数和性能要求条款，审查确认设备设计文件（报设计院文件及回复）、设计修改确认函及设计联络会纪要（报委托单位和设计院修改往来文件和会议纪要）、设备定型生产设计监造文件（厂内开工生产会审批件、定型产品说明书或非标产品审批文件），督促设备制造单位完成上述文件资料报审，报送监造方审查。⑥审查确认制造单位检验计划、标准、制造工艺文件、图纸、与生产、试验等有关的工艺技术文件。督促设备制造单位完成图纸、工艺文件、检查文件报审，提供相应文件的证明文件（如封面、目录签署页）复印件，报送监造方审查。⑦查验新材料和待用材料，确认采用非合同和技术协议规定使用的主要材料和元器件，审查试验鉴定和报批文件。督促设备制造单位完成新材料和待用材料试验鉴定和报批文件报审，报送监造方审查。⑧审查在技术协议中约定的设备制造过程中拟采用的新技术、新材料、新工艺的鉴定资料和试验报告。督促设备制造单位完成鉴定资料和试验报告报审，报送监造方审查。

（3）生产阶段各工序生产开始前报审材料。①按主设备技术协议及购货合同主要原材料及组部件清单，查验主要原材料、组部件的入库单、出厂检验或试验报告、出厂合格证、入厂全检/抽检报告（如理化试验报告、物理试验报告、委托第三方试验等分析、抽样情况报告），核对实物。督促设备制造单位完成上述资料报审，报送监造方审查。②审查主要组部件委外生产的分包商资质文件，督促设备制造单位完成委外生产的分包商资质文件报审，报送监造方审查。资质文件包括：营业执照、税务登记证、生产许可证、体系认证书。对重要组部件进行延伸监造。

（4）试验阶段报审材料。试验开始前审查材料如下：①审查确认设备制造单位试验资质、委托第三方试验单位资质，资质文件应齐全有效。督促其完成试验资质文件报审，报送监造方审查。②按协议要求，审查设备出厂试验方案，督促设备制造单位提前15天或按协议规定时间完成试验方案报审，报送监造方审查后报送委托人审批，试验才可以开始。③核对现场产品状况，审查出厂试验邀请函，督促设备制造单位给业主发试验见证邀请函，并将邀请函原件提供给监造方归档。试验结束后审查如下：审查出厂试验报告，督促设备制造单位完成试验报告报审，报送监造方审查后报送委托人审批。

（5）生产结束阶段报审材料。①根据协议和相关标准要求，审查确认产品拆卸包装方案和存储方案，督促设备制造单位完成产品包装方案、存储方案报审，报送监造方审查。提供装箱清单给监造方进行存档。②审查确认运输方案、现场组装方案，督促设备制造单位完成运输方案和现场组装方案报审，报送监造方审查。③合同设备发运前15天或按协议规定时间进行发运报审，报送监造方审查后再报送委托人审批后方可发运。发运时提供存储检查记录、发运清单给监造方审查归档。

3.1.4 设计质量审查见证

1. 设计审查

参加由委托人组织的设计审查，或在委托人委托下组织设计审查。参与审查的有委托人、监造单位、专家、设备制造商及相关单位。

设计审查包括：①审核合同设备的设计是否符合相关标准和技术规范的要求。根据设备制造单位提供的设计文件、图纸、资料，审核合同设备的总体设计方案、设计的技术条件、设计背景、理论计算依据、前期试验及研究论证成果结论、工程应用经验、有关设计参数的取值依据和裕度等；②审核合同设备结构是否合理，原材料和组部件的选择是否合理可靠，设计是否已对合同设备在所安装工程相关因数对产品性能的影响及所采取的相应措施考虑周全；③审核合同设备设计中所涉及的新技术、新工艺、新材料及组部件的应用情况及可行性等；④校核产品与现场应用场景电气、土建等方面的接口；⑤审核历次设计联络会议纪要的落实情况等。

2. 驻厂监造设计确认，进行文件见证

（1）设计依据和设计计算确认，查看相关文件，审查项目设备设计参数与工程要求的符合性。审查内容有：①项目产品合同、技术协议书、设计规范书、设计联络会纪要、设计冻结文件及设计变更确认文件；②设计计算书、设计单位审查回复等文件；③型式试验报告、特殊试验报告、鉴定报告、试运行报告等（按订货合同和协议要求审查）；④技术条件及例行试验大纲；⑤国家相关标准、行业相关标准、业主相关标准或反措要求。

（2）设计图纸确认，查看合同设备相关文件、图纸与协议要求的符合性。审查内容有：①内部结构设计，包括机械结构和电气设计；②部件加工图；③装配工艺细则、装配图、总装配图；④包装设计和运输规划、方案；⑤其它相关图纸。

（3）跟踪、协调、落实设计变更，要求设备制造方及时提供变更资料及与委托人、项目设计方有关设计变更联络信息资料，审查、确认变更文件，督促设备制造单位按设计变更控制程序的规定进行管理和控制，避免因设计不当引起家族性缺陷，特别关注产品设计变更的审查论证和设计优化。

3.1.5　生产过程质量监督见证

生产过程质量监督见证，即按《监造质量计划》确定的见证方式，设备监理人员对主要原材料和组部件、重要过程、主要制造工序、关键零部件加工、设备装配及试验等以及进行文件、记录、实体、过程等实物、活动进行观察、审查、记录、确认等的作证活动。

驻厂监造见证方式一般分为三种：文件见证点（record point）、现场见证点（witness point）、停止见证点（hold point）。

（1）文件见证点 R 点。由设备监理工程师对设备工程的有关文件、记录或报告等进行见证而预先设定的监理控制点。

（2）现场见证点（W 点）。由设备监理工程师对设备工程的过程、工序、节点或结果进行现场见证而预先设定的监理控制点。

（3）停止见证点（H 点）。由设备监理工程师见证并签认后才可转入下一个过程、工序或节点而预先设定的监理控制点。

然而，部分电网公司为了和工程监理保持一致，要求设备监理的质量控制点分为：文件及现场见证（W）点、停工待检（H）点、旁站（S）点。这类质量控制点设置方法与行业标准《设备工程监理规范（GBT 26429—2010）》的主要区别如下：

（1）增加旁站（S）点，要求对某些工序进行全程旁站见证。

（2）把停工待检（H）点和旁站（S）点以外的全部归类于文件及现场见证（W）点，对于具体采用文件见证或现场见证未做明确规定，现场见证主要采用巡查方式。

以上两者比较，基于目前设备监造的现状，行业标准的设置方法比较适用，因为许多电力设备重要工序 24 小时三班制开展，监造人员难以全程旁站见证，并且每个点见证方式都是唯一确定的。

监造人员按预先设置的见证点实施过程巡检，对于驻厂监造的设备，监造人员还应开展日常巡检，在生产车间了解加工人员执行工艺规程情况、工序质量状况、各种程序文件的贯彻情况、零部件的加工及组装试验状况、不合格品的处置情况以及标识情况。

监造人员应及时查验供应商提供的原材料、外购件、外协件、配套件、元器件、标准件、毛坯铸锻件的材质证明书、合格证等质量证明文件，对符合要求的予以签认。原材料、外购件和外协件经审核获得通过是产品质量符合技术协议的前提条件，也是监造重点之一。

实施过程环境的管理，监造人员应查验供应商的装配场地和整机试验场地的环境（温度、湿度、大气压力和清洁度）是否符合有关规定和要求。

监造人员认真记录日常巡检情况，并形成监造日志、周报和月报，经监造项目部审核后，按合同要求向业主报送。

3.1.6　试验质量监督见证

1. 型式试验监督

按协议及国家相关标准对承制方提供的设备型式试验报告内容、数据、时间有效性及试验单位资质等进行审查，对不符合协议要求的型式试验报告督促承制方按协议要求重做型式试验，且监造人员对型式试验过程进行见证，并报告委托方。

2. 出厂试验监督

1）试验前条件审查

（1）承制方需至少提前将拟定开展的试验计划和试验方案报监造项目部审批。监造项目部在报审表上签署审查意见，承制方须按要求进行整改，并提交委托方或相关负责部门进行审批，经确认符合要求后方可开展试验。试验方案审查应包括试验项目与协议符合性审查、试验方法、试验顺序、判定标准、接线原理图与协议及相关标准是否满足要求审查，内容应详细、清晰，对实际操作有很好的指导作用。

（2）试验设备审查。试验前现场核对设备，重点核对试验设备精度、测量范围、有效期等是否满足试验要求。如果试验设备不符合要求（如精度超差、测量范围不够、有效期不合格等），不允许试验。

（3）试验人员资质审查。查看试验人员上岗证，试验人员须培训合格，持证上岗。

（4）试验计划审查。审查确认设备试验时间是否满足工艺要求，试验顺序是否符合协议要求。对试验时间的可行性提出意见和建议。

（5）试验邀请函。所有试验均应在委托方或委托方授权的监造工程师见证下进行，只有获得委托方的许可，方可在委托方不在场的情况下进行试验。督促承制方至少提前7天给委托方发邀请函同时抄送给监造方，并将试验邀请函原件提供给监造方归档。

2）出厂试验过程见证

检查试验项目及要求与技术规范要求的一致性；检查试验设备的校核情况；检查试验程序的合理性；检查试验参数的合理性；检查试验场地情况（包括试验回路和接线）；检查试验过程的合理性；检查试验结果的合理性。跟踪并记录现场现象、试验结果，对发现的问题及时拍照记录留底，以《监造工作联系单》或《监造工作通知单》协调处理，实现闭环控制。

3.1.7 存储发运质量监督见证

（1）包装审查。监造人员应了解合同设备出厂前的防护、维护、包装情况，审查承制方包装方案或作业指导书对设备防护和包装的技术措施和材料是否符合本项目工程实际和有关规定的要求，如包装物、防潮、防震、防水、放火、防污染措施以及设备重心吊装点和唛头设置等，拍照并填制见证表单予以签认。

（2）储藏审查。监造人员应了解合同设备入库保管情况，检查承制方对待检设备、检验合格入库设备、检验不合格设备等采取的标识（厂内储放标识和施工现场储放标识）、分区、仓储条件（防腐、防潮、防火等）和安全措施是否落实，拍照并填制见证表单予以签认。检查设备存储巡检情况、记录情况。

（3）发货情况审查。监造人员应了解合同设备发货情况，检查承制方运输方案或作业指导书，包括运输安排/计划、吊装、运输方式（特别是超限设备运输、大型设备解体运输等）、安全措施、运输定位设计、发运顺序等，必要时检查冲撞记录仪安装运行情况，以及随车装运的其它相关的随机文件、装箱单和附件是否齐全、符合要求，拍照并填制见证表单予以签认。发货前必须完成试验报告、发运方案报审，否则不允许发运。

3.1.8　技术协议符合性检查

委托方与承制方所签订的设备技术协议是设备监造的根本依据,从设备的设计、原材料(包括外购件)、部件制造、装配、试验到存储运输等设备制造全过程均应符合技术协议要求。监造人员在监造过程中应认真核对技术协议的符合性,及时纠正与技术协议不符合的关键项;对于与技术协议不符合的非关键项,及时汇总报告委托方,并督促承制方征得委托方同意方可进一步实施,监造结束时应向委托方提供与技术协议不符合项的处理汇总表。

3.1.9　质量问题处理

3.1.9.1　质量问题的界定

被监造设备在制造过程中凡出现以下情况均视为质量问题:①不符合技术协议、采购合同规定,不符合设计联络会纪要;②不符合设计冻结文件、设计变更确认文件;③不符合已经确认的技术图纸、工艺、检验标准/文件;④不符合国家相关标准、行业相关标准、业主相关标准或反措要求。

3.1.9.2　质量问题的分类

将监造过程中发现的质量问题按性质不同分成一般、较重、严重等三类。为了方便对问题进行分析和处理,对监造过程中出现的质量问题进行分类,如表3-1所示。

表3-1　设备监造过程发现的质量问题分类

序号	问题类型	问题内容	问题概述	问题类型说明
1	1类:管理体系问题	承制方体系文件不合格	质量和"安健环"文件等不完备或不在有效期内	
		生产管理问题	项目质量计划、订货计划、生产计划和工艺文件管理以及人员绩效管理等缺失或不完备	
		生产资源不合格	生产环境、人员、装备等资源不符合要求	
2	2类:原材料及零部件质量控制问题	入厂检验不合格	原出厂文件及内容不合格,分包方资质不合格,入厂抽检、全检不合格,运输保管损伤等	检查发现的外购、外协的原材料部件品质问题。不包括厂名、品名、型号、规格、性能参数、数量等与合同协议、标准不符合的事项
		加工品质缺陷	装配使用和试验中发现的加工缺陷及材质缺陷等	
3	3类:制造过程质量控制问题	生产、组装、总装过程发现的质量问题	按照合同协议和产品设计工艺规定发现的不符合项,主要按照工序名称描述,如:变压器-铁芯加工缺陷、器身套装缺陷、抽真空缺陷等	不包括制造工艺方案、检验标准与合同协议、标准不一致的事项

序号	问题类型	问题内容	问题概述	问题类型说明
4	4 类：试验质量控制问题	产品出厂前进行的型式试验、特殊试验、出厂例行试验中发现的试验问题	按照合同规定或业主与承制方协商要求，必须在生产阶段进行的试验过程中发现的问题，主要有：试验仪器装备问题、接线问题、试验环境影响问题、产品试验失败等	不包括试验方案缺陷、生产过程中开展的型式试验报告缺陷和试验项目与标准和合同协议不一致问题等事项
5	5 类：包装储运问题	包装缺陷	按照合同协议和产品设计工艺规定程序进行的包装、储存、装车过程中发现的质量问题。主要有：包装材料问题、结构方式问题、唛头问题等	不包括包装储运方案缺陷或者与标准和合同协议不一致问题等事项
		储存问题	储存条件和检查问题	
		装运问题	装车过程问题、冲撞仪安装问题等	
6	6 类：与协议/标准不一致	按照生产流程确定有：设计不一致、原材料不一致、生产过程不一致、试验过程不一致等	原材料/组部件与协议/标准不一致、部件制造与协议/标准不一致、装配或总装与协议/标准不一致、试验方案与协议/标准不一致、包装储运方案与协议/标准不一致、型式试验报告不合格	项目设备生产全过程中发现的各个环节与合同协议、标准不一致问题，不包括按协议规定进行的采购过程、制造过程中发现的缺陷
7	7 类：设计问题	技术协议条款本身不合理或不准确	不符合工程实际、不符合相关技术标准、设计文件相互矛盾、条款文字表述不明晰等	产品生产各环节依据性文件方面的问题。设计院图纸确认不完备、承制方生产技术设计错误等出现的问题

当设备发生质量问题时，首先应暂停制造，责令供应商分析事故原因，根据事故的不同情况、不同性质、不同程度提出相应的处理办法，并写出书面报告。具体做法如下：

(1)凡未达到规范标准、存在明显的质量问题又无法采取措施的缺陷，或经努力不能达到要求的，坚决报废。

(2)对于一般质量缺陷，采取经批准的方法进行返工返修。

(3)质量问题比较严重，在技术规范范围内无法解决的，监造项目部组织专项会议予以解决。

3.1.9.3 质量问题的处理方式

(1)对质量隐患、一般和较严重的质量问题，应下发监造工作联系单，监督制造单位采取有效措施予以整改。若制造单位延误或拒绝整改，可责令其停工整改，并及时向委托人报告。

(2)对重大的质量问题，应下发通知单，要求制造单位在规定时间内采取有效措施予以整改，并及时向委托人报告，也可责令制造单位停工整改，同时协助委托人进行重大质量问题调查处理。若制造单位延误或拒绝整改，可签发暂停令，待整改符合要求后及时签发复工指令。

有下列情况之一，征得业主同意后，监造项目部签署并发出停工令：①监造停止见证点工程未经检查验收，即自主放行；②未经监造人员审查同意，擅自进行工艺文件变更或图纸修改；③材料、零部件质量不合格，擅自使用或无质量证明；④制造操作严重违反工艺规定，经监造人员指出无明显改进；⑤已发生质量事故，未经分析处理，继续制造；⑥分包单位资质不明，操作人员无证上岗；⑦设备质量出现明显异常，原因不清，又无可靠改进措施，质量无法保证。

设备供应商接到停工令后，应按质量处理程序整改；整改完毕后提出复工申请，经监理工程师检查认可，监造项目部签发复工令。

3.1.9.4 监造工作联系单的编写规范

为了使在监造工作中质量监督规范化和精益化，有利于质量问题信息传递和统计分析，制定监造工作联系单编写规范如下：

(1)一张工作联系单只表述一个问题、一个事项或同时发现的一类问题。

(2)工作联系单编写语言力求简洁明了，尽量避免口语，承制方统一称为承制方。附图、附表均应标注编号和名称。

(3)工作联系单的编写结构一般由依据、情况简述、监造方处理意见及附件等组成，统一按此顺序排列。

(4)工作联系单中的依据一般为设备技术规范书、国家标准、行业标准、法律法规、买卖双方共同认可文件(包括反事故措施、进度计划、会议纪要等)、承制方的细化工艺要求和排产计划以及专业常识的相关内容。编写工作联系单依据第一优先是设备技术规范书(包括买卖双方在执行合同过程中同意更改的部分)，任何违背现行设备技术规范书者不应作为监造依据，不能编入工作联系单。

(5)编写依据可用原文复制(可使用截图，不作为附图，不用添加编号和名称)、原文节选、原意概括等引用方式，均应在开头注明引用文件名称、版本信息、章节、条目。

(6)当原文不超过4行时，一般采用原文复制方式，使用原文加双引号且字体加粗或截图方法编写。

(7)当需要引用的内容在原文中比较分散时，一般采用原文节选引用方式，引用整体加一个双引号，其中与问题无关部分用省略号代替。节选引用注意不能断章取义，以免曲解原文本意。

(8)当需要引用的原文内容较多时，宜采用原意概括引用方式，概括描述一般不应超过4行，这种方式不加双引号。

(9)工作联系单只简要描述当前存在的问题或情况，必要时可简要说明问题原因(一般控制在100字以内)，一般不需叙述问题发现过程，但必须表明实际情况与依据之间的差异。

(10)监造方处理意见一般要求承制方按依据执行，或要求承制方提供当前做法被委托方认可的支撑性文件(包括委托方回复、会议纪要、试验报告、评估报告、计算报告等)或其它技术协议要求的资料，或要求承制方按委托方认可的成熟可靠的方法执行，注明承制方最迟回复时间，并且表明同类问题均按此意见处理。

（11）监造方处理意见编写不应掺杂本规范第四条依据以外的个人专业见解，务必避免承制方按监造方处理意见处理而导致监造方有责任的问题出现。

（12）同一问题在承制方没有回复之前一般不重复发联系单，但必须在周报、月报的相应部分或表格中反映承制方回复及处理的当前情况，问题较紧急、较严重、较多而承制方超过时限不回复时则应以书面专题报告方式发给委托方。

（13）发单人应认真审核承制方对联系单的回复及处理是否符合要求，避免导致新的问题。

（14）附件在附页中编写，联系单正面只记录附件编号和名称，按顺序排列写在监造方意见后面，情况简述中涉及附件内容可用"详见附件×"表述。

（15）一般向外单位发送的文件应经监造单位相关负责人审核。

3.1.9.5 质量问题的处理措施

质量问题的处理措施包括设备设计、生产过程、出厂试验、拆卸包装、存储、发运等主要过程与质量有关的质量控制措施，对质量隐患、一般、较重或重大质量事故，将采取不同的处理措施，确保及时有效。

1. 质量隐患、一般和较重的质量问题的处理

①与被监造单位相关负责人进行沟通及时查明情况；②向被监造单位下发联系单并上报监造单位；③要求被监造单位按联系单要求进行说明、整改；④监造方审核整改措施，监督被监造单位实施，直至符合要求；⑤督促被监造单位对联系单的回复，审查回复内容，对回复不符合要求的进行意见反馈，达到要求后完成联系单回复。

2. 重大质量问题的处理

①与被监造单位相关负责人进行沟通及时查明情况；②由项目总监向被监造单位下发通知单并上报监造单位和委托人；③驻厂监造代表将按照监造单位和委托人反馈的意见，决定是否停工处理；④要求被监造单位分析原因并提供解决方案；⑤监造方审核方案并报委托人确认，依据确认后的方案监督、跟踪被监造单位实施，直至符合要求；⑥监造方督促被监造单位对通知单及时回复，审查通知单回复内容，反馈回复意见和建议，达到要求后完成通知单回复；⑦如委托人决定停工处理，项目总监需向被监造单位下发暂停令，监造方依据委托人确认后的方案监督、跟踪、处理结果，直至符合要求，完成通知单回复，并进行复工报审。

3.2 进度监督方法

3.2.1 协调各方计划保持一致

在进度控制方面，根据设备采购合同中的设备交货期及用户方的调整交货期要求，审查生产制造计划、交货期与厂家实际生产能力与进度的状况，随时掌握监造设备设计、生产计划、产品生产、产品试验及厂内拆卸、包装发运的进展情况，满足进度控制的要求，及时编发联系单，督促承制方满足设备交货期要求，并且联系用户方，共同督促产品制造

进度满足要求，避免由承制方原因导致延误交货。

若用户方由于工程等原因需延期交货，协调用户方按合同要求变更交货期，协调承制方调整生产计划及采取有效保管存放措施，避免承制方提出延期索赔。

3.2.2　编制网络图方法

网络图是由箭线和节点组成，用来表示工作流程的有向、有序网状图形。一个网络图表示一项计划任务。网络图中的工作是计划任务按需要粗细程度划分而成的、消耗时间或同时也消耗资源的一个子项目或子任务。一种设备制造过程也可以作为一项工作。在一般情况下，完成一项工作既需要消耗时间，也需要消耗劳动力、原材料、施工机具等资源；但也有一些工作只消耗时间而不消耗资源，如墙面抹灰后的干燥过程等。

网络图包括单代号网络图和双代号网络图。在单代号网络图中，虚工作只能出现在网络图的起点节点或终点节点处。在双代号网络图中，有时存在虚箭线，虚箭线不代表实际工作，我们称之为虚工作。虚工作既不消耗时间，也不消耗资源。虚工作主要用来表示相邻两项工作之间的逻辑关系。工作逻辑关系分为工艺逻辑与组织逻辑。工艺逻辑是生产性工作之间由工艺技术决定的、非生产性工作之间由程序决定的先后顺序关系，具有客观科学规律，不得违反；组织逻辑是工作之间由于组织安排需要或资源调配需要而规定的先后顺序关系，是人为的，是可以改变的。但有时为了避免两项同时开始、同时进行的工作具有相同的开始节点和完成节点，也需要用虚工作加以区分。线路为从头至尾延箭线方向连续经过的通路。

在网络图上加注工作的时间参数等而编成的进度计划称为网络计划。图3－2是变压器制造的双代号计划网络图（六时标注法）。

3.2.3　围绕网络图安排进度的管控方法

从图3－2中可以得到关键线路为①→②→③→④→⑤→⑭→⑰→⑱→⑲→⑳→㉑→㉒→㉓→㉔→㉕→㉖→㉗→㉘→㉙→㉚→㉛，关键线路上的工作为关键工作。出现任何工作的延长，都要对网络计划进行重新核算，看是否影响总工期。当总时差延长时，整个工期也将延长。非关键工作工期出现延长，整个工期不一定延长；只有非关键工作延长工期超出了其对应的总时差工期，才形成新的关键线路，原来的关键线路将变成非关键线路。若出现工期延长情况，为保证交货期，需协调变压器采购合同的供应商采取相应措施，以满足交货期的要求。

例如，根据关键工作线圈绕制生产进度，预计完工工期不能满足计划时，协调厂家优化生产，在不影响产品质量的前提下，增加线圈绕制工作班次，以满足工期要求。

若非关键工作铁芯叠装延长天数超出其总时差天数，非关键工作铁芯叠装将在新的关键线路上成为关键工作，协调厂家优化生产，在不影响产品质量的前提下，增加工作班次，看总工期能否满足要求。当优化生产压缩到极限工期后，总工期仍不能满足要求，不能再压缩工期，极限工期为优化工期，工期为优化工期，承制方延误工期，业主可根据合同向承制方索赔。

原材料、组件供货影响生产进度。根据影响进度天数，看延期后是否在新的关键线路上，若成为关键工作，需核实新的总工期能否满足要求。若不能满足要求，需进行工期优

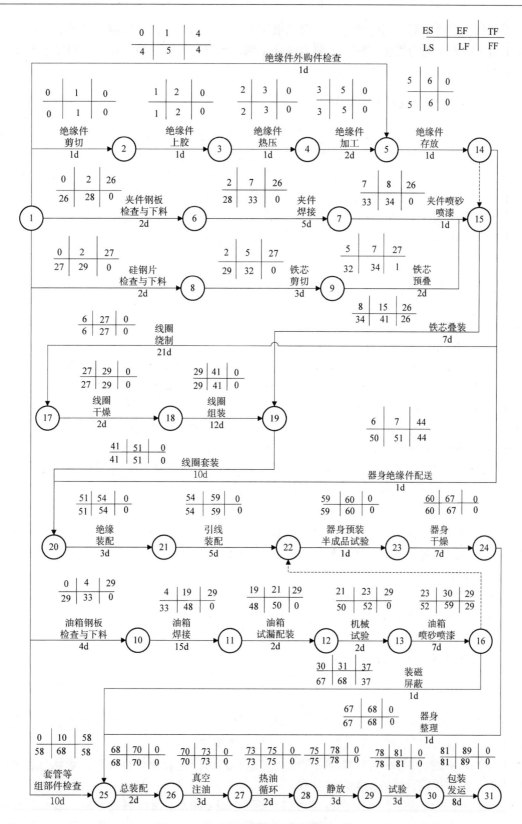

图 3-2 变压器制造的双代号计划网络图

化，以满足交货工期。当优化生产压缩到极限工期后，总工期仍不能满足要求，不能再压缩工期，极限工期为优化工期，工期为优化工期，承制方延误工期，业主可根据合同向承制方索赔。

3.2.4　设备制造完成后的进度评价方法

进度计划(合同供货计划或业主主动调整供货)符合性，总分100分。对进度计划(合同供货计划或业主主动调整供货)滞后方面进行评价，滞后1天扣1分；分阶段供货者，非最后节点的每阶段滞后1天扣0.5分；由于厂家原因而修改一次供货进度计划扣10分；由于非厂家原因配合业主修改一次进度计划加5分。95分及以上评为及时供货；85～95分评为进度基本符合；70～85分评为进度滞后；70分以下评为进度严重滞后。设备制造完成后通过评分量化，得到评价分，可以评价进度状况。

3.3　合同履约监督方法

1. 合同责任义务的监督

在设备监造过程中，监造方除按合同履行自己的权利与义务外，还应监督承制方认真履行合同中规定的责任和义务，促使合同中规定目标实现。在涉及承制方的权益时，应站在公正的立场上，维护承制方的正当权益。在设备制造过程中监造代表应了解和协调进度、质量等的有关情况，理解承制方的困难，使承制方能顺利地完成设备制造任务。对设备质量必须严格要求、一丝不苟，凡不符合合同、技术协议及技术规范要求的，应及时指出，要求承制方必须按合同及相关要求履行。监造代表与承制方相关人员之间应加强联系、加强理解、互通信息、互相支持，但应注意限度，保持正常工作关系。

2. 合同履行资源的监督

在合同履行过程中，监造方应检查承制方人力资源、生产条件、生产设备以及检测设备的投入情况，督促承制方适时投入符合实现合同目标的各方面资源。

3. 合同进度的监督

按合同的供货进度，督促承制方制订符合合同供货要求的生产进度计划，并监督承制方按计划实施。若发现进度偏差，必要时提出《监造工作联系单》，建议采取措施纠正偏差。

4. 合同质量义务履行的监督

监造人员应主动开展设备合同、协议质量义务管理，主要有以下几方面工作：

(1)督促承制方履行设备采购合同中制造质量责任。

(2)协助委托方对设备合同(特别是对技术质量方面)进行分析，并提出意见。如发现偏差，必要时提出《监造工作通知单》，建议采取措施纠正偏差。

(3)参与委托方与承制方的合同交底。对承制方的分包合同进行检查，确认分包合同的内容与设备采购合同的相关内容一致。

(4)当发现监造设备不符合设备/材料采购合同要求(如原材料的型号、规格、供应商、设备的主要技术性能参数，主要外购件的品牌、规格、型号、供应商、原产地等)时，或主要生产试验项目与合同协议不一致时,应及时向承制方提出《监造工作通知单》协调,重大问题将同时通知委托方。

(5)对与合同履行有关的偏差、矛盾、争议等影响目标实现的问题进行沟通协调。

(6)根据供货合同和协议的规定,负责审查见证承制方设备生产、出厂试验、存栈、包装运输等关键环节,对承制方按照合同规定应配合提交的生产和监造资料进行严格审查。

5. 合同变更的监督

合同履行过程中,监造方应在委托范围内对合同和技术协议的相关变更进行管理,包括受托主持或参与相关协调会,对范围变更、技术变更、材料变更、设备变更、进度计划变更等进行管理和控制。变更一旦发生,监造代表应监督承制方迅速、全面地履行合同的变更。

3.4　信息管理方法

3.4.1　总则

为规范档案管理,根据《中华人民共和国档案法》《中华人民共和国档案法实施办法》及业主单位的档案要求,结合实际情况,监造档案工作应实行统一领导、分级管理的原则。监造单位应维护和确保档案的完整、准确、系统和安全。

3.4.2　档案管理总体目标

按照能源局和有关电网建设项目档案的管理标准和相关要求,确保工程验收所需要的监造文件档案规范、齐全、符合要求,应做到档案管理与工程同步,保证监造设备在整个生产过程中的质量或进度问题可被追溯,为设备工程的全寿命周期管理提供基础资料。

3.4.3　明确各方责任主体及所需要提供的资料及相关要求

A. 业主的主体责任:应建立健全的项目文件管理体系,落实项目档案管理责任制度,制定统一的项目管理制度和工作标准,实行全过程质量管理,积极协调项目中各种问题,严格落实 3 控 3 管 1 协调,确保项目最终顺利投产,实现最快化盈利。

B. 设备制造厂的主体责任:严格依照设备订货合同和技术协议以及承制方的技术协议相关要求,积极配合监造方工作,生产出合格的产品,并提供相关合同文件中所规定的资料。

C. 监造方的主体责任:受业主委托,承担项目监造服务合同约定的产品制造过程中的监造责任。根据设备订货合同和技术协议以及在承制方的技术管理和质量体系运行基础上,监造方通过文件见证、巡视检查、现场旁站监督见证,协助承制方发现问题并及时改进,努力实现本项目设备零缺陷出厂,并负责收集、整理和移交监造过程形成的文件。

设备监造所形成的文件档案分为三大类:

(1)由业主方或设备采购方提供的文件资料;

（2）由设备制造厂提供的文件资料；

（3）由监造方形成的文件资料。

1. 由业主方提供的文件资料

由业主方或设备采购方提供的文件资料包括以下方面：

（1）设备监造授权通知书（原件）；

（2）设备的招投标技术文件、澄清函、合同谈判纪要、设计联络会纪要、设计冻结会纪要（PDF电子版）；

（3）设备的采购合同技术部分以及商务部分与工期相关的要求（PDF电子版）；

（4）设备供货协调会议纪要（PDF电子版）；

（5）××工程及设备供货的工期进度表及调整通知（PDF电子版）；

（6）与监造相关的通知、传真（PDF电子版）；

（7）业主方的监造档案规范要求（PDF电子版）。

2. 由设备制造厂提供的文件资料

1）设计审核文件

（1）设计说明书、图纸及其它技术资料等；

（2）质量管理体系文件（PDF电子版及复印件）。

2）制造过程文件

（1）原材料、外购件（外协件）的质量证明文件（原生产厂的出厂试验报告或质量保证书）、入厂检验单（或入厂试验报告）（PDF电子版及复印件）；

（2）生产工装设备清单、主要技术参数及检验证明（PDF电子版及复印件盖章）；

（3）生产人员上岗资质证明（PDF电子版及复印件盖章）；

（4）半成品检验（试验）报告（PDF电子版及复印件）；

（5）设备生产计划、进度表（原件）。

3）出厂试验文件

（1）出厂试验方案、出厂试验计划（PDF电子版及复印件盖章）；

（2）试验设备清单、主要技术参数及检验证明（PDF电子版及复印件盖章）；

（3）出厂试验报告（PDF电子版及复印件骑缝盖章）。

4）沟通协调类文件（原件）

（1）设备生产开工申请及工期调整申报；

（2）设计修改审核申请函；

（3）说明生产异常情况或故障、处理措施及效果的报告；

（4）出厂试验方案、出厂试验计划的审批申请函；

（5）说明试验异常情况或故障、处理措施及效果的报告；

（6）出厂试验报告的审核申请函；

（7）设备发运申请函。

3. 由监造方在监造过程中形成的文件资料

1）监造依据类文件

①监造计划；②分设备监造作业指导书；③与各设备供货商和分包商签订的监造框架协议（约定双方的职责与义务）。

2）监造见证类文件（签字处应全部手签）

①监造日志；②监造周报；③监造月报；④监造简报；⑤生产和试验过程的质量要点见证记录单；⑥监造过程中形成的反映监造工作现场、设备状态以及设备质量缺陷点的照片。

3）全过程监造总结报告（要盖骑缝章）

4）沟通协调类文件（需闭环文件得闭环）

①监造工作传真；②监造工作通知单；③监造工作联系单；④各类会议通知和纪要。

3.4.4 监造信息管理流程图

监造信息管理流程图如图3－3所示。

3.4.5 突发情况信息管理制度

1. 设备质量事故处理制度

当发生设备的产品质量事故时，现场工程师或总监应立即报告监理公司相应负责人和合同甲方联系人，同时要求承制方立即停工，成立由承制方项目经理负责、监造方参加、对事故进行全面分析的事故分析处理专业组织。同时，监造方在取得委托方同意后，编发监造工作通知单，要求承制方立即对发生质量事故的部分予以停工，并按照相关国家及行业标准、合同及技术协议相关约定，对质量事故进行全面分析，将分析结果报送委托方及监造方。监造方全程跟踪见证分析过程，对事故现场进行拍照取证。在取得承制方的设备质量事故分析报告后，监造方予以检查核查，将检查结论意见报送委托方进行审批认可，在委托方完成审批并同意重新开工后，编发复工令，通知承制方执行，并要求承制方全面执行分析报告结论要求及委托方意见要求，完成相关整改，监造方对整改结果进行全面验收，信息管理员全程跟踪并收集相应电子资料。

2. 停工和复工处理制度

当发生设备的产品质量事故或承制方未按照合同及技术协议制造产品、采用假冒伪劣原材料元器件、偷工减料等损害委托方的行为时，现场工程师或总监应立即报告监理公司相应负责人和委托方联系人，在取得委托方同意后，应编发监造工作通知单，要求承制方立即停工，并按照相关国家及行业标准、合同及技术协议相关约定进行事故或违约行为的全面分析，将分析结果报送委托方及监造方。监造方全程跟踪见证分析过程，对事故及违约现场进行拍照取证。在取得承制方的设备质量事故或违约行为分析报告后，监造方予以检查核查，将检查结论意见报送委托方进行审批认可；在委托方完成审批并同意重新开工后，编发复工令，通知承制方执行，并要求承制方全面执行分析报告结论要求及甲方意见要求，完成相关整改。监造方对整改结果进行全面验收，信息管理员全程跟踪并收集相应电子资料。

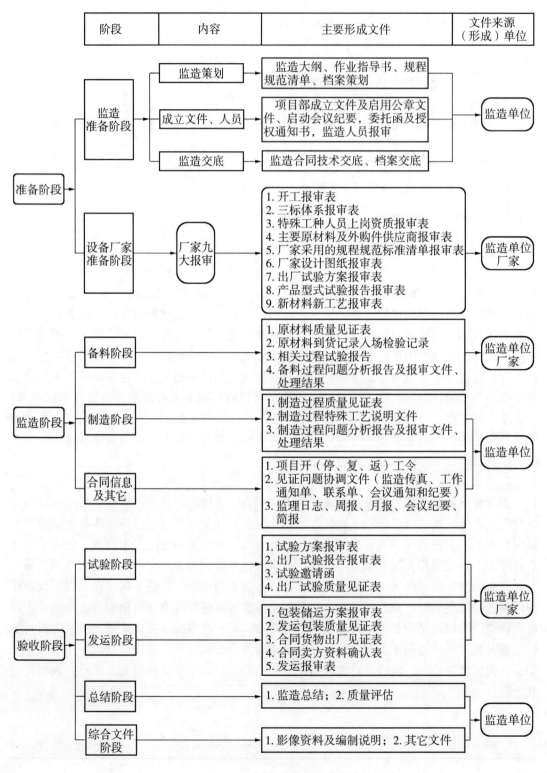

阶段	内容	主要形成文件	文件来源（形成）单位
准备阶段	监造准备阶段	监造策划 → 监造大纲、作业指导书、规程规范清单、档案策划 成立文件、人员 → 项目部成立文件及启用公章文件、启动会议纪要，委托函及授权通知书，监造人员报审 监造交底 → 监造合同技术交底、档案交底	监造单位
	设备厂家准备阶段	厂家九大报审 → 1. 开工报审表 2. 三标体系报审表 3. 特殊工种人员上岗资质报审表 4. 主要原材料及外购件供应商报审表 5. 厂家采用的规程规范标准清单报审表 6. 厂家设计图纸报审表 7. 出厂试验方案报审表 8. 产品型式试验报告报审表 9. 新材料新工艺报审表	监造单位厂家
监造阶段	备料阶段	1. 原材料质量见证表 2. 原材料到货记录入场检验记录 3. 相关过程试验报告 4. 备料过程问题分析报告及报审文件、处理结果	监造单位厂家
	制造阶段	1. 制造过程质量见证表 2. 制造过程特殊工艺说明文件 3. 制造过程问题分析报告及报审文件、处理结果	监造单位
	合同信息及其它	1. 项目开（停、复、返）工令 2. 见证问题协调文件（监造传真、工作通知单、联系单、会议通知和纪要） 3. 监理日志、周报、月报、会议纪要、简报	
验收阶段	试验阶段	1. 试验方案报审表 2. 出厂试验报告报审表 3. 试验邀请函 4. 出厂试验质量见证表	监造单位厂家
	发运阶段	1. 包装储运方案报审表 2. 发运包装质量见证表 3. 合同货物出厂见证表 4. 合同卖方资料确认表 5. 发运报审表	
	总结阶段	1. 监造总结；2. 质量评估	监造单位
	综合文件阶段	1. 影像资料及编制说明；2. 其它文件	

图 3 - 3　监造信息管理流程图

第二编
电力系统主设备的主要生产工艺与监造要点

4 变压器

4.1 普通电力变压器

电力变压器按相数可分为单相变压器和三相变压器，按绕组数量可分为双绕组变压器、三绕组变压器、自耦电力变压器，按调压方式可分为无载调压变压器和有载调压变压器，按冷却介质可分为油浸式变压器、干式变压器、充气式变压器、充胶式变压器、填砂式变压器等，按冷却方式可分为油浸自冷式变压器、油浸风冷式变压器、油浸强迫油循环风冷式变压器、油浸强迫油循环水冷式变压器、干式变压器，按铁芯结构可分为芯式变压器、壳式变压器。

下面介绍三相双绕组无载调压电力变压器和单相自耦有载（或无载）调压变压器两种常用变压器的内部结构。

4.1.1 三相双绕组无载调压电力变压器

三相双绕组无载调压电力变压器一般用于换流站的站用变压器。

线圈结构：线圈排列结构（从铁芯柱侧开始），低压线圈→高压线圈，相间有绝缘隔板。

高压绕组：纠结 – 连续式型，采用纸包复合导线绕制。所有饼线匝内径加入了适量的垫条。

低压绕组：单螺旋型，采用半硬自粘换位导线绕制。

绕组材料：变压器绕组采用优质、高电导率的铜导线。导线间有足够的换位，以使附加损耗降至最低，换位导线使用自粘型的换位导线，导线绝缘良好无破损。绕组有良好的冲击电压波分布。导线换位处加包绝缘，纠结线段过弯处垫平，使导线平滑过渡，避免对导线绝缘产生剪切力。

铁芯结构：采用三相五柱式（三主柱），铁芯全斜绑扎芯式结构。铁芯主柱各级台阶用撑条填充，使铁芯绑扎更加牢固和圆整，同时使线圈内径受到均匀有效支撑。铁芯的剪切毛刺和叠装间隙符合要求，铁芯绑扎夹紧牢固。铁芯夹件有足够的强度、夹件绝缘良好，铁芯接地铜片插入铁芯部分不小于要求值。变压器铁芯和夹件通过箱顶小瓷套引出并经铜排可靠接地，接地处有明显的接地符号和标识。

铁芯采用优质平整、低损耗、高磁导率的硅钢片，硅钢片厚度和单位比损耗符合合同技术要求，硅钢片剪切前后毛刺符合 <0.02mm 要求。硅钢片表面绝缘涂层电阻高、化学稳定性好、机械强度高、不黏结、耐腐蚀。

器身绝缘结构：线圈排列由内到外分别为低压绕组、高压绕组。器身采用压紧装置压紧结构，所有绕组分别套在三个铁芯主柱上，高压为500kV中部出线结构，采用成型出线装置。器身箱体间的固定方式，器身与油箱上部、下部有固定结构，保证器身在运输和运行过程中不发生相对位移。

油箱结构：大型变压器油箱常用结构有钟罩式、桶式、波纹式、壳式。500kV三相电力变压器一般为箱沿螺栓钟罩式结构，梯形顶式箱顶，高、低压侧内箱壁加装铜屏蔽。箱顶进行预处理，形成一定弧度，不会形成积水，并保证油箱内部无窝气死角。箱壁为钢板拼接而成，槽钢形加强铁。箱底布置有降低噪声和减小震动的橡胶板和增强绝缘性能的绝缘纸板。

总装配：高压三支套管在油箱高压侧高压出线装置上；低压三支套管在箱盖上垂直布置；中性点套管在箱盖上垂直布置；片式散热器在站用变压器低压侧、长轴的另一侧集中布置。无载调压开关布置在油箱高压侧。储油柜布置在油箱顶部偏向低压侧。

4.1.2 单相自耦有载(或无载)调压变压器

单相自耦有载(或无载)调压变压器线圈结构有两种：一种是中间主芯柱上套装全部线圈，两个旁柱铁芯不套线圈，从铁芯柱侧开始线圈排列结构为低压线圈→调压线圈→中压线圈(公共绕组)→高压线圈，线圈间有绝缘隔板，中压线圈、调压线圈(连带调压开关)及高压线圈串联组成高压绕组，从调压线圈自耦引出中压侧；另一种是中间主芯柱上套装低压、中压、高压线圈，两个旁柱铁芯中的一个不套线圈，另一个套平衡(中压)线圈和调压线圈，主芯柱线圈排列结构为(从铁芯柱侧开始)低压线圈→调压线圈→中压线圈(公共绕组)→高压线圈，旁柱线圈排列结构为(从铁芯柱开始)平衡(中压)线圈→调压线圈，线圈间有绝缘隔板，中压线圈、调压线圈(连带调压开关)及高压线圈串联组成高压绕组，从调压线圈自耦引出中压侧。结构形式如图4-1所示。

(a) 主芯柱加两个无线圈旁柱结构示意图

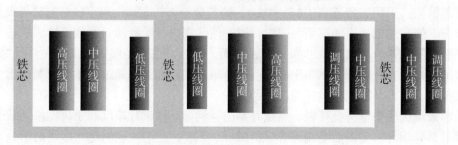

(b) 主芯柱加旁柱装调压线圈和中压线圈结构示意图

图4-1 单相自耦有载(或无载)调压变压器的结构形式

高压绕组：纠结－连续式型，采用纸包复合导线绕制。所有饼线匝内径加入了适量的垫条。

公共(中压)绕组：纠结－连续式型，采用纸包复合导线绕制。所有饼线匝内径加入了适量的垫条。

低压绕组：单螺旋型，采用半硬自粘换位导线绕制。

调压绕组：采用单层圆筒式结构，多档导线并排叠绕而成，一般不设线间油隙。

绕组材料：变压器绕组采用优质、高电导率的铜导线。除调压绕组以外，导线间有足够的换位，以使附加损耗降至最低，换位导线使用自粘型的换位导线，导线绝缘良好无破损。绕组有良好的冲击电压波分布。导线换位处加包绝缘，纠结线段过弯处垫平，使导线平滑过渡，避免对导线绝缘产生剪切力。

铁芯结构：采用单相三柱式(单主柱)，铁芯全斜绑扎芯式结构。铁芯主柱各级台阶用撑条填充，使铁芯绑扎更加牢固和圆整，同时使线圈内径受到均匀有效支撑。铁芯的剪切毛刺和叠装间隙符合要求，铁芯绑扎夹紧牢固。铁芯夹件有足够的强度，夹件绝缘良好，铁芯接地铜片插入铁芯部分不小于要求值。变压器铁芯和夹件通过箱顶小瓷套引出并经铜排可靠接地，接地处有明显的接地符号和标识。

铁芯采用优质平整、低损耗、高导磁率的硅钢片，硅钢片厚度和单位比损耗符合合同技术要求，硅钢片剪切前后毛刺符合 < 0.02mm 要求。硅钢片表面绝缘涂层电阻高、化学稳定性好、机械强度高、不黏结、耐腐蚀。

器身绝缘结构：线圈排列如图 4 – 1 所示，公共绕组的首端与高压绕组的尾端相连构成自耦变压器(绕组)，它与低压绕组之间阻抗比较高，一般在 30% 标幺值以上，绕组之间需要比较大的油隙，因此，部分厂家利用这个空间放置调压绕组(其匝数较少，对阻抗影响较小)，另外部分厂家利用旁柱套调压线圈，但为了该旁柱磁通平衡而增加一个与主柱公共绕组并联的平衡绕组，这类结构利于调压线圈出线布置。器身采用压紧装置压紧结构，所有绕组分别套在铁芯主柱或旁柱上，高压为 500kV 中部出线结构，采用了成型出线装置。器身箱体间的固定方式为：器身与油箱上部、下部有固定结构，保证器身在运输和运行过程中不发生相对位移。

油箱结构：大型变压器油箱常用结构有钟罩式、桶式、波纹式、壳式。500kV 三相电力变压器一般为箱沿螺栓钟罩式结构，梯形顶式箱顶，高、低压侧内箱壁加装铜屏蔽。箱顶进行预处理，形成一定弧度，不会形成积水，并保证油箱内部 无窝气死角。箱壁为钢板拼接而成，槽钢形加强铁。箱底布置有降低噪声和减小震动的橡胶板和增强绝缘性能的绝缘纸板。

总装配：高压三支套管在油箱高压侧高压出线装置上；低压三支套管在箱盖上垂直布置；中性点套管在箱盖上垂直布置；片式散热器在站用变压器低压侧、长轴的另一侧集中布置。无载调压开关布置在油箱高压侧。储油柜布置在油箱顶部偏向低压侧。

4.1.3 主要工序流程图

电力变压器主要工序流程图如图 4 – 2 所示。

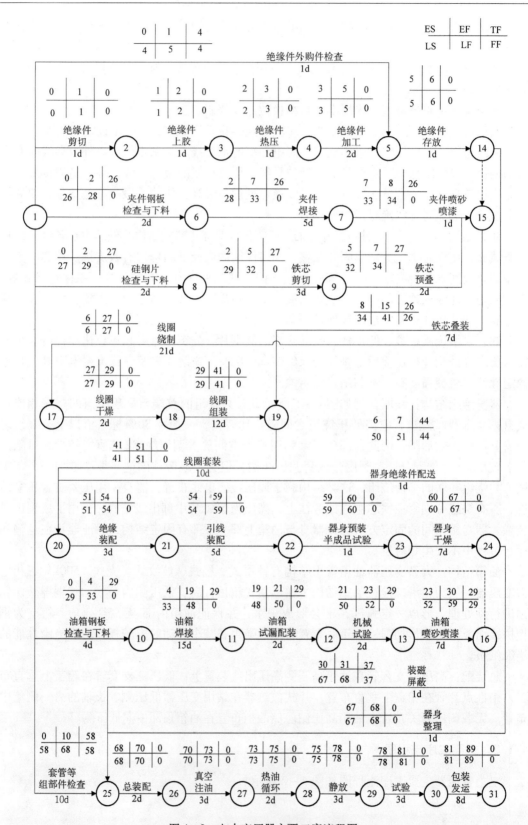

图 4-2　电力变压器主要工序流程图

4.1.4 主要生产工艺与监造要点

4.1.4.1 原材料及零部件检查（见表4-1）

表4-1 原材料及零部件检查

序号	见证项目	见证内容	见证	见 证 要 求
1	硅钢片	确认生产厂家、型号、性能指标、包装等；查看实物，查阅检测报告，核对设计文件和变压器采购合同等文件要求	查看实物、查看证书原件	1. 硅钢片型号、规格、实物和检测报告要与设计文件和变压器采购合同要求一致 2. 硅钢片表面漆膜颜色均匀，存放环境干燥，无化学腐蚀物资，单位铁损值满足设计和供货合同要求。抽检的损耗等指标符合出厂值 3. 如果存在质量缺陷，要求必须退换。必要时监造人员可以前往硅钢片生产厂家，对其生产资质、生产环境、工艺检查标准、生产过程、生产人员资质进行延伸监造 4. 审查对应每一台产品的硅钢片出库进入生产时的品牌、批号、检验等各种质量标识记录 5. 生产准备阶段进行厂家材料报审核查
2	电磁线	确认生产厂家、导线型号、规格等；查看实物，查阅检测报告，核对设计文件和变压器采购合同等文件要求	查看实物、查看文件	1. 电磁线型号、规格、实物和检测报告要与设计文件和变压器采购合同一致 2. 本批次的电磁线电阻率、屈服极限值、延伸率、换位节距满足技术要求。漆包线的外形尺寸、纸包绝缘层数、换位导线外形尺寸等数据正确，单根导线不短路 3. 换位导线应成盘包装交货，导线应紧密、均匀、整齐地绕在线盘上，每层之间应用整张电缆纸隔开，最外层至电缆盘边缘的距离应不小于要求值 4. 如果存在质量缺陷，要求必须退换。必要时监造人员可以前往生产厂家，对其生产资质、生产环境、工艺检查标准、生产过程、生产人员资质进行检查 5. 审查对这一台产品的电磁线出库进入生产时的电磁线品牌、批号、检验等各种质量标识记录 6. 生产准备阶段进行厂家材料报审核查
3	绝缘材料绝缘件成型件	确认生产厂家、绝缘材料型号、规格等；查看实物，查阅检测报告，核对设计文件和变压器采购合同等文件要求	查看文件、现场检查	1. 绝缘材料型号、规格、实物和检测报告要与设计文件和变压器采购合同一致 2. 绝缘纸板抗张强度、伸长率、收缩率、水分、灰分、油中电气强度、空气中电气强度、吸油率、可压缩性、水抽取液电导率等满足技术要求。厚度均匀一致，表面无翘曲、鼓包、压痕、压折、裂纹、肉眼可见的孔眼等 3. 如果存在质量缺陷，要求必须退换。必要时监造人员可以前往生产厂家，对其生产资质、生产环境、工艺检查标准、生产过程、生产人员资质进行检查 4. 生产准备阶段进行厂家材料报审核查

序号	见证项目	见证内容	见证方法	见证要求
3	绝缘材料绝缘件成型件	确认生产厂家、型号、规格等；查看实物，查阅检测报告，核对设计文件和变压器采购合同等文件要求	查看文件、现场检查	1. 成型件型号、规格、实物和检测报告要与设计文件和变压器采购合同一致 2. 成型绝缘件内外表面平整，厚度均匀，色泽基本一致，无皱褶、气泡、粒块、孔洞、污染斑点、分层、缝隙、裂纹等缺陷，其边缘应光滑无尖角毛刺和碳化现象，同时表面清洁，无尘埃、X 光检测合格 3. 如果存在质量缺陷，要求必须退换。必要时监造人员可以前往生产厂家，对其生产资质、生产环境、工艺检查标准、生产过程、生产人员资质进行检查 4. 生产准备阶段进行厂家材料报审核查
4	钢材	确认生产厂家、钢材型号、规格等；查看实物，查阅检测报告，核对设计文件和变压器采购合同等文件要求	查看文件、现场检查	1. 钢材生产厂家、型号、规格、实物和检测报告要与设计文件和变压器采购合同一致 2. 钢板表面光滑、无气泡、结疤、裂纹、分层、夹杂等缺陷 3. 抗拉强度、屈服强度、延伸率等指标符合相关标准要求 4. 如果存在质量缺陷，要求必须退换 5. 审查对应每一台产品的钢材出库进入生产时的品牌、批号、检验等各种质量标识记录 6. 生产准备阶段进行厂家材料报审核查
5	变压器油	确认生产厂家、变压器油型号、规格等；查看实物，查阅检测报告，核对设计文件和变压器采购合同等文件要求	查看文件、现场检查	1. 变压器油型号、规格、实物和检测报告要与设计文件和变压器采购合同一致 2. 外观：透明、无沉淀物和悬浮物，密度、运动黏度、闪点、酸值、水分、击穿电压、介损、析气性、抗氧化剂含量等各项技术指标符合相关技术标准 3. 如果存在质量缺陷，要求厂家必须退换 4. 生产准备阶段进行厂家材料报审核查
6	套管	查看原厂质保证书，核对设计文件和变压器采购合同要求	查看文件、现场检查	1. 套管型号、规格、实物外形尺寸和检测报告要与设计文件和变压器采购合同一致 2. 认真核对套管出厂试验报告中的各项试验数据，如密封试验、工频耐压试验、雷电冲击试验、局部放电测量、介质损耗因数和电容量测量、套管内变压器油击穿电压、色谱分析和微水等是否合格通过 3. 外观检查：釉面光滑，无碰伤，颜色均匀，法兰表面无锈蚀，密封面无磕碰，法兰安装孔位置正确，接地装置完好，铭牌清晰，附件齐全，油面位置符合要求 4. 如果存在质量缺陷，要求厂家必须退换 5. 生产准备阶段进行厂家材料报审核查

序号	见证项目	见证内容	见证方法	见 证 要 求
7	冷却装置	查看原厂质保证书和试验报告,核对设计文件和变压器采购合同。重点记录查看冷却控制方式	查看文件、现场检查	1. 片式散热器(冷却器)型号、规格、实物和检测报告要与设计文件和变压器采购合同一致 2. 片式散热器(冷却器)表面光滑,无渗漏现象,漆膜厚度符合要求,涂漆颜色与本体相同,分控箱连线排列整齐,噪声检测符合技术要求,风机防护网无开焊现象,内部清洁无杂物 3. 如果存在质量缺陷,要求必须退换 4. 生产准备阶段进行厂家材料报审核查
8	电流互感器	查看原厂质保证书和试验报告,核对设计文件和变压器采购合同	查看文件、现场检查	1. 电流互感器型号、规格、实物和检测报告、各项试验数据要与设计文件和变压器采购合同一致 2. 外表清洁,无磕碰现象,绝缘包扎完好 3. 如果存在质量缺陷,要求必须退换 4. 生产准备阶段进行厂家材料报审核查
9	无载分接开关	查看实物及质量文件	查看文件、现场检查	1. 分接开关型号、规格、实物和检测报告要与设计文件和供货合同一致 2. 所有附件数量与合同相符,无载调压开关及相关附件外观完好无损,无划伤、磕碰痕迹,开关及相关附件表面涂漆均匀一致,无起泡分层现象,电镀件无锈迹 3. 如果存在质量缺陷,要求必须退换 4. 生产准备阶段进行厂家材料报审核查
10	密封件	查看进厂检验记录,外观完好	查看文件、现场检查	1. 密封件型号、规格、实物和检测报告要与设计文件和变压器采购合同一致 2. 密封件的工作面平整、光滑、清洁,不允许有孔隙、裂纹、气泡、杂质、胶瘤和龟裂等现象 3. 外形尺寸及偏差应符合图纸或检验规范要求 4. 如果存在质量缺陷,要求必须退换 5. 生产准备阶段进行厂家材料报审核查
11	其它装配附件(储油柜、油流继电器、压力释放阀、冷却器控制箱、温度计、气体继电器、油位计、风机、胶囊、各类阀门、油泵、吸湿器等)	查看原厂质保证书和试验报告,核对设计文件和变压器采购合同要求	查看文件、现场检查	1. 品牌、型号、规格、实物和检测报告要与设计文件和变压器采购合同要求相一致 2. 如果存在质量缺陷,要求必须退换 3. 生产准备阶段进行厂家材料报审核查

4.1.4.2　油箱制造工艺

工艺流程：油箱下料→油箱组焊及检测→油箱配装→油箱密封和机械强度试验→油箱涂漆。

油箱主要由上节油箱、下节油箱、加强筋、铜屏蔽、磁屏蔽几大部分组成。箱壁焊接加强筋；铜屏蔽为铜板结构，按工艺要求焊装于箱壁内，降低产生的附加损耗。油箱箱壁钢板焊接采用埋弧（半）自动焊或全自动焊，箱沿等处焊接采用气体保护焊，焊缝光滑、饱满、焊角高度、油箱各部尺寸符合图纸、工艺技术要求。夹件、油箱在焊接完工后，对焊缝进行超声波探伤检测，进行着色或者荧光焊缝试漏，保证产品质量。然后分别对油箱和夹件进行整体喷砂处理，彻底清除钢板表面的氧化铁和焊渣，提高钢板表面的油漆附着力。表面涂漆采用底漆、中间漆、面漆顺序喷涂。

油箱检查如表 4 - 2 所示。

油箱应承受真空负压 13.3Pa 和正压 100kPa 的机械强度试验，弹性变形量和永久变形量均应在厂家工艺要求的允许范围内。

表 4 - 2　油箱检查

序号	见证项目	见证内容	见证方式	见　证　要　求
1	焊接	焊线及气割面	查看图纸、工艺及检验要求，观察焊接操作	所有焊缝符合图纸和工艺要求，整齐。不应有尖角、焊瘤、气孔、夹渣、假焊及漏焊等缺陷。所有钢板的气割面处理后再焊接
2	密封面	检查油箱的密封面	查看图纸、工艺及检验要求，现场观察	所有密封面应光滑平整，不得有贯通性的沟痕及麻面。箱沿不平度符合质量标准
3	附件对装	油箱与附件的对装	查看图纸、工艺及检验要求，观察对装操作	油箱与所有附件都要进行对装，对装时不得强制拉、拽，对装联接要顺畅，对接密封面要吻合，不渗漏
4	磁屏蔽	磁屏蔽油箱装配	查看图纸、工艺及检验要求，观察装配操作	磁屏蔽配合及相关尺寸符合设计图纸要求；安装牢靠，接地良好，符合工艺要求；清洁度应符合工艺文件要求
5	油箱检漏	油箱整体密封检漏试验	查看图纸、工艺及检验要求，观察质检员的检测、查看检测记录	油箱密封检漏气压，压力符合要求。在该气压下无泄漏。试验中应按各厂工艺文件的要求检漏、消漏，直至该气压维持到规定的时间
6	涂漆	涂漆质量	查看图纸、工艺及检验要求，观察涂漆质量	涂漆前处理要符合工艺要求。油漆颜色符合合同要求，漆膜厚度要符合工艺要求；涂漆要均匀，特别是部件的死角、弯角、焊缝及铭牌底板和温控器底板等背面都要着漆
7	夹件	工艺及质量检查	查看图纸、工艺及检验要求，观察操作	夹件外形尺寸符合设计要求；夹件焊接后不应扭曲、变形；夹件上不同材质的焊接，必须严格按工艺进行。焊缝要饱满、无夹渣、无气孔；棱边打磨成圆角，不允许有尖角放电；夹件除锈彻底，喷漆均匀、光亮；夹件上磁屏蔽装配牢靠，屏蔽环绝缘良好，且一点接地

序号	见证项目	见证内容	见证方式	见证要求
8	升高座	工艺及质量检查	查看图纸、工艺及检验要求，观察操作	升高座外形尺寸符合设计要求；升高座焊接后无扭曲、焊缝饱满、无夹渣、无气孔、无渗漏；升高座除锈彻底，喷漆均匀、光亮

4.1.4.3 硅钢片剪切、铁芯叠装工艺

铁芯制作工艺流程为：硅钢片剪切→铁芯预叠→摆放夹件→叠装→铁芯夹件、拉带安装及收紧→铁芯起立→铁芯绑扎。

铁芯制作大部分采用不叠上铁轭工艺技术，采用铁芯柱中心定位装置对铁芯窗宽进行控制，叠片过程中检查铁芯片质量，随时对铁芯端面进行修整，每叠完一级分别用卷尺和卡尺测量铁芯对角线尺寸和每级叠片厚度，铁芯紧固件主要由夹件、垫脚、拉板、拉带等组成，铁芯夹件、垫脚、拉板、拉带之间均有绝缘件，铁芯叠片完成后，使用500V摇表测量油道间绝缘电阻。铁芯叠装完成后使用专用工具夹紧起立，采用PET带和无纬绑扎带机械绑扎。铁芯制作完成后用500V摇表测量铁芯-夹件和铁芯油道间的绝缘电阻，检测铁芯柱直径、铁芯硅钢片总厚度、铁芯垂直度。

硅钢片剪切、铁芯叠装检查如表4-3所示。

表4-3 硅钢片剪切、铁芯叠装检查

序号	见证项目	见证内容	见证方法	见证要求
1	工序环境	工序环境	现场查看并记录	温度、湿度、降尘量应符合采购合同和工艺要求并记录。检查相应的环境管理制度执行情况，有测量手段，记录齐全规范，处于受控状态
2	剪片	纵、横剪片后，尺寸、毛刺、外观	观察设备实际运行情况，对照工厂的工艺及检验要求，观察质检员的检测，查看检测记录	硅钢片表面平整、光滑，无气泡、锈蚀、裂纹、孔洞、重皮等；剪切后轭片平整，无卷角、卷边、折痕、压伤，主级片宽；片宽偏差；毛刺：<0.02mm
3	铁芯叠装	叠片方式	查阅图样，观察操作	叠片方式应符合厂家工艺文件要求并记录
		油道（夹件）装配	油道（夹件）装配符合要求	油道数量，油道宽装配符合厂家工艺文件要求
		铁芯叠装过程控制	对照工艺及检验要求，记录检验结果	总厚度及偏差、主级厚度及偏差、窗宽（中心距）及偏差、直径及偏差、两对角线偏差、端面不平整度及抽检接缝距离应符合采购合同和厂家工艺要求
4	铁芯装配	铁芯轭柱的紧固：铁芯紧固方式，铁轭松紧度	对照工艺要求，记录铁轭实际紧固状态	检查铁芯的紧固方式、拧紧力矩是否符合图纸要求并记录。记录抽查螺丝紧固状况

序号	见证项目	见证内容	见证方法	见 证 要 求
4	铁芯装配	铁芯尺寸检查	对照工厂工艺及检验要求，记录检验结果	总厚度及偏差、主级厚度及偏差、窗宽（中心距）及偏差、直径及偏差、两对角线偏差及抽检接缝距离、端面不平整度，离缝、起立后的垂直度允差应符合采购合同和厂家工艺要求。不允许硅钢片弯曲度、高低压下夹件支撑板平面度允差应符合采购合同和厂家工艺要求
		铁芯对夹件绝缘，油道间绝缘	对照工厂工艺及检验要求，记录现场实测值	铁芯对夹件绝缘电阻值符合要求，油道间绝缘电阻值符合要求；测量铁芯应无多点接地
		铁芯屏蔽	对照工艺及检验要求观察、记录	检查铁芯屏蔽、接地是否符合图纸要求并记录

4.1.4.4　绝缘件制造工艺

垫块以绝缘纸板为原料，经下料、剪切、倒角、冲剪而成；线圈用油隙撑条以绝缘纸板为原料，经下料、上胶、热压、剪切、锯宽度、铣制而成；端圈以绝缘纸板为原料，经下料、划圈、粘接而成；压板、垫板以绝缘纸板为原料，经下料、上胶、热压、锯切、车、铣、刨、钻等而成；绝缘纸筒以绝缘纸板为原料，经下料、铣坡口、上模烘干、粘接、修整而成。绝缘件加工后应光滑、无尖角毛刺及碳化痕迹。

4.1.4.5　线圈制造工艺

线圈制造过程为：绕制前准备(安放绝缘筒和油隙撑条垫块)→线圈绕制(控制出头位置、匝数、绕制方向、辐向尺寸、轴向尺寸、撑条、垫块放置、S 弯处位置及绝缘包扎、换位导线处焊接及绝缘包扎、防尘保护、拉紧装置使用)→脱模、检查→压紧、干燥→轴向压紧、轴向高度调整(增减垫块调整线圈高度、检测线圈尺寸)→线圈组装(以靠近铁芯开始，依次为调低压线圈、高压线圈，线圈间由多层绝缘纸板及撑条组成线圈间绝缘，线圈端部由角环、端圈、压板构成铁芯与线圈的绝缘)。

导线的 S 搣弯使用专用工具 S 弯换位器，搣 S 弯处导线换位无剪刀口现象，并采用半叠包扎方式加包绝缘。

绝缘件、线圈检查如表 4 – 4 所示。

表 4 – 4　绝缘件、线圈检查

序号	见证项目	见证内容	见证方法	见 证 要 求
1	电磁线及绝缘材料	生产厂家、导线型号及线规	对照设计文件和变压器采购合同，查验生产厂质量保证书，查看入厂检验文件，查看实物，必要时查验订货合同	1. 生产厂质保书、设计图纸要求、供货合同、供应商入厂检验文件和实物标示统一 2. 对有硬度等要求的导线要查核产品出厂质保书实测值；如果生产厂家与技术协议书要求的不一致，则要书面通知委托人，并附上有关见证文件和监造代表的意见 3. 实物应包装完好，无扭曲变形，绝缘纸无破损；导线电阻、电导率、机械强度、绝缘厚度和层数以及导线外形尺寸应符合相关标准

序号	见证项目	见证内容	见证方法	见 证 要 求
1	电磁线及绝缘材料	硬纸筒	对照设计图纸和工艺文件 现场查看纸板、观察制作	1. 通常要用高密度硬纸板，粘接长度(20～30)倍纸板厚度。外观光洁平整，无变形 2. 纸板厚度、纸筒外径和垂直度偏差符合图纸工艺技术要求
		线圈垫块	对照设计图纸和工艺文件 查看表观质量	1. 应经密化处理，无尖角毛刺，表面清洁 2. 如由本厂绝缘车间生产，可到现场观察；如系外购，则应查验出厂质保书
		线圈撑条	对照设计图纸和工艺文件 查看表观质量	1. 应经密化处理，无尖角、毛刺，表面清洁。在纸筒上粘接应均匀、牢固 2. 检查比较各撑条间距。如有较大差距，应请厂家进行检查核实
		层间绝缘纸	对照设计图纸、供货合同，现场查看表观质量、供货商出厂检验文件；提供质量保证证明书；检查绝缘纸板理化检验报告	检查纸板的牌号、厚度、使用层数。检查纸板理化检验报告记录有效期，必要时进行复试
		静电屏	对照设计图纸和工艺文件 现场观察制作	1. 静电屏的材质(骨架、铜带、外包绝缘)、外形尺寸、引出线的引出位置与图纸工艺要求相符 2. 绝缘纸材质与图纸工艺要求相符，采用半叠包扎，包扎层数符合图纸工艺要求
		换位导线	提供质量保证证明书；对照设计图纸和工艺文件要求	1. 生产厂质保证书线规标示、设计图纸要求、供应商入厂检验文件和实物标示"四统一" 2. 对有硬度等要求的导线要查核产品出厂质保书实测值；如果生产厂家与技术协议书要求的不一致，则要书面通知委托人，并附上有关见证文件和监造的见解 3. 实物应包装完好，无扭曲变形、绝缘纸无破损；导线电阻、电导率、机械强度、固化强度绝缘厚度和层数以及导线外形尺寸应符合相关标准，并且无短路现象
2	线圈绕制	工作环境	现场观察 查看车间温度、湿度、降尘量实测记录	线圈生产对环境要求较高，通常均应在净化密封车间进行作业。温度、湿度、降尘量实测记录应符合设计工艺、变压器采购合同要求
		线圈基本要素：绕向、段数、匝数、线圈形式	对照设计图纸 查看质检记录 现场观察	仔细阅读图纸，对照检查。记录绕向、段数、匝数、线圈形式等信息

序号	见证项目	见证内容	见证方法	见 证 要 求
2	线圈绕制	辐向尺寸及紧密度	对照设计图纸和工艺文件 现场查看 查看质检记录	1. 绕线机要有能保证将线辐向收紧的功能，辐向裕度越小，说明该供应商工艺保证能力越强 2. 记录线圈辐向尺寸的最大偏差
		导线换位处理	对照工艺要求 观察现场专用工器具的配置和使用情况	1. S 弯换位平整、导线无损伤，无剪刀差；导线换位部分(S 弯部位要加包绝缘)绝缘处理良好、规范 2. 导电换位处的位置与图纸要求相符
		导线的焊接	对照相关工艺文件 现场观察实际的焊接设备及操作，必要时查验焊工的考核情况	焊接牢固，表面处理光滑、无尖角毛刺，焊后绝缘处置规范，全过程防屑措施严密
		线圈出头位置及绝缘包扎	对照设计图纸和工艺文件 现场观察、查看	注意线圈出头位置和绝缘包扎的偏差应符合设计和工艺要求。线圈出头绑扎牢固
		并联导线	现场观察并记录质检员的检验	单根导线无断路；并绕导线间无短路；组合导线和换位导线股间无短路。导线外包绝缘无破损
		线圈工艺及尺寸检查	对照检验要求和质检卡 查看实物	1. 过渡垫块，导线换位防护纸板，导油遮板等放置位置正确、规整，油道畅通 2. 线圈表面清洁，无异物(特别是金属异物) 3. 线圈辐向尺寸符合图纸工艺要求 4. 检测导线直流电阻，记录实测值，并与设计值做比较；观察是否存在短路现象
3	线圈干燥整形	线圈干燥	对照工艺要求 现场观察	1. 线圈带压(或恒压)真空干燥，干燥过程中温度、压力、真空度和时间应与工艺技术文件相符 2. 线圈干燥所用的工装设备应和供应商的工艺要求配套，流程应与工艺规定符合 3. 线圈干燥的同时进行淋油处理，防止线圈吸潮
		加压方式压力控制	对照工艺要求 现场观察	1. 线圈干燥出炉后对线圈轴向施加压力，压力值与设计工艺技术要求相符 2. 施压，保持100%压力，记录线圈的轴向高度(为调整线圈轴向高度提供基础数据)
		线圈高度调整	对照工艺要求 现场观察	1. 根据施加100%压力时测定的线圈轴向高度与设计图纸规定的高度相差值，调整线圈高度 2. 根据图纸中规定的线圈调节垫块位置进行增加或减少油道垫块，使线圈高度尺寸符合图纸工艺要求 3. 记录实际垫块调整的数量和位置、线圈轴向高度调整数值

序号	见证项目	见证内容	见证方法	见 证 要 求
3	线圈干燥整形	线圈高度调整	对照工艺要求现场观察	4. 螺旋或层式没有油道垫块的线圈，需在线圈端绝缘的垫块上调节线圈轴向高度，同时记录线圈轴向高度调整数值 5. 线圈油道垫块排列整齐
4	线圈的转运及保管	对整形检验后线圈的转运和保管	对照工艺要求记录搁置时间、保管环境及对线圈的防护	1. 转运和保管过程需有有效措施控制回弹，不允许长时间搁置 2. 记录搁置时间、环境状况及对线圈的防护措施
5	组装准备	工作环境	观察现场的防尘、密封、清洁度，记录车间里降尘量的实测值、温度、湿度	线圈组装工序对生产环境要求很高，都在封闭的净化工作间内作业。温度、湿度、降尘量实测记录应符合设计工艺、变压器采购合同要求
		绝缘材料及绝缘成型件	查看实物，确认所用绝缘材料和绝缘成型件设计和工艺要求	线圈整体套装时所用的绝缘件，表面清洁，无皱褶、起层、鼓包、压折等缺陷。对于有缺陷或局部损伤的绝缘件要求厂家不能使用
		待套装线圈	现场查看	要有上道工序检验合格证，确认转运中无磕碰损伤。检查各线圈不同方向的内径尺寸、撑条数量是否与图纸相符
6	线圈组装	各线圈出头绝缘处理及绝缘主要尺寸检查	对照设计图纸和工艺文件核对尺寸观察实际操作	线圈摆放平稳，垂直度符合工艺要求。各线圈出头位置正确，引线出头绝缘包扎紧实、厚度符合工艺技术要求
		线圈套装的松紧度及牢固性检查	对照设计和工艺要求现场观察	1. 套装线圈松紧应适度。图纸中标示的围屏厚度为最小绝缘要求 2. 由于绝缘制作的分散性，在套装线圈过紧的情况下，可以减小油隙撑条的厚度，过松时要增加，但必须在供应商工艺文件规定的允许范围内 3. 油道撑条摆放位置正确，所围纸板、正反角环搭接尺寸符合工艺技术要求。线圈出头位置尺寸符合图纸要求 4. 必要时，应再次确认各层绝缘的厚度；确认各层绝缘处置是否得当；应记录油隙和围屏的实际数据和调整量
		套装后的处理和保管	对照工艺要求现场观察	线圈套装后的各相绕组要压紧，并测量包括下托板和上压板在内的绕组总高度，总高度尺寸符合图纸要求，并小于铁芯窗高

4.1.4.6　器身装配工艺

工艺流程：器身装配→引线装配→器身与油箱预装→器身入炉干燥。

工艺要点：铁芯吊放在平台上，在装配前，仔细检查屏蔽质量，接地线连接良好。安装下铁轭垫板，在铁芯柱上套装组装线圈，在落放组装线圈绕组后线圈出头位置正确，上铁轭装配完工后，需对上轭装配尺寸、铁芯绝缘电阻及各接地部位进行检查，检查合格后进行中间试验，中间试验合格后进入引线装配工序。分接线位置布置合理，排列整齐，引线间绝缘距离符合要求。器身装配完工后对产品器身进行下箱预装，器身下箱后测量各部件和引线对箱壁的绝缘距离；完成引线装配后进行中间试验。器身装配检查如表4−5所示。

表4−5　器身装配检查

序号	见证项目	见证内容	见证方法	见证要求
1	铁芯检查及就位	铁芯在装配台就位	对照工艺要求现场观察	铁芯就位后，要保证芯柱与装配平台垂直
		铁芯合格，无磕碰损伤	查看铁芯质检卡现场观察查看并记录铁芯对夹件及铁芯油道间绝缘电阻	铁芯各端面无磕碰、无损伤，检测铁芯对夹件绝缘电阻，绝缘电阻值符合要求，铁芯油道间不通路
2	待用绝缘件和部件	铁轭绝缘，纸板、端圈等绝缘件	对照设计文件查看实物查看质检员检验卡	绝缘件外形尺寸与图纸工艺相符，表面清洁，无鼓包、起层，无开裂现象
		芯柱、轭及旁轭用地屏等部件	对照设计文件查看实物查看质检员检验卡	地屏清洁、完好，出头位置符合图纸标示
		静电板（屏、环）	对照设计和工艺要求查看实物查看质检员质检卡	铜带包扎密实、平整、规范，引出线焊接牢靠，出头绝缘处理规范；装配前已进行单独平面压紧干燥
3	绕组套装	相绕组整体套装	对照设计和工艺要求现场观察	1. 相绕组套入屏蔽后的芯柱要松紧适度；必要时在铁芯与线圈内径之间加绝缘纸板 2. 下铁轭垫块及下铁轭绝缘平整、稳固、与夹件肢板接触紧密；相绕组各出头位置符合图纸标示
4	上铁轭装配	插上铁轭片	对照工艺要求现场观察查看工序质量检验卡	1. 插上铁轭片前，对各相绕组进行防护，防止异物掉入绕组内 2. 铁芯片不能有搭接，端面应平整。接缝、端面平整度、波浪度符合工艺技术要求
		上铁轭装配	对照工艺要求现场观察记录上铁轭实际压紧力记录上铁轭装配完成后铁芯对夹件的绝缘电阻值	1. 插下去的片要做到位置正确，铁轭插片后应平整，铁芯端面平整度、接地片插入深度、上铁轭松紧度应符合工艺要求 2. 上铁轭装配后铁芯对夹件及铁芯油道间的绝缘电阻值应和装配前基本一致 3. 铁轭拉带、拉板绝缘包扎完好，螺栓、螺母紧要使用力矩扳手，紧固力符合工艺技术要求

序号	见证项目	见证内容	见证方法	见证要求
5	分接开关检查	分接开关表观检查	查看进厂检验记录　开箱后确认分接开关包装完好，转运过程中无损伤，也无其它异常情况	1. 确认开关的供应商和开关型号规格、实物与变压器采购合同、设计图纸、见证文件统一 2. 开关外观无磕碰，表面涂漆均匀，电镀件无锈蚀痕迹。发生或发现任何异常，要追踪问题的分析和处理
		无励磁分接开关特性测试	观察检测过程　查看检测结果	规格型号、生产厂家应符合变压器采购合同和设计要求，无损伤、变形，表面清洁，开关动作检查，手动操作灵活、准确
		有载分接开关特性测试		1. 规格型号、生产厂家应符合变压器采购合同和设计要求，无损伤、变形，表面清洁，开关动作检查，手动、电动(含85%电压)操作的灵活、准确和对称 2. 验证开关限位保护的可靠性
6	引线制作和装配	引线支架及绝缘件配置	对照设计图纸　查看实物	检验合格，且实物无损伤、开裂和变形
		引线联接牢固及绝缘间距检查(焊接)	对照工艺要求　现场观察实际操作	焊接要有一定的搭界面积(依工艺文件)；焊面饱满，表面处理后无氧化皮、尖角毛刺
		引线联接牢固及绝缘间距检查(冷压接)	对照工艺要求　现场观察实际操作	1. 冷压接装置配套完整，所用压接套筒规格和规范要求一致 2. 压时套管内填充充实 3. 引线对引线、引线对夹件、引线对油箱的绝缘距离应符合图纸工艺技术要求，对冷压接头部位要进行屏蔽包扎 4. 必要时查看供应商最新所做冷压接头的理化试验报告
		引线的屏蔽和绝缘	对照设计图纸和工艺文件　现场观察实际操作	1. 屏蔽紧贴导线，包扎紧实，表面圆滑 2. 屏蔽件的等电位线固定良好，连接牢靠，不受牵力，绝缘包扎要紧实，锥度、厚度应符合图纸工艺要求
		引线的夹持与排列	对照设计图纸和工艺文件　现场观察、查看	1. 引线排列和图纸相符，排列整齐，均匀美观 2. 所有夹持有效，引线无松动，分接开关位置正确，不受引线的牵拉力 3. 引线距离应符合相互间的最小要求 4. 引线夹持件不应开裂和变形，固定夹持件的金属(绝缘)螺栓应有防松措施

序号	见证项目	见证内容	见证方法	见证要求
7	工序、检查和试验	器身清洁度	现场观察	确认器身清洁(要拆除事先所加的器身所有临时防护物品),无金属和非金属异物残留
		铁芯及地屏接地	对照工艺要求 现场观察并记录实测值	1. 铁芯、夹件等绝缘电阻合格;铁芯油道间不通路 2. 各芯柱、轭柱地屏接地可靠,地屏出头连接后其绝缘距离须符合工艺文件要求
		各线圈直流电阻测量	对照设计文件 现场观察	测量各线圈直流电阻值;留取原始数据,以便后续试验时分析、比较
		变比测量(在每个分接进行)	对照设计文件 现场观察	检测器身引线分接开关联接正确、良好,分接开关动作正常。变比在正常偏差范围内
8	预装配	器身和油箱的预装配	现场观察 记录发生的问题及处理过程	确认器身在油箱中定位准确,引线对线圈、引线对引线、引线对箱壁的绝缘距离符合工艺要求
9	干燥前准备	器身装罐测温探头设置	对照工艺文件 现场观察	确认测温热敏探头的设置位置
		装罐物件	现场观察	凡是变压器在总装过程中使用的绝缘件、在总装配中可能要添加用到的绝缘件、在总装配时用到的套管出线成型件和备件都要随器身一起进行真空干燥处理
10	干燥过程	干燥过程控制	对照工艺文件查看干燥记录	1. 了解干燥过程中,准备、加热、减压、高真空四个阶段的基本要求 2. 记录干燥过程不同阶段的温度、真空度、持续时间、出水量的变化等 3. 如发现任何异常,均要联系技术部门释疑,并使问题最终解决
11	干燥完成的终点判断	终点判断的各项参数	对照工艺文件查看干燥记录	1. 确认真空干燥罐在线参数测定装置完好,运行稳定 2. 依据工艺判断是否干燥,是否满足干燥结束条件,并由供应商出具书面结论(含干燥曲线) 3. 记录铁芯温度、线圈温度、真空度、出水率

4.1.4.7 总装配

工艺流程:器身出炉整理(油箱准备)→器身下箱→总装配→抽真空、真空注油、热油循环→静放。

器身出炉后,对器身压装整理(压钉结构的销子可以拔出即压紧力达到要求),紧固拉带螺栓、垫脚螺栓、各部位的引线夹持件绝缘螺杆和螺母,并在绝缘螺杆和螺母交接处点胶锁紧,防止螺母松动。调整引出线成型绝缘件的角度,各方位相对尺寸应配合准确。对器身全面检查,测量铁芯、夹件等绝缘电阻。按照图纸要求在油箱内壁安装绝缘纸板,装配过程中，向油箱内连续吹入露点不大于 −55℃的干燥空气，充气前应检测干燥空气露点。器身下箱后，应对各引线及出线装置对箱壁的绝缘距离进行测量。安装上节油箱后分别测量铁芯对夹件、铁芯对地、夹件对地绝缘电阻。高压套管起吊时应使用双车进行起吊，并使用专用吊具，确定套管的插入深度。

总装配检查如表4−6所示。

表4−6　总装配检查

序号	见证项目	见证内容	见证方法	见证要求
1	组件准备	套管	对照变压器采购合同、设计文件查验原厂质量保证书和出厂试验报告，查看供应商的入厂检验记录，核对实物，查看实物的表观质量，必要时查看供应商的采购合同	1. 套管型号、规格、实物外形尺寸和检测报告要与设计文件和变压器采购合同一致 2. 认真核对套管出厂试验报告中的各项试验数据，如密封试验、工频耐压试验、雷电冲击试验、局部放电测量、介质损耗因数和电容量测量、套管内变压器油击穿电压、色谱分析和微水等是否合格通过 3. 外观检查：釉面光滑、无碰伤、颜色均匀，法兰表面无锈蚀，密封面无磕碰，法兰安装孔位置正确，接地装置完好，铭牌清晰，附件齐全，油面位置符合要求 4. 如果存在质量缺陷，要求厂家必须退换
		片式散热器、强油循环风冷却器	对照变压器采购合同、设计文件核对原厂质量保证书和出厂试验报告，查看供应商的入厂检验记录，现场核对实物、实物的质量，必要时查看供应商的采购合同	1. 查看散热器(或冷却器)的型号规格、生产商及其出厂试验报告 2. 实物表观完好无损，内部清洁
		升高座		1. 电流互感器的组数、规格、精度、性能与变压器采购合同、设计文件的配置图相符 2. 装入升高座后，确认极性和变比正确
		储油柜		1. 储油柜的型号规格、生产商及其出厂文件与变压器采购合同、设计文件、入厂检验相符 2. 波纹管储油柜应检查波纹管伸缩灵活，密封完好；胶囊式储油柜应检查胶囊完好；油位计安装正确，指针动作灵敏、正确
		密封件、阀门等变压器其它装配附件	现场核对见证文件和实物 观察实物的表观质量 对照总装配图附件明细表	1. 所有变压器装配附件要有出厂合格证、出厂检测或试验报告 2. 主要部件包括：气体继电器、压力释放阀、油流继油器、带远信或控制的温度计、油位计、胶囊(隔膜)、速动油压继电器、油面温度计、绕组温度计和各类控制箱(操作和控制风机、油泵、电动阀等)
2	油箱准备	油箱屏蔽	对照设计图纸、工艺文件现场查看	油箱屏蔽安装规整、牢固，绝缘可靠

序号	见证项目	见证内容	见证方法	见证要求
2	油箱准备	油箱清洁	现场查看	彻底清理油箱内部,应无任何异物,无浮尘,无漆膜脱落,光亮,清洁。器身下箱前应再次到位查看
3	真空干燥后的器身整理	器身检查	现场观察	1. 器身应洁净,无污秽和杂物,铁芯无锈蚀 2. 各绝缘垫块、端圈、引线夹持件无开裂、起层、变形和不正常的色变
		器身紧固	对照设计文件,现场观察,记录实际压紧力	1. 各相的轴向压紧力必须达到设计要求 2. 压紧后在上铁轭下端面的填充垫块要坚实充分,各相设定的压紧装置要稳定、锁牢 3. 器身上所有紧固螺栓(包括绝缘螺栓)按要求拧紧,并做好防松措施 4. 器身清理紧固后再次确认铁芯绝缘
		器身在空气中暴露的时间	对照工艺文件现场观察记录出炉到结束全过程查看质检员的检验记录	根据器身暴露的环境(温度、湿度)条件和时间,针对不同产品,按供应商的工艺规定,必要时再入炉进行表面干燥,或延长抽真空处理时间(按供应商的工艺规定)、热油循环时间
4	器身下箱	器身就位	对照工艺文件现场观察	器身起吊、下箱平稳无冲撞。器身下箱定位准确,并再次确认或调整引线间和引线对夹件、引线对油箱的最小绝缘距离;开关不应受力扭斜
		油箱大罩(或筒、盖)就位		吊装时不得与器身碰撞,即使轻微,也必须检查或处理
		油箱密封		安装完上盖后测量铁芯对油箱、夹件对油箱的绝缘电阻
5	变压器各组附件装配	变压器各组附件装配	对照设计文件现场观察记录可能出现的各种问题及其处理	1. 除非另有约定,否则应将变压器各种组附件、所有管路、升高座在厂内作一次全组装 2. 各套管安装时要使引线绝缘锥体刚好进入均压球内;各套管安装完成后要确认套管外绝缘距离
6	真空处理和真空注油	真空注油	对照工艺文件现场观察记录实际过程和参数	1. 产品完成总装后进行抽真空处理,本体内真空度、持续时间应符合工艺要求 2. 记录真空注油时的真空残压值 3. 记录注油速度和滤油机进口油温应符合工艺技术要求
7	热油循环	热油循环的实际参数	现场观察记录油温、循环时间和循环时油箱内的残压	1. 热油循环时要维持一定的真空度,热油循环应符合供应商工艺要求 2. 记录循环时间及滤油机进出口的温度
8	变压器的静放	静放时间	记录变压器静放时间	从热油循环结束到进行绝缘强度试验前的时间为静放时间;静放时间应符合工艺要求

4.1.4.8 出厂试验

试验过程的质量控制，是用户方的关注焦点，制造方应在试验前一个月向监造方报送试验方案及试验计划，监造方根据技术协议及相关标准规范要求进行审查，审查通过后，须取得业主同意。试验方案若需变更，须重新向监造方和业主报审。

出厂试验审查内容、方法及要求如表4-7所示。

表4-7 出厂试验审查

序号	见证项目	见证内容	见证方法	见证要求
一	试验方案	审查试验方案和试验计划	提前审查试验方案，取得业主同意	按照变压器采购合同及相关文件对试验方案的符合性进行检查见证，试验方案经监造方和业主同意后方可试验
二	例行试验			
1	绕组直流电阻测量	仪器仪表	观察并记录	仪器、仪表的效检应处于有定期内；精度符合要求
		试品状态		查看油位、记录温度
		测量过程		1. 测量所有分接的绕组直流电阻 2. 测量时要等待绕组自感效应的影响降到最低程度再读取数据。同一设计的各相绕组之间的直流电阻偏差应在所有相同设计的变压器绕组的平均直流电阻的2%的范围内。电阻折算到75℃下，与技术协议、设计文件进行对比
2	电压比测量	查看仪器仪表	观察并记录	仪器、仪表的效检应处于有定期内；精度符合要求
		查看并联支路间的等匝试验记录		电压比测量前，应先查看并联支路间的等匝试验记录
		观察测试		电压比测量应分别在所有分接上进行
		查看电压比偏差		额定分接电压比偏差≤±0.5%
3	联结组标号检定	查看仪器仪表	观察并记录	仪器、仪表的效检应处于有定期内；精度符合要求
		观察测试		联结组必须符合产品订货合同和技术协议要求
4	绕组、铁芯、夹件绝缘电阻测试，铁芯、夹件耐压试验	查看仪表仪器	观察并记录	仪器、仪表的效检应处于有定期内；精度符合要求
		观察试品状态		检查并记录油温、环境温度和湿度
		观察测量绕组绝缘电阻		1. 绕组绝缘电阻测量：测量每一绕组对地及其余绕组间 R_{15s}、R_{60s}、R_{10min} 的绝缘电阻值，测量在 5～40℃ 温度下进行 2. 测量铁芯对夹件、夹件对地的绝缘电阻值，至少应为 1 000 MΩ 3. 为减少公式换算产生的偏差，该项目的试验应尽可能在本体温度接近20℃时测试
		核算吸收比和极化指数		根据所测得的绕组绝缘电阻值，计算吸收比和极化指数。极化指数小于1.5，吸收比小于1.3，当 R_{60s} 大于 10 000 MΩ 时，吸收比和极化指数可不做考核要求

序号	见证项目	见证内容	见证方法	见证要求
5	绕组和套管介质损耗因数、电容测量	查看仪表仪器	观察并记录	仪器、仪表的效检应处于有定期内；精度符合要求
		观察测量		1. 测量每一绕组对地电容值及其余绕组间的介损，测量在 5～40℃ 温度下进行，并将测试温度下的介损值换算到 20℃ 　试验电压 10kV，电桥采用反接法，非试绕组接地，绕组之间采用正接法，绕组的介质损耗因数应 ≤0.005 　2. 单独测量套管的介损和电容，测量电压 10kV，电桥采用正接法，套管的介质损耗因数应 ≤0.004 并对套管末屏进行 1min、2kV 的交流耐压测试 　3. 为减少用公式换算产生的偏差，该项目的试验应尽可能在本体温度接近 20℃ 时测试
6	空载试验	查看互感器、仪器	观察并记录	电流互感器和电压互感器的精度不应低于 0.05 级，且量程合适；应用高精度的功率分析仪。仪器、仪表的效检应处于有定期内
		观察测量空载电流和空载损耗		1. 在额定分接及施加额定电压的 50%、60%、70%、80%、90%、100%、110%、115% 下进行，对所有外施电压的波形参数均应进行记录，试验电压以平均值电压表读数为准。若平均值电压表读数与方均根值电压表读数之差在 3% 之内，则试验电压波形满足要求；如果 115% 及以上额定电压下电压表读数的偏差大于 3%，应商议确定试验的有效性 　2. 当怀疑有剩磁影响测量数据时，应要求退磁后复试
		观察测量伏安特性 观察长时空载试验 空载励磁特性 空载电流谐波测量		通常在绝缘强度试验前后进行 　1. 空载励磁特性测量：分别在 50%、60%、70%、80%、90%、100%、105%、110%、115% 额定电压下测量空载损耗和空载电流，并对测量结果进行波形校正 　2. 测量 90%～115% 额定电压下，以每 5% 作为一级电压逐级测量各次谐波分量
7	短路阻抗和负载损耗测量，低电流短路阻抗测量	查看互感器、仪器	观察并记录	电流互感器和电压互感器的准确度不应低于 0.05 级，应用高精度的功率分析仪。仪器、仪表的效检应处于有定期内
		观察试品状态		记录油位、温度。测量应在短路的情况下进行 　根据相关规定测量额定分接和极限分接的负载损耗和短路阻抗

序号	见证项目	见证内容	见证方法	见 证 要 求
7	短路阻抗和负载损耗测量，低电流短路阻抗测量	观察短路阻抗和负载损耗测量	观察并记录	1. 取 75℃ 作为绕组基准平均温度，在额定频率下，电流在额定电流的 70%～100% 范围内。同一联接组中所有产品在主分接位置的短路阻抗平均值偏差不能超过 ±2%。短路阻抗和负载损耗应符合技术协议和相关要求 2. 试验测量应迅速进行，避免绕组发热影响试验结果
		低电流下短路阻抗的测量		分别在额定分接和极限分接测量，施加电流 5A
8	线端雷电全波冲击试验（LI）	查看试验装置、仪器，分压比	观察并记录	仪器、仪表的效检应处于有定期内。如果分接范围 ≤ ±5%，变压器置于主分接试验；如果分接范围 > ±5%，试验应在两个极限分接和主分接进行，在每一相使用其中的一个分接进行试验 对照试验方案，做好现场记录
		观察冲击波形及电压峰值		波前时间一般为 1.2(1±30%)μs，半峰时间为 50(1±20%)μs，电压峰值允许偏差 ±3%。震荡峰值应不大于 10%
		观察冲击过程及次序		包括电压为 50%～75% 全试验电压的一次冲击及其后的三次全电压冲击。必要时，全电压冲击后加做 50%～75% 试验电压下的冲击，以便比较
		试验结果初步判定		变压器无异常声响，电压、电流无突变，在降低试验电压下冲击与全试验电压下冲击的示波图上电压和电流的波形无明显差异，且无异常，则本试验通过
9	耐冲击试验（SI）	查看试验装置、仪器，分压比	观察并记录	仪器、仪表的效检应处于有定期内 耐受电压按具有最高 U_m 值的绕组确定。其它绕组上的试验电压值尽可能接近其耐受值，相间电压不应超过相耐压值的 1.5 倍 对照试验方案，做好现场记录
		观察冲击电压波形及峰值		波前时间一般应不小于 100μs，超过 90% 规定峰值时间至少为 200μs，从视在原点到第一个过零点时间应 ≥500μs，最好为 1000μs
		观察冲击过程及次、序		试验顺序：一次降低试验电压水平（50%～75%）的负极性冲击，三次 100% 冲击电压的负极性冲击
		试验结果初步判定		变压器无异常声响、示波图中电压没有突降、电流也无中断或突变、电压波形过零时间与中性点电流最大值时间基本对应，且无异常，则本试验通过
10	外施工频耐压试验	查看试验装置，分压比	观察并记录	仪器、仪表的效检应处于有定期内
		观察加压全过程		对中性点端子和低压进行外施交流耐压试验，试验装置、仪器、接线、试验电压符合技术协议和标准要求。峰值与方均根值的比值范围在 $\sqrt{2} ± 0.07$ 内，试验时间 1min
		试验结果初步判定		变压器无异常声响，电压、电流无突变

序号	见证项目	见证内容	见证方法	见 证 要 求
11	长时感应电压试验（ACLD，即局部放电测量）	查看试验装置、仪器及接线，变比	观察并记录	仪器、仪表的效检应处于有定期内 高压引线侧应无晕化。对照试验方案，做好现场记录
		观察并记录背景噪声		背景噪声应远小于合同要求
		观察方波校准		每个测量端子都应校准，并记录传递系数
		观察感应电压频率及峰值		合理选择相匹配的分压器和峰值表；电压偏差在 ±3% 以内；频率应接近选择的额定值
		观察感应电压全过程		按试验方案或相关规定的时间顺序施加试验电压
		观察局部放电测量		1. 观察记录在第二个 $1.5U_{\mathrm{m}}/\sqrt{3}$ 的 60min 内（绝缘试验前的预局部放电 30min），放电量不超过技术协议值，且局部放电特性无持续上升的趋势，并记录起始电压和熄灭电压 2. 若放电量随时间递增，则应延长 U_2 的持续时间以观后效，半小时内不增长可视为平稳
		试验结果初步判定		变压器无异常声响，试验电压无突降现象，视在放电量趋势平稳且在限值内，试验负责人认为无异常，即可初步认为试验通过
12	油中气体分析	观察采样	观察并记录	采样时间须符合技术协议及相关要求 留存有异常的分析结果，记录取样部位
		查看色谱分析报告		变压器油试验结果应满足合同技术要求
13	分接开关试验	观察开关安装检查	观察并记录	1. 切换机构、选择器和手动机构联结后，手摇操作若干个循环（从初始分接到分接范围的一端，再到另一端，然后返回到初始分接为一个循环），校验其正反调时的对称性和调到极限位置后的机械限位 2. 分接开关本体上的挡位指示和手动机构箱上的挡位指示一致
		观察手动操作试验		变压器不励磁，手动操作 8 个循环
14	绝缘油试验	理化试验和工频耐压	查看记录	绝缘油有许多是从炼油厂直发工地的，查看绝缘油质量文件
15	声级测量	查看测试仪器，观察试验过程	观察并记录	仪器的效检应处于有定期内 噪声试验应根据 GB/T1094.10 进行；在合同技术协议要求下进行测量
16	绕组变形测试	查看测试仪器	观察并记录	对照试验方案，做好现场记录
17	变压器整体密封试验	现场观察试验操作方法，查看记录	观察并记录	根据相关规定进行试验，记录压力、时间、实际渗漏情况

序号	见证项目	见证内容	见证方法	见证要求
18	套管电流互感器试验	观察测试，查看记录	观察并记录	根据技术协议和试验方案在变压器出厂试验时，对套管电流互感器进行变比试验、饱和曲线试验
19	无线电干扰测量	查看测试仪器，观察测试过程	观察并记录	对照试验方案，做好现场记录，高压线端电压达到 $1.1U_m/\sqrt{3}$ kV
20	低电压空载电流和空载损耗测量	查看测试仪器，观察测试过程	观察并记录	空载损耗和空载电流应根据规定进行测量。测量应在主分接头位置下进行，测量时绕组开路，施加380V工频正弦电压测量低电压下空载电流和空载损耗
三	型式试验			
1	中性点雷电全波冲击试验（L1）	查看试验装置、仪器及其接线，分压比	观察并记录	对于绕组带分接的变压器，当分接位于绕组中性点端子附近时，应选择具有最大匝数比的分接进行
		观察冲击电压波形及峰值		波形参数：波前时间 $1.2 \sim 13\mu s$，半峰时间 $50(1\pm20\%)\mu s$
		观察冲击过程及次、序		顺序：电压为 $50\% \sim 75\%$ 全试验电压下的一次冲击及其后的三次全电压冲击
		初步分析		变压器无异常声响，在降低试验电压下冲击与全试验电压下冲击的示波图上电压和电流的波形无明显差异，且试验无异常，则本试验通过
2	线端雷电截波冲击试验（LIC）	查看试验装置、仪器及其接线，分压比	观察并记录	1. 如果分接范围 $\leqslant \pm5\%$，置于主分接试验；如果分接范围 $> \pm5\%$，试验应在两个极限分接和主分接进行，在每一相使用其中的一个分接 2. 对照试验方案，做好现场记录
		观察冲击电压波形及峰值		波前时间一般为 $1.2(1\pm30\%)\mu s$，截断时间应在 $2 \sim 6\mu s$ 间，跌落时间一般不应大于 $0.7\mu s$，波的反极性峰值不应大于截波冲击峰值的30%
		观察冲击过程及次、序		截波冲击试验应在插入雷电全波冲击试验的过程中进行，顺序如下： 一次降低电压的全波冲击 一次全电压的全波冲击 一次或多次降低电压的截波冲击 两次全电压的截波冲击 两次全电压的全波冲击
		初步分析		如变压器无异常声响，示波图中电压、示伤电流波形在降低试验电压下和全试验电压下无明显差异，后续的全波冲击作为截波冲击的补充判断，且试验无异常，则本试验通过

序号	见证项目	见证内容	见证方法	见 证 要 求
3	温升试验	观测环境温度	观察并记录	记录测温计的布置
		观测油温		注意测温计的校验纪录和测点布置
		观察通流升温过程		1. 选在最大电流分接上进行总损耗 2. 当顶层油温升的变化率连续 3h 小于1K/h，测量顶层油温、油平均温升 3. 配以红外热像检测油箱热点温升 4. 监视电流表的读数，应与最大总损耗对应
		观测绕组电阻		顶层油温升测定后，应立即将试验电流降低到该分接对应的额定电流，继续试验 1h，1h 终了时，应迅速切断电源和打开短路线，分别测量热电阻，并计算出绕组的平均温升和热点温升。同时监视热电阻的测量并记录相关数据
		查看绕组温度推算		1. 采用外推法或其它方法求出断电瞬间绕组的电阻值，根据该值计算绕组的温度 2. 绕组的温度值应加上油温的降低值，并减去施加总损耗末了时的冷却介质温度，即是绕组平均温升 3. 温升值应符合技术协议和相关标准要求
4	油箱机械强度试验	现场观察试验操作方法，查看记录	观察并记录	注意压力、时间、实际测量数据，应符合技术协议及相关标准要求
四	特殊试验			
1	短时感应耐压试验	查看试验装置、仪器及其接线和互感器变比	观察并记录	仪器、仪表的效检应处于有定期内 高压引线侧应无晕化；对照试验方案，做好现场记录
		观察并记录背景噪声		背景噪声应远小于合同要求值
		观察方波校准		每个测量端子都应校准，并记录传递系数
		观察电压频率及峰值		合理选择相匹配的分压器和峰值表；电压偏差在 ±3% 以内；频率应接近选择的额定值
		观察感应耐压全过程		按试验方案或相关规定的时间顺序施加试验电压
		观察局部放电测量		合理选择相匹配的分压器和峰值表；电压偏差在 ±3% 以内；频率应接近选择的额定值
		初步分析		按试验方案或相关规定的时间顺序施加试验电压
2	短路承受能力试验	短路能力计算书	核对并记录	审查短路能力计算书

续表 4 – 7

序号	见证项目	见证内容	见证方法	见证要求
3	风扇电机和油泵电机吸取功率的测量	查看测试仪器及接线	核对并记录	在 50Hz、380V 电压下测量风扇和油泵电机吸收的功率，对照试验方案，做好现场记录
		观察测试过程		

4.1.4.9 包装储运（见表 4 – 8）

表 4 – 8 包装储运见证

序号	见证项目	见证内容	见证方法	见证要求
1	包装	主体和附件装箱单、外观、防潮等包装检查	对照设计文件现场查看	1. 包装文件应有拆卸一览表和产品装箱单等，实物和装箱单相符 2. 变压器外壳整洁，无外挂游离物 3. 油箱所有法兰应用封板密封良好无渗漏 4. 按合同及相关要求用干燥气体置换变压器油 5. 储油柜、散热器按工艺要求做好密封和防护 6. 油气连接管应有密封、防潮措施，连接法兰处有编号 7. 电流互感器升高座按合同及相关要求充干燥气体或者变压器油，有防潮处理措施 8. 变压器油罐强度足够，单个容量以 10～15 吨为宜
2	入库	存放期气压检查、防雨防潮措施	现场查看、检查记录	1、变压器本体储存在 3 个月内，头一周每天对气压进行检查，要求在 20～30kPa，若每次检查结果均正常，其后每周检查两次，并有检测记录，气压低于 10kPa 时必须补气 2. 变压器存放时间超过 3 个月的，变压器应安装储油柜及吸湿器，注以合格油至储油柜规定油位，每隔 10 天对变压器外观进行一次检查，仔细观察有无渗漏现象，油位是否正常，外表有无锈蚀；在发运前用干燥空气置换变压器油 3. 其它包装件有防雨防潮措施，若充气应定期检查气体压力
3	发运	存放时间、密封性和冲撞记录仪安装等	现场查看、检查记录	1. 变压器密封性良好，必须保持正压，压力必须保持在 20～30kPa 范围内，压力监视表处于明显位置，并附补气装置和备用气体 2. 冲撞记录仪安装牢固，确认记录仪电源充足，各方向指针设定在中心线位置，启动时开启电源，确认设备正常

4.1.5 工程问题处理案例

问题描述：某工程一台电力变压器在 2016 年 1 月出厂试验，在进行 C 相相对地短时感应耐压试验同时局部放电测量（ACSD 试验频率 200Hz），加电压 680kV 前高、低压局部放电量均小于 100pC，从 680kV 降到 $1.5U_m/\sqrt{3}$ 后，高、低压局部放电量均超过 10 000pC。

对外部检查确认变压器、试验设备及回路无异常，继续加压试验，在 $1.1U_{\mathrm{m}}/\sqrt{3}$ 下高、低压局部放电量均超过 10 000pC，熄灭电压 238kV，经定位分析，确定故障部位在 C 相高低压间且高压首端靠近低压侧位置。绝缘油色谱分析数据如表 4−9 所示。

表 4−9　绝缘油色谱分析数据　　　　　　（单位：μL/L）

时间	CO	CO_2	CH_4	C_2H_2	C_2H_4	C_2H_6	H_2	总烃量
冲击试验后	13.84	286.23	0.87	0	0.07	0	0	0.94
C 相 ACSD 后	15.56	277.22	0.77	0.66	0.24	0.08	1.48	1.75

解体发现 C 相低压线圈上端静电环电位连接线根部及对应的成型绝缘角环上有放电痕迹，打开静电环电位连线绝缘件，发现内层绝缘纸有放电痕迹，完全拆除绝缘件后，静电环电位有两小股铜线断开，其中一股成弯曲打圈状态，静电环周围无异常，如图 4−3 ～图 4−5 所示。检查其它，未发现异常。

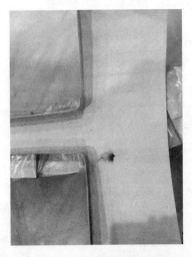

图 4−3　角环放电痕迹　　　　　　　　图 4−4　静电环放电痕迹

图 4−5　静电环电位两小股铜线断开

原因分析： C 相低压线圈上端静电环电位连线有两小股铜线因缺陷出现断股现象，形成尖锐毛刺，在 ACSD 试验下，导致尖端局部放电，放电现象与试验过程中绝缘油色谱变化相符。

处理措施： 更换低压线圈上端的静电环及对应成型绝缘角环。

处理结果： 经上述处理后，试验合格。今后应加强检查，确保电位连线表面光滑，无断线现象。

4.1.6 普通电力变压器质保期故障树

普通电力变压器质保期故障树如图 4 − 6 所示。

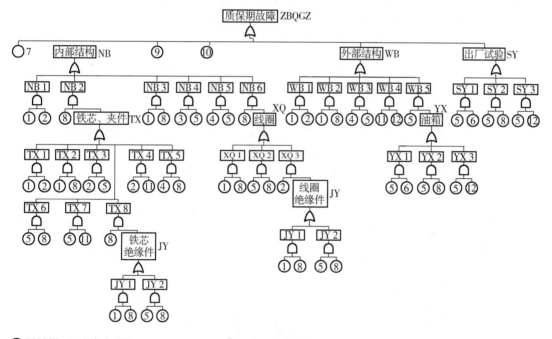

① 原材料、组部件问题 ⑤ 厂家不规范操作 ⑨ 安装
② 环境因素（温湿度、洁净度）问题 ⑥ 破坏性试验 ⑩ 储存运输
③ 干燥度（包括线圈、器身干燥）问题 ⑦ 设计缺陷（包括不符合技术要求） ⑪ 工艺方法缺陷
④ 紧密度（紧固件紧固）问题 ⑧ 检验、试验缺项或方法问题 ⑫ 设备、仪器、工具问题

图 4 − 6 普通电力变压器质保期故障树

NB1——原材料、组部件(如分接开关、器身绝缘件等)与环境因素造成的问题；

NB2——铁芯、夹件与检验、试验缺项或方法缺陷造成的问题；

NB3——原材料、组部件(如分接开关、器身绝缘体、紧固件)等与检验、试验缺项或方法缺陷造成的问题；

NB4——线圈、器身干燥与操作不规范造成的问题；

NB5——紧固件紧固、线圈及器身松紧度与操作不规范造成的问题；

NB6——检验、试验缺项或方法缺陷造成的问题与线圈造成的问题；

WB1——原材料、组部件(如套管、高压出线装置、套管电流互感器等)与环境因素造成的问题;

WB2——原材料、组部件(如套管、高压出线装置、套管电流互感器等)与检验、试验缺项或方法不当造成的问题;

WB3——紧固件紧固与操作不规范造成的问题;

WB4——工艺方法缺陷与设备、仪器、工具造成的问题;

WB5——操作不规范与油箱造成的问题;

SY1——试验操作不规范与过多进行破坏性试验造成的问题;

SY2——试验操作不规范与试验检测漏检或方法缺陷造成的问题;

SY3——试验操作不规范与试验、检验设备问题造成的问题;

TX1——原材料、组部件(如硅钢片等)与环境因素造成的问题;

TX2——原材料、组部件(如硅钢片等)与检验、试验缺项或方法缺陷造成的问题;

TX3——环境因素与厂家不规范操作造成的问题;

TX4——环境因素与工艺方法缺陷造成的问题;

TX5——铁芯紧固件、夹件、拉板等紧固与检验、试验缺项或方法缺陷造成的问题;

TX6——操作不规范与试验检测漏检或方法缺陷造成的问题;

TX7——操作不规范与工艺方法缺陷造成的问题;

TX8——检验、试验缺项或方法缺陷与铁芯绝缘件造成的问题;

XQ1——原材料、组部件(如绝缘纸板、电磁线等)与检验、试验缺项或方法缺陷造成的问题;

XQ2——操作不规范与工艺方法缺陷造成的问题;

XQ3——环境因素与线圈绝缘件造成的问题;

YX1——试验操作不规范与破坏性试验(如机械强度试验)造成的问题;

YX2——操作不规范与工艺方法缺陷造成的问题;

YX3——操作不规范与试验、检验设备问题造成的问题;

JY1——原材料、组部件(如绝缘纸板、绝缘筒)与检验、试验缺项或方法缺陷等造成的问题;

JY2——厂家不规范操作与检验、试验缺项或方法缺陷造成的问题。

根据主网某公司运行管理系统 10 年数据,将故障类型分为:①附件故障、②本体绝缘故障(包括油、气绝缘介质异常)、③本体密封故障、④本体过热故障、⑤二次系统故障。普通电力变压器总共记录 446 个异常问题,其中,附件故障问题为 260 个,本体绝缘故障问题为 15 个,本体密封故障问题为 73 个,本体过热故障问题为 18 个,二次系统故障问题为 80 个。从运行数据可以看到,虽然附件故障占比最大,约占 58.3%,但这类故障大部分可以不停电进行处理,对运行影响不大。而对运行影响最大的是本体绝缘故障和本体过热故障,因为这两类故障必须停电大修,影响程度和时间都是系统难以接受的,属于系统的重大风险之一。

4.2 换流变压器

4.2.1 换流变压器设备结构

换流变压器是特高压直流输电工程中至关重要的设备，是交、直流输电系统中的换流、逆变两端接口的核心设备。它的投入和安全运行是工程取得效益的关键和重要保证。换流变压器在直流输电系统中的作用有：①传送电力；②把交流系统电压变换到换流器所需的换相电压；③利用换流变压器绕组的不同接法，为串接的两个换流器提供两组幅值相等、相位相差 30°（基波电角度）的三相对称的换相电压，以实现 12 脉动换流；④将直流部分与交流系统相互绝缘隔离，以免交流系统中性点接地和直流部分中性点接地造成直接短接，使得换相无法进行；⑤换流变压器的漏抗可起到限制故障电流的作用；⑥对沿着交流线路侵入到换流站的雷电冲击过电压波起缓冲抑制的作用。

换流变压器的结构和基本原理与普通交流变压器相似，它并不实现交流电与直流电的转换。但其中的电场分布要比普通交流变压器中的电场分布复杂得多。另外，影响直流场分布的主要技术指标——绝缘材料的电阻率又受温度、湿度、电场强度及加压时间等诸多因素的影响而在很大范围内变化，这又增加了电场分布的不确定性，故要求换流变压器具有高可靠性和高技术性能。因为有交、直流电场、磁场的共同作用，所以换流变压器的结构特殊、复杂，关键技术高难，对制造环境和加工质量要求严格。

换流变压器的总体结构有 4 种，即三相三绕组、三相双绕组、单相双绕组及单相三绕组。在特高压直流输电中，由于输送电压特高，容量巨大，阀厅一般按高低阀厅分别设置两组 12 脉动阀组，因此换流变压器为大型设备。因受到运输条件的限制，故设备通常按高低端分相制作，采用的方案有两种：一是 6 台单相三绕组换流变压器，每台具有 1 个网侧绕组（一次侧）和 2 个阀侧绕组（二次侧），订货时增加 1 台作为备用，如异步联网工程换流变压器；二是 12 台单相双绕组换流变压器，每台具有 1 个网侧绕组（一次侧）和 1 个阀侧绕组（二次侧），HY、HD、LY、LD 的单相双绕组换流变压器各一台作为备用，如××直流输电工程换流站换流变压器。

4.2.1.1 直流输电工程换流变压器 YY/YD 结构

直流输电工程换流变压器 YY/YD 结构为单相四柱式铁芯结构，可采用全斜接缝拉板框架式紧固结构。铁芯为高磁导率、低损耗优质硅钢片。网侧绕组可采用纠结连续式（插花纠结），阀侧绕组可采用连续纠结式（内屏蔽连续式），调压绕组可采用单层圆筒式，阀侧出线装置为整体成型件结构，油箱为平顶盖筒式结构。其结构和外形如图 4 – 7 所示。

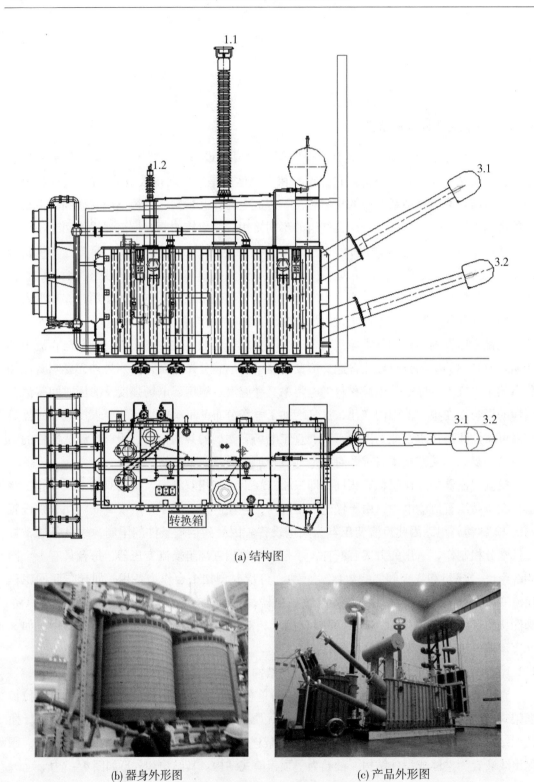

(a) 结构图

(b) 器身外形图　　　　　　　　(c) 产品外形图

图 4 - 7　直流输电工程 YY/YD 结构换流变压器

线圈结构：网侧绕组可采用端部出线、纠结连续式结构，通过调节端部各段间的纵向电容，以获得良好的雷电冲击电压波分布。网侧绕组在两个柱上的线圈采用并联接线，柱1上的线圈为右绕向，柱2上的线圈为左绕向，两个线圈除绕向不同外，其余均相同。阀侧绕组采用分级绝缘连续式结构。调压线圈采用单层圆筒式结构。换流变压器绕组接线示意图如图4-8所示。

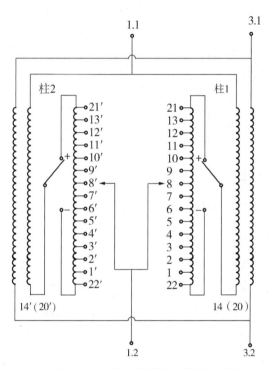

图4-8　换流变压器绕组接线示意图

变压器绕组可采用优质换位导线，并根据漏磁场的分布情况，合理确定单根漆包线的宽度和厚度尺寸，以便于在变压器实际运行过程中最大限度地减少变压器绕组在基波及各次电流谐波作用下所产生的纵向和横向涡流损耗。

通过调整各种运行方式下的安匝分布，保持安匝平衡，以尽可能降低短路冲击时的机械力作用，适当加密线圈中的撑条和垫块数量，可增加短路冲击时径向耐受强度。每饼导线增设一定数量的轴向油道，以降低绕组的平均温升和热点温升。

铁芯结构：换流变压器铁芯采用单相四柱式结构形式，中间两个主柱上套有绕组，外侧的两个旁柱不套绕组，磁通的流通方向如图4-9所示。

变压器铁芯选用高性能低损耗优质冷轧硅钢片，铁芯片可采用多级接缝，可有效地降低接缝处的空载损耗和空载电流。铁芯夹件用整块钢板制成，铁芯柱用环氧玻璃丝黏带绑扎，铁轭用钢制拉带紧固，使整个铁芯成为一个牢固的整体。铁芯拉板采用

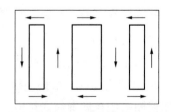

图4-9　变压器铁芯磁通流向

条状高强度的钢板，可降低损耗、避免过热。

　　油箱结构：变压器采用筒式油箱，箱壁采用加强筋焊接，确保了油箱的机械强度足够可靠，使得油箱的真空和正压作用下的变形量在规定范围内。油箱结构如图 4 – 10 所示。

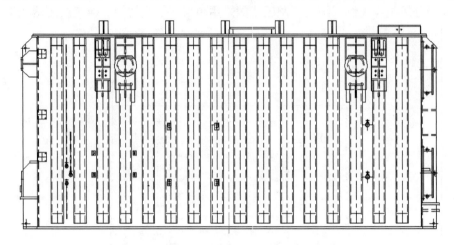

图 4 – 10　YY/YD 结构换流变压器油箱结构

　　总装配结构：阀侧引线采用阀侧出线装置，网侧出线装置采用引进技术自主制造。网侧套管从箱盖顶垂直引出。阀侧套管从长轴的一侧左右倾斜引出，直接伸入阀厅，冷却器布置在长轴另一侧，换流变压器运行时，本体不带小车，底座直接与基础相联。整个换流变压器本体可以在轨道运输小车上整体送进送出。换流变压器总装配采用人性化的设计理念，温度计、油位计、油样活门、梯子等的布置充分考虑到便于运行维护人员操作。

4.2.1.2　异步联网工程换流变压器结构

　　异步联网工程换流变压器为单相三绕组结构，铁芯结构为单相四柱式，全斜接缝，两个芯柱，两个旁柱。两个芯柱上的网侧和调压绕组分别并联连接，阀 Y/D 绕组分别套两主柱。网、阀绕组可采用端部出线方式，采用拉板框架式紧固结构。铁芯为高磁导率、低损耗优质硅钢片。网侧绕组可采用纠结连续式，阀 D 绕组为连续式，阀 Y 绕组为单螺旋式，调压线圈为单层层式，阀侧出线装置为整体成型件结构，油箱为平顶盖筒式结构，采用槽形加强铁，箱沿焊接结构。冷却器可固定在油箱壁上，可随本体一起移动，变压器本体带小车运行。其结构和外形如图 4 – 11 所示。

　　线圈结构：换流变压器网侧绕组采用端部出线、纠结连续式结构，通过调节端部各段间的纵向电容，以获得良好的雷电冲击电压波分布。网侧绕组在两个柱上的线圈采用并联接线，两个线圈除绕向不同外，其余均相同。换流变压器阀侧 Y 绕组采用单螺旋式结构，阀 D 绕组采用连续式结构。柱 1 上的阀 Y 线圈为右绕向，柱 2 上的阀 D 线圈为左绕向。调压线圈采用单层圆筒式结构。其绕组接线示意图如图 4 – 12 所示。

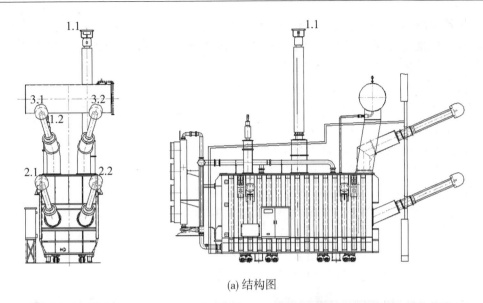

(a) 结构图

(b) 器身外观

(c) 产品外形

图 4-11 异步联网工程换流变压器（单相三绕组）

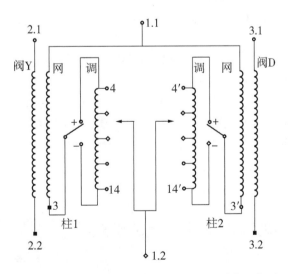

图 4-12 异步联网工程换流变压器绕组接线示意图

变压器绕组采用换位导线，并根据漏磁场的分布情况，合理确定单根漆包线的宽度和厚度尺寸，以便于在变压器实际运行过程中最大限度地减少变压器绕组在基波及各次电流谐波作用下所产生的纵向和横向涡流损耗。

铁芯结构：换流变压器铁芯采用单相四柱式结构形式，中间两个主柱上套有绕组，外侧的两个旁柱不套绕组。磁通的流通方向如图 4 – 13 所示。

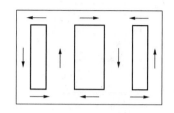

铁芯选用高性能低损耗优质冷轧硅钢片。铁芯叠片可采用多级接缝，可有效地降低接缝处的空载损耗和空载电流。铁芯柱用环氧玻璃丝黏带绑扎，铁轭用钢制拉带紧固，使整个铁芯成为一个牢固的整体。铁芯拉板采用条状高强度的钢板，可降低损耗、避免过热。

图 4 – 13　变压器铁芯磁通流向

油箱结构：采用筒式油箱，箱壁采用加强铁焊接，油箱在全真空和正压作用下的变形量可以控制在规定范围内。其结构如图 4 – 14 所示。

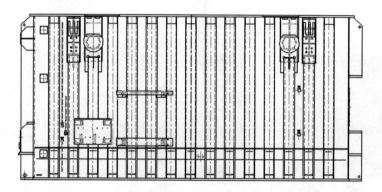 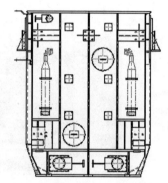

图 4 – 14　异步联网工程换流变压器油箱结构

总装配结构：阀侧引线采用阀侧出线装置。该结构形式在多个项目中得到成功应用。出线装置采用引进技术自主制造。调压分接引线进行优化布置，以减少引线漏磁场的影响。

主体油箱的阀侧套管在阀厅侧上下布置；网侧套管在箱盖上垂直布置；中性点套管在箱盖上垂直布置；冷却器在换流变压器一侧集中布置。

换流变压器运行时，本体带小车，500kV 网侧套管从箱盖垂直引出，阀侧套管从箱壁和箱盖引出。冷却器布置在长轴另一侧，整个变压器本体可以在轨道运输小车上整体送进送出。变压器总装配采用人性化的设计理念，温度计、油位计、油样活门、梯子等的布置充分考虑到便于运行维护人员操作。

4.2.2　主要工序流程图

1. 换流变压器产品生产流程环节图 WBS（图 4 –15）

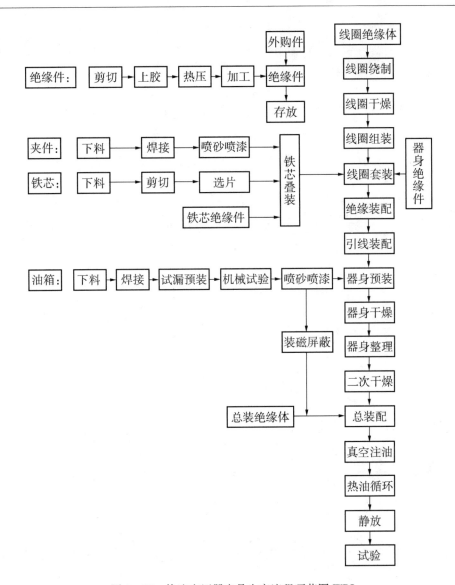

图 4 – 15 换流变压器产品生产流程环节图 WBS

2. 换流变压器双代号生产计划网络图(图 4 – 16)

4.2.3 换流变压器设备制造主要生产工艺质量控制及监造要点

4.2.3.1 原材料、组部件

1. 变压器油

根据换流变压器的特点,换流变压器油在产品中的主要作用为绝缘、散热、灭弧。矿物油是可燃液体,它的燃点为 170℃,有时换流变压器确实会发生火灾。因此选择换流变压器油要考虑以下因素:①较低的黏度。有利于循环冷却散热。②稳定的析气性。有利于抑制在高压电场条件下氢气的放出。③较好的电气性能。有利于换流变压器的绝缘和降低功率损失。④较好的氧化安定性。有利于产品长期稳定运行。

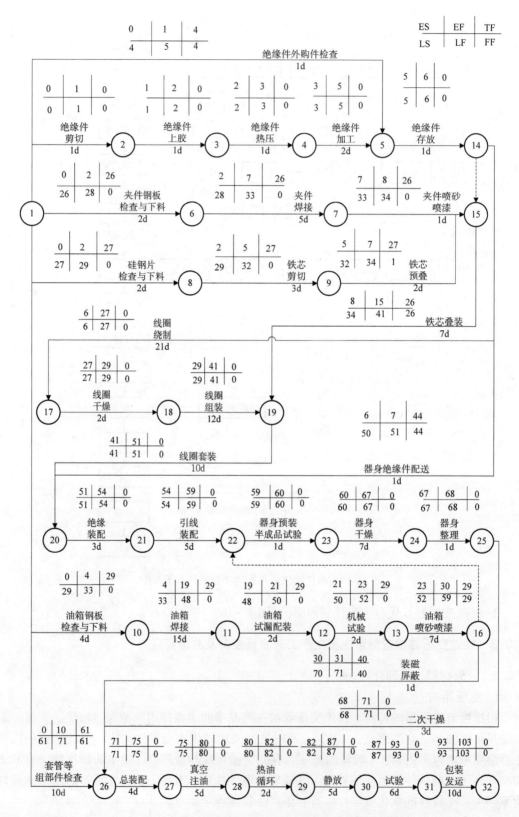

图 4-16　换流变压器双代号生产计划网络图

2. 铁芯用电工钢片

换流变压器铁芯的用途是为穿过一次绕组和二次绕组的磁通提供低磁阻磁路。

由于在提供磁路的情况下，铁芯磁滞现象和在内部流动的涡流会引起铁芯损耗，这些损耗的表现形式是铁芯材料发热。此外，对于大型电力换流变压器来说，交变磁通还会产生噪声，向周围环境中传播。

尽管铁芯损耗相对于换流变压器所传递的容量并不算大，但只要换流变压器被励磁，它便存在。因此，铁芯损耗代表着电力系统中一个恒定的值得注意的能量流失。据估计，在电力设备发出的所有电能中，约有5%作为铁芯损耗被消耗掉。因此，几十年来，人们已经将科研和开发的力量集中在开发新型电工钢片和换流变压器铁芯结构方面，主要是为了降低损耗和噪声。铁芯损耗由两部分组成：一部分是磁滞损耗，它与频率成正比并取决于磁滞回线面积，磁滞回线又取决于频率特性并且是磁通密度的峰值的函数；一部分是涡流损耗，它取决于频率的二次方，但也与材料厚度二次方成正比。因此，要使磁滞损耗减少到最低限度，必须使铁芯材料具有最少的磁滞回线面积；要把涡流损耗降到最小，就必须采用薄的铁芯钢片，同时增加片间电阻使涡流难以在片间流通。

3. 绕组导线

换流变压器绕组用高电导率铜制造。铜除了具有极好的力学性能外，在工业用金属材料中，铜的电导率最高，故在电气工业中广泛应用。铜在换流变压器中具有重要价值，因为铜的良好性能从而可减少绕组体积并可使负载损耗降至最低。换流变压器的负载损耗是负载电流所导致损耗的一部分，它随负载电流的平方而变化。负载电流可分成三部分：

- 绕组导线和引线内的电阻损耗；
- 绕组导线的涡流损耗；
- 油箱和钢结构件的涡流损耗。

减少绕组匝数增加导线截面积或两者兼顾可以降低电阻损耗。减少匝数需要增大 Φ_m，即增大铁芯截面，但这样做的后果是增加铁芯重量和铁芯损耗。因此，负载损耗的降低可与增加空载损耗来互换，反之亦然。增加铁芯框架尺寸需要用减少绕组高度来补偿阻抗，以便阻抗保持不变。通过部分补偿阻抗会降低匝数，降低绕组轴向高度意味着减少铁芯柱高度，这样也可以在某种程度上抵消因增大了框架尺寸而导致铁芯重量的增加。因此，有一两个框架尺寸所对应的损耗变化并不太大，这样就可选择最佳的铁芯框架，以满足其它方面的要求，例如与负载损耗的固定比值或运输高度的要求。

绕组导线的涡流路径是很复杂的，换流变压器绕组的漏磁通会导致绕组辐向和轴向磁通在任意给定空间和任意瞬间发生变化。磁通变化会感应出电压，电压使电流沿着垂直于磁通变化方向流动。增加电流通路的电阻可以降低电流的幅度，也可通过减少绕组导线的总截面或将绕组导线分成许多互相绝缘的线数来降低电流幅度。前者增加了绕组总电阻，相应也就增大了电阻性损耗。相反，如果通过增大导线总截面来降低电阻性损耗，其结果必将是增加涡流损耗。因此，只能通过降低导线股截面积并增加总股数来解决这一矛盾。并联绕制导线的造价很高，因此制造厂方希望限制并联的总股数，并且增加股数会使绝缘层增多，从而导致绕组占空间较大。缩小尺寸对任何电力设备的零部件来说都是很重要的，对换流变压器绕组来说更是如此。换流变压器绕组的尺寸决定了换流变压器尺寸。绕组必须截面积很大才能使负载损耗达到可接受的水平，不仅由于损耗对用户是一种浪费，还由于损耗所产生的热必须通过冷却油道散热来解决。如果损耗增加，必须为油道提供更多空间，这同样会使绕组尺寸加大，铁芯尺寸也随之加大。增加铁芯尺寸会使铁芯空载损耗随之增加。除此之外，随着绕组尺寸的增加，油箱也必须相应加大，由此导致用油量增加，整个制造过程逐次受到影响。反之，降低绕组的尺寸常常会使换流变压器总尺寸缩小，从而也会使其它方面得到节省。作为能够最经济地满足上述通用标准又能够在商业市场采购的材料，高电导率的铜自然成为换流变压器绕组材料的首选对象。

4. 绝缘材料

换流变压器内部绝缘失效始终是换流变压器最严重的损失巨大的问题。现代电网的高短路水平会使换流变压器绝缘击穿，从而导致对换流变压器的严重破坏。

绝缘胶纸：纸是已知的最便宜和最好的电气绝缘材料。电气绝缘纸必须满足一定的物理和化学标准的需要，除此之外，还必须满足电气性能的要求。一般来说，电气性能取决于纸的物理和化学性能。纸的重要电气性能如下：

- 具有很高的介电强度；
- 油浸绝缘纸的介电常数和油的介电常数接近；
- 低功率因数（介电损耗）；
- 不含导电粒子。

胶纸的介电常数约为4.4，换流变压器油的介电常数近似为2.2。在由不同材料组成的绝缘系统中，各材料所承担的场强与其介电常数成反比。例如，在换流变压器高压–低压绝缘系统中，油中场强将是纸场强的2倍。换流变压器设计者希望纸的介电常数更接近油的介电常数，这样二者所承担的场强也会更加接近。

皱纹纸是最早的特型纸。它被制成带有不规则的皱纹来提高纸的厚度和长度方向的伸长率。它一般被截成25mm宽的带状，特别适合用手工缠绕在引线连接处或绕组内端饼之间的静电环上。它的可伸长性使它能够紧紧缠绕在不规则外形上，或在必要时可进行大弯，例如，用于缠绕分接线接头和分接引线。

纸压板：绝缘纸板，由木质纤维或掺有适量棉纤维的混合纸浆经抄纸、压光而制成。掺棉纤维的纸板抗张强度和吸油量较高。根据不同的原材料配比和使用要求，绝缘纸板可分为50/50型纸板（木质纤维和棉纤维各占一半）及100/100（不掺棉纤维）两种型号。

绝缘纸板在换流变压器中应用很广：作为主绝缘的隔板（纸筒）、线圈间直撑条、垫块、线圈的支撑绝缘和铁轭绝缘；换流变压器中通常采用型号为100/100的绝缘纸板，其厚度有0.5,1.0,1.5,2.5,3.0 mm。目前正在逐步开始采用4～8mm的厚纸板。

由于开发换流变压器的需要，加上绝缘纸板技术的发展，各国生产的绝缘纸板的性能均有明显提高，如瑞士魏德曼（Weidmann）公司生产的换流变压器纸板，以其化学成分纯度高而著称。该公司的纸板按T1（表面光滑的标准纸板，目前已被T4取代，但仍用于有显著弯曲的部件）、T3（软的可塑材料，吸油性较高，主要用于制造成型绝缘部件）及T4（稳定的硬质材料，表面收缩率低，机械性能较好，是大型换流变压器普遍使用的绝缘材料）三种型号生产。此外，日本还研制了各种改良的绝缘纸板。美国杜邦（Dubeent）公司发明的芳香族聚酰胺纸，是具有高耐热性（H级）的绝缘材料。这些绝缘纸板在油浸式换流变压器中应用，均取得良好的技术经济效果。

这里应着重指出，油与纸板组合应用性能非常好。组合后具有较高的耐电强度，比二者单独使用时高得多。因此，目前在换流变压器中主要采用油纸、油纸板组合的绝缘结构型式。

对超高压大容量换流变压器用的绝缘纸板，除了一般要求外，当作为主绝缘时，还应提出增大沿面放电强度的要求；而作为纵绝缘件时，应力求减小收缩性。这样，在高压大容量换流变压器用的绝缘件制造中，就应根据不同的绝缘件的要求而采用不同型号的绝缘纸板制造，这是绝缘纸和纸板制造工业发展的主要方向。

另外，随着超高压大容量换流变压器的发展，换流变压器绝缘结构及引线结构日趋复杂，因此采用一般的由绝缘纸板胶粘压制成的绝缘件已不能满足要求。目前国内外在超高压换流变压器中，已研制出由纸浆成型的绝缘角环、形状复杂的高压成型引线绝缘件、其它许多成型绝缘件以及由纸板压制成的瓦楞纸板等，解决了超高压换流变压器绝缘结构和引线绝缘问题。

4.2.3.2 油箱制造工艺

工序所使用的材料(包括钢板、型材、化学材料、焊条等)均应有质量合格证明，符合相应国家标准或等同国家标准。

油箱焊装：碱性焊条、不锈钢焊条等在使用前需严格按工艺规定或使用说明书进行烘干，并在保温防潮、清洁状态下使用；连续使用的焊剂在使用前要筛去焊渣等异物。

焊线焊脚尺寸大小需符合图纸等技术规定，并使用焊脚测量工具进行检查，检查结果必须合格。

焊接时根据油箱结构的不同部位及强度要求选择优质的焊接方法及工艺，以确保油箱的强度及密封性要求。

焊接变形控制：油箱上的长焊缝装卡必要的工夹具、临时支撑等后再焊接，对油箱内部、外部边棱尖角毛刺应打磨光滑，所有焊缝全部焊接饱满。

油箱与其它焊接附件要进行预配装，特别是要进行连接部分法兰面间的配合情况的预装检查，以保证密封的关键控制点受控。

油箱及附件的喷砂等处理：材质厚度小于4mm的工件及管件应先进行化学除油，然后除锈、磷化、钝化，使工件表面形成一层能够提高油漆附着力的磷化膜。大型工件转入喷砂工序后，应先进行除油处理，用甲苯将油污除净，然后进行吹砂，吹砂质量等级达到Sa2.5级。

油箱的喷漆：使用先进的高压无气喷漆设备来喷漆，对漆膜的附着力有极大的提高。

油箱箱底应采用整块钢板，不得拼接；箱盖拼接处需进行机加刨坡口；被加强铁覆盖的箱壁与箱底之间的密封焊线，焊后应进行着色试漏检查；箱底与箱壁焊接时，四角位置应进行焊脚加大处理；油箱侧壁阀侧升高座必须进行焊后加工；油箱箱底定位件到阀出线箱壁的距离应严格按要求；油箱加强铁折弯后需进行整体刨边，以保证平整度；油箱有试漏则采用气压试漏，试漏压力按合同、国标、行标要求执行；磁屏蔽对装及焊接时，相邻磁屏蔽之间需进行防护，防止飞溅等异物的崩入；油箱箱沿多采用全密封焊死箱沿结构。

4.2.3.3 硅钢片剪切、铁芯叠装工艺

所有铁芯剪切设备应状态良好、润滑到位，确保剪切精度和质量。硅钢片剪切毛刺必须控制在0.02mm的范围内，横剪时，剪切前要仔细检查卷料的外观质量，如有卷边、开裂、波浪等机械损伤，必须用电剪或手剪剪掉，或用木槌打平再擦净污物后方可进行

剪切。

为保证铁芯的叠积质量，应采用定位装置，使叠片质量明显提高，各级端面整齐且尺寸精度较高，以保证铁芯的 MO、HO、对角线等尺寸。

铁芯旁轭在起立之前，使用组焊夹具夹紧铁芯；芯柱预夹紧，使用临时钢带进行绑扎后使用黏带绑扎机进行绑扎。

铁芯硅钢片现场存放环境必须保持良好，转运过程中硅钢片无损伤和变形、表面清洁无异物。硅钢片边角平整无裂纹、无卷边、无锈迹及无压伤等缺陷。

硅钢片在乔格剪切线上进行纵剪、横剪，加工后切口无锈蚀，硅钢片剪切波浪度、边缘不直度和剪切毛刺符合相关工艺要求。

铁芯叠装完成后，使用 500V 兆欧表测量铁芯对夹件的绝缘电阻，其值大于 20MΩ，油道间为不通路，在接地线未连接的情况下，拉螺杆与铁芯和夹件不通路，符合技术要求；对铁芯直径偏差、铁芯总厚度偏差、铁芯离缝偏差以及厚度偏差进行检查，均符合工艺要求；同时，对铁芯松紧度、铁轭端面波浪、铁芯柱波浪、紧固件、夹件表漆、夹件水平度、夹件垂直对称度、夹件内侧肢板到铁芯间距等进行检查，均在质量要求范围内。硅钢片剪切采用纵向剪切确定料宽，然后根据铁芯的形状及尺寸要求进行各部位铁芯片的横剪。铁芯叠装工艺、滚转台台面布置如图 4 – 17 所示。

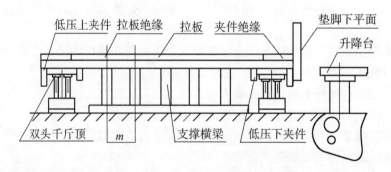

图 4 – 17　铁芯叠装工艺、滚转台面布置图

叠装台：按产品中心线调整好支撑纵梁的位置，放上、下低压侧夹件，用千斤顶调整好夹件的水平度和垂直度，安放铁芯拉板，测量拉板对角线及夹件对角线，并安放铁芯拉板绝缘及夹件绝缘，放置升降架、铁芯片与定位装置。叠片操作：以下夹件为基准，放好级次垫块，叠放最小级第一循环后，用钢卷尺测量两最长对角线的长度并调整，两片一叠，每叠装一级用钢卷尺测量与上一级两边的宽度差，每叠完一定厚度用打平垫块轻轻打齐一次，每叠完一级用卡尺测量厚度，铁芯主级叠完后，用水平仪测量柱、轭端面的垂直度；根据实际厚度调节厚度，以确保总厚度要求；铁芯叠完最后一级后，全面修整打齐铁芯片；夹紧铁芯，铁芯柱使用钢带夹具由中部向两端逐个手工拧紧；按图纸规定的力矩要求对铁芯下轭进行拉带装配，安装定位装置。

铁芯起立和吊运。铁芯检测：用铅垂直线检测铁芯柱的倾斜度，倾斜度≤铁芯总高的2‰，用尺抵靠铁芯端面测量铁芯的弯曲波浪度；用摇表测试铁芯对夹件、拉板和垫脚的绝缘电阻。

4.2.3.4 绝缘件制造工艺

绝缘件工艺要求的特点是：原材料必须具备良好的绝缘性能指标，质量性能稳定可靠。

制造工艺要求：①生产时必须"按标准，按工艺规程，按产品图纸"生产。②生产前必须检查机床设备运行是否正常、安全，材料质量及规格是否符合图纸要求，工模夹具是否完好。③绝缘加工过程中禁止与污物接触，更不能放在地上；禁止使用导电性材料进行写字和画线，写字和画线应用红蓝蜡笔。④绝缘件加工要求无毛刺、无开裂现象。⑤在电力动力和加热设备工作的人员应坚守工作岗位，注意所操作的烘房、压机温度不能超过工艺规程的规定。⑥绝缘件加工的机床，禁止加工金属零件。⑦装酒精的漆桶要盖好，放在指定位置，严禁烟火。⑧绝缘材料必须放在台上或架上，禁止直接放在地上，同时应盖有布套或塑料布，确保材料与半成品的清洁。⑨半成品和成品必须储存在烘房里，禁止受潮和机械损伤。⑩生产场地必须保持清洁干净，每天坚持清扫，确保生产场地洁净无尘。⑪生产场地原材料、半成品、成品必须有状态标识。⑫使用数控垫块铣床加工油隙垫块，保证端面光滑，无尖角毛刺及碳化痕迹。压板可采用加工中心加工，且干燥孔内部无碳化痕迹，厚度公差按图纸要求。其它绝缘件按图纸尺寸加工。

用数控下料锯进行纸板下料加工。层压纸板用油压机压制加工，并将压制后的层压件选用加工中心编程加工成图纸要求的尺寸，确保产品制造质量。撑条制造纸板锯切成图纸要求的宽度，用撑条一次成型机进行加工，保证撑条厚度及 R 角。

4.2.3.5 线圈制造工艺

线圈卷制：在绕制线圈时，可采用立式绕线机、卧式绕线机，绕线机应带有气动拉紧装置。在导线内部焊接过程中，采用单根导线焊接，可很好地降低线圈的环流损耗。

线圈干燥、加压：单个线圈绕制后应进行煤油气相真空干燥及恒压、淋油处理。线圈在专用的煤油气相干燥罐内处理。在干燥的同时，还应进行恒压处理，对线圈的轴向施加恒定压力，以保证线圈的轴向尺寸。

单个线圈处理之后，线圈采用整体组装工艺。使用高度电动升降、工作台面电动开合的线圈组装装配架进行操作，这样方便了线圈组装操作，且安全可靠。

线圈辐向和轴向公差为关键控制点，网侧线圈、阀线圈、调压线圈的辐向公差和轴向公差应符合技术要求。

线圈换位导线各股间的绝缘试验必须在绕制工序进行，避免在后道工序中因出现绝缘问题而造成质量及进度风险。

4.2.3.6 器身装配工艺

根据铁芯柱和旁轭的数量，在装配架中的地坪上排放铁垫梁，并用水平尺测量铁垫梁的上面是否水平，不水平的位置可通过纸板进行调整，调整到水平为止。

吊上夹件时，只用旁轭两侧夹紧工装和中间临时层压木撑条，上部夹紧装置可拆除。拆夹件前下轭面应先铺塑料布，再铺胶皮防护好下轭面，防止损坏下轭面。

线圈套装：线圈套落到位时，应注意将下夹件腹板上的芯柱中心标记与线圈中心位置对正。

插板后使用专用液压 C 型夹具夹紧夹件，安装拉带。包扎应进行严格控制。

　　在吊入绝缘装配架前，应在器身下部垫脚位置垫放水平梁；拆卸夹件前下轭面应有防护，防止损坏下轭面。每柱组装线圈达到绝缘装配工序后，应对组装线圈总体高度进行测量。下部导油垫块在装配前需淋油干燥处理，在装配完成后，需对垫块上面进行操平；下轭地屏在装配前，应仔细检查地屏质量，接地线应连接良好。装配组装线圈，在落放线圈时应注意调整线圈出头位置；绝缘装配完工后，需对上轭装配尺寸、铁芯绝缘电阻及各接地部位进行检查，检查合格后方可进入引线装配工序。引线装配：调压线圈与成型铜棒进行连接；保证连接端子内的填充率及插入深度。

　　器身预装：器身完工后对产品器身进行预装，套管及出线装置等预装应进行实物预装。预装网套管时，应注意调整，保证均压球与套管的同心度；预装阀侧套管，测量套管的插入深度（应符合图纸要求）。预装分接开关，保证开关头盖板法兰与开关托板的对接位置正确、不受力。器身下箱后测量各部件相对箱壁的距离（长轴和短轴方向）及引线对油箱的尺寸。器身整理：器身金属螺栓紧固应自内而外、自上而下进行，器身拉出干燥炉后，立即对拉带螺栓、垫脚螺栓进行紧固。按图纸所给的压力对器身进行加压。用力矩扳手拧紧各处的金属螺母、绝缘螺母，然后在其明显位置做出标记。各紧固件的自锁方式按图纸及工艺文件规定执行。所有水平面均需用水平尺校正水平。调整引出线成型绝缘件的角度，各方位相对尺寸应绝对准确。网侧及阀上部引线夹持件紧固螺杆应在器身加压完成后再紧固。

　　在装配过程中应严格控制产生异物的因素，诸如铜屑、铁屑、绝缘件的尖角毛刺、灰尘等，每进行一个操作过程结束后都要用吸尘器清理工作现场及操作部位，以确保无异物残留在器身上；待器身装配结束后，对整个器身再进行一次清理、除尘工作，除去器身上的异物。

4.2.3.7　器身干燥工艺

　　变压器干燥处理通常采用以下几种方法。

　　1）感应加热法

　　将器身放在原来的油箱中，油箱外缠绕线圈通过电流，利用箱皮的涡流发热来干燥。此时箱壁温度应不超过120℃，器身温度应不超过95℃。为了方便缠绕线圈，应尽可能使线圈的匝数少些或电流小一些，一般电流选150A，导线可用 $35 \sim 50 \mathrm{mm}^2$。油箱壁上可垫石棉条多根，导线绕在石棉条板上。感应加热需要的电力，根据变压器的类型及干燥条件决定。这种方法通常不在制造车间采用，一般用于维修现场。

　　2）热风干燥法

　　将变压器放在干燥室中，通入热风进行干燥。干燥室可依据变压器器身大小用壁板搭合，壁板内满铺石棉板或其它浸渍过防火溶液的帆布或石棉麻布。干燥室应尽可能小，壁板与变压器之间的间距不应大于200mm。可用电炉、蒸汽蛇形管来加热。

　　采用电炉时消耗的电力计算：每分钟通过干燥室热风量 Q，按干燥室容积 q 来选择，一般用 $Q = 15q\,\mathrm{m}^3$ 来计算。干燥时进口热风温度应逐渐上升，最高温度不应超过95℃，在热风进口处应装过滤器或装金属栅网以消灭火星、灰尘。热风不应直接吹向器身，应从器身下面均匀地吹向各部，使潮气通过箱中通风孔放出。

3）真空干燥法

这种干燥方法，是以空气为载热介质，在大气压力下，将变压器器身或绕组逐步预热到105℃左右才开始抽真空进行处理。由于热传递较慢，内外加热不均匀（内冷外热），高电压大容量的变压器由于具有较厚的绝缘层，往往预热需要100h以上，生产周期很长，而且干燥得不彻底，很难满足变压器对绝缘的要求。但此法设备简单，操作简便。

4）气相真空干燥法

这种干燥方法是用一种特殊的煤油蒸气作为载热体，导入真空罐的煤油蒸气在变压器器身上冷凝并释放出大量热能，从而对被干燥器身进行加热。由于煤油蒸气热能大（煤油气化热为 $306 \times 10^3 \mathrm{J/kg}$），故使变压器器身干燥加热更彻底，更均匀，效率很高，并且对绝缘材料的损伤度也很小。目前的换流变压器在制造厂的生产过程的干燥都采用这种干燥方法。

器身干燥完成的终点判定的参数要求为符合相关工艺技术要求。

4.2.3.8 产品总装配工艺

在总装配过程中，向油箱内连续吹入干燥空气。器身下箱后，应对各引线及出线装置对箱壁的绝缘距离进行测量。要控制从器身出炉下箱到安装箱盖并密封的时间，根据温湿度的不同控制器身对应的暴露时间。安装附件包括升高座、套管。网套管装配：网套管起吊时应使用双车进行起吊，并使用专用吊具。阀套管安装：测量套管尾部长度及升高座法兰面到屏蔽环的距离，确定套管的插入深度。安装储油柜及冷却器、压力继电器及释放阀。抽真空接口在储油柜上，开始抽空，根据工艺技术要求测油箱泄漏率。泄漏率满足要求后继续抽空，满足工艺要求抽真空时间后，按工艺要求注油至储油柜相应液面停止注油，按要求安装呼吸器。进行热油循环，油温、油速、时间应符合工艺要求。取油样合格后，静放时间应满足工艺技术要求。

4.2.3.9 产品出厂试验

1. 电压比测量及联结组标号检定

1）电压比测量的目的

保证绕组各个分接的电压比在标准或合同技术要求的电压比允许范围之内。确定并联线圈或线段（如分接线段）的匝数相同。判定绕组各分接的引线和分接开关的连接是否正确。

2）电压比的允许偏差

GB1094.1—2013《电力变压器第1部分 总则》规定，换流变压器电压比的偏差如下：规定的第1对绕组 主分接：①规定电压比的 ±0.5%；②实际阻抗百分数的 ±1/10。取①和②中低者。其它分接：按协议，但不低于①和②中较小者。对电压比的偏差做如此严格的规定是考虑到换流变压器并联运行的需要。额定分接 ≤0.5%。

3）测量方法

采用电压比测试仪，在每个分接位置进行电压比测量，同时检定换流变压器联结组标号或极性。

2. 绝缘特性测量

1)绝缘特性测量的目的和意义

换流变压器绝缘性能的绝缘试验大致可分为绝缘特性试验和绝缘强度试验。绝缘特性试验是在较低的电压下，以比较简单的段，从各种不同的角度鉴定其绝缘性能。绝缘特性试验一般包括：绝缘电阻测量，吸收比测量，极化指数测量，介质损耗因数测量。其主要目的是：在换流变压器制造过程中，用来确定绝缘的质量状态及发现生产中可能出现的局部或整体缺陷，并作为产品是否可以继续进行绝缘强度试验的一个辅助判断手段；同时向用户提供产品出厂前的绝缘特性测量实测到的数据文件，用户由此可以对比运输、安装、运行中由于吸潮、老化及其它原因引起的绝缘劣化，使换流变压器及其它电气设备的绝缘事故防患于未然，从而获得在维护上有价值的历史资料。

2)绝缘电阻、吸收比、极化指数的试验方法及试验用仪器仪表

目前，产品绝缘电阻试验一般采用变压器直流电阻测试仪，它属于直流试验方法。直接读取15s和60s的绝缘电阻值，其R_{60}/R_{15}作为吸收比，R_{60}和R_{15}分别是施加电压60s和15s时的绝缘电阻；或读取1min和10min的绝缘电阻值，比值R_{10}/R_1称为极化指数。测量时使用、指示量限不低于10 000 MΩ的绝缘电阻表。其它换流变压器绝缘电阻、吸收比的测量应用5 000 V、指示量限不低于100 000 MΩ的绝缘电阻表。

3. 油试验

1)油质判别

换流变压器油大多采用矿物绝缘油，是石油的一种分馏产物，其主要成分是烷烃、环烷族饱和烃、芳香族不饱和烃等化合物。良好的换流变压器油应该是清洁而透明的液体，不得有沉淀物、机械杂质悬浮物及棉絮状物质。如果其受污染和氧化，并产生树脂和沉淀物，换流变压器油油质就会劣化，颜色会逐渐变为浅红色，直至变为深褐色的液体。当换流变压器有故障时，也会使油的颜色发生改变。一般情况下，换流变压器油呈浅褐色时就不宜再用了。另外，换流变压器油亦会出现浑浊乳状、油色发黑、发暗现象。换流变压器油浑浊乳状，表明油中含有水分；油色发暗，表明换流变压器油绝缘老化；油色发黑，甚至有焦臭味，表明换流变压器内部有故障。出现上述现象时，应及时更换变压器油。对换流变压器油的性能通常有以下要求：

(1)密度尽量小，以便于油中水分和杂质沉淀。

(2)黏度要适中，太大会影响对流散热，太小又会降低闪点。

(3)闪点应尽量高，一般不应低于135℃。

(4)凝固点应尽量低。

(5)酸、碱、硫、灰分等杂质含量越低越好，以尽量避免它们对绝缘材料、导线、油箱等的腐蚀。

(6)氧化程度不能太高。氧化程度通常用酸价表示，酸价是指吸收1g油中的游离酸所需的氢氧化钾量(mg)。

(7) 安定度不应太低。安定度通常用酸价试验的沉淀物表示，它代表油抗老化的能力。

2)换流变压器油的试验项目和要求(见表4-10)

表 4 -10　换流变压器油的试验项目和要求

序号	项　目	要求		说　明
		投入运行前的油	运 行 油	
1	外观	透明、无杂质或悬浮物		将油样注入试管中冷却至5℃，在光线充足的地方观察
2	水溶性酸 pH 值	≥5.4	≥4.2	按 GB7598 进行试验
3	酸值 mg(KOH)/g	≤0.03	≤0.1	按 GB264 或 GB7599 进行试验
4	闪点(闭口)/℃	≥140(10号、25号油) ≥135(45 号油)	1)不应比左栏要求低5℃ 2)不应比上次测定值低5℃	按 GB261 进行试验
5	水分 mg/L	220kV　≤15 330～500kV　≤10	220kV　≤25 330～500kV　≤15	运行中设备，测量时应注意温度的影响，尽量在顶层油温高于 50℃ 时采样，按GB7600 或 GB7601 进行试验
6	击穿电压/kV	330kV　≥50 500kV　≥60	330kV　≥45 500kV　≥50	按 GB/T 507 和 DL/T 429.9 方法进行试验
7	界面张力/(mN/m)(25℃)	≥35	≥19	按 GB/T 6541 进行试验
8	tanδ/%(90℃)	330kV 及以下　≤1 500kV　≤0.7	300kV 及以下　≤4 500kV　≤2	按 GB5654 进行试验
9	体积电阻/Ω·m(90℃)	≥6×10^{10}	500kV　≥1×10^{10} 330kV 及以下　≥3×10^{9}	按 DL/T 421 或 GB5654 进行试验
10	油中含气量/%（体积分数）	330kV 500kV　≤1	一般不大于 3	按 DL/T 423 或 DL/T 450 进行试验
11	油泥与沉淀物/%（质量分数）	—	一般不大于 0.02	按 GB/T 511 试验，若只测定油泥含量，试验最后采用乙醇—苯(1：4)将油泥洗于恒重容器中，称重
12	油中溶解气体色谱分析	换流变压器、电抗器		取样、试验和判断方法分别按 GB7597、SD304 和GB7252 的规定进行

3）利用油中溶解气体特征诊断换流变压器内部故障

正常运行的换流变压器油中溶解气体的组成主要是氧气和氮气，但是，由于某些非故障原因，也能使绝缘油中含有一定量的以下故障特征气体：①正常劣化产气。换流变压器油纸绝缘材料为 A 级绝缘，当超过其最高容许温度时，热分解速度加快，产气量增多。②油在精炼过程中可能形成少量气体，在脱气时未完全除去。③在制造厂干燥、浸渍及试验过程中，绝缘材料受热和电应力的作用产生的气体被多孔性纤维材料吸附，残留在线圈和纸板内，其后在运行时溶解于油中。油中溶解气体对绝缘的危害主要表现在化学腐蚀使绝缘老化加速。由于局部放电等电性故障使绝缘材料电解，产生原子氧、臭氧、一氧化氮和二氧化氮等有害气体，这些气体会生成硝酸或亚硝酸，对绝缘材料具有强腐蚀作用，可能导致换流变压器在运行中损坏的严重事故。换流变压器绝缘的老化取决于换流变压器绕组内部的热点温度，通常认为在 $80 \sim 140℃$ 的温度范围内，绝缘老化率为每升高 $6℃$ 增加 1 倍，换流变压器绝缘的预期寿命缩短 50%。

4）换流变压器油中气体的特征

换流变压器的内部故障有好几种，各种故障产生的气体有相同的也有不同的，既有其普遍性也有其特殊性。对于判断换流变压器故障有特定意义的主要气体有：氢气（H_2）、一氧化碳（CO）、二氧化碳（CO_2）、甲烷（CH_4）、乙烷（C_2H_6）、乙烯（C_2H_4）、乙炔（C_2H_2）、氧气（O_2）、氮气（N_2）等 9 种气体。总烃是指甲烷、乙烷、乙烯、乙炔 4 种气体的总量。

①烃类气体。是由于分接开关接触不良、铁芯多点接地和局部短路、导线过电流和接头焊接不良等换流变压器内部裸金属过热引起油裂解的特征气体。主要是甲烷、乙烯，其次是乙烷。②乙炔。由于线圈匝、层间绝缘击穿，引线断裂或对地闪络和分接开关飞弧等电弧放电、火花放电等换流变压器内部放电性故障产生的特征气体。正常换流变压器油中不含有这种气体组分。③氢气。换流变压器内部发生各种性质的故障都会产生氢气，氢气含量偏高，可能是换流变压器中进水所致。④一氧化碳和二氧化碳。换流变压器内的固体绝缘材料在高温下裂解，会产生大量的一氧化碳和二氧化碳。

5）有无故障的判定

在判定换流变压器内有无故障时，首先将气体分析结果与 GB 7252《换流变压器油中溶解气体分析和判断导则》规定的浓度注意值相比较，当任一项指标超过注意值时，即应注意。通过跟踪分析，考察其产气速率。产气速率与故障消耗能量大小、故障部位、故障点的温度等情况直接相关。当油中气体分析结果的浓度绝对值超过了注意值，且产气速率也超过了注意值时，可判定换流变压器存在内部故障。

4. 空载试验

1）概述

空载损耗和空载电流测量是换流变压器的例行试验。换流变压器的全部励磁特性是由空载试验确定的。进行空载试验的目的是：测量换流变压器的空载损耗和空载电流；验证换流变压器铁芯的设计计算、工艺制造是否满足标准和技术条件的要求；检查换流变压器铁芯是否存在缺陷，如局部过热、局部绝缘不良等。换流变压器空载试验一般从电压较低的绕组（如低压绕组）施加波形为正弦波、额定频率的额定电压，其它绕组开路。在此条件下测量损耗和电流。

换流变压器的声级测量也是在空载励磁条件下进行的。

2）换流变压器的空载损耗

空载损耗主要由电工钢带的磁滞损耗和涡流损耗组成。空载损耗中也包括有附加损耗。

附加损耗主要有：①由于剪切加工使电工钢带晶粒畸变引起的损耗。②在铁芯的接缝处，由于磁通分布改变，单位损耗和励磁电流增加，特别是铁芯的中柱 T 接缝处产生旋转磁通，单位损耗增加很多。③漏磁通在油箱和结构件中的损耗。④空载电流通过绕组，在绕组中产生的电阻损耗。所有这些附加损耗在正常的换流变压器中都可以忽略不计。

3）所用的设备和仪器仪表

空载试验所用的设备和仪器仪表有发电机组、中间变压器及测量系统。由于三相工业电网的负荷往往是不对称的，因而造成三电压不平衡，给试验带来较大误差。为了保证空载试验的准确、快捷，换流变压器厂通常采用发电机组作为试验电源。

使用同步发电机组作为试验电源有下列的优势：①一般使用同步电动机拖动同步发电机，因此电源频率稳定，在空载试验时不会因频率变化而引起测量误差。同步发电机转子上有鼠笼，可以减少空载电流中高次谐波电流对电压波形的影响。②发电机组的电压三相对称，不受工业用户的干扰。③同步发电机组的调压可以利用粗调和细调两级调压方式，便于迅速、准确调压。但同步发电机组由于容量的限制，当非正弦空载电流通过发电机组时，由于空载电流的电枢反应，发电机组的输出电压波形会畸变。

试验按标准规定进行测量，试验电压以平均值电压表读数（U'）为准，同时记录方均根值电压表读数（U），设测得空载损耗为 P_m，则校正后的空载损耗为 P_0 为：$P_0 = P_m(1+d)$，式中，$d = (U' - U)/U'$。如果读数 U' 与 U 之差在 ±3% 以内，则试验电压波形满足要求。在额定分接、额定频率下，施加0.8，0.9，1.0，1.1，1.15U_r 电压，如有可能还应在 1.2 U_r 测量空载损耗和空载电流。记录所有电压波形参数。产品的试验接线图如 4－18 所示。

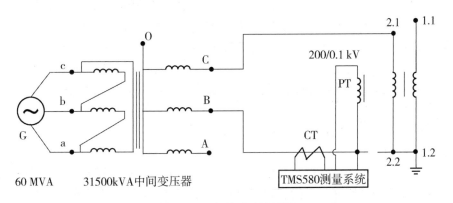

图 4－18　空载试验接线图

5. 负载损耗和短路阻抗测量

换流变压器负载损耗和短路阻抗测量是换流变压器的例行试验。

制造厂进行负载试验的目的是测量换流变压器的负载损耗和短路阻抗。确定这两个重要性能参数是否满足标准、技术协议的要求，以及换流变压器绕组内是否存在缺陷。

在换流变压器一侧绕组中通过额定频率、正弦波形的额定电流，另一侧绕组短路时的损耗是负载损耗。

1）负载损耗的组成

（1）直流电阻损耗。绕组中的直流电阻损耗 I^2R，这是负载损耗中的主要部分。

（2）附加损耗。因绕组电流产生的漏磁场引起的附加损耗，其中包括：①漏磁场在绕组导线内的涡流损耗；②漏磁场在绕组并联导线内的不平衡电流损耗；③漏磁场在铁芯内引起的涡流损耗，及漏磁场使铁芯内磁通分布不均引起的损耗增加；④漏磁场在油箱、油箱屏蔽内的损耗；⑤漏磁场在夹件、拉板等结构件内的损耗。

损耗不得超过技术协议约定的指标。准备进行温升试验的换流变压器，还要在额定量下的最大损耗分接测量负载损耗和短路阻抗，给温升试验提供数据。

负载损耗和短路阻抗测量线路如图4－19所示。

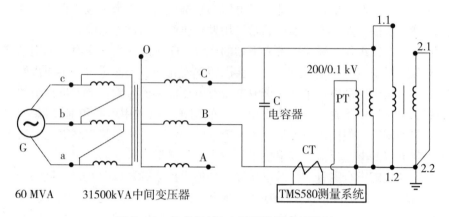

图4－19　负载损耗和短路阻抗测量线路图

2）负载试验的方法及设备

GB1094.1—2013标准要求，换流变压器的负载损耗和短路阻抗的测量要在主分接上进行。分接范围超过5%的换流变压器，应在主分接和两个极限分接测量短路阻抗。绕组换流变压器试验时，应在额定频率下，将近似正弦波的电压加在一个绕组上，另一个绕组短路。在施加电压的绕组电流达额定电流时进行测量，在受到试验设备限制时，可以施加不小于50%额定电流，测得的负载损耗值乘以额定电流对试验电流之比的平方，再校正到参考温度。

试验使用的设备为发电机组、中间变压器、测量系统、电容器组。

6. 感应耐压试验

感应耐压试验是出厂试验的重要项目之一。对于全绝缘的变压器，通常用该项试验产品的纵绝缘——绕组的匝间、层间和段间以及相间的绝缘强度；对于分级绝缘的换流变压器，对其绕组线端的主绝缘和本身的纵绝缘，往往用感应耐压试验同时考核。按照GB1094.3中的规定，对于$U_{\mathrm{m}} \geqslant 300 \mathrm{kV}$的换流变压器，绝缘试验采用方法Ⅱ，用操作波试验代替感应试验进行考核。理论上认为操作冲击是比感应压试验更接近于产品的实际过电压。感应耐压试验和外施耐压试验同等重要，是对产品安全运行的重要保证。对试验电压波形的要求、操作方法、电压测量以及过压保护，均与外施耐压试验的要求一致。试验采用的设备：200Hz发电机组、中间变压器、峰值电压表、测量系统、局部放电测试仪、标准电容器。

1）长时感应耐压试验

长时感应耐压试验ACLD为例行试验，在绝缘试验前后都必须试验一次，试验采用单相200Hz交流电压，其波形尽可能为正弦波，试验电压测量应是测量电压的峰值除以$\sqrt{2}$。用局部放电测试仪测量线端局部放电量。产品的质量要求为：在$1.5U_{\mathrm{m}}/\sqrt{3}$下，阀侧、网侧符合技术协议、国标要求。分接位置：额定分接。

施加对地试验电压的时间顺序如图4－20所示。

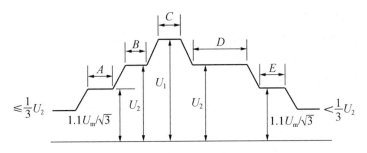

$A = 5\,\mathrm{min}$; $B = 5\,\mathrm{min}$; $C = 30\,\mathrm{s}$; $D = 30\,\mathrm{min}$; $E = 5\,\mathrm{min}$

$U_1 = 1.7 U_\mathrm{m}/\sqrt{3}\ \mathrm{kV}$; $U_2 = 1.5 U_\mathrm{m}/\sqrt{3}\ \mathrm{kV}$; $U_\mathrm{m} = 550\ \mathrm{kV}$

图 4 – 20 施加对地试验电压的时间顺序 I

试验线路图如图 4 – 21 所示。

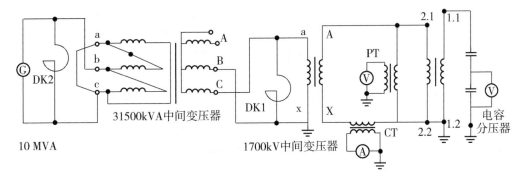

图 4 – 21 感应耐压试验线路图

转动油泵时的 ACLD 试验及局部放电测量：

该试验属于特殊试验，若合同技术协议约定要求为每台必须实施的试验，则应按合同技术协议要求执行。

在油流静电试验后，在不停油泵的情况下做 ACLD 试验，期间连续观察局部放电量，与油泵不运转时的试验相比，内部放电量应无明显变化。试验采用的设备还有紫外线成像仪、电晕枪。

施加对地试验电压的时间顺序如图 4 – 22 所示。

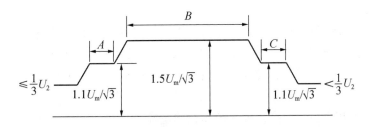

$A = 5\,\mathrm{min}$; $B = 60\,\mathrm{min}$; $C = 5\,\mathrm{min}$; $U_\mathrm{m} = 550\,\mathrm{kV}$

图 4 – 22 施加对地试验电压的时间顺序 II

试验线路如图 4 – 21 所示。

2）短时感应耐压试验

短时感应耐压试验属于特殊试验，若合同技术协议约定要求为每台必须实施的试验，则应按合同技术协议要求执行。

试验电压（网侧线端）：680kV（峰值$\sqrt{2}$）；采用单相200Hz交流电压，其波形尽可能为正弦波，试验电压测量应是测量电压的峰值除以$\sqrt{2}$。试验时间：$120 \times 50/200 = 30(\text{s})$。

用标准分压器校正网端电压。

用局部放电测试仪测量线端局部放电量。在$1.5U_m/\sqrt{3}$下，网侧、阀侧≤90pC。

分接位置：额定分接。

施加对地试验电压的时间顺序如图4-23所示。

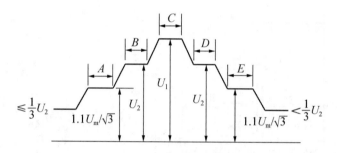

$A = 5\text{min}$；$B = 5\text{min}$；$C = 30\text{s}$；$D = 5\text{min}$；$E = 5\text{min}$；$U_1 = 680\text{kV}$；$U_2 = 1.5U_m/\sqrt{3}\text{kV}$；$U_m = 550 \text{ kV}$

图4-23　施加对地试验电压的时间顺序 Ⅲ

7. 雷电冲击和操作冲击试验

1）雷电冲击试验

按照合同技术规范书约定，雷电冲击试验为线端全波例行试验。线端截波雷电冲击试验为型式试验，但也必须逐台进行试验。中性点雷电全波冲击试验为型式试验，也须逐台进行试验。

2）试验准备、调波及产品试验

（1）试验准备

产品施加冲击电压试验前，要做如下准备工作：

A. 做好技术准备，查清产品技术条件、试验鉴定大纲、应用的试验标准，重大产品要编制试验大纲。

B. 试品及试验设备的接线正确。要保证引线对各接地部分的绝缘距离，以免在试验过程中出现不应的绝缘放电。若用球极测量，要注意引线对球隙电场的影响。

C. 升高座、连管、充油套管及有单独油室的分接开关等可能储存气体的部位，均应充分放气。

D. 检查套管和产品的油位，确认产品充油正常。

E. 用万用表检查分接开关的工作状态，保证接触良好。

F. 检查套管是否接有电流互感器，最好将互感器接线盒端子全部短接接地。

G. 若套管有测量屏时，应检查测量屏是否接地。

H. 要做好试验的安全措施。要有信号灯、指示牌、围栏等。必要时，要指定专人观察产品、设备及试区，以便及时发现异常情况，防止误入试区。

（2）调波

波形调整试验时，首先要根据试品的参数（主要是电压、容量）及技术条件选择冲击发生器的级数及串、并联接。考虑发生器同步及安全等因素，发生器的运行电压尽可能低些，例如，在60%额定电压以下。发生器的效率可估计在60%～80%。发生器运行级数决定后，按波形的简化计算决定波前及波尾电阻。一般波尾电阻变化不大，主要是组合波前电阻，此电阻尽可能在设备内均匀分布。在电阻值各不相等时，大阻值有较高的电压，要考虑保证其绝缘强度。录取波形后，根据实际波形调整电阻参数。若回路电感过大，在试品电容较大时，全波波峰处的上冲或振荡可能大于标准允许的5%，此时应增加电阻。而电阻的增加会加长波前时间，大于 $1.2(1+30\%)=1.56(\mu s)$，此时应限制上冲不超过10%而取得尽可能陡的波前。由于换流变压器是电感、电容负载，波尾时有振荡，要用慢扫描观察记录此波形，其反峰值不超过试验电压的50%，若大于此值则要增大发生器主电容或减小波尾电阻。

截波试验时，主要是调整截断时间和过零系数。对单球不可控截断装置，截断时间由拉长波前和提高电压来决定，波前一般要大于 $3\mu s$，施加电压高于试验电压10%～15%，截断时间控制在约 $2.5\mu s$。由于截断时间的分散性，多次试验中有些会小于 $2.5\mu s$，但不应小于 $2\mu s$。对可控截断装置，截断时间由触发装置控制，一般可在 $3\sim4\mu s$，应注意的是，截断时间截波的过零系数主要取决于回路尺寸及试品电容大小。对于高电压大容量产品试验，过零系数大于0.35。对于低电压小容量产品，过零系数一般小于0.25。

（3）产品试验

对于换流变压器内部油纸绝缘结构，绝缘强度不受电压极性影响，而外部空气间隙强度与极性有关，正极性低而负极性高。产品的冲击试验主要考核内绝缘，为使试验顺利进行，不受外绝缘影响，标准规定冲击试验电压选用负极性。产品试验的第一步是校准电压，若用峰值表，可在约50%试验电压下校正充电电压与输出电压关系，施加100%电压时仍用峰值表监视。关于试验程序，当用可控截断装置时其顺序为：低压全波，100%全波一次；低压截波，100%截波两次，100%全波两次。由于全波、截波交替试验，示伤元件不能更换，要适当选择示伤元件。不同项目试验时，要变换示波器的衰减器，也要变换扫描时间，才能完成试验。当用不可控装置时，因为全波、截波要用不同波形，要调整冲击发生器，所以不能交替试验，只能全波、截波分开进行试验。

对于冲击试验时分接开关的位置，标准规定：若调压范围小于±5%，则在额定最小分接位置进行试验。若调压范围大于±5%，对于三相换流变压器或三台单相换流变压器组，三相分别在最大、额定和最小分接位置进行试验。

额定电压试验时，因大气条件等影响或同步系统调节不好，设备可能在人员准备不充分的情况下产生冲击波，若用高压示波器观察、人工按相机记录，则无法记录。因此当100%电压试验时，试验人员要全神贯注，尽可能在设备失控时观察到波形。有经验的试验人员可根据经验来判断波形是否有大的畸变，产品是否有故障，尽可能减少设备失控的影响。在试验过程中，当发现有异常时，要停止试验，冲洗照片或打印波形，经分析后再决定是否中止试验或继续其后的试验程序。当发现有故障时，往往出现两种意见：一种意见是中止试验，以便于确定故障源的位置，因再经多次试验后，故障会发展而导致无法确定故障源位置，从而影响产品的修复；另一种意见是，怕故障不明显，不易检查，器身吊检后无法处理，因此要再多次加压，扩大故障，便于查找故障部位。应如何处理，要根据经验来决定，原则是能发现故障点，尽可能减少试验次数。

试验采用的设备：冲击电压发生器、冲击电压分压器、截断装置、冲击测量系统。

雷电冲击试验接线图如图 4 – 24 所示。

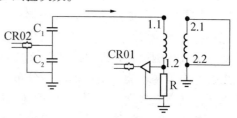

图 4 – 24　雷电冲击试验接线图

3）操作冲击试验

冲击电压的波形及产生：一般绝缘试验用操作冲击波形类似于雷电全波冲击，但不用视在波形参数而用实际的波前及半峰值时间，标准波为 250/2500μs，波前时间允许偏差 ±20%，半峰值时间允许偏差 ±60%。视在波前时间 T_1 为 20 ～ 250μs，主要考虑绕组的电压均匀分布，超过 90% 峰值的时间 T_d 至少为 200μs，从视在原点到第一个过零点的时间 T_2 至少为 500μs，反极性峰值不大于施加电压的 50%。

操作波电压一般用两种方法产生，一种是利用电磁感应原理，如在试验换流变压器或换流变压器的低压侧加一脉冲波，在高压侧感应出高压操作波；另一种是由冲击电压发生器产生。用试验换流变压器产生操作波波前较长（约数百到数千微秒），不宜于试验室中做产品试验。换流变压器低压侧加压法可在试验室中应用，也适合于现场试验。用冲击电压发生器产生操作波是比较方便的，其原理及线路与产生短波相同，不同的是长波电阻值很大。如用高效率回路，则充电电阻亦相应增大，但电阻制造困难，充电时间长。若充电电阻不能增大，则效率降低。充电电阻也可用刀闸开关代替，充电时合上，放电时分开，这样可保证效率，减少充电时间，但结构上要采取措施。

操作冲击试验接线图如图 4 – 25 所示。

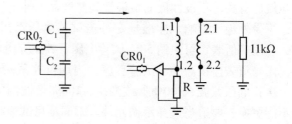

图 4 – 25　操作冲击试验接线图

试验采用的设备：6 000 kV 冲击电压发生器；3 600 kV 冲击电压分压器；743 冲击测量系统。

8. 直流耐压试验

1）直流外施耐压试验及局部放电测量

换流变压器的绕组需要同时承受交/直流电场、磁场的共同作用，各种电压冲击的作用下，换流变压器绝缘结构内部各处的电压分布呈现复杂状况。例如，当直流电压发生极性反转时，绝缘中发生极复杂的过程，此时，不但电阻率低的油中的电场强度要比稳态时高出许多倍，而且其它电阻率高的介质中都出现比稳态时更高的电场。由此可见，换流变压器中的电场分布要比普通变压器中的电场分布复杂得多。另外，影响直流场分布的主要技术指标——绝缘材料的电阻率又受温度、湿度、电场强度及加压时间等诸多因素的影响而在很大范围内变化，这又增加了电场分布的不确定性。对换流变压器要求其具有高可靠性和高技术性能，进行直流试验是换流变压器产品出厂时必须进行的例行试验。

试验采用设备：直流电压发生器、直流电压测量系统、局部放电测试仪。

直流耐压试验接线图如图4-26所示。

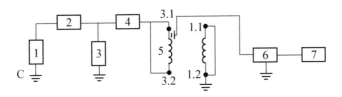

图4-26 直流耐压试验接线图

如果局部放电脉冲数不满足以上要求，试验可延长30min，在此30min内超过2000pC的脉冲数不超过30个，且在最后的10min内超过2000pC的脉冲数不超过10个，则认为试验合格。延长的试验仅允许进行一次。整个试验过程中，应同时记录脉冲高于500pC的电信号和局部放电的声信号。脉冲低于2000pC的局部放电和在最后30min以外的时间内记录的局部放电仅供参考。

试验前后必须采集油样，进行油样色谱分析。

2) 阀侧直流极性反转试验及局部放电测量

这也是换流变压器产品出厂试验必须进行的例行试验。试验对阀侧绕组线端施加试验要求直流电压值，试验时间为90/90/45min，在所规定的直流电压下对阀侧绕组进行试验。不进行试验的绕组应短路接地。分接位置、试验油温应符合要求。试验顺序：首先施加负极性电压90min，然后在1min内将电压反转至正极性，保持90min，再一次在1min内将电压反转至负极性，保持45min。局部放电要求：任何10min内，大于2000pC脉冲数量不超过10个。记录反转完成后的1min内大于500pC的放电脉冲。试验后接地满足技术要求。试验时采用的设备及试验线路同上。

9. 工频交流耐压试验

工频交流(以下简称交流)耐压试验是考验被试品绝缘承受各种过电压能力的有效方法，对保证设备安全运行具有重要意义。交流耐压试验的电压、波形、频率和在被试品绝缘内部电压的分布，均符合实际运行情况，因此，能有效地发现绝缘缺陷。交流耐压试验应在被试品的绝缘电阻及吸收比测量、直流泄漏电流测量及介质损失角正切值 $\tan\delta$ 测量均合格之后进行。若在这些试些试验中已查明绝缘有缺陷，则应设法消除，并重新试验合格后才能进行交流耐压试验，以免造成不必要的损坏。

交流耐压试验对于固体有机绝缘来说，它会使原来存在的绝缘弱点进一步发展(但又不至于在耐压时击穿)，使绝缘强度逐渐衰减，形成绝缘内部劣化的积累效应，是我们所不希望的。因此，必须正确地选择试验电压的标准和耐压时间。试验电压越高，发现绝缘缺陷的有效性越高，但被试品被击穿的可能性越大，积累效应也越严重。反之，试验电压低，又使设备在运行中击穿的可能性增加。实际上，国家根据各种设备的绝缘材质和可能遭受的过电压倍数，规定了相应的出厂试验电压标准。具有夹层绝缘的设备，在长期运行电压的作用下，绝缘具有积累效应，所以，现行有关标准规定运行中设备的试验电压，比出厂试验电压有所降低，且按不同设备区别对待(主要由设备的经济性和安全性来决定)。

但对纯瓷套管、充油套管及支持绝缘子则例外，因为它们几乎没有积累效应，绝缘的击穿电压值与加压的持续时间有关，尤以有机绝缘特别明显，其击穿电压随加压时间的增加而逐渐下降。有关标准规定耐压时间为1min，一方面是为了便于观察被试品情况，使有弱点的绝缘来得及暴露（固体绝缘发生热击穿需要一定的时间）；另一方面，又不致时间过长而引起不应有的绝缘击穿。

换流变压器的工频交流耐压试验，阀侧及网侧分别进行，为产品出厂试验项目必须进行的例行试验。试验接线图如图4-27所示。

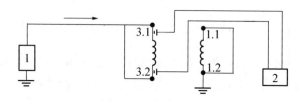

图4-27　工频交流耐压试验接线图

网侧中性点外施交流耐压试验：

试验电压（峰值$\sqrt{2}$）：中性点施加技术协议规定的试验电压；1min。

试验频率（50Hz）：试验电压施加于网侧绕组中性点和地之间，网侧绕组线端与中性点短接，所有非被试验绕组短接在一起接地，铁芯、夹件和油箱连线均应可靠接地。试验持续时间为1min，期间若电压不突然下降、电流指示不摆动、没有放电声，则认为试验合格。试验前后进行油样色谱分析。

试验设备为：工频试验变压器系统。试验接线图如图4-28所示。

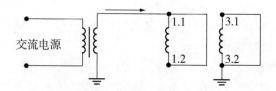

图4-28　网侧中性点外施交流耐压试验接线图

10. 换流变压器绕组或导线股间短路的检测

当换流变压器绕组电流较大时，为降低涡流损耗，绕组的线匝需要由数根导线并联组成。各并联导线间绝缘状况应良好，不允许出现匝间或并联导线股间短路。如因某种缺陷，并联导线间出现短路点时，会引起绕组损耗增加和局部过热现象，甚至烧毁绕组。

换流变压器的每个绕组绕制完成后，一般要对其进行并联导线股间短路的检测。检测的方法有很多种，较为简单实用的方法是万用表法。把万用表调至电阻测量挡（或蜂鸣挡），测量两股导线间的电阻，如果测得回路不通则这两股导线股间没有短路；如果测得电阻很小则这两股导线间出现短路。测量时要保证所有并联绕制的导线两两之间都要进行测量，以免漏检。也可以用36V的行灯来代替万用表进行股间短路检查。把行灯的电路回路断开一个口，把这个口的两端接到要测量的两股导线线端，若两股导线股间没有短路则行灯不亮，若发生股间短路则行灯亮。

4.2.3.10 拆装存栈工艺、包装

运输喽头采用刻制漏板喷涂,内容由用户提供。

附件下箱及钉包装箱过程中,应做好防潮防护,确保包装箱钉得坚固,避免产品附件及包装箱在运输及储存过程中受潮、破裂或震动损伤。

换流变压器主体运输前按技术协议约定要求安装冲击记录仪,数量满足合同要求,进行运输全过程的监控,确保设备安全运输。

4.2.4 工程问题处理案例

下面重点介绍几个典型案例,其它用表格形式罗列。

4.2.4.1 某直流工程换流变压器,雷电冲击波头时间超标问题

换流变压器技术协议要求换流变压器雷电冲击试验按照 GB/T 1094.3 的规定进行。网侧线端和阀侧线端需开展雷电全波和截波试验,全波试验和截波试验均需逐台开展。试验标准要求:视在波前时间一般为 $1.2\mu s \pm 30\%$,视在半波峰时间为 $50\mu s \pm 20\%$,峰值允差 $\pm 3\%$。依据示波图,根据全电压及降低电压下的示波图比较结果,如无明显异常,且试验中无异常声响,则试验合格。

雷电冲击波形参数除波前时间大于标准值外,其它波形参数全部满足标准要求。雷电冲击试验波形参数统计结果如下:网侧 1.1 波头时间 $1.80 \sim 2.12\mu s$,阀侧首端波头时间 $1.68 \sim 1.83\mu s$,阀侧末端波头时间 $1.57 \sim 1.68\mu s$。

从上述试验结果来看,该项目换流变压器雷电冲击波形参数的波前时间分布在 $1.57 \sim 2.12\mu s$ 之间,大于标准要求的雷电冲击波形波前上限时间 $1.56\mu s$。试验过程中,监造方见证了承制方试验人员兼顾时间参数和过冲值调节雷电冲击系统串、并联电阻,使波头时间尽可能接近标准的过程。而 GB1094.4 中规定当发生上述情况时由制造厂和用户协商波前时间的极限值,亦应尽量保证过冲值不大于 10%。

为此,在 LY/LD 两种类型换流变压器首台试验时,监造方下发联系单,要求承制方对两种类型换流变压器雷电冲击波形参数的波前时间大于标准问题提供解释说明,并与业主协商,达成对波前时间试验结果的一致意见。承制方对首台 LY 和首台 LD 换流变压器雷电冲击波形参数波前时间提供的解释如下:

2017 年 4 月 11 日,在厂家召开的该工程换流变压器质量督查会议上,监造方再次要求承制方提供换流变压器雷电冲击波形波前参数控制标准和依据,并与业主达成一致意见。承制方进一步提供了该公司承制过的其它直流项目换流变压器雷电冲击波形波前参数与本项目换流变压器雷电冲击波形波前参数统计对比分析报告,从中可看出本工程冲击波头时间误差与其它工程处于同一水平。

IEC 60076.3 规定:如因为需要减少相对过冲幅值小于 5% 而需要增加波前时间超过标准要求,将增加雷电冲击截波试验,但所有 $U_m \leqslant 800kV$ 的设备,其波前时间不应大于 $2.5\mu s$。依据以上标准和实际情况,监造方、业主及厂方多次一起讨论,最终形成一致意见,明确该工程换流变压器雷电冲击试验波头时间一般网侧不宜大于 $2.0\mu s$、阀侧不宜大于 $1.8\mu s$,最大不能超过 IEC60076 - 3 中规定的 $2.5\mu s$。

在监造方管控下,不但解决厂家生产的换流变压器波头时间控制标准问题,而且促使各变压器厂方均在后续换流变压器的雷电冲击试验中加强波头时间控制,试验结果比之前

明显改善，未出现超过各方一致认可的标准的情况。

4.2.4.2 其它工程问题处理案例（见表 4 – 11）

表 4 – 11 工程问题处理案例

序号	问题简述/原因分析/处理结果	问题分类	监造方建议
1	**硅钢片检测（入厂检查不符合协议要求，无硅钢片表面漆膜附着力检测）** **问题简述：** JZ 直流工程、DXB 直流工程换流变压器技术协议要求，制造厂应在硅钢片常规入厂检验的基础上，开展硅钢片表面漆膜附着力检测，并向买方及其授权的监造方提供详细的检测报告或实测数据。监造方在合同设备监造过程中，对制造厂硅钢片入厂检查文件审查时，发现厂家工艺及检查文件未有硅钢片表面漆膜附着力检测要求，且实际检测未开展，不符合协议要求，存在质量风险。监造方要求厂家检测；厂方认为，硅钢片是进口硅钢片，质量好，不需要进行此项检测 **原因分析：** 合同履行意识不强，检查文件内容不全 **处理措施：** 以协议为依据，下发联系单，敦促厂家履行合同要求 **处理结果：** 厂家开展了硅钢片表面漆膜附着力检测，提供了检测报告，检测结果合格	1 类：管理体系问题	1. 针对协议要求制定检查文件（检查文件不完备） 2. 履行协议要求
2	**套管出入厂检查问题（检查文件内容中，未提供套管伞裙相关数据）** **问题简述：** DXB 直流工程换流变压器技术协议，要求套管应有良好的抗污秽能力和运行特性，其有效爬电距离应考虑伞裙直径的影响。对套管两裙伸出之差（$P_2 - P_1$）、相邻裙间高（S）与裙伸出长度（P_2）之比、相邻裙间高（S）、伞倾角等有具体要求。套管出入厂检查报告均未提供相关检查信息。按南方电网反事故措施规定，应对上述数据进行检测并提供检测报告 **原因分析：** 合同履行意识不强，检查文件内容不全 **处理措施：** 以协议为依据，下发联系单，敦促厂家履行合同要求 **处理结果：** 厂家开展了套管相应数据检测，提供了检测报告，检测结果合格	1 类：管理体系问题	1. 针对协议要求制定检查文件（检查文件不完备） 2. 履行协议要求
3	**端子箱和控制柜中端子排端子多接（端子排中一个端子接口接 2 ～ 3 根导线）** **问题简述：** 2017 年 1 月 10 日，DXB 直流工程某 400kV 和 200kV 换流变压器端子箱和控制柜二次侧接线检查见证，发现端子排一个接入口有 2 根或 3 根导线同时接入。经核对图纸，接线与图纸相符。协议要求端子箱和控制柜中端子排上一个端子接入口只能接一根导线 **原因分析：** 设计人员未认真识别协议要求，设计错误 **处理措施：** 厂家更改设计图纸，将端子排上需要并联的端子用接线片连接，将并联的导线分别接入每个端子接口 **处理结果：** 已按更改后的设计图纸接线，满足协议要求	2 类：原材料及零部件质量控制问题	1. 设计人员要严格按协议要求进行设计 2. 加强设计文件审核

序号	情况简述/原因分析/处理结果	问题分类	监造方建议
4	**温升试验无法完成(冷却器控制柜继电器跳闸)** **问题简述：**2016年12月21日，DXB直流工程某台换流变压器温升试验接线，冷却器与其控制柜连接，风冷系统启动时，控制柜电路中与冷却器油泵连接的断路器跳闸。换流变压器冷却方式为OFAF，带冷却器控制柜进行的温升试验无法进行。检查发现，跳闸的断路器额定电流7 A，冷却器油泵启动额定电流13A。断路器额定电流与设计图纸相符 **原因分析：**图纸设计错误，图纸选定的断路器额定电流与实际油泵启动额定电流不匹配。断路器额定电流小于油泵启动电流，导致油泵启动时，断路器跳闸 **处理措施：**厂家更改设计图纸，断路器设计额定电流16A **处理结果：**所有控制柜按图纸要求更换了断路器，温升试验正常进行	2类：原材料及零部件质量控制问题	加强设计文件审核
5	**油箱制造缺陷(下部取油样位置偏高)** **问题简述：**2016年10月1日，DXB直流工程400kV和200kV某换流变压器油箱装配检查，发现油箱下部取样位置距离油箱底部500mm，与图纸标注相符，无法保证采集到换流变压器油箱底部的油样，不满足协议要求 **原因分析：**设计人员未认真识别协议要求，设计错误 **处理措施：**厂家更改设计图纸，在油箱内部增加弯管伸到箱底上部100mm处 **处理结果：**已按设计图纸制造，满足协议要求	3类：制造过程质量控制问题	1. 设计人员要严格按协议要求进行设计 2. 加强设计文件审核
6	**油箱拼接焊缝与开关固定支板焊缝交叉重叠** **问题简述：**2015年4月17日，JZ直流工程某台换流变压器油箱制造监造检查，发现开关控制箱支架(80mm×8mm)角钢根部焊线与油箱钢板拼接焊线交叉重叠 **原因分析：**开关控制箱支架焊接定位尺寸不合理 **处理措施：**厂家更改图纸中开关控制箱支架焊接定位尺寸，按图纸更改支架角钢焊接位置 **处理结果：**更改后满足工艺要求	3类：制造过程质量控制问题	1. 设计人员要严格考虑工艺要求 2. 严格制定工艺文件
7	**铁芯制造缺陷(上铁轭硅钢片毛刺超差)** **问题简述：**2016年9月19日，DXB直流工程某台400kV换流变压器硅钢片剪切质量检查见证，发现旁柱与中柱之间的上铁轭硅钢片过剪位置剪切毛刺0.04～0.05mm，过剪位置尖角上翘变形，变形量约0.12mm，不符合技术协议规定"硅钢片剪切毛刺控制在0.02mm以下"要求 **原因分析：**剪切过程质量控制不到位 **处理措施：**厂家已将问题硅钢片去除 **处理结果：**叠片用硅钢片满足协议要求	3类：制造过程质量控制问题	加强剪切工艺过程质量管控

序号	情况简述/原因分析/处理结果	问题分类	监造方建议
8	**铁芯柱上端面碰伤卷边** **问题简述:** 2018 年 7 月 27 日,DXB 直流工程某 200kV 换流变压器返厂修复,铁芯用原件,清理后使用。线圈及绝缘件全部更换。在拆卸线圈时,吊具碰伤芯柱的上端面,硅钢片多处边缘及尖角翘曲和弯折 **原因分析:** 线圈拆卸时,操作人员操作工艺不当,防护工艺缺失,致使硅钢片翘曲和弯折 **处理措施:** 使用尼龙插刀将变形铁芯片分开,用平嘴钳钳口垫白布对变形铁芯片进行平直修复。对绝缘漆膜受伤处,上铁轭插片时加垫 NOMEX 纸,避免铁芯片间的异常连接 **处理结果:** 处理后,硅钢片间无短路现象	3 类: 制造过程质量控制问题	完善线圈拆卸铁芯防护工艺
9	**线圈绕制中发现的问题(导线漆膜有划痕)** **问题简述:** 2016 年 10 月 10 日,DXB 直流工程某台 200kV 换流变压器网侧线圈 I 柱绕制过程中,在 110 饼的第 4 至第 5 等分处发现一根漆包导线有划痕 **原因分析:** 导线生产过程中,漆膜被导轮上的干漆膜带入漆膜模具划伤所致 **处理措施:** 线圈全部报废,敦促生产厂家改进工艺,排除隐患,重新生产导线,线圈重新绕制 **处理结果:** 线圈绕制合格	3 类 制造过程质量控制问题	1. 加强供货方审查 2. 派专人到供货方进行生产过程检查
10	**半成品试验发现开关挡位不正确** **问题简述:** 2017 年 4 月 26 日,DXB 直流工程某台 400kV 换流变压器进行半成品试验,即电压比测量和联接组别检定,开关指示 6B 的电压比测量值与计算值对比,应为 5 分接值 **原因分析:** 1. 开关入厂检验时,开关波形测试后,未进行开关挡位复位确认 　　　　　2. 装配工序,在接收开关和开关装配中,未对开关挡位进行确认 **处理措施:** 开关挡位复位 **处理结果:** 试验合格	3 类: 制造过程质量控制问题	1. 完善入厂检查文件,开关入厂检查后,进行开关复位确认,形成检查记录 2. 完善装配工序检查文件,在接收开关和开关装配中,对开关挡位确认并形成记录

序号	情况简述/原因分析/处理结果	问题分类	监造方建议
11	**德国 MR 开关 VRGII1302 –72.5/E –14273WS 操作循环出现卡滞** **问题简述：**2017 年 6 月 9 日，DXB 直流工程某台换流变压器热油循环后进行开关挡位切换，当由 +6b 到 +6c 切换时，出现阻力过大、卡滞情况 **原因分析：**MR 公司认为过大的传动扭力很可能是传动机构初次切换和干燥处理引起的 **处理措施：**MR 公司派人检查后更换了电位开关 **处理结果：**更换后，开关挡位切换正常	3 类：制造过程质量控制问题	1. 加强开关入厂检查 2. 加强干燥后，开关检查
12	**换流变压器杂散电容测量（测量设备频率范围不满足协议要求）** **问题简述：**2016 年 12 月 27 日，DXB 直流工程某换流变压器出厂试验，测量杂散电容曲线，测量频率范围为 1 ～ 10kHz 和 100kHz ～ 1 MHz，不满足协议要求的 100kHz ～ 10 MHz 频率范围测量杂散电容曲线要求。试验方案给定的测试范围符合协议要求 **原因分析：**厂家高频阻抗测试仪测量范围最大到 1 MHz，不满足协议要求 **处理措施：**厂家购买了测量范围大于 10MHz 高频阻抗测试仪，重新进行试验 **处理结果：**试验合格	4 类：试验质量控制问题	1. 编制试验方案时，核对试验设备性能 2. 为试验开展提前完善试验设备
13	**阀侧外施交流电压耐受试验（绝缘件洁净度不合格导致试验局部放电超标）** **问题简述：**2017 年 6 月 7 日，DXB 直流工程某台 800kV 换流变压器阀侧交流外施电压试验，当试验电压升至 903kV，30s 后局部放电量达到 600 ～ 965pC，5min 左右阀侧首、尾端局部放电量分别达到 280 pC、600pC。在油箱表面布置超声探头，进行超声定位检查，未收到声电信号。油色谱分析无异常。在此试验前已开展的负载、冲击、交直流耐压试验均已通过。因此，根据试验现象及传递比关系，厂家初步判断故障位置在阀侧尾端相关区域。决定排油内检，重点检查阀侧尾端出线相关区域。如果没有发现问题，检查阀侧套管，并互换阀套管，以排除阀侧套管存在问题的可能性。内检排除了阀侧出线附近接地件的悬浮。阀侧套管互换，按正常工艺处理后，再次进行阀侧外施交流电压耐受试验。试验电压升至 903kV 维持 60min，阀侧首、尾端局部放电量分别为 230pC、500pC。试验油色谱无异常。从试验数据看，阀侧首、尾端局部放电波形一致，局部放电量基本符合阀侧尾端传至阀侧首端的传递比关系，确定了阀侧首端的局部放电是阀侧尾端产生的局部放电传递所致，阀侧首端没有问题，排除了阀侧套管的问题。局部放电起始电压较高（为额定试验电压），放电量随时间增加较稳定，故判定属于悬浮放电，缺陷部位在电极附近且被绝缘覆盖 **原因分析：**绝缘件中原有杂质，或是包装用的塑料袋不够干净，或拆卸人员操作时带入杂质，最终无法确定，总之，表明绝缘材料质量检查或操作管理不严格 **处理措施：**厂家制定处理方案，对阀侧尾端均压球、阀侧尾端屏蔽管、阀侧尾端"手拉手"、阀侧尾端屏蔽管联接装置等进行拆解检查。在拆解的绝缘件 X 射线检测时，发现引线金属异物约 2 处，该绝缘纸来自阀侧引线管上部 **处理结果：**更换了阀侧套管尾端引线至线圈段所有绝缘件。重新工艺处理后，再次进行阀侧交流耐压试验，一次通过，局部放电量为 40 ～50pC，符合协议要求	4 类：试验质量控制问题	1. 加强绝缘件入厂检查 2. 细化工艺文件，对绝缘件保管、使用、操作中的洁净度明确控制要求

序号	情况简述/原因分析/处理结果	问题分类	监造方建议
14	**绝缘前长时感应电压试验同时局部放电测量（2次试验局部放电超标）** **问题简述：** 2017 年 1 月 10 日，DXB 直流工程某台 600kV 换流变压器，进行绝缘试验前长时感应电压试验（ACLD）同时局部放电测量试验，当线端电压升到 $0.75U_m/\sqrt{3}$ 时，局部放电量达 54 000 pC。超声定位检查，在网侧套管下部区域收到声电信号 **处理措施：** 厂家制定处理方案，对均压环外绝缘拆解检查。拆解均压环外皱纹纸 X 光检测无异物。均压环表面无放电痕迹。拆解均压环外绝缘成型件，整体 X 光检测时，在一侧发现一点高密度异物小块阴影。将三层绝缘成型件拆解，分别进行 X 光检测，在第三层绝缘成型件内表面圆弧处阴影对应区域有浅色异物（直径约 1.5mm），无磁性。在其相邻位置表面有深色异物（直径约 0.6mm），有磁性。异物取下后，再次 X 光检测该层绝缘成型件，再没发现其它异物。更换均压环外所有绝缘件后进行工艺处理。1 月 17 日，重新开始绝缘前长时感应电压试验同时局部放电测量试验。当线端电压升到 $1.3U_m/\sqrt{3}$ 时，网侧首端闪现局部放电量达 2 951 pC，阀侧闪现局部放电量 17 000 pC，稳定在 3 000 pC 左右。拆解网侧出线装置进行 X 光检测，在一侧发现几点小块阴影，对其每层成型绝缘件拆卸检查，在第一层成型件表面发现有肉眼可见异物，其它层无发现异物 **原因分析：** ①网侧首端均压环绝缘成型件、出线装置绝缘成型件洁净度不够，造成两次长时感应试验网侧首端局放超标；②第一次绝缘件洁净度检查不彻底，没有检查出线装置绝缘成型件的洁净度，造成第二次长时感应试验时网侧首端局部放电过大；③第一次更换均压环外绝缘成型件后，可能处理工艺不到位，造成第二次长时感应试验时，阀侧局部放电量过大 **处理结果：** 出线装置成型绝缘件清理干净恢复装配。重新抽真空、真空注油和热油循环、静放等工艺处理，再次绝缘前长时感应电压试验同时局部放电测量，试验一次通过，局部放电量满足协议要求	4 类： 试验质量控制问题	1. 加强网侧、阀侧引线相关绝缘件、成型件 X 光入厂检查、洁净度检查 2. 加强工艺处理管控
15	**阀侧外施交流电压耐压试验同时局部放电测量（持续放电，局部放电超标）** **问题简述：** 2016 年 12 月 8 日，DXB 直流工程某台 400kV 换流变压器进行阀侧外施耐压试验，试验过程中持续放电，局部放电量超标 **原因分析：** 阀侧套管屏蔽罩接地连线接触不到位 **处理措施：** 阀侧套管屏蔽罩接地连线全部连接并确保可靠接地 **处理结果：** 试验合格	4 类： 试验质量控制问题	试验前，加强阀侧套管屏蔽罩接地连线检查，确保可靠接地
16	**阀侧外施交流电压耐压试验同时局部放电测量（间隙放电，局部放电超标）** **问题简述：** 2017 年 6 月 14 日，DXB 直流工程某台 800kV 换流变压器进行阀侧外施耐压试验，试验电压 903kV，试验时间 1h。试验过程中局部放电量由小变大，而且不稳定，34min 后局部放电量出现 1 800pC，后又逐渐减小 **原因分析：** 从局部大小及放电过程分析，存在间隙放电 **处理措施：** 负载加热同时热油循环 **处理结果：** 再次进行阀侧外施交流耐压试验同时局部放电测量，局部放电量合格，试验通过。之后进行的网侧中性点外施交流电压耐受试验、短时感应电压试验及局部放电测量（ACSD）、长时感应电压试验及局部放电测量（ACLD），均一次性通过试验，技术指标合格	4 类： 试验质量控制问题	1. 热油循环后增加热油冲洗 2. 静放工艺时间应增加

序号	情况简述/原因分析/处理结果	问题分类	监造方建议
17	**LX 直流工程某台换流变压器（接线板质量问题引起温升试验产生乙烯）** **问题简述：** 2016 年 11 月 13 日，LX 直流工程某台 500kV 换流变压器温升试验时，油中产生乙烯气体，含量高达 0.18μL/L。温升过程的油色谱分析详见下表。此时产品的主要出厂试验如性能试验、绝缘试验已全部做完且合格，试验过程的油色谱未见异常。温升试验油色谱中有特征气体乙烯而无乙炔气体，判断是由载流导体接触不良、局部过热、油分解产生的。开盖内检，在阀侧 2.1（Y 接）线圈上部出头铝管接头附近闻到特殊气味，其余位置未见异常。拆除阀 2.1 上部铝屏蔽管，发现阀侧线圈上部出线铜板处连接的引线铜板、螺栓及弹簧垫圈变色，引线电缆外缠绕的白布带变色。该处结构为：线圈出头接线板与线圈导线焊接；引线接线板与引线电缆焊接；线圈出头接线板与引线接线板通过螺栓紧固连接。接线板载流电流密度、导线及电缆焊接接触面电流密度、接线板螺栓连接接触电流密度均符合设计要求（载流电流密度≤3.5A/mm²，焊接接触面电流密度≤1.5A/mm²，接线板螺栓连接接触电流密度≤0.5A/mm²）。测量引线电缆连接的铜板平整度不够，凸凹不平 温升油色谱分析结果： 气体组份（μL/L）表 **原因分析：** 阀侧线圈出头 2.1（Y 接）接线板连接的引线接线板表面凸凹不平，接线板与电缆焊接后变形，焊后处理不平整，导致接触位置接触电流密度过大。温升试验时此连接位置局部过热，造成绝缘物及油受热 **处理措施：** 重新制作阀侧线圈 2.1 上部引线连接片，更改接头处理工艺，将原来电缆和接线片焊接后打磨处理再搪锡，改成引线电缆与接线片焊接后，螺栓紧固的导电接触面再进行铣削加工，最后进行搪锡处理 **处理结果：** 温升试验合格	4 类：试验质量控制问题	1. 加强接线板外购件厂家质量监督检查，增加过程检查 2. 入厂检查文件，明确光洁度、平整度检查标准要求 3. 实行全检 4. 改进接线板连接安装工艺 5. 增加接线板接触面，降低接触电流密度

气体组份（μL/L）

试验项目	一氧化碳（CO）	二氧化碳（CO₂）	甲烷（CH₄）	乙烷（C₂H₆）	乙烯（C₂H₄）	乙炔（C₂H₂）	总烃（C₁+C₂）	氢气（H₂）
温升前	9.11	159.95	0.49	0.00	0.00	0.00	0.49	2.74
温升 4h	9.49	166.13	0.62	0.00	0.08	0.00	0.70	3.00
温升 8h	9.83	168.15	0.65	0.00	0.08	0.00	0.73	3.00
温升 12h	9.97	169.84	0.67	0.00	0.12	0.00	0.79	3.00
温升 16h	10.04	172.62	0.70	0.00	0.18	0.00	0.88	3.50
温升 19h	10.65	182.40	0.70	0.00	0.18	0.00	0.88	3.50

序号	情况简述/原因分析/处理结果	问题分类	监造方建议
17	故障位置连接结构　　阀侧 2.1 线圈出头与引线连接故障位置 阀侧 2.1 线圈出头与引线连接故障位置变色的接线板、螺栓和白布带	4 类：试验质量控制问题	1. 加强接线板外购件厂家质量监督检查，增加过程检查 2. 入厂检查文件，明确光洁度、平整度检查标准要求 3. 实行全检 4. 改进接线板连接安装工艺 5. 增加接线板接触面，降低接触电流密度
18	**注油存储（储存超过 3 个月不带储油柜注油储存，不符合协议要求）** **问题简述：** JZ 直流工程换流变压器技术协议要求，"变压器若储存超过 3 个月，应安装储油柜注油存放，严防受潮。制造厂在交货前提供设备运输和储存说明书。"某换流变压器制造厂生产的换流变压器早于交货时间，储存期都超过 3 个月。监造方多次督促制造厂安装储油柜注油储存。制造厂认为充气保管没有出现过问题，注油保管费用过大，不采取注油存储 **原因分析：** 承制方存有侥幸心理，质量把控不严，合同履行意识不强 **处理措施：** 依据南方电网品控标准及协议，下发联系单并报告业主，要求厂家安装储油柜注油存储 **处理结果：** 厂家安装储油柜注油存储	5 类：包装储运问题	针对协议要求制定存储工艺方案；履行协议要求
19	**充干燥空气运输（未按协议要求充氮气运输）** **问题简述：** DXB 直流工程某换流变压器主体运输，协议要求充入露点在 -55℃ 及以下的干燥氮气（压力不低于 0.02MPa）运输。2016 年 12 月至 2017 年 2 月期间，流变压器生产厂家将首批发货的 5 台换流变压器本体充干燥空气（气体露点 -70℃，压力 0.025MPa）运输，与协议要求不符 **原因分析：** 厂家执行国家标准和厂内标准，未认真识别协议要求 **处理措施：** 厂家认真查找原因并进行整改，对充干燥空气运输的换流变压器主体专门制定了安装现场气体露点及残油耐压检测及后续工艺处理方案，全面消除了产品受潮的风险和隐患。后续产品主体充氮气运输 **处理结果：** 现场验收试验全部合格	5 类：包装储运问题	针对协议要求制定储运工艺文件、检查文件

序号	情况简述/原因分析/处理结果	问题分类	监造方建议
20	**电磁线供应商与协议不符** **问题简述：** 2012 年 5 月，某换流站 500kV 站用变压器电磁线入厂检查见证时，发现电磁线生产厂家是 TL 公司，与技术协议中规定的电磁线厂家 YH 公司不符 **原因分析：** 厂家违反合同规定 **处理措施：** 下发联系单，敦促厂家执行协议 **处理结果：** 厂家按协议要求更换电磁线	6 类： 与协议/标准不一致	1. 针对协议要求制定采购计划 2. 针对协议要求完善入厂检查文件
21	**换流变压器不安装配套套管进行出厂试验（安装已做过试验的其它换流变压器配套套管试验，不符合协议要求）** **问题简述：** JZ 直流工程，某台换流变压器 A 的阀侧套管未及时到货，厂家将已做完试验的该批换流变压器 B 上的套管装配在换流变压器 A 上，将进行出厂试验。而合同要求，换流变压器组附件应按实际使用配套安装后才能进行产品的出厂试验 **原因分析：** 外购件进度滞后，忽视产品质量抢进度，违反合同要求。对套管多次经受高电压冲击，影响寿命，以及新套管不经与产品配套试验即发货，将造成质量隐患认识不够 **处理措施：** 监造方下发联系单，拆卸已安装套管。待配套套管进厂验收合格，重新装配，再出厂试验 **处理结果：** 安装实际使用配套套管完成出厂试验	6 类： 与协议/标准不一致	1. 针对协议要求制定装配工艺文件、检查文件 2. 严格履行协议要求
22	**换流变压器不安装配套套管进行出厂试验（安装试制的阀侧套管样品）** **问题简述：** JZ 直流工程，某台换流变压器的阀侧套管为进口产品，未及时到货。厂家将国产化试制的阀侧套管样品安装在产品上，将进行出厂试验。而合同要求，换流变压器组附件应按实际使用配套安装后才能进行产品的出厂试验 **原因分析：** 外购件进度滞后，忽视产品质量抢进度，违反合同要求。对新套管不经与产品配套试验发货将造成质量隐患的认识不够 **处理措施：** 监造方下发联系单，拆卸已安装套管。待配套套管进厂验收合格，重新装配，再进行出厂试验 **处理结果：** 已安装实际使用配套套管完成出厂试验	6 类： 与协议/标准不一致	1. 针对协议要求制定装配工艺文件、检查文件 2. 严格履行协议要求

4.2.5 换流变压器质保期故障树（图 4 – 29）

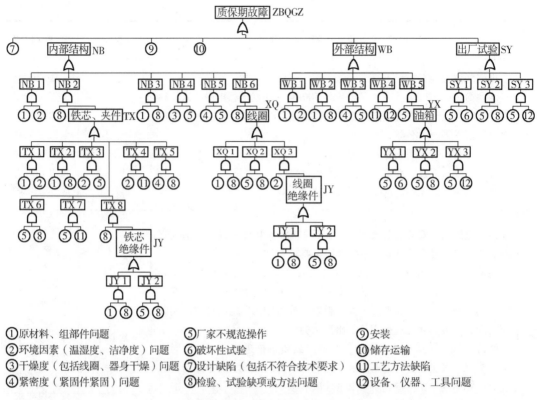

图 4 - 29　换流变压器质保期故障树

故障树说明：

NB1——原材料、组部件(如分接开关、器身绝缘件等)与环境因素造成的问题；

NB2——铁芯、夹件与检验、试验缺项或方法缺陷造成的问题；

NB3——原材料、组部件(如分接开关、器身绝缘件、紧固件等)与检验、试验缺项或方法缺陷造成的问题；

NB4——线圈、器身干燥与操作不规范造成的问题；

NB5——紧固件紧固、线圈及器身松紧度与操作不规范造成的问题；

NB6——检验、试验缺项或方法缺陷造成的问题与线圈造成的问题；

WB1——原材料、组部件(如套管、高压出线装置、套管电流互感器等)与环境因素造成的问题；

WB2——原材料、组部件(如套管、高压出线装置、套管电流互感器等)与检验、试验缺项或方法不当造成的问题；

WB3——紧固件紧固与操作不规范造成的问题；

WB4——工艺方法缺陷与设备、仪器、工具造成的问题；

WB5——操作不规范与油箱造成的问题；

SY1——试验操作不规范与过多进行破坏性试验造成的问题；

SY2——试验操作不规范与试验检测漏检或方法缺陷造成的问题；

SY3——试验操作不规范与试验、检验设备问题造成的问题；

TX1——原材料、组部件(如硅钢片等)与环境因素造成的问题；

TX2——原材料、组部件(如硅钢片等)与检验、试验缺项或方法缺陷造成的问题;

TX3——环境因素与厂家不规范操作造成的问题;

TX4——环境因素与工艺方法缺陷造成的问题;

TX5——铁芯紧固件、夹件、拉板等紧固与检验、试验缺项或方法缺陷造成的问题;

TX6——操作不规范与试验检测漏检或方法缺陷造成的问题;

TX7——操作不规范与工艺方法缺陷造成的问题;

TX8——检验、试验缺项或方法与铁芯绝缘件缺陷造成的问题;

XQ1——原材料、组部件(如绝缘纸板、电磁线等)与检验、试验缺项或方法缺陷造成的问题;

XQ2——操作不规范与工艺方法缺陷造成的问题;

XQ3——环境因素与线圈绝缘件缺陷造成的问题;

YX1——试验操作不规范与破坏性试验(如机械强度试验)造成的问题;

YX2——操作不规范与工艺方法缺陷造成的问题;

YX3——操作不规范与试验、检验设备缺陷造成的问题;

JY1——原材料、组部件(如绝缘纸板、绝缘筒)与检验、试验缺项或方法缺陷造成的问题;

JY2——厂家不规范操作与检验、试验缺项或方法缺陷造成的问题。

根据主网某公司运行管理系统 10 年数据,将故障类型分为:①附件故障、②本体绝缘故障(包括油、气绝缘介质异常)、③本体密封故障、④本体过热故障、⑤二次系统故障。换流变压器总共记录 2 345 个问题中,附件故障问题为 1 975 个,本体绝缘故障问题为 11 个问题,本体密封故障问题为 320 个,本体过热故障问题为 11 个,二次系统故障问题为 27 个。从运行数据可以看到,附件故障占比最大,约占 84.2%,其中冷却器的故障超过一半,可见采取强冷方式的换流变压器冷却器质量有待提高,必须在监造过程中加强管控。本体密封故障问题也比较多,大型变压器油箱焊接和密封质量也是监造过程需要重点管控的内容之一。对运行影响最大的是本体绝缘故障和本体过热故障,因为这两类故障必须停电大修,影响程度和时间都是系统难以接受的,属于系统的重大风险之一。

4.3　变压器现场大修

换流变压器在现场运行过程中难免出现一些问题,并且为保证产品安全可控运行,有些问题需对换流变压器进行解体检修。产品解体检修有两种形式,第一是返厂检修,第二是现场检修。在质量控制方面,返厂检修比较好,但部分换流站地处偏远,运输条件非常差,运输成本高,难以返厂检修,必须在现场创造条件(修建检修车间)进行现场检修。

产品解体检修的工艺程序:

1. 拆卸本体外部的组部件

拆卸流程:拆卸阀侧和网侧套管→拆卸储油柜→拆卸主导气管→气体继电器→升高座上的联气管→油箱上的套管升高座→拆卸冷却器→拆除调压开关→压力释放阀等。

拆卸过程监造要点:

（1）由于拆卸组部件使用的是汽车吊，因此在吊卸过程中对主部件要绑牵引绳，对组部件进行吊卸的方向牵引，防止户外风力和吊车转向造成组部件摆动发生碰撞损坏。

（2）对所拆卸的组部件进行包装，妥善保管和运输。

2. 产品返厂（检修车间）后进行解体

解体流程：对本体内充入干燥空气使本体内正压力为 20～30kPa→使用气刨（焊接工具）割开箱沿与箱盖的焊线（若接箱盖和箱沿是螺栓连接则拆除螺栓），在割开焊线长约 200mm 时对箱盖和箱沿要使用 C 形夹对其夹紧→对气割飞溅进行清理→将本体转运至装配现场吊卸箱盖→吊芯并对器身外部进行外观检查→器身入炉脱油干燥处理。

本体解体过程监造要点：

（1）切割箱沿焊线时要随时监测本体内的压力，防止压力降低后切割飞溅进入油箱污染器身。

（2）切割飞溅清理干净后方可转运至生产现场。

（3）将箱盖上的 C 形夹拆除，清理箱盖上的所有物品，避免吊盖时有物品掉入油箱内。

（4）将器身平稳摆放好，检查器身外部的绝缘件（导线夹、引线支架等）、铁芯和夹件绝缘件表面是否清洁和是否有爬电等痕迹；检查铁芯和夹件接地、铁芯拉带、垫脚等部件的连接是否正确，是否有松动现象；检查对铁芯油道短接片、减震胶皮短接片是否连接良好；检查分接引线与开关连接是否良好，开关表面是否正常（有无异常痕迹）。

（5）对油箱内部进行检查，油箱内部是否清洁，油箱侧壁的磁屏蔽是否完好、表面是否清洁、安装是否牢固。

3. 器身解体过程

1）器身解体流程

器身干燥脱油后进行解体→分别拆卸阀侧和网侧引线和支撑固定绝缘件→拆卸有载调压开关与分接引线连接的螺栓→拆卸有载调压开关→拆卸上夹件（包括上下拉带和撑梁及有载调压开关托板）→拆卸夹件绝缘和绝缘梯形垫块→拆卸上铁轭→剪断调压线圈与有载调压开关相连的分接引线和网侧末端与开关连接线及拆除固定引线的导线夹和支撑绝缘件→分别拆卸柱 1 和柱 2 线圈上的压板（磁分路）和各线圈上部的端绝缘→分别拔出调压线圈、网侧线圈和阀侧线圈→拆卸线圈下部的端绝缘和下托板（磁分路）→拆卸下铁轭屏蔽板→拆卸铁芯柱屏蔽筒等，将铁芯完全裸露，以便彻底进行故障问题查找。

2）器身解体过程监造要点

（1）器身脱油出炉后应对器身表面进行全面检查，特别要注意器身外部绝缘件表面是否有放电痕迹，绝缘件表面是否清洁，铁芯所能见到的部位是否有过热痕迹，有载调压开关表面是否正常，过渡电阻表面是否正常。

（2）检查网侧和阀侧分接引线连接位置是否正常（拆除连接部位的绝缘包扎），是否有炭黑现象。

（3）检查网侧和阀侧线圈出头位置绝缘包扎是否正常、是否清洁，出线位置角环表面是否正常。

（4）检查分接开关表面是否清洁，开关触头表面是否正常。

（5）检查铁芯接地、夹件接地是否连接牢固，接地线外包绝缘是否完好。拆卸夹件后，检查夹件表面是否有爬电痕迹。检查夹件绝缘表面是否有过热痕迹，表面是否清洁，梯形绝缘垫块表面是否正常。

(6)拆卸上铁轭时检查硅钢片表面是否有划伤、弯折，对不合格硅钢片进行单独存放，并在回装时进行更换。检查铁芯油道是否有过热痕迹。

(7)对上压板、线圈端绝缘、磁分路线圈上部的绝缘件要逐件检查表面是否有异常情况；对磁分路内的硅钢片进行检查，检查表面是否有过热痕迹。

(8)对阀侧和网侧线圈出头位置的异形角环和线圈上的正反角环表面认真检查，检查表面是否有爬电痕迹、是否有过热痕迹、是否清洁。对阀侧线圈、网侧线圈首末端出头位置的绝缘包扎进行检查，检查表面是否清洁、有无过热痕迹、绝缘包扎是否紧实。对有疑议的绝缘件单独存放。

(9)对线圈间纵绝缘进行检查，检测各线圈外所围纸板表面是否有爬电现象，表面是否清洁。对有问题的绝缘纸板单独存放。

(10)使用十字吊架分别拔出线圈后对线圈表面匝绝缘层、油道垫块、撑条分别进行检查，检查表面是否正常，油道是否有堵塞现象。如有必要还需对电磁线外包绝缘层进行聚合度检测，对线圈出头冷压或磷铜焊接部位进行检查，检查连接或焊接是否牢固、表面是否清洁。

(11)检查磁分路或下铁轭屏蔽板、下托板表面是否有过热痕迹，表面是否清洁。拆除铁芯柱屏蔽筒(线圈排列形式：铁芯、阀侧线圈、网侧线圈、调压线圈有单独屏蔽筒)，检测铁芯表面是否有过热痕迹。

3)检查过程中的注意事项

(1)对所有拆卸的零部件要每件进行检查，并对有问题的零部件进行拍照。

(2)有些返修的换流变压器是国外生产，国内无图纸，在逐项拆除前要拍照，记录拆卸前各部件的相对安装位置，必要时用笔在两个部件上做标记，避免产品回装时出现错误。

(3)产品解体过程需旁站见证

(4)在召开问题产生的原因分析会、由相关单位确定返修方案后，监造过程应严格按相关规定执行。

(5)后续回装生产工艺与产品正常生产相同。

(6)产品如果是在换流站内检修，由于受生产使用设备限制，无法进行吊芯，器身不能脱油处理，相关解体工作只能在油箱内进行，因此脚手架搭建要牢固、安全，并要严格控制产品解体和回装工序环境(温度、湿度、降尘量)。

(7)站内检修后最好使用移动气相干燥系统对器身进行干燥处理，如果不具备移动气相干燥设备，使用热油喷淋设备对器身进行热油喷淋处理，排除器身绝缘件中的水分和气体。

①热油喷淋使用设备

移动真空机组 1 台，抽气速率≥2 000 m^3/h，极限真空≤5Pa，带冷凝水收集罐。

高真空滤油机 1 台，流量：4～16 m^3/h，极限真空≤5Pa，加热功率≥180kW，加热最高温度≥100℃，加热功率≥200kW。

热油喷淋机 1 台(加热功率≥270kW)，进、出口两端附带控温电偶。

电加热板 30 个，功率 2kW/板。

运输油罐内装 10 吨变压器油（用于本体排出的部分变压器油），用于现场喷淋干燥。油指标要求为：介损≤0.3%，击穿电压≥65kV，含水量≤10μL/L。

控制柜 1 个，面板布置 4～6 个温度数字显示器。

热电偶及耐高温导线及屏蔽线 5 支，每支热电偶配备 15m 的耐高温导线，耐热温度≥200℃。屏蔽线 5 根，每根 10m。DN80 浇注法兰（测温专用）。

②喷淋前准备工作

当换流变压器产品修理时，吊下油箱箱盖，沿箱盖长度方向均布钻 7 个 φ40mm 孔（现场气割加工，具体位置现场测绘，确定孔位置）。孔位置尽量在横向中心，注意避开上横梁和定位件。并在孔位置上焊接固定喷淋头法兰，利用箱盖与铁芯上部间的距离安放 7 个内置喷淋装置，喷淋装置安装前必须清理干净，并安装牢固。内置式喷淋头装置如图 4-30 所示，白色固定喷淋头法兰和位置如图 4-31 所示。

图 4-30 内置式喷淋头装置　　　　图 4-31 白色固定喷淋头法兰和位置

在器身内插放 4～5 支热电偶，热电偶的内部分布位置为：两个线圈的上部分别放置 2 支、两个线圈下部分别放置 2 支，下部出线绝缘处放置 1 支（无插放位置时需用收缩带绑牢）。外部通过屏蔽线连接至控制柜内，控制柜显示屏直接显示温度。

在换流变压器箱体内部放置 5 块试验绝缘垫块（层压纸板），放置的部位为阀套管升高座内、柱 1 和柱 2 绕组底部和分接开关处。热油喷淋干燥结束后取出绝缘样件送回公司检测绝缘含水量。

在箱体底部铺设石棉瓦，然后均布电加热板。要求电加热板至箱底的距离约 100mm。

主体油箱密封后，充干燥空气检漏。充气压力 0.02MPa 后停止，然后采用肥皂水进行刷洗检漏，发现漏点及时排除。

③热油喷淋干燥过程

用滤油机向本体注入变压器油，流速控制在 4～5m³/h，油温在 65±5℃，注入主体 10 吨变压器油。然后采用干燥空气解除主体油箱真空。主体解除真空后，铺设主体油箱保温设施，包裹严实。

启动喷淋机开始常压对主体进行喷淋，当油流循环顺畅后，关闭主喷淋管路的阀门，通过喷淋管路对产品进行喷淋。热油喷淋机温度设置为 115℃，并对油管路进行保温包裹处理。由于喷淋和抽真空不能同时进行，因此每天喷淋 12h，抽空真空处理 12h，进行循环操作。每次喷淋前使用干燥空气解除真空至常压，再进行热油喷淋。

在温度恒定的情况下，真空压力维持在 2～3kPa，出水量维持在 8mL/h 时，可以停止喷淋，并持续抽真空至 40Pa 后，持续抽空 24h 后停止抽空，采用露点法测定变压器绝缘纸中的平均含水量。结束后停止喷淋干燥处理，用干燥空气解除真空至常压。

喷淋的同时每天对铁芯对地和夹件对地的绝缘电阻进行检测。绝缘电阻值大于 100MΩ，同时最后检测 3 次的绝缘电阻值变化小于 5MΩ。

采用高真空滤油机将主体内部的变压器油全部排出，拆卸外部喷淋管路，吊起主体箱盖，将内置式喷淋装置、热电偶拆卸，更换网侧、阀侧、升高座上的盖板，最后清理箱底。箱盖吊起期间采用干燥空气（露点 ≤ −50℃）一直保持吹扫，直至重新密封油箱。取出绝缘样件，用铝箔包裹严实后，在垫块周围放置干燥剂，然后再用三层塑料包裹严实，并立即进行检测绝缘含水量。喷淋后的绝缘样件保准值 ≤0.4%。

5 换流阀及阀冷

本章着重介绍直流输电换流阀的主要生产工艺过程，以及原材料进厂、换流阀组件生产、组件例行试验、换流阀型式试验、包装存栈等工艺过程的监造要点。并根据国内换流阀制造厂生产大组件阀和小组件阀的现状，对区别不大的工艺过程、大组件和小组件统一介绍；对区别较大的部分，则分别进行介绍。

对于换流阀设备系统的概况、阀控制设备、关键零部件的内部结构以及试验等深层次的内容，本章仅概略介绍，读者如有更多的需要和兴趣，可参考其它书籍。

5.1 换流阀设备概况

晶闸管换流阀是高压直流输电的核心设备，其主要功能是把交流转换成直流或实现逆变换。晶闸管的触发方式有电触发和光触发两种。近 10 余年我国的直流输电技术发展较快，目前特高压直流输电工程直流电流已提高至 6 250 A，电触发晶闸管直径已发展为 6 英寸*；光触发晶闸管直径为 5 英寸，电流为 3 000 A。

直流输电换流阀采用的基本换流单元有 6 脉动换流单元和 12 脉动换流单元两种，前者采用 6 脉动换流阀（三相桥式），后者采用 12 脉动换流阀（由交流侧电压相差 30°的两个 6 脉动换流阀组成）。目前国内所用的直流工程绝大多数采用 12 脉动换流阀作为基本换流单元。晶闸管换流阀的耐受电压是采用不同级数的晶闸管串联来实现的，由此得到不同电压的 12 脉动换流阀。这样换流站交流滤波器和直流滤波器只需按 12 脉动换流阀的要求来配置，从而简化了滤波装置，减小了换流站占地面积，降低换流站建设成本。

5.1.1 换流阀的结构

对于常规直流输电工程，每个换流站中每极由 1 个 12 脉动换流器构成；对于特高压直流输电工程，我国目前采用每极由 2 个 12 脉动换流器串联构成。换流阀的结构包括阀组件模块、晶闸管极、均压阻尼部件和冷却部件。换流阀单阀一般由若干个换流阀组件组成。

换流阀采用空气绝缘，水冷却，为防地震设计为悬吊式结构，大组件阀塔部分采用绝缘子(小组件采用绝缘螺杆)将阀塔和避雷器悬吊于阀厅顶部的钢梁上(见图 5-1)。

源于不同的技术路线，国内的换流阀制造厂目前生产的换流阀有大组件(见图 5-2)和小组件(见图 5-3)两种结构。大组件结构换流阀有光触发和电触发两种触发方式，小组件结构换流阀采用电触发。

---

* 英寸(in)为非法定计量单位，1in = 2.54cm。

图 5 - 1　换流阀阀塔结构

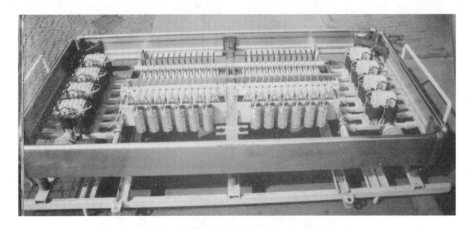

图 5 - 2　换流阀大组件

图 5 - 3　换流阀小组件

　　换流阀设计充分考虑了阀体的防火性能，阀组件的主要部件均采用阻燃材料，具有 VL94 - V0 级或等效的阻燃特性。水管、水电阻采用聚四氟乙烯（PVDF）材料，所有绝缘件、光纤及光纤槽添加了阻燃材料，电容采用充气式，导线均采用外皮阻燃的高压导线，晶闸管控制单元板添加了阻燃材料或采用阻燃漆涂敷工艺。现在一些厂家在晶闸管控制单元板的四周加装了防火板。

　　换流阀组件主要包括组件框架、晶闸管串联模块、晶闸管控制单元、阻尼电容单元、阻尼电阻单元、饱和电抗器、进出水管、导线连接等。阀组件由数个晶闸管极串联而成。晶闸管极由晶闸管元件、晶闸管控制单元、阻尼回路组成。

　　晶闸管串联模块通常是将一定数量的晶闸管和散热器通过压力机构压装在一起，以保证良好的电气性能和散热效果。大组件晶闸管串联模块如图 5 - 4 所示，小组件晶闸管串联模块如图 5 - 5 所示。

图 5 - 4　大组件晶闸管串联模块

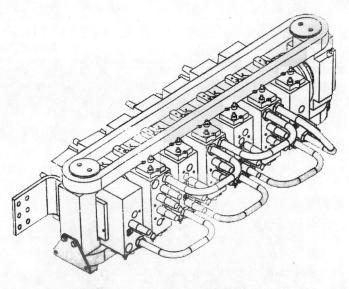

图 5 - 5　小组件晶闸管串联模块

　　阻尼电容单元、阻尼电阻单元的部件组装相对简单，将电容或电阻安装在框架或安装板上。阻尼电容单元如图 5 - 6 所示，阻尼电阻单元如图 5 - 7 所示。

图 5 - 6 阻尼电容单元

图 5 - 7 阻尼电阻单元

　　晶闸管控制单元(TCU、TE、TTM、TVM 等)各制造厂均不一样,控制单元的安装方式也不尽相同。光触发换流阀的 TVM 板(见图 5 - 8)采用螺钉安装,电触发换流阀的 TE 板、TTM 板(见图 5 - 9)采用插件式。小组件阀的 TCU 板则安装在一个屏蔽盒内。

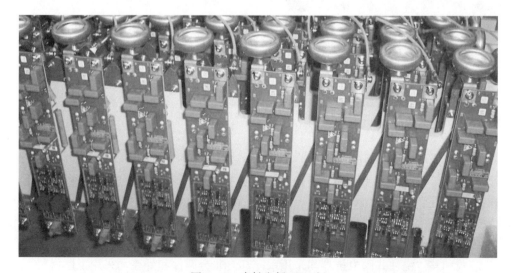

图 5 - 8 光触发阀 TVM 板

图 5 - 9　电触发阀 TTM 单元

冷却水管的连接方式依照技术不同而不同，小组件采用串联，大组件采用并联，国内某制造厂自主开发的组件则采用了串并联。

5.1.2　换流阀的关键零部件

1. 晶闸管

晶闸管是硅基电力电子器件的代表性器件，全称为晶体闸流管，过去也称为可控硅元件。直流输电工程中使用的晶闸管采用平板封装，反向阻断三极晶闸管，俗称为阀片或阀元件。

晶闸管为具有四层三端 PNPN 结构的半导体器件，实质上是一种无触点开关，具有可控的单向导电能力。晶闸管通态电流大，阻断电压高，但没有自关断能力。

国内直流输电工程用晶闸管分为电触发(见图 5 - 10)和光触发(见图 5 - 11)两种，小组件阀用电触发，大组件阀多选用光触发，也有电触发。

图 5 - 10　电触发晶闸管

图 5 - 11　光触发晶闸管

2. 阳极饱和电抗器(阀电抗器)

国内直流工程换流阀使用的阳极饱和电抗器目前有两种形式，整体浇注式(见图 5 - 12)和铁芯式(见图 5 - 13)。

铁芯式阳极饱和电抗器主要由线圈、铁芯、二次阻尼电阻、框架结构装配而成。

整体浇注式阳极饱和电抗器主要部件有线圈、铁芯、外壳，采用环氧真空浇注。

铁芯式和整体浇注式阀电抗器均采用水冷却。非金属件和外壳均采用阻燃材料。

图 5 - 12　整体浇筑式饱和电抗器　　　　　图 5 - 13　铁芯式饱和电抗器

功能：①用于限制阀内晶闸管元件导通时出现的较高的电流上升率（$\mathrm{d}i/\mathrm{d}t$）以及较高的浪涌电流而引发晶闸管元件被损毁；②用于限制晶闸管关断期间线路中出现较高的电压上升率（$\mathrm{d}u/\mathrm{d}t$），以避免晶闸管元件承受过高的浪涌电压而引起误开通。

3. 散热器

国内直流输电工程换流阀用散热器基本沿用了技术引进的样式，即大组件散热器（见图 5 - 14）和小组件散热器，两种散热器内部均设计有冷却水道，采用水冷却。

图 5 - 14　大组件散热器

大组件散热器由一块主体和两块侧板焊接而成，主体两侧设计有水道，下端面设计有进出水口和水道连接，主体两侧水道和盖板采用真空钎焊。

小组件散热器由一块矩形材料加工而成，主体靠近两侧面设计有水道，进出水口设计在一端面上侧，主体的上平面有水道加工工艺孔，工艺孔用搅拌摩擦焊封焊。主体中心部位设计有棒电阻安装孔，同样棒电阻借助水道中流动的冷却液体将热量带走。小组件散热器的上平面设计有取能电阻的安装孔，取能电阻安装在这里，同样是为了获取一定的散热效果。

近年某制造商将上述两种散热器部分结构组合，在大组件散热器上安装了均压电阻。开发出国内第三种换流阀用散热器。

为防止电化学的腐蚀，国内开发的散热器和小组件散热器均设计有防电化学腐蚀配件，如水电极、不锈钢水套等。

功能：将晶闸管工作时产生的热量带走。

4. 阻尼电阻

阻尼电阻分为棒电阻和水冷电阻。

与散热器一样，国内直流输电工程换流阀目前使用的阻尼电阻保留了技术引进的结构。分为不锈钢棒状大功率电阻(见图5-15)和水冷大功率电阻(见图5-16)。两种电阻都采用水冷却，不同的是不锈钢棒状大功率电阻是通过散热器和电阻接触进行冷却，而水冷电阻是通过冷却水在电阻内部循环直接冷却。

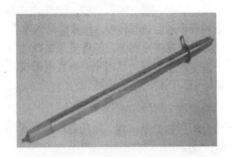

图5-15　棒状大功率电阻

图5-16　水冷大功率电阻

源于技术路线的不同，不锈钢棒状大功率电阻仅用于小组件，水冷电阻仅用于大组件。

不锈钢棒状大功率电阻采用金属合金材料做电阻外壳，提高产品的耐电压、电流的冲击性；内部有电阻丝和耐高压，高导热氧化物做填充料，以提高电阻的耐高压和大功率特性；采用缩径工艺提高电阻的导热性能。两端接线端子采用环氧树脂封装。不锈钢棒状大功率电阻安装在小组件散热器的电阻孔中，通过与散热器的接触达到冷却效果。

水冷电阻外壳分为主体和盖板，采用模压成型，材料选用聚四氟乙烯(PVDF)。该材料具有良好的绝缘和阻燃特性。主体内设计有螺旋水道，安装有合金电阻带，采用热压封堵，防渗漏效果好。

5. 阻尼电容

国内直流输电工程换流阀用阻尼电容的结构仍和技术引进的相同。大小组件的阻尼电容结构基本相似，圆柱形外壳为铝材料，芯子为聚丙烯金属化薄膜，出于阻燃的考虑，将一般电容器的油绝缘改为惰性气体绝缘，具有很强的电弧及火花抑制性能。为防止过电压对电容造成的爆炸危险，电容壳体设计有防爆环，当过应力造成电容内部压力升高时，壳体防爆环膨胀，在电容内部形成开路，防止电容爆炸造成危险。壳体上端的接线柱采用低热阻树脂封装。阻尼电容分为一端子、两端子和三端子三种(见图5-17)。

图5-17　阻尼电容器

功能：阻尼电容和阻尼电阻串联后并联在晶闸管两端。阻尼电阻、阻尼电容组成阻尼回路，其功能为：①使每个晶闸管两端的交流电压均匀分布；②吸收阀换向时的过冲电压，使阀能够耐受正常和非正常负载条件下的应力等；③为晶闸管控制单元提供工作电源。

6. 直流均压电阻（取能电阻）

均压电阻采用平面、厚膜、无感型大功率电阻，外壳为阻燃材料，内部采用特殊的树脂材料填充以保证在大功率和脉冲的使用条件下电阻的稳定性。为保证电阻安装后和散热器有一定的附着压力及良好的散热性能，电阻设计为簧片压紧式（见图5-18）。

直流均压电阻通常配对使用在小组件中，即每个晶闸管极为两只串联使用。某制造商在自主开发的大组件散热器上也使用了均压电阻。均压电阻需安装在散热器上进行散热。

其功能为：①为晶闸管控制单元提供取样电压值；②使晶闸管两端的低频电压分量均匀分配。

图5-18 均压电阻

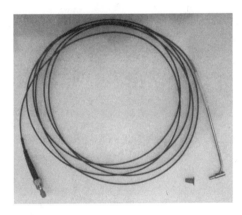
图5-19 晶闸管触发光纤

7. 光纤（光缆）

换流阀用光纤（见图5-19）内芯多为玻璃纤芯（回报光纤内芯也有采用塑料的），玻璃纤芯外有涂覆层、护套等，各品牌的护套层数不一。护套主材通常为尼龙、聚乙烯、四氟乙烯等，无论采用哪种主材，都必须阻燃。为保护光纤，和光纤配套的设计有专用的光纤槽，光纤槽采用不饱和树脂SMC材料压制而成。该材料机械强度高、绝缘性能好，有良好的阻燃特性。某些阀制造厂提供的组件用光纤槽喷涂有半导体漆。

光纤的功能为：在高电压场合进行信号传输，光信号损耗小，传输距离远，可靠性高。

5.2 换流阀主要工艺过程和监造要点

直流输电换流阀组件主要工艺流程双代号网络图如图5-20所示。

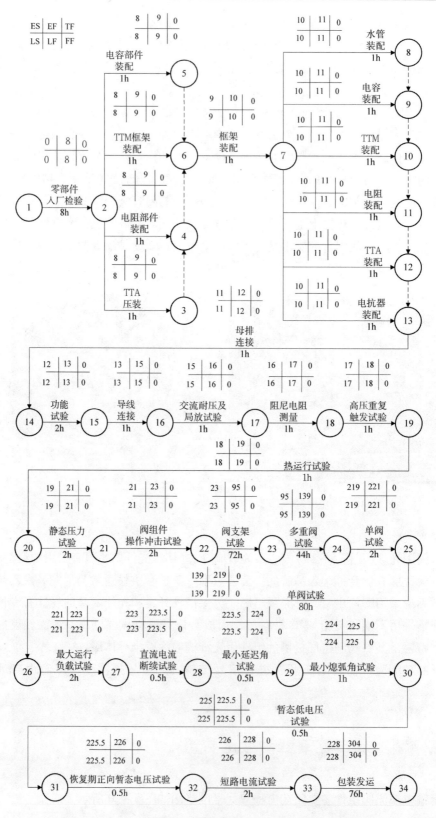

图 5-20　直流输电换流阀组件主要工艺流程双代号网络图

5.2.1　换流阀组件原材料及零部件监造要点

小组件、电控大组件、光控大组件换流阀组件原材料及零部件监造要点分别如表5－1、表5－2、表5－3所示。

表5－1　换流阀组件原材料及零部件监造要点（小组件）

监造内容	监造方法	监造要点（要求/提示）	备注
晶闸管	文件见证、目测、量具和仪器检测	1. 晶闸管型号规格与设计一致。应有质保证书、出厂试验报告、入厂检验及记录。提供型式试验报告，且在有效期内 2. 外观检查：瓷表面无裂纹和斑点、釉面厚薄均匀，极面平整、无斑点、划痕，镀层均匀，无露铜等现象。标识清晰、完整、正确。标识齐全且清晰可见	
饱和电抗器	文件见证、目测、量具和仪器检测	1. 型号规格与设计一致。应有质保证书、出厂试验报告、入厂检验及记录 2. 外观检查：整体浇筑式表面无损伤、无污迹。水管无损伤、变形，水嘴接口处平整，丝扣完好 3. 联接母线平整，无磕碰划伤。焊接处焊缝饱满，没有裂缝、缺焊 4. 试验检测：测量电抗值应符合要求，用冲击试验设备将电抗器进行端对端测试，其电压时间面积满足要求，并无击穿或闪络现象	
阻尼电容	文件见证、目测、量具和仪器检测	1. 型号规格与设计一致。应有质保证书、出厂试验报告、入厂检验及记录 2. 外观检查：表面无磕碰划伤、无污迹，接线柱螺纹无损伤、无松动，外壳密封良好。标识清晰、完整。放电电阻引线头不能过长，一般为 1～2mm 3. 试验检测：用 LCR 测试仪测量标称容量，其误差应符合规定值，损耗角正切值符合要求；用耐压测试仪测量应符合要求（$1.5U_r$ 交流耐压 1min 无击穿或闪络现象）	
均压电阻	文件见证、目测、量具和仪器检测	1. 型号规格与设计一致。应有质保证书、出厂试验报告、入厂检验及记录 2. 外观检查：外壳无裂纹，无磕碰，贴装面无损伤且平整，压紧簧伸缩自如，标识清晰、完整 3. 试验检测：用 LCR 仪测量标称值，电阻值的误差应符合设计要求	
棒状电阻	文件见证、目测、仪器测量	1. 型号规格与设计一致。应有质保证书、出厂试验报告、入厂检验及记录 2. 外观检查：外表面无磕碰、划伤，两端封堵无开裂。直线度符合设计要求。插入散热器安装孔应进出自如 3. 试验检测：测量电阻的最大允许电压、电阻值等应符合设计要求。误差值在允许范围内	

监造内容	监造方法	监造要点(要求/提示)	备注
散热器	目测、量具和仪器检测	1. 型号规格与设计一致。应有质保证书、出厂试验报告、入厂检验及记录 2. 外观检验：安装表面无损伤，平面度、光洁度满足技术要求。水管接头螺纹无损伤、配合紧密。特别注意检查内腔是否有碎金属屑，检查方法是注入压缩空气进行清理，必须保证内部无杂质 3. 有棒电阻安装的孔加工精确，确保棒电阻能自如插入、抽出	
晶闸管控制单元板（TCU）	文件见证、目测、仪器检测	1. 型号规格与设计一致。应有性能测试和阻燃性能检测报告或合格证及入厂检验记录 2. 线路板无变形、无损伤，元器件齐全，无漏焊且焊点牢固无松动，线路清晰，无短路、断路现象。标识清晰、完整 3. 线路板运输应有防震措施；储存条件：干燥、通风 4. 屏蔽盒的内外应无磕碰、划伤、毛刺，外表色泽均匀 5. 绝缘漆的涂敷应完满，漆面无磕碰划伤，无流痕、漏漆	
铜排	文件见证、目测、量具和仪器检测	1. 型号规格与设计一致。铜排的表面应平整、光滑，不应有毛刺和磕碰划伤，安装面应满足平面度要求 2. 层压铜排不得有分层的裂纹，层间不允许有杂物、砂砾、灰尘 3. 铜排折弯处不得有裂纹，在直角处应以 R 角过渡，其加工尺寸必须符合设计图要求 提示：经过理化性能试验的铜排和成型件不能用于安装	
紧固件、金属结构件	文件见证、目测、量具检测	1. 型号规格与设计一致。表面清洁、无裂痕和凹凸不平，无毛刺、无锈迹，应有防锈、防碰击等保护措施 2. 用极限量规或万能量具进行检验，各部位尺寸必须符合设计要求 3. 普通螺纹用螺纹量规和光滑极限量规或万能量具进行检验，过渡配合螺纹允许用螺纹千分尺检验，必须符合国标要求。止端螺纹的旋入量不允许大于 3.5 扣 4. 用螺纹光滑极限量规检查直线度、同轴度、垂直度，其公差必须符合国标要求 5. 按照国标 GB/T 3098 的规定进行检验，必须满足国标要求 6. 根据要求按 GB/T 5267 进行电镀，镀层表面和厚度必须均匀，必要时进行镀层厚度测量 7. 金属结构件外观平整，无磕碰划伤，焊缝饱满美观，无焊豆，无尖角，锐边倒棱，无毛刺	
组件冷却水管、阀塔蛇形水管	文件见证、目测、量具和仪器检测	1. 型号、规格、材质应与设计一致 2. 组件水管外、内表面光滑，厚薄均匀，无沙眼、裂痕，无异常扭曲、弯折现象；蛇形水管表面无损伤、污迹、变形，外观颜色一致 3. 焊接处焊缝饱满，无缺焊、气孔 4. 水管内干净，无杂质、异物、霉点。出厂时水嘴必须有封堵措施 5. 安装前必须进行压力试验，达到规定压力值后无渗漏和破裂	

监造内容	监造方法	监造要点(要求/提示)	备注
铝型材	文件见证、目测、量具和仪器检测	1. 表面及边沿光滑,无毛刺和磕碰划痕,无凹凸不平,色泽一致 2. 外形尺寸、安装尺寸及规格应满足设计图纸要求 3. 用游标卡尺、卷尺、螺旋测微仪检查 4. 阳极氧化厚度为 $12\mu m$,韦氏硬度 HV≥75	
绝缘件、拉紧环	文件见证、目测、量具和仪器检测	1. 在自然光线或适应的灯光下用肉眼检查供货批次间无明显色差,无变形、变色,表面磕碰无划伤、起层、毛刺、油污、起泡和斑点。表面喷漆的塑料件漆层应均匀,无起皮脱落、变色等缺陷 2. 拉紧环表面平整,无磕碰划伤、开裂、脱漆、起皮,漆面光滑,无漏漆、流痕 3. 用螺纹塞规、环规检查螺栓和螺孔的螺纹,螺栓和螺母配合良好 4. 按所属装配关系,各部件应装配良好,塑料件配合应无台阶(允许≤0.5mm),无明显缝隙(允许≤0.8mm) 5. 未标注圆角允许为 0.2～0.5mm,其它未标注技术条件的塑料件即按承制方相关工艺文件(或规范)进行检查	
悬吊绝缘螺杆	文件见证、目测、量具和仪器检测	1. 应有质保证书、出厂试验报告、入厂检验及记录 2. 螺杆无严重变形、开裂、螺纹无损伤,色泽均匀;螺纹光滑,和螺母配合自如 3. 应进行电气强度和机械强度试验,应满足国家有关规定	
避雷器	文件见证、目测、量具和仪器检测	1. 型号规格与设计一致。应有质保证书、出厂试验报告、入厂检验及记录 2. 外观检验:表面无损伤、磁件无缺釉现象,釉面均匀。瓷件与铁件胶合牢固,铁件无损伤、无锈迹。安装孔距对称 3. 硅橡胶材质裙片完好,无损伤、严重变形,色泽均匀	
阀基电子监视和控制设备	文件见证、目测、量具和仪器检测	1. 外观检查: ●屏体结构牢固,门、锁开启灵活,表面无锈迹、漆面光滑匀称无漆瘤 ●元器件外观良好、安装牢固。导线与电气元件间采用螺栓连接、插接、焊接、压接等方式,均应连接牢固 ●导线之间不应有接头,导线芯线和外皮无损伤 ●配线应整齐、清晰、美观,导线绝缘良好,无损伤 ●每个端子的每侧接线应为一根,对于插接式端子,不同截面的两根导线不能连接在同一端子上。对于螺栓连接的端子,当连接两根导线时,导线方向应错开,不应重叠 ●二次回路接地应设专用螺栓 ●对照图纸、接线正确 ●屏柜所有元器件均按照国家标准和业主有关规定粘贴黄底黑字标识,字迹清晰。粘贴位置合理且牢固 ●导线的端部应标有回路编号,编号正确、字迹清晰,且不易褪色 2. 试验检查: VCE/VCU 柜必须与直流保护进行系统调试,还应根据技术协议和设计(联络、冻结)会议要求做有关项目试验	

监造内容	监造方法	监造要点（要求/提示）	备注
光纤	文件见证、目测、量具和仪器检测	1. 包装完好，防水，防潮，防挤压措施完好 2. 光纤外套完好，饱满，无缺陷、硬折，无破损 3. 光线插头保护帽齐全，插头完好，无挤压、碰撞，平整 4. 仪器检测光衰减率符合技术要求	

表 5－2　换流阀组件原材料及零部件监造要点（电控大组件）

监造内容	监造方法	监造要点（要求/提示）	备注
晶闸管	文件见证、目测、量具和仪器检测	1. 晶闸管型号规格与设计一致。应有质保证书、出厂试验报告、入厂检验及记录。提供型式试验报告，且在有效期内 2. 外观检查：瓷表面无裂纹和斑点，釉面厚薄均匀，极面平整，无斑点、划痕，镀层均匀，无露铜等现象。标识清晰、完整、正确。标识齐全且清晰可见	
饱和电抗器	文件见证、目测、量具和仪器检测	1. 型号规格与设计一致。应有质保证书、出厂试验报告、入厂检验及记录 2. 铁芯式支架无裂纹，固定牢靠。线圈浇筑外层无开裂、磕碰，划伤，铁芯固定支架安装牢固 3. 联接母线平整，无磕碰划伤。焊接处焊缝饱满，没有裂缝，缺焊 4. 试验检测：测量电抗值应符合要求，用冲击试验设备将电抗器进行端对端测试，其电压时间面积满足要求，并无击穿或闪络现象	
阻尼电容	文件见证、目测、量具和仪器检测	1. 型号规格与设计一致。应有质保证书、出厂试验报告、入厂检验及记录 2. 外观检查：表面无磕碰划伤、无污迹，接线柱螺纹无损伤、无松动，外壳密封良好。标识清晰、完整。放电电阻引线头不能过长，一般为 1～2mm 3. 试验检测：用 LCR 测试仪测量标称容量，其误差应符合规定值，损耗角正切值符合要求；用耐压测试仪测量应符合要求（$1.5U_r$ 交流耐压 1min 无击穿或闪络现象）	
阻尼电阻	文件见证、目测、量具和仪器检测	1. 外壳压铸饱满，无裂纹、磕碰划伤，焊缝无缺陷，安装螺柱丝扣完好，无裂痕、弯曲。安装面平整光滑 2. 出厂时水嘴必须有封堵措施，水嘴连接处光滑平整 3. 应提供出厂检验报告或合格证和入厂检验记录	
均压电阻	文件见证、目测、量具和仪器检测	1. 型号规格与设计一致。应有质保证书、出厂试验报告、入厂检验及记录 2. 外观检查：外壳无裂纹，无磕碰，贴装面无损伤且平整，压紧簧伸缩自如，标识清晰、完整 3. 试验检测：用 LCR 仪测量标称值，电阻值的误差应符合设计要求	此条适用于有均压电阻的大组件

监造内容	监造方法	监造要点(要求/提示)	备注
散热器	目测、量具和仪器检测	1. 型号规格与设计一致。应有质保证书、出厂试验报告、入厂检验及记录 2. 外观检验：安装表面无损伤，平面度、光洁度满足技术要求。水管接头螺纹无损伤、配合紧密。特别注意检查内腔是否有碎金属屑，检查方法是注入压缩空气进行清理，必须保证内部无杂质 3. 有棒电阻安装的孔加工精确，确保棒电阻能自如插入、抽出	适用于小组件
晶闸管控制单元板（TE、TTM）	文件见证、目测、仪器检测	1. 型号规格与设计一致。线路板无变形、无损伤，元器件齐全，无漏焊且焊点牢固无松动，线路清晰，无短路、断路现象。标识清晰、完整 2. 线路板运输应有防震措施，储存条件：干燥、通风 3. 绝缘漆的涂敷应完满，漆面无磕碰划伤，无流痕、漏漆 提示：应有性能测试和阻燃性能检测报告或合格证及入厂检验记录	
铜排	文件见证、目测、量具和仪器检测	1. 型号规格与设计一致。铜排的表面应平整、光滑，不应有毛刺和磕碰划伤，安装面应满足平整度要求 2. 层压铜排不得有分层的裂纹，层间不允许有杂物、砂砾、灰尘，必要时应进行理化试验，要求布氏硬度 HB≥65 3. 铜排折弯处不得有裂纹，在直角处应以 R 角过渡，其加工尺寸必须符合设计图要求 提示：经过理化性能试验的铜排和成型件不能用于安装	
紧固件、金属结构件	文件见证、目测、量具检测	1. 型号规格与设计一致。表面清洁、无裂痕和凹凸不平，无毛刺、锈迹，应有防锈、防碰击等保护措施 2. 用极限量规或万能量具进行检验，各部位尺寸必须符合设计要求 3. 普通螺纹用螺纹量规和光滑极限量规或万能量具进行检验，过渡配合螺纹允许用螺纹千分尺检验，必须符合国标要求。止端螺纹的旋入量不允许大于 3.5 扣 4. 用螺纹光滑极限量规检查直线度、同轴度、垂直度，其公差必须符合国标要求 5. 按照国标 GB/T 3098 的规定进行检验，必须满足国标要求 6. 根据要求按 GB/T 5267 进行电镀，镀层表面和厚度必须均匀，必要时进行镀层厚度测量 7. 金属结构件外观平整，无磕碰划伤，焊缝饱满美观，无焊豆，无尖角，锐边倒棱，无毛刺	
组件冷却水管、阀塔蛇形水管	文件见证、目测、量具和仪器检测	1. 型号、规格、材质应与设计一致 2. 组件水管外、内表面光滑，厚薄均匀，无沙眼、裂痕，无异常扭曲、弯折现象；蛇形水管表面无损伤、污迹，无变形，外观颜色一致 3. 焊接处焊缝饱满，无缺焊、气孔 4. 水管内干净，无杂质、异物、霉点。出厂时水嘴必须有封堵措施 5. 安装前必须进行压力试验，达到规定压力值后无渗漏和破裂	

监造内容	监造方法	监造要点（要求/提示）	备注
铝屏蔽、铝型材	文件见证、目测、量具和仪器检测	1. 表面及边缘光滑，无毛刺和磕碰划痕，无凹凸不平，色泽一致 2. 铝型材屏蔽直线度满足技术要求，无可见弯曲，无磕碰划伤。外表面无挤压凸痕、凹陷。内表面安装槽挤压饱满无缺陷 3. 外形尺寸、安装尺寸及规格应满足设计图纸要求 4. 用游标卡尺、卷尺、螺旋测微仪检查 5. 阳极氧化厚度为 $12\mu m$，韦氏硬度 HV ≥ 75	
绝缘件、光纤槽	文件见证、目测、量具和仪器检测	1. 在自然光线或适应的灯光下用肉眼检查供货批次间无明显色差，无变形、变色，表面磕碰无划伤、起层、毛刺、油污、起泡和斑点。表面喷漆的塑料件漆层应均匀，无起皮脱落、变色等缺陷 2. 光纤槽外观完好，无明显磕碰划伤、裂纹、扭曲，涂有半导体漆面不应有明显划痕、碰角 3. 用螺纹塞规、环规检查螺栓和螺孔的螺纹，螺栓和螺母配合良好 4. 按所属装配关系，各部件应装配良好，塑料件配合应无台阶（允许 ≤ 0.5mm），无明显缝隙（允许 ≤ 0.8mm） 5. 未标注圆角允许为 0.2 ～ 0.5mm，其它未标注技术条件的塑料件即按承制方相关工艺文件（或规范）进行检查	
悬吊绝缘子	文件见证、目测、量具和仪器检测	1. 应有质保证书、出厂试验报告、入厂检验及记录 2. 裙片无损伤、严重变形，色泽均匀；悬挂环无损伤且光滑无毛刺，螺纹光滑，和螺母配合自如 3. 应进行电气强度和机械强度试验，应满足国家有关规定	
避雷器	文件见证、目测、量具和仪器检测	1. 型号规格与设计一致。应有质保证书、出厂试验报告、入厂检验及记录 2. 外观检验：表面无损伤，磁件无缺釉现象，釉面均匀。瓷件与铁件胶合牢固，铁件无损伤、无锈迹。安装孔距对称 3. 硅橡胶材质裙片完好，无损伤、严重变形，色泽均匀	
阀基电子监视和控制设备	文件见证、目测、量具和仪器检测	1. 外观检查： ● 屏体结构牢固，门、锁开启灵活，表面无锈迹、漆面光滑匀称无漆瘤 ● 元器件外观良好、安装牢固。导线与电气元件间采用螺栓连接、插接、焊接、压接等方式，均应连接牢固 ● 导线之间不应有接头，导线芯线和外皮无损伤 ● 配线应整齐、清晰、美观，导线绝缘应良好，无损伤 ● 每个端子的每侧接线应为一根，对于插接式端子，不同截面的两根导线不能连接在同一端子上。对于螺栓连接的端子，当连接两根导线时，导线方向应错开，不应重叠 ● 二次回路接地应设专用螺栓 ● 对照图纸、接线正确 ● 屏柜所有元器件均按照国家标准和业主有关规定粘贴黄底黑字标识，字迹清晰，粘贴位置合理且牢固 ● 导线的端部应标有回路编号，编号正确，字迹清晰，且不易褪色 2. 试验检查 VCE/VCU 柜必须与直流保护进行系统调试，还应根据技术协议和设计（联络、冻结）会议要求做有关项目试验	

续表 5 – 2

监造内容	监造方法	监造要点(要求/提示)	备注
光纤	文件见证、目测、量具和仪器检测	1. 包装完好,防水,防潮,防挤压措施完好 2. 光纤外套完好,饱满,无缺陷、硬折,无破损 3. 光线插头保护帽齐全,插头完好,无挤压、碰撞、平整 4. 仪器检测光衰减率符合技术要求	

表 5 – 3 换流阀组件原材料及零部件监造要点(光控大组件)

监造内容	监造方法	监造要点(要求/提示)	备注
晶闸管	文件见证、目测、量具和仪器检测	1. 晶闸管型号规格与设计一致。应有质保证书、出厂试验报告、入厂检验及记录。提供型式试验报告,且在有效期内 2. 外观检查:瓷表面无裂纹和斑点,釉面厚薄均匀,极面平整,无斑点、划痕、镀层均匀,无露铜等现象。标识清晰、完整、正确。标识齐全且清晰可见	
饱和电抗器	文件见证、目测、量具和仪器检测	1. 型号规格与设计一致。应有质保证书、出厂试验报告、入厂检验及记录 2. 外观检查:整体浇筑式表面无损伤、污迹。水管无损伤、变形,水嘴接口处平整,丝扣完好 3. 铁芯式支架无裂纹,固定牢靠。线圈浇筑外层无开裂、磕碰划伤,铁芯固定支架安装牢固 4. 联接母线平整,无磕碰划伤。焊接处焊缝饱满,没有裂缝、缺焊 5. 试验检测:测量电抗值应符合要求,用冲击试验设备将电抗器进行端对端测试,其电压时间面积满足要求,并无击穿或闪络现象	2. 适用于整体浇筑式电抗器 3. 适用于铁芯式电抗器
阻尼电容	文件见证、目测、量具和仪器检测	1. 型号规格与设计一致。应有质保证书、出厂试验报告、入厂检验及记录 2. 外观检查:表面无磕碰划伤、无污迹,接线柱螺纹无损伤,无松动,外壳密封良好。标识清晰、完整。放电电阻引线头不能过长,一般为 1～2mm 3. 试验检测:用 LCR 测试仪测量标称容量,其误差应符合规定值,损耗角正切值符合要求;用耐压测试仪测量应符合要求($1.5U_r$ 交流耐压 1min 无击穿或闪络现象)	
均压电容	文件见证、目测、量具和仪器检测	1. 外壳无磕碰划伤、裂纹、油污,安装面平整,安装丝扣完好 2. 应提供出厂检验报告或合格证和入厂检验记录	
阻尼电阻	文件见证、目测、量具和仪器检测	1. 外壳压铸饱满,无裂纹、磕碰划伤,焊缝无缺陷,安装螺柱丝扣完好,无裂痕、弯曲。安装面平整光滑 2. 出厂时水嘴必须有封堵措施,水嘴连接处光滑平整 3. 应提供出厂检验报告或合格证和入厂检验记录	
均压电阻	文件见证、目测、量具和仪器检测	1. 型号规格与设计一致。应有质保证书、出厂试验报告、入厂检验及记录 2. 外观检查:外壳无裂纹,无磕碰,贴装面无损伤且平整,压紧簧伸缩自如,标识清晰、完整 3. 试验检测:用 LCR 仪测量标称值,电阻值的误差应符合设计要求	

续表 5 – 3

监造内容	监造方法	监造要点（要求/提示）	备注
散热器	目测、量具和仪器检测	1. 型号规格与设计一致。应有质保证书、出厂试验报告、入厂检验及记录 2. 外观检验：安装表面无损伤，平面度、光洁度满足技术要求。水管接头螺纹无损伤，配合紧密。特别注意检查内腔是否有碎金属屑，检查方法是注入压缩空气进行清理，必须保证内部无杂质	
晶闸管控制单元板（TVM）	文件见证、目测、仪器检测	1. 型号规格与设计一致。线路板无变形、无损伤，元器件齐全，无漏焊且焊点牢固无松动，线路清晰，无短路、断路现象。标识清晰、完整 2. 线路板运输应有防震措施；储存条件：干燥，通风 3. 绝缘漆的涂敷应完满，漆面无磕碰划伤，无流痕、漏漆 提示：应有性能测试和阻燃性能检测报告或合格证及入厂检验记录	
铜排	文件见证、目测、量具和仪器检测	1. 型号规格与设计一致。铜排的表面应平整、光滑，不应有毛刺和磕碰划伤，安装面应满足平整度要求 2. 层压铜排不得有分层的裂纹，必要时应进行理化试验，要求布氏硬度 HB≥65 3. 铜排折弯处不得有裂纹，在直角处应以 R 角过渡，其加工尺寸必须符合设计图要求 提示：经过理化性能试验的铜排和成型件不能用于安装	
紧固件、金属结构件	文件见证、目测、量具检测	1. 型号规格与设计一致。表面清洁、无裂痕和凹凸不平，无毛刺、无锈迹，应有防锈、防碰击等保护措施 2. 用极限量规或万能量具进行检验，各部位尺寸必须符合设计要求 3. 普通螺纹用螺纹量规和光滑极限量规或万能量具进行检验，过渡配合螺纹允许用螺纹千分尺检验，必须符合国标要求。止端螺纹的旋入量不允许大于 3.5 扣 4. 用螺纹光滑极限量规检查直线度、同轴度、垂直度，其公差必须符合国标要求 5. 按照国标 GB/T 3098 的规定进行检验，必须满足国标要求 6. 根据要求按 GB/T 5267 进行电镀，镀层表面和厚度必须均匀，必要时进行镀层厚度测量 7. 金属结构件外观平整，无磕碰划伤，焊缝饱满美观，无焊豆，无尖角、锐边倒棱，无毛刺	
组件冷却水管、阀塔蛇形水管	文件见证、目测、量具和仪器检测	1. 型号、规格、材质应与设计一致 2. 组件水管外、内表面光滑，厚薄均匀，无沙眼、裂痕，无异常扭曲、弯折现象；蛇形水管表面无损伤、无污迹、无变形，外观颜色一致 3. 焊接处焊缝饱满，无缺焊、气孔 4. 水管内干净，无杂质、异物、霉点。出厂时水嘴必须有封堵措施 5. 安装前必须进行压力试验，达到规定压力值后无渗漏和破裂	

监造内容	监造方法	监造要点(要求/提示)	备注
铝型材，铝屏蔽	文件见证、目测、量具和仪器检测	1. 表面及边沿光滑、无毛刺和磕碰划痕，无凹凸不平，色泽一致 2. 铝型材屏蔽直线度满足技术要求，无可见弯曲，无磕碰划伤。外表面无挤压凸痕、凹陷。内表面安装槽挤压饱满无缺陷 3. 外形尺寸、安装尺寸及规格应满足设计图纸要求 4. 用游标卡尺、卷尺、螺旋测微仪检查 5. 阳极氧化厚度为 $12\mu m$，韦氏硬度 $HV \geqslant 75$	
绝缘件，光纤槽	文件见证、目测、量具和仪器检测	1. 在自然光线或适应的灯光下用肉眼检查供货批次间无明显色差，无变形、变色，表面磕碰无划伤、起层、毛刺、油污、起泡和斑点。表面喷漆的塑料件漆层应均匀，无起皮脱落、变色等缺陷 2. 光纤槽外观完好，无明显磕碰划伤、裂纹、扭曲，涂有半导体漆面不应有明显划痕、碰角 3. 用螺纹塞规、环规检查螺栓和螺孔的螺纹，螺栓和螺母配合良好 4. 按所属装配关系，各部件应装配良好，塑料件配合应无台阶（允许 $\leqslant 0.5mm$），无明显缝隙（允许 $\leqslant 0.8mm$） 5. 未标注圆角允许为 $0.2 \sim 0.5mm$，其它未标注技术条件的塑料件即按承制方相关工艺文件（或规范）进行检查	
悬吊绝缘子	文件见证、目测、量具和仪器检测	1. 应有质保证书、出厂试验报告、入厂检验及记录 2. 裙片无损伤、严重变形，色泽均匀；悬挂环无损伤且光滑无毛刺，螺纹光滑，和螺母配合自如 3. 应进行电气强度和机械强度试验，应满足国家有关规定	
避雷器	文件见证、目测、量具和仪器检测	1. 型号规格与设计一致。应有质保证书、出厂试验报告、入厂检验及记录 2. 外观检验：表面无损伤，磁件无缺釉现象，釉面均匀。瓷件与铁件胶合牢固，铁件无损伤、无锈迹，安装孔距对称 3. 硅橡胶材质裙片完好，无损伤、严重变形，色泽均匀	
阀基电子监视和控制设备	文件见证、目测、量具和仪器检测	1. 外观检查 ● 屏体结构牢固，门、锁开启灵活，表面无锈迹、漆面光滑匀称无漆瘤 ● 元器件外观良好、安装牢固。导线与电气元件间采用螺栓连接、插接、焊接、压接等方式，均应连接牢固 ● 导线之间不应有接头，导线芯线和外皮无损伤 ● 配线应整齐、清晰、美观，导线绝缘应良好，无损伤 ● 每个端子的每侧接线应为一根，对于插接式端子，不同截面的两根导线不能连接在同一端子上；对于螺栓连接的端子，当连接两根导线时，导线方向应错开，不应重叠 ● 二次回路接地应设专用螺栓 ● 对照图纸、接线正确 ● 屏柜所有元器件均按照国家标准和业主有关规定粘贴黄底黑字标识，字迹清晰，粘贴位置合理且牢固 ● 导线的端部应标有回路编号，编号正确，字迹清晰，且不易褪色 2. 试验检查 VCE/VCU 柜必须与直流保护进行系统调试，还应根据技术协议和设计（联络、冻结）会议要求做有关项目试验	

监造内容	监造方法	监造要点（要求/提示）	备注
光纤	文件见证、目测、量具和仪器检测	1. 包装完好，防水，防潮，防挤压措施完好 2. 光纤外套完好，饱满，无缺陷、硬折，无破损 3. 光线插头保护帽齐全，插头完好，无挤压、碰撞，平整 4. 仪器检测光衰减率符合技术要求	

5.2.2　换流阀组件装配工艺过程和监造要点

小组件、电控大组件、光控大组件换流阀组件装配工艺过程和监造要点分别如表 5 – 4、表 5 – 5、表 5 – 6 所示。

表 5 – 4　换流阀组件装配工艺过程和监造要点（小组件）

序号	工序名称	工艺过程	监造要点
1	框架装配	组装组件框架、中梁、左右横梁、支撑架等	1. 铝型材框架、金属件、绝缘件表面洁净，无磕碰划伤、无裂纹、无变形，表面应色泽均匀 2. 铝型材定位孔应和安装架上的定位销相符，能轻松地装入定位销上 3. 铝型材框架、绝缘槽安装位置与图纸相符 4. 按图纸要求用力矩扳手紧固 5. 安装后框架几何尺寸符合图纸要求
2	晶闸管压装	贴装电阻装配	1. 贴装电阻与散热器接触面应平整无损伤，贴装面清洗干净并涂抹导电脂，然后紧固在散热器上 2. 检查贴装电阻与散热器四周的接触面及缝隙，要求接触良好，四周无缝隙 3. 对四周溢出的导电脂必须擦拭干净 4. 按图纸要求用力矩扳手紧固
		晶闸管、散热器准备	1. 散热器及晶闸管表面平整、光洁度符合设计要求，无划伤、磕碰、裂纹，表面色泽均匀 2. 散热器水管安装孔中无铝屑、杂物 3. 散热器上的棒电阻安装孔应符合图纸要求，任意棒电阻可顺利插入，且松紧适度 4. 散热器和晶闸管安装表面应擦拭清洁，按技术要求涂覆导热材料。处理过的散热器及晶闸管表面不得触摸，如有触摸，需重新处理
		晶闸管压装	1. 在框架上安装下拉紧环、轭，装入碟弹组件，依次将散热器摆放在下拉紧环上，散热器中间插入晶闸管支撑架 2. 将清理好的晶闸管逐一摆放在支撑架上，套上拉紧环，装上压盖。用压力泵对压力机构施压，将散热器和晶闸管压紧
		棒电阻装配	1. 棒状电阻表面无明显划伤、磕碰，无裂纹，表面色泽均匀 2. 电阻型号、规格、参数符合图纸要求。插入散热器孔内顺畅自如，且接触良好 3. 安装锁紧片，且锁紧牢固

续表 5 – 4

序号	工序名称	工艺过程	监造要点
3	阻尼电容单元装配	将电容安装在电容安装板上，然后将电容单元安装在组件框架上	1. 阻尼电容安装板表面无磕碰、划伤、起层；阻尼电容表面无磕碰、划伤，绝缘子无裂纹、缺损，焊缝饱满无缺陷；所有安装件应干净，无油污、灰尘 2. 按图纸要求用力矩扳手紧固 3. 将装配好的阻尼电容单元固定在组件框架上，按图纸要求用力矩扳手紧固
4	晶闸管控制单元安装 TCU	将 TCU 安装在屏蔽盒内，装在散热器上	1. 屏蔽盒内外应无磕碰、划伤、毛刺，外表色泽均匀 2. 晶闸管控制单元板必须经过试验检测合格，表面绝缘漆涂敷完整，无漆瘤、漏漆；各元器件焊接牢固无松动 3. 晶闸管控制单元安装应在防静电条件下进行，且安装牢固
5	水管安装及导线连接	安装各散热器的连接水管，连接导线	1. 如设计有水电极，安装时应戴手套操作，不得徒手接触；按图要求用力矩扳手紧固 2. 按图纸要求逐一将散热器水管安装，连接螺纹应无磕碰划伤；水管外形尺寸应符合要求，安装时不可硬拉硬挤，避免产生应力 3. 将各元器件的连接导线与相关器件进行连接，并连接牢固可靠
6	换流阀组件装配完工检查	换流阀组件检查	1. 标识清晰、位置正确，标签粘贴牢靠 2. 螺栓力矩检查标识完整，无漏检 3. 晶闸管硅堆、阻尼电阻、阻尼电容等主要零部件表面无破损、变形、脏污，安装位置与图纸一致
		元器件编号检查	元器件编号记录完整清晰，符合图纸要求
		电气检查	配线（导线及铜母排）正确、牢靠，绝缘距离正确，符合图纸要求；导线无死折、破损

表 5 – 5　换流阀组件装配工艺过程和监造要点（电控大组件）

序号	工序名称	工艺过程	监造要点	备注
1	框架装配	组装组件屏蔽框架、中梁、左右横梁、支撑架等	1. 屏蔽框架安装架平面度要满足技术图纸要求 2. 铝型材屏蔽直线度满足技术要求，无可见弯曲，无磕碰划伤；外表面无挤压凸痕，凹陷；内表面安装槽挤压饱满无缺陷 3. 铝型材中，侧梁安装位置与图纸相符，无磕碰划伤，无油污 4. 按图纸要求用力矩扳手紧固，注意角连接处绝缘垫的安装 5. 主水管接头丝扣完好，无磕碰划伤，水嘴内无杂物，密封圈无破损、油污；安装紧固牢靠 6. 安装后框架几何尺寸、对角线尺寸符合图纸要求	5. 适用于有主水管金属接头的结构

序号	工序名称	工艺过程	监 造 要 点	备　注
2	晶闸管串联单元压装	硅堆框架安装	1. 晶闸管串联单元支撑板无磕碰划伤，无起层，一批材料无明显色差；绝缘漆涂敷均匀，无漏漆，无流痕 2. 端板无磕碰划伤，电镀均匀，无明显色差，丝孔内无锈蚀 3. 按技术文件要求力矩进行安装	
		晶闸管、散热器安装	1. 散热器及晶闸管表面平整度、光洁度符合设计要求，无划伤、磕碰、裂纹，表面色泽均匀 2. 散热器和晶闸管安装表面应擦拭清洁，按技术要求涂覆导热材料。处理过的散热器及晶闸管表面不得触摸，如有触摸，需重新处理。散热器水管安装孔中无铝屑、杂物 3. 将散热器逐一悬挂在框架内，使每个散热器上的悬吊弹簧受力均匀，然后装入晶闸管，按设计要求值用压力泵对压力机构施压，将散热器及晶闸管压紧，用专用工具检查其压紧状态 4. 将散热器和晶闸管逐一摆放在框架内，用压力泵对压力机构施压，达到预压值后，插入垫片，释放压力至保压值，垫片不松动为合格 5. 安装后的硅堆晶闸管应在一个平面。检查上平面无明显高低	3. 适用于电控晶闸管 4. 适用于用垫片控制压紧位置的结构
3	组件进出主水管安装	将进出主水管安装在组件水管支架上	1. 按图纸要求安装进出水管，连接螺纹应无磕碰划伤。水管外形尺寸应符合要求，安装时不可硬拉硬挤，避免产生应力。水电极安装时保证插头插到位 2. 将进出水管安装在进出水管接头上，水管丝扣完好，无损伤，密封圈无破损、油污。主水管接头上水管固定架无毛刺，圆度正确，水管插入后活动自如	2. 适用于有主水管金属接头的结构
4	阻尼电容单元装配	将电容安装在电容安装板上，然后将电容单元安装在组件框架上	1. 阻尼电容安装板表面无磕碰、划伤、起层；阻尼电容表面无磕碰、划伤，绝缘子无裂纹、缺损，焊缝饱满无缺陷；所有安装件应干净，无油污、灰尘 2. 按图纸要求用力矩扳手紧固 3. 将装配好的阻尼电容单元固定在组件框架上，按图纸要求用力矩扳手紧固	
5	阻尼电阻单元装配	将阻尼电阻安装在电阻安装板上，然后将电阻单元安装在组件上	1. 阻尼电阻安装板表面无磕碰划伤、起层，电阻外壳压铸饱满，无缺陷，焊缝完整，无漏焊；安装螺栓丝扣完好；所有安装件应干净，无油污、灰尘 2. 按图纸要求用力矩扳手紧固 3. 将装配好的阻尼电阻单元固在组件框架上，按图纸要求用力矩扳手紧固	

序号	工序名称	工艺过程	监 造 要 点	备 注
6	晶闸管控制单元安装TE	TE板框架装配、TMM板框架装配	1. TE板导槽光滑，无凸起，无开裂，支撑板无磕碰划伤，无起层，无明显色差 2. TE板导槽和支撑板的安装符合图纸要求 3. TMM框架板无磕碰划伤，无起层，无明显色差 4. TMM框架按图纸要求进行组装	1.2. 适用于TE板框架安装 3.4. 适用于TTM板框架装配
		在组件上安装TE板单元（TTM板单元）	1. 按图纸要求，将TE框架（TTM）安装在组件上 2. 晶闸管控制单元板必须经过试验检测合格，表面绝缘漆涂敷完整，无漆瘤、漏漆。各元器件焊接牢固无松动；晶闸管控制单元板安装前应有完好的包装 3. 插装TE板，检查确保TE版插头插入插座，无松动，有锁紧机构的应锁紧 4. 插装TTM板，安装前挡条，安装橡胶粒用螺钉锁紧，用手晃动时无松动感即可 5. 有防火板设计的安装防火板，防火板应无磕碰划伤、起层。绝缘漆面无漏漆、流痕	3. 适用于TE单元安装 4. 适用于TTM单元安装
7	电抗器安装	将电抗器安装在组件上	1. 电抗器塑料支架无裂纹，固定牢靠。线圈浇筑外层无开裂、磕碰、划伤，铁芯固定支架安装牢固 2. 联接母线平整，无磕碰划伤。焊接处焊缝饱满，没有裂缝、缺焊 3. 按技术要求将电抗器安装牢靠	
8	水管安装及导线连接	安装各散热器的连接水管，连接导线	1. 小水管不应有硬折痕，长度合适，连接丝扣应完好，丝扣旋入自如 2. 将各元器件的连接导线与相关器件进行连接，并连接牢固可靠 3. 母排连接前应进行清理，先打磨、擦拭，再涂敷导电脂。力矩扳手紧固	
9	换流阀组件装配完工检查	换流阀组件检查	1. 标识清晰，位置正确，标签粘贴牢靠 2. 螺栓力矩检查标识完整，无漏检 3. 晶闸管硅堆、阻尼电阻、阻尼电容等主要零部件表面无破损、变形、脏污，安装位置与图纸一致	
		元器件编号检查	元器件编号记录完整清晰，符合图纸要求	
		电气检查	配线（导线及铜母排）正确、牢靠，绝缘距离正确，符合图纸要求；导线无死折、破损	

表5-6　换流阀组件装配工艺过程和监造要点(光控大组件)

序号	工序名称	工艺过程	监造要点	备注
1	框架装配	组装组件屏蔽框架、中梁、左右横梁、支撑架等	1. 屏蔽框架安装架平面度要满足技术图纸要求 2. 铝型材屏蔽直线度满足技术要求,无可见弯曲,无磕碰划伤。外表面无挤压凸痕、凹陷。内表面安装槽挤压饱满无缺陷 3. 铝型材中,侧梁安装位置与图纸相符,无磕碰划伤,无油污 4. 按图纸要求用力矩扳手紧固,注意角连接处绝缘垫的安装 5. 安装后框架几何尺寸、对角线尺寸符合图纸要求	
2	晶闸管串联单元压装	晶闸管串联单元框架安装	1. 晶闸管串联单元支撑板无磕碰划伤,无起层;一批材料无明显色差;绝缘漆涂敷均匀,无漏漆,无流痕 2. 端板无磕碰划伤,电镀均匀;无明显色差;丝孔内无锈蚀 3. 按技术文件要求力矩进行安装	
2	晶闸管串联单元压装	晶闸管、散热器安装	1. 散热器及晶闸管表面平整度、光洁度符合设计要求,无划伤、磕碰、裂纹,表面色泽均匀 2. 散热器和晶闸管安装表面应擦拭清洁,按技术要求涂覆导热材料。处理过的散热器及晶闸管表面不得触摸;如有触摸,需重新处理。散热器水管安装孔中无铝屑、杂物 3. 将散热器逐一悬挂在框架内,使每个散热器上的悬吊弹簧受力均匀 4. 光控晶闸管放入散热器安装位置前,用专用洁净压缩空气吹晶闸管中心的光缆安装孔,光缆插头在专用胶布上粘2~3下进行清洁,然后将光缆插头插入晶闸管中心的安装孔内。光缆插头的90°弯角应确保准确,避免插头插入后不能完全嵌入安装槽内,影响晶闸管和散热器的接触。然后按设计要求值,用压力泵对压力机构施压,将散热器及晶闸管压紧,用专用工具检查其压紧状态 5. 安装后的硅堆晶闸管应在一个平面。检查上平面无明显高低	
3	组件进出主水管安装	将进出主水管安装在组件水管支架上	1. 按图纸要求安装进出水管,连接螺纹应无磕碰划伤。水管外形尺寸应符合要求。安装时不可硬拉硬挤,避免产生应力。水电极安装时保证插头插到位 2. 将进出水管安装在进出水管接头上,水管丝扣完好,无损伤,密封圈无破损、油污。主水管接头上水管固定架无毛刺,圆度正确,水管插入后活动自如	2. 适用于有主水管金属接头的结构

序号	工序名称	工艺过程	监 造 要 点	备 注
4	阻尼电容单元装配	将电容安装在电容安装板上，然后将电容单元安装在组件框架上	1. 阻尼电容安装板表面无磕碰、划伤、起层；阻尼电容表面无磕碰、划伤，绝缘子无裂纹、缺损，焊缝饱满无缺陷；所有安装件应干净，无油污、灰尘 2. 按图纸要求用力矩扳手紧固 3. 将装配好的阻尼电容单元固定在组件框架上，按图纸要求用力矩扳手紧固	
5	阻尼电阻单元装配	将阻尼电阻安装在电阻安装板上，然后将电阻单元安装在组件上	1. 阻尼电阻安装板表面无磕碰划伤、起层，电阻外壳压铸饱满，无缺陷，焊缝完整，无漏焊。安装螺栓丝扣完好。所有安装件应干净，无油污、灰尘 2. 按图纸要求用力矩扳手紧固 3. 将装配好的阻尼电阻单元固在组件框架上，按图纸要求用力矩扳手紧固	
6	晶闸管控制单元安装 TVM	TVM 板框架装配	1. TVM 板安装前应包装完好，晶闸管控制单元板必须经过试验检测合格，表面绝缘漆涂敷完整，无漆瘤、漏漆。各元器件焊接牢固无松动 2. 将 TVM 板逐一安装在支撑板上，安装后的 TVM 单元不可叠放，以免损坏器件	
		在组件上安装 TVM 板	1. 按图纸要求，将 TVM 单元安装在组件上 2. 有防火板设计的安装防火板，防火板应无磕碰划伤、起层。绝缘漆面无漏漆、流痕	
7	电抗器安装	将电抗器安装在组件上	1. 电抗器塑料支架无裂纹，固定牢靠。线圈浇筑外层无开裂、磕碰、划伤；铁芯固定支架安装牢固 2. 联接母线平整，无磕碰划伤。焊接处焊缝饱满，没有裂缝、缺焊 3. 按技术要求将电抗器安装牢固可靠	
8	水管安装及导线连接	安装各散热器的连接水管、连接导线	1. 小水管不应有硬折痕，长度合适，连接丝扣应完好，丝扣旋入自如 2. 将各元器件的连接导线与相关器件进行连接，并连接牢固可靠 3. 母排连接前应进行清理，先打磨、擦拭，再涂敷导电脂。力矩扳手紧固	
9	光缆的铺设	按图纸要求铺设组件内光缆，从光分配器到晶闸管控制单元	1. 光纤槽安装前检查合格，安装过程中严防磕碰划伤。光纤槽表面的半导体漆若有严重划伤，槽或槽盖角碰缺应进行更换。槽体的光纤孔应安装橡胶护套 2. 光纤外皮无破损，内心无外露，无硬折痕迹，无霉变。光衰减检查合格 3. 光纤安装前包装完好，光缆头护帽安装前方可摘去，光缆插头不可异物碰触、挤压、砸伤 4. 安装时光纤插头需用专用胶布粘 2 ～ 3 次，以清洁杂物，然后小心插入，旋入，应确保安装到位。安装过程中严防零件、工作服衣扣挂拉、拽扯。光纤安装弯曲半径不应小于 25mm 5. 光纤富裕的长度应按先后顺序依次盘在光缆槽内。光缆铺设完后，光缆槽两端用防火海绵封堵，防火海绵切割时应率大于光纤槽截面积尺寸，以保证放入防火槽时将槽口堵死	

序号	工序名称	工艺过程	监造要点	备注
10	光分配器的安装	光分配器安装在图纸要求位置	1. 光分配器外壳无磕碰划伤、挤压变形，无油污灰尘。光纤插口完好无损，丝扣完好 2. 安图要求安装光分配器，连接光纤 3. 安装光纤保护板，所有光纤应置放在光纤保护板上	
11	换流阀组件装配完工检查	换流阀组件检查	1. 标识清晰、位置正确，标签粘贴牢固可靠 2. 螺栓力矩检查标识完整，无漏检 3. 晶闸管硅堆、阻尼电阻、阻尼电容等主要零部件表面无破损、变形、脏污，安装位置与图纸一致	
		元器件编号检查	元器件编号记录完整清晰，符合图纸要求	
		电气检查	配线（导线及铜母排）正确、牢固可靠，绝缘距离正确，符合图纸要求；导线无死折、破损	

5.2.3　换流阀组件例行试验监造要点

换流阀组件在组装完成后，为验证组装的正确性，元器件的完好性和组装后的整体性能，必须要进行例行试验。本节列举了例行试验的常见项目和一般要求。基于各制造厂进行的例行试验项目大同小异，先后不一，因此在实际监造过程中，应根据具体工程的技术合同和制造厂提供的试验大纲进行监造。

小组件、大组件换流阀组件例行试验监造要点分别如表 5 – 7、表 5 – 8 所示。

表 5 – 7　换流阀组件例行试验监造要点（小组件）

序号	试验项目	试验主要内容	监造要点（要求/提示/说明）	备注
1	外观检查	检查组件所有元器件的外观，装配及必要的标识	外观完好，装配正确，标识齐全	
2	连接检查	电器元件接线及水路检查	电气连接正确，水路连接正确，符合图纸要求	
3	例行试验	均压回路检查	提示：该试验必须在晶闸管阀组件其它例行试验前进行。主要是对晶闸管阀组件的均压回路的电阻电容进行测量，主要测量均压回路的 R_1、C_1、C_3 的电气参数。均压回路的电气参数测量时需要把每个晶闸管级 TCE 的晶闸管触发导线拔掉。 要求： 1. 选择待测量的电气参数，然后按照相应的测试电路图正确连接电路。开启 LCR 测试仪，并设置 LCR 的测试频率和测试模式。把测试频率设置成"60Hz"水平，测试模式设置成"并联模式"	

序号	试验项目	试验主要内容	监 造 要 点(要求/提示产/说明)	备 注
3	例 行 试 验	均压回路检查	2. 设置完成后,开始进行测量并记录数值。如测量结果不满足要求,则需找出不合格的均压回路元器件并进行更换,直到测量结果满足测试标准要求	不同技术的换流阀组件试验的压力和保压时间不同,具体按制造厂提供的试验大纲进行
		水路试验	提示:水路试验是对晶闸管阀组件的水路连接进行检查,主要是检验晶闸管级中的水路系统能否在 10min 内承受_____bar* 的试验压力而不漏水 要求: 1. 在水温为环境温度的条件下,将阀组件的水路系统连接到纯水处理装置上面;同样把手动加压泵连接到阀组件接头阀门 2. 然后开启纯水冷却装置运行大约 5min,把组件里面的空气排掉 3. 停止水路系统,关闭管路系统的相关阀门,使阀组件处于封闭独立状态 4. 用手动加压泵将阀组件的水路压力提高到_____bar 压力,保持_____bar 的压力_____min。仔细检查所有的管路是否发生泄漏。如果试验过程中发生泄漏,应进行处理。重新开始压力试验,检查初始发生泄漏的地点。如果已经不再泄漏,保持 10min,应定期对泄漏情况进行检查,直到阀组件无泄漏点为止 说明:由于水管会发生膨胀,因此在试验期间,压力会轻微下降。在这个过程中,必须一直保持压力维持在所需的_____bar	
		热循环(温升)试验	提示:热循环(温升)试验主要是考核晶闸管的温升性能,该试验的原理是让晶闸管通过给定大小和给定时间的直流电流,加热晶闸管到最大结温 要求:试验过程阀组件的晶闸管必须承受 3 个周期反复结温—规定低温的过程,但并不能直接判断晶闸管承受这个过程之后的质量情况,只能通过后续的晶闸管级功能试验来判断 1. 把晶闸管阀组件的水路系统连接到纯水冷却装置,同时把可控硅整流器的输出端极性对应连接到整个晶闸管阀组件两端 2. 把每个晶闸管的触发导线从 TCE 上面拔下来;然后连接到晶闸管触发控制单元的同轴电缆上,该晶闸管触发控制单元提供触发信号给每个晶闸管,使其触发导通 3. 在组件冷却水为给定温度的情况下,调整晶闸管阀组件冷却水流量至_____L/s,冷却介质电导率 <_____ μs/cm;并通上足够长的时间,直到组件内的空气全部排掉 4. 在冷却水为环境温度 ±3℃ 的情况下,最大环境温度为 30℃。停止纯水冷却装置,不让组件内部的冷却水循环。然后启动整流柜和晶闸管触发控制单元,让晶闸管阀	

———————

＊bar 为非法定计量单位,1bar＝100kPa。

序号	试验项目	试验主要内容	监 造 要 点(要求/提示产/说明)	备 注
3	例行试验	热循环(温升)试验	组件通过_____A 直流电流,并维持_____s 的时间,使晶闸管达到最大结温 　　5. 当_____s 的加热时间到达后,关闭整流柜。启动纯水冷却装置,使晶闸管组件的冷却水流量设定为额定值。同时启动外循环散热系统冷却_____s,使晶闸管组件的冷却水温度降到加热前的水温。然后再加热,如此反复进行 3 个周期的加热/冷却过程	
		排水和密封试验	要求:组件温升试验完成后,需要对组件进行排水和密封处理。处理过程如下: 　　1. 把氮气管的一端连接到组件进水接头的排气专用接头上,然后把组件的进水管阀门关闭,把出水管阀门打开 　　2. 慢慢打开氮气瓶的进气阀门,把组件里面的所有去离子水都排回纯水系统的蓄水箱中,直到把组件里面的去离子水排干净 　　3. 冷却介质排净之后,把试验用的组件水管连接头取下来,然后把散热器自带的黄色小盖帽拧到晶闸管阀组件的进出水口,保证组件进出水口密封正确可靠 　　说明:在使用压缩空气和氮气过程中,一定要注意安全,检查相应的管路阀门是否已经开启	
		TCE 功能试验	要求:功能试验主要是检查晶闸管级元器件的功能是否正常,是否符合技术规范对它们要求,因而组件每一个晶闸管级都需要进行正常触发和回检试验、BOD 试验	
		均压试验	要求:每个晶闸管级电压分布在_____kV ± 5% 的范围内 　　提示:在每个晶闸管级的两端施加_____kV 交流试验电压,记录每个晶闸管级的电压分布,检验晶闸管级的均压效果。每级晶闸管的测试电压为理论值 ± 5% 的范围内,电压加施时间不得超过 5min	
		耐压及局部放电试验	提示:耐压及局部放电试验包括工频电压耐受试验和局部放电试验两部分。在本试验中,局部放电采用平衡模式测量局部放电。在电压耐受试验中,主要检验被试晶闸管级耐受工频试验电压的能力,而局部放电试验,则检验晶闸管的绝缘好坏情况 　　要求:晶闸管级试验电压在达到有效值_____kV 工频耐受电压时,将维持_____s。然后降到有效值_____kV 局部放电测量电压,维持 1min。在此阶段测量局部放电水平,不能超过_____pC。若局部放电水平超过_____pC,则需拔掉 TCE 触发导线下的局部放电试验,试验电压和时间跟上一步完全相同。此时要求局部放电水平不超过_____pC	

序号	试验项目	试验主要内容	监造要点(要求/提示产/说明)	备注
3	例行试验	重复 TCE 功能试验	要求:每个晶闸管级电压分布在_____kV ± 5% 的范围内。 说明:此项功能试验主要是经过以上试验项目后,检查晶闸管级元器件的功能是否正常,是否符合技术规范要求。因而组件中的每一个晶闸管级都需要重复进行 BOD 试验及反向恢复期 DU/DT 试验	

表 5 - 8　换流阀组件例行试验监造要点(大组件)

试验项目	试验主要内容	监造要点	备注
功能检测	1. 阻抗检测:使用晶闸管功能测试台检测均压回路的电阻电容元件	均压回路元件无损坏、短路或开路,满足技术参数要求,测试台显示合格	此条适用于 ABB 技术
	2. 触发检测:使用晶闸管功能测试台传输触发脉冲保护	晶闸管监视和触发功能正常,测试台显示合格	
	3. 保护触发检测:晶闸管功能测试台施加一个冲击电压,检测晶闸管级的保护水平	晶闸管保护触发在规定公差值内,晶闸管正向电压耐受能力与保护相协调,测试台显示合格	
	4. 恢复期保护检测:使用晶闸管功能测试台进行检测	在特定的时间晶闸管由恢复期触发和保护触发进行触发,测试台显示合格	
	5. 反向阻断电压检测:使用晶闸管功能测试台对晶闸管级施加反向恢复电压,验证其反向阻断电压	晶闸管应能耐受反向非重复操作冲击电压,测试台显示合格	
	6. 短路检测(复检):使用晶闸管功能测试台进行工频电压检测	晶闸管的低压闭锁能力和 TCU 的监视回路正常,测试台显示合格	
	7. 阻抗检测(复检):使用晶闸管功能测试台检测均压回路的电阻电容元件	均压回路元件无损坏、短路或开路,满足技术参数要求,测试台显示合格	

5.3　换流阀型式试验监造要点

换流阀型式试验项目在 IEC 和国标中已有详细的规定,国内承担这类试验的国网电力电子试验室、西安高压电器研究院及各制造厂均按这些标准执行,但在具体试验数据上,监造人员要格外注意对品控中心关于型式试验方案审查意见的执行和落实。

5.3.1　换流阀绝缘试验监造要点(小组件技术)(见表 5 - 9)

表 5 – 9　换流阀绝缘试验监造要点（小组件技术）

序号	监造项目	监造内容	监造方法	监造要点（要求/提示/说明）	备注
1	试验条件	试验设备和试验环境的有效性与适宜性	现场观察查看记录	要求： 1. 试验的设备、仪器均有校准或检定标识，在有效期内 2. 设备的量程、精度满足要求 3. 试验设备应有日常维护及运行检查记录 4. 试验环境满足试验方案要求	
2		试验前检查	用工具测量和目测进行检查	阀塔检查 要求： 1. 阀塔悬吊结构和冷却水管安装符合设计要求且牢固 2. 测量阀塔层间距离和对地绝缘距离满足设计和试验要求 3. 阀组件必须经过例行试验合格 4. 检查阀塔上不能留下任何遗留物 5. 试验接线正确、牢固	
3	阀支撑绝缘试验	直流耐压带局部放电试验	观察和记录现场试验情况和数据	要求：试验电压：$U_{tds1} = \pm \underline{\quad\quad} \text{ kV/1min}$　$U_{tds2} = \pm \underline{\quad\quad} \text{ kV/3h}$ 1. 起始电压不能超过 $0.5U_{tds1}$，然后在 10s 的时间内升至 U_{tds1}，维持 1min 后降到 U_{tds2}，保持 3h 后降压到零 2. 在 3h 的最后 1h 进行局部放电测量，局部放电数值不超过 300pC。高局部放电水平的单个脉冲和重复性的低水平脉冲都是允许的，平均在 1h 的记录周期里，发生下面所示的局部放电次数： 每分钟最多 15 个脉冲：局部放电值 >300pC 每分钟最多 7 个脉冲：局部放电值 >500pC 每分钟最多 3 个脉冲：局部放电值 >1000pC 每分钟最多 1 个脉冲：局部放电值 >2000pC 判据：无闪络、击穿放电，冷却系统无损坏 提示：如局部放电的频率及幅值有增加的趋势，应延长试验时间，具体时间与用户共同协商确定	

序号	监造项目	监造内容	监造方法	监造要点（要求/提示/说明）	备注
3	阀支撑绝缘试验	交流耐压带局部放电试验	观察和记录现场试验情况和数据	要求： 试验之前应将阀支架短路接地至少 2h 试验电压：$U_{AC1} = $ _____ kV/1min $U_{AC2} = $ _____ kV/30min 交流试验电压加在阀已连接在一起的两端与地之间。从不超过规定的 1min 试验电压的 50% 开始，在大约 10s 内升至 1min 试验电压 U_{AC1} 保持 1min，降低到规定的 30min 试验电压 U_{AC2}，保持 30min 后降到零。在规定 30min 内的试验中应进行局部放电测量，局部放电量应不大于 200pC 判据：应该按照 IEC60700—1（GB/T 20990.1）B 章要求对试验结果进行评估	
		操作冲击耐压试验	观察和记录现场试验情况和数据	要求：试验电压峰值为绝缘配合确定的阀支撑结构的操作冲击耐压水平的保证值 峰值电压： ± _____ kV$_{pk}$ 波 形： 250/2500μs 冲击次数：每种极性 5 次 判据：无闪络，击穿放电，冷却系统无损坏 提示：试验时，试验电压还应按照安装地点的大气参数加以修正	
		雷电冲击耐压试验	观察和记录现场试验情况和数据	要求：试验电压峰值为绝缘配合确定的阀支撑结构的雷电冲击耐压水平的保证值 峰值电压： ± _____ kV$_{pk}$ 波 形： 1.2/50μs 冲击次数：每种极性 5 次 判据：无闪络，击穿放电，冷却系统无损坏 提示：1. 试验电压还应按照安装地点的大气参数加以修正 2. 由于外部的分布电容与完整的阀容（结构）并联，故它不影响阀基的电压分布	

续表 5-9

序号	监造项目	监造内容	监造方法	监造要点（要求、提示、说明）	备注
3	阀支撑绝缘试验	陡波前冲击耐压试验	观察和记录现场试验情况和数据	要求：试验电压峰值为绝缘配合确定的阀支撑结构的陡波前冲击耐压水平的保证值 峰值电压：± ＿＿＿ kV_{pk} 波　形：符合 IEC 60060-1 要求，波前电压上升率 ≥1200 kV/μs 冲击次数：每种极性 5 次 判据：无闪络、击穿放电，冷却系统无损坏 提示：1. 试验时，试验电容大气参数加以修正 2. 由于外部的分布电容与完整的阀容（结构）并联，故它不影响阀基的电压分布	
4	多重阀单元的绝缘试验	MVU 直流耐压带局部放电试验	观察和记录现场试验情况和数据	要求：试验电压应加在多重阀单元最前端子与地之间的直流电位。从不超过 1min 试验电压的50%开始，在大约10s内升至规定的1min试验电压，保持1min，再降至规定的3h试验电压，保持3h后降至零 试验电压：± ＿＿＿ kV/1min　± ＿＿＿ kV/3h 在 3h 的最后 1h 进行局部放电测量，局部放电数值不超过 300pC。高局部放电水平的低水平重复性脉冲都是允许的，平均在 1h 记录周期里，发生下面所示的局部放电次数： 每分钟最多 15 个脉冲：局部放电值 >300pC 每分钟最多 7 个脉冲：局部放电值 >500pC 每分钟最多 3 个脉冲：局部放电值 >1000pC 每分钟最多 1 个脉冲：局部放电值 >2000pC 判据：无闪络、无破坏性放电，无冷却系统击穿现象 提示：如局放的频率及幅值有增加的趋势，应延长试验时间，具体时间与用户共同协商确定	

序号	监造项目	监造内容	监造方法	监造要点（要求/提示/说明）	备注
4	多重阀单元的绝缘试验	MVU 交流耐压带局部放电试验	观察和记录现场试验情况和数据	要求：本试验应符合 GB/T 20990. 1—2007 中 7.3.2 条 15s 试验电压：U_{ac1} = _____ kV 30min 试验电压：U_{ac2} = _____ kV 提示： 1. 试验前阀各端子要短接在一起并接地至少 2h 2. 试验电压施加在主端子间 3. 起始电压不超过 50% 最大试验电压，在约 10s 内上升到 15s 验电压，保持 15s 后下降到 tav2 并保持 30min 后缓慢减少到零 判据：无闪络、击穿放电，冷却系统无损坏，无正向保护触发。如果局部放电水平不超过 200pC，则 提示：30min 试验期间将检测局部放电水平。如果局部放电水平超过 200pC，则试验结果应予以评估 无条件接受该设计；如果局部放电水平超过 200pC，则试验结果应予以评估	
		MVU 操作冲击耐压试验	观察和记录现场试验情况和数据	要求：本试验应符合 GB/T 20990—2007 中 7.7.3 条 电压峰值为绝缘配合决定的多重阀单元的操作冲击电压耐受水平保证值 峰值电压：± _____ kV$_{pk}$ 波　　形：250/2500μs 冲击次数：每种极性 5 次 判据：无闪络、击穿放电，冷却系统无损坏 提示： 1. 试验电压应加在多重阀单元（MVU）的高压端和低压端之间，试验时最低电位的阀（对地）在试验中应短路 2. 试验时，试验电压还应按照安装地点的大气参数加以修正	
		MVU 雷电冲击耐压试验	观察和记录现场试验情况和数据	要求：本试验应符合 GB/T 20990—2007 中 7.7.4 条，另外还需满足以下要求： 电压峰值为绝缘配合决定的多重阀单元的雷电冲击电压耐受水平保证值 峰值电压：± _____ kV$_{pk}$ 波　　形：1.2/50μs 冲击次数：每种极性 5 次	

续表 5 - 9

序号	监造项目	监造内容	监造方法	监造要点（要求/提示/说明）	备注
4	多重阀单元的绝缘试验	MVU 雷电冲击耐压试验	观察和记录现场试验情况和数据	判据：无闪络、击穿放电、冷却系统无损坏 提示： 1. 试验电压应加在多重阀单元（MVU）的高压端和低压端之间，试验时最低电位的阀（对地）在试验中应短路 2. 试验时，试验电压还应按照安装地点的大气参数加以修正	
		MVU 陡波冲击波耐压试验	观察和记录现场试验情况和数据	要求：本试验应符合 GB/T 20090—2007 中 7.7.4 条，还需满足以下要求： 电压峰值为绝缘配合决定的多重阀单元的陡波前冲击电压波耐受电压保证值 峰值电压： ± _____ kV_{pk} 波　形：符合 IEC 60060-1，波前电压上升率≥1200 kV/μs 冲击次数：每种极性 5 次 判据：无闪络、击穿放电、冷却系统无损坏 提示： 1. 试验时，试验电压还应按照安装地点的大气参数加以修正 2. 试验电压应加在多重阀单元（MVU）的高压端和低压端之间，试验时应将最低电位的阀（对地）短路	
5	单阀的绝缘试验	阀的直流耐压试验	观察和记录现场试验情况和数据	要求：本试验应符合 GB/T 20990.1—2007 中 8.3.1 条 试验电压： U_{tdv1} = _____ kV/1min 　 U_{tdv2} = _____ kV/3h 对于 1min 试验，试验室相对空气密度的校正系数应该包含在实际的试验电压 U_{tsfs} 中 试验电压施加在阀的主端子上 1. 起始电压不能超过 $0.5U_{tdv1}$，然后在 10s 的时间内升至 U_{tdv1}，维持 1min 后降到 U_{tdv2}，保持 3h 后降压到零 2. 在 3h 的最后 1h 进行局部放电测量，局部放电数值不超过 300pC。高局部放电水平的单个脉冲和重复性的低水平脉冲都是允许的，平均每 1h 的记录周期里，发生下面所示的局部放电次数： 每分钟最多 15 个脉冲：局部放电值 >300pC	

续表 5-9

序号	监造项目	监造内容	监造方法	监造要点（要求/提示/说明）	备注
5	单阀的绝缘试验	阀的直流耐压试验	观察和记录现场试验情况和数据	每分钟最多7个脉冲：局部放电值 >500pC 每分钟最多3个脉冲：局部放电值 >1000pC 每分钟最多1个脉冲：局部放电值 >2000pC 判据：无闪络，无破坏性放电，无冷却系统击穿现象 提示：如局部放电的频率及幅值有增加的趋势，应延长试验时间，具体时间与用户共同协商确定	
		阀湿态直流耐压试验	观察和记录现场试验情况和数据	要求：阀直流电压试验在模拟顶部一个件冷却水泄漏的情况下重复进行。泄漏量为每小时15L(连续水流)。在施加试验电压时和在此之前1h内泄漏最大允许(如超出0.525 μs/cm，比冷却水最大允许0.5 μs/cm 应发出电导率高报警)电导率高5% 试验电压：U_{dtv1} = ＿＿＿ kV/1min　　U_{dtv2} = ＿＿＿ kV/5min 30min试验电压：U_{dtv2} = ＿＿＿ kV/5min 判据：无闪络，击穿放电，冷却系统无损坏，无正向保护触发	
		阀交流耐压试验	观察和记录现场试验情况和数据	要求：本试验应符合 GB/T 20990.1—2007 中 8.3.2 条 正向晶闸管级最大交流试验电压：$U_{tav1a,peak}$ = ＿＿＿ kV 反向晶闸管级最大交流试验电压：$U_{tav1a,peak}$ = ＿＿＿ kV 30min 试验电压：$U_{tav2,rms}$ = ＿＿＿ kV 提示： 1. 试验前阀各端子要短接在一起并接地至少2h 2. 试验电压应施加在主端子间 3. 起始电压不超过50%最大试验电压，在约10s 内上升到15s 试验电压，保持15s 后下降到 U_{tav2} 并保持30min，然后缓慢减少到零 判据：无闪络，击穿放电，冷却系统无损坏。无正向保护触发 提示：30min 试验期间将检测局部放电水平。如果局部放电水平不超过200pC，则无条件接受该设计；如果局部放电水平超过200pC，试验结果应予以评估	

续表 5-9

序号	监造项目	监造内容	监造方法	监造要点（要求/提示/说明）	备注
5	单阀的绝缘试验	阀操作冲击试验	观察和记录现场试验情况和数据	要求：本试验应符合 GB/T 20990.1—2007 中 8.3.4 条，另外还需满足以下要求： 试验应用两种极性的试验电压进行。（注：晶闸管为光触发，在冲击试验时，晶闸管电子电路需要加电） 波　形：250/2500μs 冲击次数：每种极性 5 次 判据：无闪络、击穿放电、冷却系统无损坏 提示： 1. 试验在单阀上室温下进行 2. 如果在施加正向试验电压时出现保护触发动作，动作值应记录并额外施加 3 次略小于保护触发动作值的峰值电压	
		阀湿态操作冲击试验	观察和记录现场试验情况和数据	要求：阀湿态操作过电压冲击试验是在模拟顶部一个组件冷却水泄漏的条件下重复进行的（不需验证保护触发）阀操作过电压冲击试验。泄漏量和电导率按前述章节的定义 判据：无闪络、击穿放电、冷却系统无损坏	
		阀雷电冲击试验		要求：本试验应符合 GB/T 20990.1—2007 中 8.3.5 条。试验方法与上述操作过电压冲击试验相似，不同的是压冲击试验电压（峰值）：±____ kV 波　形：1.2/50 μs 冲击次数：每种极性 5 次 判据：无闪络、击穿放电、冷却系统无损坏 提示： 1. 试验时，冷却水的温度应加热到正常运行时晶闸管结温的最高温度 2. 如果在施加正向试验电压时出现保护触发动作，保护水平（动作值）应记录，且额外施加 3 次略小于保护触发水平的峰值电压	

续表 5-9

序号	监造项目	监造内容	监造方法	监造要点（要求/提示/说明）	备注
5	单阀的绝缘试验	阀陡波前冲击试验	观察和记录现场试验情况和数据	要求：本试验应符合 GB/T 20990.1—2007 中 8.3.6 条。试验方法与上述操作过电压冲击试验相似，不同的是： 试验电压（峰值）：____ kV 波形：符合 IEC 60060-1，电压上升率不小于 1200 kV/μs 冲击次数：每种极性 5 次 判据：无闪络、击穿放电，冷却系统无损坏 提示：试验时，冷却水的温度应加热到正常运行时晶闸管结温的最高温度	
		阀非周期性触发试验	观察和记录现场试验情况和数据	要求：本试验应符合 GB/T 20990.1—2007 中 8.4 条 该试验应对一个装配完整的阀进行，不短接冗余的晶闸管级，相应提高试验电压水平。试验应在室温下进行，最少接冲击 5 次。在试验中应对试验电路参数进行调节，以产生一个相应的阀电流 提示：按规定的开通电流波形成重复产生开通电流的首选方法，可采用此方法。如果由于试验的设备条件限制不能采用此方法，可采用并联电容器法	
		电压分布试验	观察和记录现场试验情况和数据	要求：在阀系受操作冲击试验、雷电冲击试验、陡波冲击试验电压时，当电压水平等于或大于试验电压幅值的 50% 时，应在沿阀 4 个或更多个中间测点测量加于晶闸管元件上的电压，以确定阀的内部电压分布 提示：测点应由业主/业主代表选定。卖方应向业主/业主代表阐明这一电压分布与全值试验电压下所期望的电压分布是相同的	

5.3.2　换流阀运行试验监造要点(小组件技术)(见表5-10)

表5-10　换流阀运行试验监造要点(小组件技术)

序号	监造项目	监造内容	监造方法	监造要点(要求/提示/说明)	备注
1	试验条件	试验设备和试验环境的有效性与适宜性	现场观察查看记录	要求: 1. 试验的设备、仪器均有校准或检定标识,在有效期内 2. 设备的量程、精度满足要求 3. 试验设备应有日常维护及运行检查记录 4. 试验环境满足试验要求	
2	试验前检查	阀组检查	现场观察并记录	要求: 1. 阀组件必须经过例行试验合格 2. 检查阀组上不能留下任何遗留物 3. 试验接线正确、牢固	
3	运行试验	最大连续触发电压试验	现场观察和记录	要求: 最大连续 1.2p.u. 过载电流:$I_{dc,max-OL}$ = _____A 试验电流:$I_{VUT}=1.05\times I_{dc,max-OL}$ = _____A 阀侧绕组额定电压:_____kV 单阀的晶闸管数: 冗余晶闸管数: 试验晶闸管数: 计算得到额定直流电压下的最大连续触发电压(_____级):U_f = _____kV 试验持续时间:30min	
		最大连续恢复电压试验	现场观察和记录	要求: 最大连续 1.2p.u. 过载电流:$I_{dc,max-OL}$ = _____A 试验电流:$I_{VUT}=1.05\times I_{dc,max-OL}$ = _____A 阀侧绕组额定电压:_____kV 试验晶闸管数: 计算得到额定直流电压下的最大连续恢复电压(_____级):U_r = _____kV 试验持续时间:30min	

续表 5-10

序号	监造项目	监造内容	监造方法	监造要点（要求/提示/说明）	备注
3	运行试验	70%额定直流电压下的最大连续触发电压试验	现场观察和记录	要求：最大连续运行电流：I_{dcn} = ___ A；电流：I_{VUT} = ___ A；晶闸管阀段试验电压大于：70%运行电压下的阀侧绕组电压（___ 级）：U_f = ___ kV，计算得到70%额定直流电压下的最大连续触发电压	
		70%额定直流电压下的最大连续恢复电压试验	现场观察和记录	要求：最大连续运行电流：I_{dcn} = ___ A；电流：I_{VUT} = ___ A；晶闸管阀段试验电压大于：70%运行电压下的阀侧绕组电压（___ 级）：U_r = ___ kV，计算得到70%额定直流电压下的最大连续恢复电压	
		最大工频电压试验（α=90°）	现场观察和记录	要求：I_{VUT} = ___ A；晶闸管阀段阀发电压（___ 级）大于：U_p = ___ kV；试验持续时间：20s	
		最大甩负荷工频过电压试验（α=90°）	现场观察和记录	要求：I_{VUT} = ___ A；晶闸管阀段阀发电压（___ 级，峰值）大于：U_p = ___ kV；试验持续时间：2s	
		保护触发连续动作试验	现场观察和记录	要求：在最大连续运行试验中拔掉其中1个晶闸管级的门极发功能电路，晶闸管级的表面和阻尼电阻的温度都要监测。同时记录晶闸管级的电压和电流，时间：30min；说明：证明换流阀或组件具有承受由于某些晶闸管级保护发连续动作所产生的更严重的电压和电流冲击的能力	

序号	监造项目	监造内容	监造方法	监造要点（要求/提示/说明）	备注
3		阀的损耗试验	现场观察和记录	说明： 当冷却管出口的冷却介质温度已稳定，在对应额定电流、额定电压和额定触发角的正常运行条件下的最高温度时开始测量各个单独阀组件的损耗，并根据所测量阀组件中最大的损耗计算出一个阀的总损耗。可以采用电气的和/或热量表的方法来确定损耗大小 另一种确定阀损耗的办法是将试验结果与基于可证实的元件试验数据的计算结果结合，这种方法必须经业主同意。晶闸管元件的损耗应包含与晶闸管运行有关的所有损耗，例如，通态损耗，开通损耗，关断损耗和闭态泄漏损耗，阀阻尼和均压电路损耗，阀电抗器损耗以及阀内导体损耗都应包括在内 换流阀的损耗应计入全换流站损耗保证值中	
	运行试验	1.1 倍最大稳态电压试验	现场观察和记录	要求：晶闸管阀段最大连续运行电压不小于 _____ kV： 阀侧绕组最大稳态运行晶闸管数 _____ 单阀的晶闸管数 _____ 冗余晶闸管数 _____ 试验得到额定直流电压下的最大连续触发电压（_____级）：U_f = _____ kV，试验持续时间 2min 计算得到额定直流电压下的最大连续触发电压 2min	
		保护触发试验	现场观察和记录	要求：在试验过程中，将一个晶闸管级的正常触发电路功能闭锁后，以断续电流水平进行 15s 的断续电流试验，然后恢复该级晶闸管的正常触发功能 持续时间：2min 触发动作试验时间：15s	
		最小交流电压试验	现场观察和记录	要求：根据 IEC 60700—1（对应国家标准 GB/T 20990.1）的要求进行最小交流电压试验，以验证换流阀在最小稳态/暂态熄弧角和最小暂态触发角下能正确触发，不发生换相失败 当冷却管出口的冷却介质温度稳定在过负荷运行的最高温度后，在换流变压器阀侧电压为最低运行电压的 95% 时，换流阀以最不利的电流水平，按最小暂态触发角运行至少 1min	

续表 5 - 10

序号	监造项目	监造内容	监造方法	监造要点（要求/提示/说明）	备注
3	运行试验	最小交流电压试验	现场观察和记录	晶闸管元件和所有辅助电路工作正常 试验将采用____只晶闸管作为试品进行试验 阀侧绕组空载稳态最小线电压____kV 试验安全系数取稳态0.95 单阀的晶闸管数____个 试验晶闸管数____个 根据计算试验电压____kV 按最小暂态触发角运行至少1min。晶闸管元件和所有辅助电路工作正常	
		最小延迟角试验	现场观察和记录	要求： 试验阀段触发电压（____级）不高于____kV 稳态运行最小延迟角，____° 试验时间：15min	
		最小熄弧角试验	现场观察和记录	要求： 试验阀段触发电压（____级）不高于____kV 稳态运行最小熄弧角：____° 稳态运行时间：15min 要求恢复时间：____ms 关断时间：____ms	
		暂时低电压试验	现场观察和记录	要求： 试验将采用____个阀组件作为试品进行试验 试验晶闸管数____个 试验电压：$U_{tpv}=$ ____kV 要求试验阀段触发电压（____级）不高于____kV；$U_{fr,peak}=$ ____kV 试验时间：10s 说明：暂时低电压试验是为了证明：以正常交流电压运行时，在交流系统故障引起的暂时低电压期间，晶闸管元件和所有辅助电路能够正常运行。试验时间应不短于交流系统清除故障的恢复时间	

序号	监造项目	监造内容	监造方法	监造要点(要求/提示/说明)	备注
		带后续闭锁的短路电流试验(1个周波)	现场观察和记录	要求: 阀侧绕组空载稳态最大线电压 _____ kV 暂态过电压安全系数: _____ 重复施加的最高正向试验电压(_____级)为: $U_{tfvd}=$ _____ kV	
		无后续闭锁的短路电流试验(3个周波)	现场观察和记录	要求: 短路故障后阀承受的反向电压峰值: _____ kV 试验安全系数: _____ 导通周期: _____。 第一个短路电流后的反向电压(8级)峰值: $U_{tfvr}=$ _____ kV 第二个短路电流后的反向电压(_____级)峰值: $U_{tfvr}=-$ _____ kV 说明: 这一试验是为了验证阀承受数个对称的最大短路电流而不产生劣化的能力,这一最大电流是由阀在运行中的某一严重故障所产生的	
3	运行试验	晶闸管恢复期的正向暂态电压试验	现场观察和记录	要求: 根据IEC 60700-1(对应国家标准GB/T20990.1)的要求进行该项试验。暂态电压脉冲应正向阀值略小于阀的正向保护触发电压门值。暂态电压脉冲应在电流熄灭后后约的关键恢复期内的1500μs时间段内的5个时刻施加。通过过暂态电压加波头分别为1μs、10μs和100μs的暂态过电压,证实阀的保护触发功能对暂态电压脉冲的灵敏度 试验电压峰值: $U_{tpv}=$ _____ kV 在3种不同的冲击波形下,分别进行上述试验 波形1: 100(1±30%)μs 电压上升时间 波形2: 10(1±30%)μs 电压上升时间 波形3: 1.2(1±30%)μs 电压上升时间 说明: 试验的主要目的是证明阀运行的正常过程不会受本身产生或外部施加到阀上的暂态电压和电流引起的电磁干扰的影响	
		电磁兼容试验	现场观察和记录	提示: 电磁兼容试验将在换流阀绝缘试验期间进行 判据: 无误触发,无晶闸管级故障显示或晶闸管监控单元(TCE)无上报错误信号	

5.3.3 换流阀组件包装存储监造要点（见表 5 – 11）

表 5 – 11 换流阀组件包装存储监造要点

序号	监造项目	监造内容	监造方法	监造要点（要求/提示/说明)	备注
1	包装	包装材质质量检查	现场查看、工具测量	要求： 1. 包装箱材质良好、无破损、受潮、霉变等 2. 包装箱各尺寸符合图纸要求 3. 防震及防护材料必须为优质材料，且环保 4. 封装螺钉及钢钉质量可靠	
		包装项目核对	现场查看、检查记录	要求： 1. 清洁箱底、铺设防震垫、泡沫和塑料袋 2. 放置干燥剂、热合塑料布封装组件 3. 调整支撑件 4. 放随机文件 5. 封钉箱盖 6. 发货标示	
		包装箱结构检查	现场查看、检查记录	要求： 1. 包装箱结构必须牢固、板材及方料尺寸符合设计要求 2. 垫条和压梁上，下垫 3mm 厚橡胶板，各支撑件靠组件侧必须有防护垫 3. 压梁和覆盖梁、盖板钉子在箱内侧均不能露出头 4. 组件固定定位设置合理，其位置正确	
		封装前的检查	现场查看、检查记录	要求： 1. 阀组件最终检验合格 2. 装箱单、阀组件合格证明书齐全 3. 干燥剂放置合理 4. 组件防水密封塑料的密封性能良好	
		封箱后的检查	现场查看、检查记录	要求：盖板下应有防水层，盖板钉装牢固，且密封良好 提示：盖板上图示标志、发货标志齐全、清晰	

序号	监造项目	监造内容	监造方法	监造要点（要求/提示/说明）	备注
2	存放	存放条件	现场查看、检查记录	要求： 1. 库房条件必须防雨、防潮、防尘、防火 2. 温度和空气相对湿度必须符合厂家规范技术要求 3. 包装组件叠摞层数按技术要求	
3	发运	运输车辆的性能、防护措施	现场查看、检查记录	要求： 1. 阀组件存放超过规定的期限，必须按照生产企业相关规定处理后才能发运 2. 包装外观必须良好 3. 运输车辆的性能必须良好 4. 组件叠落不超过 2 层，必须要有防雨措施，捆扎牢固 5. 车辆行驶速度不超过 60km/h	

5.4 换流阀典型案例及产品质保期故障树

5.4.1 换流阀典型案例

表 5-12 所示为换流阀典型案例。

表 5-12 换流阀典型案例

序号	情况简述/原因分析/处理措施/处理结果	问题分类	监造方建议
1	**连接铝母排表面霉变** **情况简述:** 溪洛渡换流阀在生产过程中,一批进口铝母排表面发生霉变 **原因分析:** 经检查发现包装箱防水措施不好,运输过程中雨水侵入 **处理措施:** 厂家现场返修 **处理结果:** 返修后合格	2类: 原材料及零部件质量控制问题	1. 加强对供货商质量体系评审 2. 加强入厂包装检查,加强运输过程监管
2	**棒电阻直线度不符合技术要求** **情况简述:** 糯扎渡换流阀在生产过程中,个别国产棒电阻插入散热器安装孔时困难 **原因分析:** 棒电阻直线度不符技术要求 **处理措施:** 做不合格品退回供货商处理 **处理结果:** 重新提供合格棒电阻	2类: 原材料及零部件质量控制问题	1. 加强对供货商质量体系评审 2. 敦促供货商加强出厂检验 3. 加强阀厂入厂检验
3	**进口铁芯式电抗器铁芯下沉** **情况简述:** 溪洛渡换流阀在生产过程中,发现进口电抗器铁芯下沉 **原因分析:** 夹件夹紧力不够,长途运输震动导致螺丝松动,造成铁芯下沉 **处理措施:** 供货商现场修理,重新紧固 **处理结果:** 修理后符合要求	2类: 原材料及零部件质量控制问题	1. 加强进口生产厂家质量管理体系评审 2. 要求供货商进行技术改进
4	**铁芯式电抗器塑料夹件出现裂纹** **情况简述:** 某直流工程换流阀生产过程中,进口铁芯式电抗器部分塑料夹件出现裂纹 **原因分析:** 经供货商化验分析,新结构塑料夹件中某种成分过多引起 **处理措施:** 做不合格品退货处理 **处理结果:** 重新提供合格夹件	2类: 原材料及零部件质量控制问题	1. 要求供货商加强新品检验 2. 加强进口件入厂检验
5	**进出水管水嘴焊接处有气泡** **情况简述:** 某工程换流阀在生产过程中,进出水管入厂检查时发现水嘴焊接处有气泡 **原因分析:** 水嘴焊缝处夹杂气泡,为焊接所致 **处理措施:** 做不合格品退回供货商处理 **处理结果:** 重新提供合格件	2类: 原材料及零部件质量控制问题	1. 加强供货商质量体系评审 2. 督促供货商提高焊接质量和检查 3. 阀厂加强零件入厂检验

序号	情况简述/原因分析/处理措施/处理结果	问题分类	监造方建议
6	**进出水管有污迹** **情况简述**：某工程换流阀进出水管入厂检查时，发现个别水管里有污迹 **原因分析**：经分析污迹可能是焊接前没有清洗干净 **处理措施**：供货商现场清理 **处理结果**：清理合格	2类： 原材料及零部件质量控制问题	1. 加强供货商质量体系评审 2. 督促供货商加强出厂检验 3. 阀厂加强零件入厂检验
7	**拉紧环出现纵向裂纹** **情况简述**：某工程换流阀在生产过程中，进行晶闸管压装时，拉紧环两端出现纵向可见裂纹 **原因分析**：拉紧环材质为环氧树脂，表面有一层油漆涂层，受力后出现裂纹，但裂纹没有进一步扩展，疑是表面油漆裂纹，未伤及拉紧环内部，要求供货商提供第三方检验报告 **处理措施**：外方提供了改进的拉紧环，使用仍在同样部位出现裂纹，制造商将改进后的拉紧环送往国家建筑材料测试中心监测，确认新拉紧环裂纹为表面涂层裂纹，宽度为 $17.4\mu m$，深度为 $40\mu m$ **处理结果**：使用改进后的拉紧环	2类： 原材料及零部件质量控制问题	提高工艺水平
8	**电抗器水管连接嘴不平** **情况简述**：某直流换流阀组件在生产中，发现一台 TT4 电抗器和水路连接后，水嘴处漏水 **原因分析**：经检查分析是由于电抗器水嘴加工质量造成的，水嘴加工面不平整，和水管连接后配合不紧密，导致漏水 **处理措施**：产品退回厂家处理 **处理结果**：提供合格水嘴	2类： 原材料及零部件质量控制问题	1. 加强供货商质量体系评审 2. 加强水嘴出厂、入厂检验
9	**例行试验局放超标** **情况简述**：某工程监造过程中发现西门子换流阀在例行试验时局部放电超标，大于 50pC。超标比例约占 8%～9% **原因分析**：经检查发现组件装配时个别零件不够清洁，有灰尘 **处理措施**：清理和用酒精擦拭个别零件 **处理结果**：擦拭后合格	4类： 试验质量控制问题	1. 提高车间的洁净度控制 2. 完善装配工艺，明确零部件的清理要求
10	**例行试验 TTM 板不合格** **情况简述**：某直流工程组件例行试验时，监造人员发现 146 号阀段 B7TTM 板（板子号 0706）在功能试验中，低压触发测试失败 **原因分析**：将其它板子调换至此工位则正常，将 0706 调换之其它工位仍不通过，判断 0706 板子有问题 **处理措施**：更换 TTM 板 **处理结果**：试验通过	4类： 试验质量控制问题	加强 TTM 板出厂、入厂检验

序号	情况简述/原因分析/处理措施/处理结果	问题分类	监造方建议
11	**例行试验设备不完好** **情况简述**：某直流工程换流阀组件在例行试验时，监造人员发现进行水路试验的水管泄漏，用一盆子接水 **原因分析**：经检查发现管子有一针孔泄露 **处理措施**：要求厂家停止试验，进行整改，更换管子后开始继续试验 **处理结果**：整改后，试验完成	4类：试验质量控制问题	加强试验设备检查
12	**晶闸管压装不符合工艺要求** **情况简述**：某直流工程换流阀组件生产过程中，监造人员发现晶闸管压装不符合工艺要求，操作工人安装散热器时，手触摸到了已经清洁过的安装面，在元件压装面上留下了手印 **原因分析**：为操作工人不小心所致 **处理措施**：重新清理后安装 **处理结果**：检查合格	3类：制造过程质量控制问题	1. 加强操作规程培训 2. 加强工艺纪律
13	**水路试验水管憋开** **情况简述**：某工程换流阀组件在进行例行试验时，操作人员将水处理机水管和组件水管连接后，忘记打开连接阀门，即启动水处理机，致使连接水管憋开，险些造成事故 **原因分析**：操作人员不够细心，没有其它人员再次检查 **处理措施**：对湿水组件进行擦拭，吹风机烘干，全部干燥后继续试验 **处理结果**：试验通过	4类：试验质量控制问题	厂家应修改试验操作规程，建立一人操作、他人复检的制度，并填写检查记录
14	**阀冷系统光纤漏光** **问题简述**：2015 年，JZ 直流工程某换流阀阀冷系统监造检查见证，发现一根光纤漏光，衰减值大于 1.5dB **原因分析**：该批次原材料质量问题，并且厂家质检体系运行不良，出现较大纰漏，没能及时预防问题出现 **处理措施**：退货处理 **处理结果**：已更换合格	2类：原材料及零部件质量控制问题	加强原材料出入厂检查

5.4.2 换流阀产品质保期故障树

换流阀产品质保期故障树如图 5 - 21 所示。

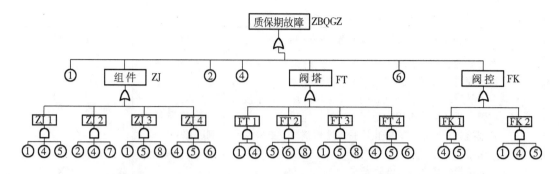

① 原材料、组部件问题　　　④ 设计缺陷（包括不符合技术要求）　　⑦ 工艺方法缺陷
② 紧密度（紧固件紧固）问题　⑤ 检验、试验缺项或方法问题　　　⑧ 设备、仪器、工具问题
③ 厂家不规范操作　　　　　　⑥ 安装问题

图 5 - 21　换流阀产品质保期故障树

说明：

（1）原材料、组部件问题：电抗器线圈下沉，控制板卡问题，软件问题；晶闸管损坏。

（2）紧密度（紧固件紧固）问题：TTM、TE 板插接不牢；水管漏水，母排发热；电容、电阻连线松动。

（3）厂家不规范操作：电抗器下沉，TTM、TE 板插接不牢。母排发热，电容、电阻连线松动，水管、连线磨损。

（4）设计缺陷（包括不符合技术要求）：控制板卡误报，软件问题，母排连接不牢发热。

（5）检验、试验缺项或方法问题：电抗器线圈下沉，控制板卡问题，母排发热。

（6）安装问题：电抗器线圈下沉，母排发热，漏水，电容、电阻连接松动。

（7）工艺方法缺陷：母排发热，电抗器线圈下沉。

（8）设备、仪器、工具问题：母排发热，控制板卡问题。

ZJ1：电抗器线圈下沉。　　　FT2：母排发热。

ZJ2：母排发热。　　　　　　FT3：光纤、导线故障。

ZJ3：晶闸管损坏。　　　　　FT4：板卡连接不平。

ZJ4：导线水管磨损。　　　　FK1：柜体发热。

FT1：水管结垢。　　　　　　FK2：控制板卡问题。

根据主网某运行单位 10 年运行数据，在换流阀统计的 296 个问题中，元器件故障问题为 173 个，其它故障问题为 47 个，密封故障问题为 9 个，发热故障问题为 64 个，二次故障问题为 53 个。发热问题约占 37%，为最频发问题；其次就是二次故障问题，占 28.9%。这两类问题在监造过程中必须采取针对措施管控。

在阀冷统计的 381 个问题中，控制系统故障问题为 73 个，密封故障问题为 96 个，机械故障问题为 11 个，电导率故障问题为 4 个，其它故障问题为 197 个。除了约占一半的杂七杂八小问题均归入其它故障问题以外，密封故障是阀冷系统最频发问题，约占 25.2%。因此，在监造过程督促承制方提高密封技术和管控密封工艺是阀冷监造的重点之一。

$\textbf{6}$ 断路器

6.1 断路器概况

6.1.1 设备结构

断路器是能够关合、承载、开断运行回路正常电流，并能在规定时间内关合、承载及开断规定的过负荷电流（包括短路电流）的开关设备。交流高压断路器是电力系统中最重要的开关设备，它担负着控制和保护的双重任务。如果断路器不能在电力系统发生故障时迅速、准确、可靠地切除故障，就会使事故扩大，造成大面积的停电或电网事故。因此，高压断路器的性能好坏是决定电力系统安全的重要因素。

6.1.2 断路器的分类

1. 按灭弧介质分类

（1）油断路器。指触头在变压器油（断路器油）中开断，利用变压器油（断路器油）作为灭弧介质的断路器。

（2）压缩空气断路器。以压缩空气作为灭弧介质和绝缘介质的断路器，所用的空气压力一般在 $1\,013\sim4\,052\,kPa$ 的范围内。

（3）SF_6 断路器。以 SF_6 气体作为灭弧介质或兼作绝缘介质的断路器。

（4）真空断路器。指触头在真空中开断，利用真空作为绝缘介质和灭弧介质的断路器。真空断路器需求的真空度在 $10^{-4}\,Pa$ 以上。

2. 按断路器的总体结构和它对地的绝缘方式分类

（1）绝缘子支持型（又称绝缘子支柱式、支柱式）。这一类型断路器的结构特点是安装触头和灭弧室的容器（可以是金属筒也可以是绝缘筒）处于高电位，靠支持绝缘子对地绝缘，它可以用串联若干个开断元件和加高对地绝缘的方法组成更高电压等级的断路器。

（2）接地金属箱型（又称落地罐式、罐式）。其特点是触头和灭弧室装在接地金属箱中，导电回路由绝缘套管引入，对地绝缘由 SF_6 气体承担。

图 6-1 所示为罐式断路器。

3. 按 SF_6 高压断路器的灭弧室结构特点分类

（1）定开距型。如图 6-2 所示，定开距灭弧室的构造是两个固定的金属喷嘴保持不变的开距，动触头与绝缘材料制成的压气室一起运动，当动触头金属离开喷嘴时，压气室内的高压力气体经电弧喷嘴向外排出。

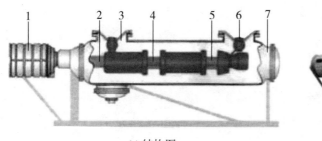

(a) 结构图　　　　　　　　　　　　　　　　　　　(b) 外形

图 6-1　罐式断路器结构

1—液压操动机构；2—支持绝缘子；3—盆式绝缘子；4—绝缘拉杆；5—灭弧室；6—连接触头；7—罐体

图 6-2　定开距型单压式灭弧室结构图

（2）变开距型。变开距就是灭弧室内的触头开距，随压气室向下运动而逐渐加长，绝缘喷嘴通常采用聚四氟乙烯材料。

4. 按照断路器所用操作能源能量形式的不同操动机构分类

（1）手动机构。指用人力合闸的机构。

（2）直流电磁机构。指靠直流螺管电磁铁合闸的机构。

（3）弹簧机构。指用事先由人力或电动机储能的弹簧合闸的机构。

（4）液压机构。指以高压油推动活塞实现合闸与分闸的机构。

（5）液压弹簧机构。指用碟簧作为储能介质、液压油为传动介质的机构。

（6）气动机构。指以压缩空气推动活塞使断路器分、合闸的机构。

（7）电动操动机构。用电子器件控制的电动机去直接操作断路器操动杆的机构。

5. 按照 SF_6 高压断路器的灭弧特点分类

（1）自能式。包括旋弧式和热膨胀式，在中压领域普遍使用，灭弧原理都是利用电弧自身的能量来熄灭电弧。旋弧式是利用电弧电流流过线圈产生的磁场，电弧在磁场的驱动下高速旋转，不断接触新鲜 SF_6 气体，因受到冷却而熄灭电弧。热膨胀式是利用电弧本身的能量，加热灭弧室压气缸内 SF_6 气体，建立高压力，形成压力差，从而达到灭弧的目的。自能式断路器存在临界开断电流，大电流灭弧能力强而在小电流时难以熄弧，因此一般需要装设辅助助推装置。

（2）压气式。利用预压缩行程压缩 SF_6 气体，在喷口打开时吹弧；有预压缩过程，需要较大操作功和较长的故障切除时间。该类型 SF_6 高压断路器技术最为成熟，性能也最为稳定，开断时间短，开断能力强。相比自能式断路器而言，其所需要的操作功较大，一般配用液压或者气动机构。目前制造厂生产量最大、系统中使用量最多的仍然是液压机构。

（3）混合式。混合吹弧方式有多种形式，如旋弧＋热膨胀，压气＋热膨胀，压气＋旋弧，旋弧＋热膨胀＋助吹。混合吹弧能提高灭弧效能，增大开断电流，减少操作功，避免出现临界电流难以开断的情况，在 SF_6 断路器的发展应用上有重大意义，尤其在中压领域应用非常丰富，在高压、超高压领域也有大量应用。现在的超高压断路器也大都应用了一些自能灭弧原理，提高了开断效率，降低了操作功。

6. 电网运行对交流高压断路器的要求

（1）绝缘部分能长期承受最大工作电压，还能承受短时过电压。

（2）长期通过额定电流时，各部分温度不超过允许值。

（3）断路器的跳闸时间要短，灭弧速度要快。

（4）能满足快速重合闸的要求。

（5）断路器的遮断容量要大于电网的短路容量。

（6）在通过短路电流时，应有足够的动稳定性和热稳定性，尤其不能出现因电动力作用而不能自行断开。

（7）断路器具备一定的自保护功能、防跳功能，如失灵保护功能、防止非全相合闸功能、合分时间自卫功能、重合闸功能等。

（8）断路器的监视回路、控制回路应能与保护系统、监控系统可靠接口。

（9）断路器的使用寿命能够满足电力系统要求，包括机械寿命和电气寿命。

（10）高压断路器还要保证在一般的自然环境条件下能够正常运行，且保证一定的使用寿命。

6.1.3 高压 SF_6 断路器

6.1.3.1 SF_6 气体的特性

1）物理性质

SF_6 为无色、无味、无毒、不易燃烧的惰性气体，具有优良的绝缘性能，且不会老化变质，比重约为空气的 5.1 倍，在标准大气压下，－62℃时液化。

2）化学性质

SF_6 是一种极不活泼的惰性气体，具有很高的化学稳定性。在一般情况下，与氧气之类的各种气体、水以及各种碱性化学药品均不反应。所以，在常规使用情况下，完全不会使材料劣化；但是，在高温和放电的情况下，就有可能发生化学变化，便会产生含有 S 或 F 的有毒物质，即可与各种材料起反应。

3）灭弧性能

（1）SF_6 气体是一种理想的灭弧介质，它具有优良的灭弧性能。SF_6 气体的介质绝缘强度恢复快，约比空气快两个数量级，即它的灭弧能力为空气的 100 倍。

（2）弧柱的电导率高，燃弧电压很低，弧柱能量较小。

（3）传热性能。SF_6 气体的热传导性能较差，其导热系数只有空气的 2/3。但 SF_6 气体的比热容是氮气的 3.4 倍，因此其对流散热能力比空气强。可见，SF_6 气体的实际导热能力比空气好，接近于氦、氢等热传导较好的气体，因此 SF_6 断路器的温升问题不会比空气断路器的严重。

（4）SF_6 气体具有优良的绝缘性能，在同一气压和温度下，SF_6 气体的介质强度约为空气的 2.5 倍，而在 3 个大气压时，就与变压器油的介质强度相近。

（5）SF_6 气体具有负电性，即有捕获自由电子并形成负离子的特性。这是其具有高的击穿强度的主要原因，因此也能够促使弧隙中绝缘强度在电弧熄灭后能快速恢复。

4）SF_6 气体的灭弧特性及原理

（1）SF_6 分子中没有碳元素，这是作为灭弧介质的优点之一。

（2）SF_6 气体中没有空气，这可以避免触头氧化，大大延长了触头的电寿命。

（3）SF_6 在电弧作用下所形成的全部化学杂质在电弧熄灭后的极短时间内又能重新合成，这样既可消除对人体的危害，又可保证处于封闭中的 SF_6 气体的纯度和灭弧能力。

（4）SF_6 气体是一种极好的电负性气体，能很快地吸附自由电子而结合成带负电的离子，又容易与正离子复合成中性粒子，去游离能力强。

（5）SF_6 气体的分解温度（2000K）比空气（主要是氮气）的分解温度（7000K 左右）低，而所需要的分解能高，因此，SF_6 气体分子分解时吸收的能量多，对弧柱的冷却作用强。

（6）SF_6 气体中电弧的熄灭原理与空气电弧、油中电弧是不同的，不是依靠气流的冷却作用，而主要是利用 SF_6 气体特异的热化学性和强电负性等特性，因而使 SF_6 气体具有强的灭弧能力。对于灭弧来说，提供大量新鲜的 SF_6 中性分子，并使之与电弧接触是有效的方法。

6.1.3.2　SF_6 断路器的特点

（1）断口电压高，适合应用于高压、超高压和特高压领域，结构更简单，可靠性更高，体积小，无火灾危险。

（2）开断能力强，开断性能好。目前 SF_6 断路器可以开断 80～100kA 的短路电流，开断时间短。由于 SF_6 气体具有强负电性，离解温度低，离解能大，电弧在 SF_6 气体中可以形成有利于熄弧的电弧弧柱结构，熄弧时间短，一般 5～15ms；同时，对其它类型断路器反应较为沉重的开断任务，如反相开断、近区故障、空载长线路、空载变压器等开断性能也很好。开断小的感性电流时截流电流值小，操作过电压低。

（3）寿命长。可以开断 20～40 次额定短路电流而不用检修，额定负荷电流可以开断 3 000～6 000 次，机械寿命可达 10 000 次以上。现在的产品一般可以做到 20～30 年不用检修。

（4）品种多、系列性好。有瓷柱式（GCBP）和罐式（GCBT）两大系列，以 SF_6 断路器为基础，发展了 GIS、HGIS 等多种产品。

（5）SF_6 断路器没有燃烧危险。SF_6 气体不燃烧，也不支持燃烧，运行更安全；不含碳元素，在电弧反应中没有炭或碳化物生成；绝缘和灭弧性能好；允许开断次数多；检修周期长。

（6）SF_6 气体在 1997 年发布的抑制全球变暖的《京都议定书》中被列为受限制的温室气体，全球每年有一半左右的 SF_6 气体用于高压开关设备，控制和减少使用 SF_6 气体是高压开关设备应用中的一项重要任务。在没有更好的替代物之前，提高 SF_6 高压开关设备的断口电压、降低漏气率、减少废气排放、进行回收利用是减少 SF_6 使用量的重要措施。

6.1.3.3 断路器主要技术参数的含义

1. 高压断路器的主要参数

- 额定电压
- 额定频率
- 额定绝缘水平
- 额定电流和温升
- 额定短时耐受电流
- 额定短路持续时间
- 额定峰值耐受电流
- 额定短路开断电流
- 额定短路电流开断次数的规定
- 断路器机械寿命的规定
- 额定短路关合电流
- 额定瞬态恢复电压(出线端故障)
- 额定操作顺序
- 额定近区故障特性
- 额定失步开断电流
- 额定线路充电开断电流
- 额定电缆充电开断电流
- 额定单个电容器组开断电流
- 额定背对背电容器组开断电流
- 额定单个电容器组关合涌流
- 额定背对背电容器组关合涌流
- 额定小感性开断电流
- 额定时间参量
- 操动机构、控制回路及辅助回路的额定电源电压
- 操动机构、控制回路及辅助回路的额定电源频率
- 操作和灭弧用压缩气体源的额定压力
- 额定异相接地的开合试验
- 噪声及无线电干扰水平

2. 断路器主要电气性能参数的含义

(1)额定电压。是指在规定的使用和性能条件下,能够连续运行的最高电压。额定电压的标准值如下:①范围Ⅰ。额定电压 252kV 及以下的为 3.6kV ～ 7.2kV ～ 12kV ～ 24kV ～40.5kV ～ 72.5kV ～ 126kV ～ 252kV。②范围Ⅱ。额定电压 252kV 及以上的为 363kV ～ 550kV ～ 800kV。

(2)额定频率。额定频率的标准值为 50Hz。

(3)额定电流。是指在规定的正常使用和性能条件下,高压开关设备主回路能够连续

承载的电流有效值。

(4)额定短时耐受电流(热稳定电流)。是指在规定的使用条件下，在规定的短时间内，断路器设备在合闸状态下能够承载的电流的有效值。断路器的额定短时耐受电流等于其额定短路开断电流。

(5)额定短路持续时间(t_k)。是指断路器设备在合闸状态下能够承载的额定短时耐受电流的时间间隔。550～800kV断路器设备的额定短路持续时间为2s，252～363kV断路器设备的额定短路持续时间为3s，126kV及以下断路器设备的额定短路持续时间为4s。

(6)额定峰值耐受电流。是指在规定的使用条件下，断路器设备在合闸状态下能够承载的额定短时耐受电流的第一个大半波的电流峰值电流。额定峰值耐受电流等于额定短路关合电流，且应等于2.5倍额定短时耐受电流的数值。按照系统的特性，可能需要高于2.5倍额定短时耐受电流的数值。

(7)额定短路开断电流。是指在《高压开关设备管理规范》的使用和性能条件下，断路器所能开断的最大短路电流。

(8)额定短路关合电流。是指在规定的使用和性能条件下，断路器关合操作时，在电流出现后的瞬态过程中，流过断路器一极的电流的第一个大半波的峰值。断路器的额定短路关合电流是与额定电压和额定频率相对应的。

3. 断路器主要机械性能参数的含义

(1)分闸时间。是指从接到分闸指令开始到所有极弧触头都分离瞬间的时间间隔。

(2)合闸时间。是指从接到合闸命令开始到最后一极弧触头接触瞬间的时间间隔。在以前的有关标准中，合闸时间又称为固合时间。

(3)合分时间。是指合闸操作中，某一极触头首先接触瞬间和随后的分闸操作中所有极弧触头都分离瞬间之间的时间间隔。合分时间又称金属短接时间。

对126kV及以上断路器合分时间应不大于60ms，推荐不大于50ms。

(4)断路器(三相)分闸时间。是指分闸操作中，从分闸命令开始到最后分闸相的首先分闸断口的分闸时刻时间间隔。

(5)断路器(相)分闸时间。是指分闸操作中，从分闸命令开始到该相首先分闸断口的分闸时刻时间间隔。

(6)断路器(断口)分闸时间。是指分闸操作中，从分闸命令开始到分闸断口的刚分时刻的时间间隔。

(7)合闸时间(断路器)。是指合闸操作中，从合闸命令开始到最后合闸相的最后合闸断口合上的时间。

(8)合闸时间(相)。是指合闸操作中，从合闸命令开始到最后合闸断口合上的时间。

(9)合闸时间(断口)。是指合闸操作中，从合闸命令开始到断口刚合上的时间。

(10)合闸同期(断路器)。是指合闸操作中，最先和最后合闸相合闸时刻之间的时间差值。

(11)合闸同期(相)。是指合闸操作中，最先和最后合闸断口合闸时刻之间的时间差值。

(12)分闸同期(断路器)。是指分闸操作中，最先和最后分闸相分闸时刻之间的时间差值。

(13)分闸同期(相)。是指分闸操作中,最先和最后分闸断口分闸时刻之间的时间差值。

(14)额定开断时间。是指断路器接到分闸命令开始到断路器开断后,三相电弧完全熄灭的时间,包括分闸时间和燃弧时间。

(15)关合—开断时间。是指合闸操作中第一极触头出现电流时刻到随后的分闸操作时燃弧时间终了时刻的时间间隔。关合—开断时间可能随着预击穿时间的变化而不同。

(16)额定操作顺序规定。断路器操作顺序有以下两种可选择的额定操作顺序:

① O—t—CO—t'—CO。t = 3min,对应于不用作快速自动重合闸的断路器。t = 0.3s,对应于用作快速自动重合闸的断路器(无电流时间)。t' = 3min[用作快速自动重合闸的断路器时也可采用 t' = 15s(当额定电压 ≤ 40.5kV)或 t' = 1min]。②CO—t''—CO。t'' = 15s,对应于不用作快速自动重合闸的断路器。其中,O 代表一次分闸操作;CO 代表一次合闸操作后紧跟一次分闸操作;t、t'、t'' 为连续操作之间的时间间隔。

6.1.3.4 SF₆ 断路器主要附件

1. 绝缘子支柱

绝缘子支柱在瓷柱式高压断路器中起机械支撑作用,承担对地绝缘和机械传动作用。一般由多节瓷柱组成,绝缘拉杆下部有直动密封组件,中部和上部有导向元件。瓷柱有两类,一类是瓷柱与灭弧室不连通的;另一类是瓷柱与灭弧室气体连通形成一个气室的。

2. 并联电容器

并联电容器(也称均压电容)和并联电阻(也称合闸电阻)都是与断路器灭弧室断口相并联的、改善断路器工作特性的重要附件。在有两个及两个以上灭弧室断口的断路器一般需要装设并联电容,在 330kV 及以上电压等级的电网中,根据断路器操作时线路过电压的水平和电网的结构确定是否要装设合闸电阻。330kV 及以上电压等级的多断口断路器可能既装设并联电容器,又装设合闸电阻。

1)多断口装设并联电容器

断路器在采用多断口结构后,每个断口在开断位置的电压分配和开断过程中的电压分配是不均匀的,取决于断路器断口电容和断路器对地电容的大小。由于每个断口的工作条件不同,加在每个断口上的电压相差很大,甚至相差近 1 倍,为了充分发挥每个灭弧室的作用,降低灭弧室的成本,应尽量使每个断口上的电压分配基本相等。通常在每个断口上并联一个适当容量的电容器。

2)并联电容器的作用

并联电容器在高压断路器中的主要作用有:

(1)在多断口断路器中,改善断路器在开断位置各个断口的电压分配,使之尽量均匀,且使开断过程中每个断口的恢复电压尽量均匀分配,以使每个断口的工作条件接近相等。

(2)在断路器的分闸过程中电弧过零后,降低断路器触头间隙的恢复电压的上升速度,提高断路器开断近区故障的能力。

断路器断口上的并联电容,应该能够耐受 2 倍的断路器额定电压 2h,其绝缘水平应该与断路器断口间的耐受电压水平相同。

3. 并联电阻

在超高压和特高压电网中，由于这一等级电网设备的绝缘水平（即允许过电压水平）为 2.0pu，在正在建设的特高压电网中，为进一步降低设备绝缘方面的造价，节约成本，特高压电网允许的过电压水平进一步降低到 1.7pu。因此，在超高压和特高压电网中需要采取措施抑制断路器操作时产生的过电压。包括在 330 ～ 550kV 断路器上装设的合闸电阻，特高压隔离开关上装设的限制重击穿过电压的并联电阻。

断路器的操作是大部分操作过电压的起因。提高断路器的灭弧能力和动作的同期性，加装合闸电阻是限制操作过电压的有效措施。降低工频稳态电压，加强电网建设，合理装设高抗，合理操作，消除和削弱线路残余电压，采用同步合闸装置，使用性能良好的避雷器等，也是限制操作过电压的有效办法。但是，断路器装设合闸电阻仍是限制断路器操作过电压最可靠、最有效的方法。

1）并联电阻的作用

并联电阻的作用是降低断路器操作过电压和隔离开关操作时的重击穿过电压。并联电阻一般由碳化硅电阻片叠加而成，有的是金属无感电阻，阻值为 $(400 ～ 600) ± 5 \% \Omega$，属中值电阻。合闸电阻的提前接入时间为 7 ～ 12ms，合闸电阻的热容量要求在 1.3 倍额定相电压下合闸 3 ～ 4 次。合闸电阻为瞬时工作，不能长期通过大电流。一般用于接通和断开合闸电阻的断口不具备灭弧功能。合闸电阻的结构如图 6 - 3 所示（辅助断口与合闸电阻在同一瓷套内，图中为合闸状态）。

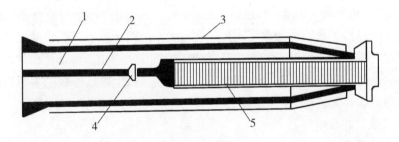

图 6 - 3　合闸电阻的结构
1—触指；2—电阻动触头；3—合闸电阻瓷套；4—电阻静触头；5—合闸电阻

2）合闸电阻的工作原理

合闸电阻按照工作原理可分为先合后分式、瞬时接入式和随动式 3 类，其工作原理分别如下：

（1）先合后分式。合闸电阻相当于串联在灭弧室断口的两侧，辅助断口与灭弧室在同一个瓷套内。开断时，主断口灭弧过程完成后分合闸电阻，合闸电阻相当于串联，合闸时合闸电阻先接入。该类型断路器合闸电阻在断路器合闸后被导电系统所短接。在分闸后恢复断开状态，并准备下一次合闸。

（2）瞬时接入式。断路器在合闸电阻合闸和分闸状态时，其合闸电阻都是断开的，仅在断路器的合闸过程中合闸电阻辅助断口合上。合闸电阻先接入；合闸过程中，合闸电阻辅助触头的复归弹簧被压缩，然后断路器主断口合上，将合闸电阻短接；此时合闸电阻辅助触头在复归弹簧的作用下迅速分开，回到合闸之前状态，为下一次合闸做准备。断路器合闸运行时，合闸电阻是断开的。对这些类型的断路器，要注意在断路器合分操作时合闸电阻的退出时间与主断口的配合关系，一般应保证合闸电阻提前主断口5ms以上分闸。

（3）随动式。合闸电阻提前合、提前分，与主断口同时动作。与第二种不同的地方就是，在合闸以后合闸电阻辅助断口并不分开，而是等到分闸时电阻断口提前分闸，而此时整个电路被主断口短路，不存在灭弧问题。

6.1.3.5　SF$_6$断路器的气体监视装置

SF$_6$断路器的绝缘和灭弧能力在很大程度上取决于SF$_6$气体的密度和纯度，所以对SF$_6$气体的监测十分重要。

1. 对SF$_6$气体的监视要求

（1）每个封闭压力系统（隔室）应设置密度监视装置，制造厂应给出补气报警密度值，对断路器还应给出闭锁断路器分、合闸的密度值。低气（液）压和高气（液）压闭锁装置应整定在制造厂指明的合适的压力极限上（或内）动作。

（2）密度监视装置可以是密度表，也可以是密度继电器。压力（或密度）监视装置应装在与本体环境温度一致的位置，并设置运行中可更换密度表（密度继电器）的自封触头或阀门。在此部位还应设置抽真空及充气的自封触头或阀门，并带有封盖。当选用密度继电器时，还应设置真空压力表及气体温度压力曲线铭牌，在曲线上应标明气体额定值、补气值曲线。在断路器隔室曲线图上还应标有闭锁值曲线，各曲线应用不同颜色表示。

（3）密度监视装置可以按GIS的间隔集中布置，也可以分散在各隔室附近。当采用集中布置时，管道直径要足够大，以提高抽真空的效率及真空极限。

（4）密度监视装置、压力表、自封触头或阀门及管道均应有可靠的固定措施。

（5）应防止内部故障短路电流发生时在气体监视系统上可能产生的分流现象。

（6）气体监视系统的接头密封工艺结构应与GIS的主件密封工艺结构一致。

2. SF$_6$气体闭锁信号装置设置

（1）SF$_6$气体压力降低信号。也称补气报警信号，一般它比额定工作气体压力低5%～10%。

（2）分、合闸闭锁及信号回路。当压力降到某数值时，它就不允许进行合闸和分闸操作，一般该值比额定工作气压低8%～15%。

3. SF$_6$气体压力监测装置的类型

SF$_6$气体的压力随温度变化，但SF$_6$密度不变。都装有压力和SF$_6$密度监视装置。一般监测装置有压力表、压力继电器、密度表和密度继电器。

为了监视SF$_6$气体压力的变化情况，应装设密度继电器、压力表或密度表。密度监视装置可以是密度表也可以是密度继电器，当选用密度继电器时，还应装设压力表。应附有"SF$_6$气体压力－温度曲线"铭牌，在曲线上应表明气体的额定值、补气值、闭锁值，应设置在运行中可更换表计的自封触头或阀门，并自带封盖。一般生产厂家的SF$_6$断路器，既装设压力表，又装设密度继电器；部分厂家只装设密度表（兼密度继电器）。

SF$_6$断路器对SF$_6$气体的密度的监测是通过密度继电器、密度表或压力表来实现的，密度继电器具有保护作用，可以输出控制和报警信号。SF$_6$气体的密度表和密度继电器，只有在断路器退出运行时，即在SF$_6$断路器的内部温度和环境温度一致时，才能够准确地

测量 SF_6 气体的密度值；而当向 SF_6 断路器充入 SF_6 气体时或断路器投入运行后，其测量值就不一定准确。由于密度表是根据环境温度进行补偿的，对于负荷电流带来的内部温升则不起作用。

密度监视装置按工作原理分为有指针和刻度或数字的密度表、带电触点或能实现控制功能的密度继电器，按结构形式分为弹簧管式、波纹管式、数字式；按安装方式分为径向安装、轴向安装、其它方式安装。

6.1.3.6 净化装置

在每一相 SF_6 断路器或 HGIS、GIS 等高压开关设备中都装设有净化装置。不同厂家、不同结构的断路器，其净化装置的安装位置也不相同，有的安装在灭弧室的上部，有的安装在灭弧室的下部。净化装置主要由过滤罐和吸附剂组成，其作用是吸附 SF_6 气体中的水分子和 SF_6 气体、水分及其它物质与高温电弧反应后生成的某些化合物，其主要作用是吸附 SF_6 气体中的水分子。有两种吸附方式：①静吸附。其固体吸附剂和被净化气体同置于一个容器内，靠气体的自然扩散与固体吸附剂接触进行吸附，这种吸附剂主要用在 SF_6 断路器、HGIS、GIS 等设备中。②动吸附。强制需要净化的气体通过固定的吸附剂床，或将吸附剂与气体连续地逆向或者同向送入吸附剂床。

一般 SF_6 高压开关设备中的 SF_6 气体净化都采用静吸附的方法；对 SF_6 气体回收处理装置中的 SF_6 气体净化则采用动吸附的方法。工业上一般使用的吸附剂有活性炭、分子筛、氧化铝、硅胶等。

一般吸附剂应满足以下要求：①具有良好的机械强度，具有足够的平衡吸附能量。②对水分和多种杂质有足够的吸附能力。③具有耐受高温和电弧冲击的能力。④吸附剂的成分中不含导电性和介电常数低的物质，以防粉尘影响 SF_6 气体的绝缘性能。

一般 SF_6 高压开关设备中使用的吸附剂主要是分子筛和氧化铝。

6.1.4 断路器典型设备

1. 500kV 罐式高压交流 SF_6 断路器(图 6 - 4 至图 6 - 6)

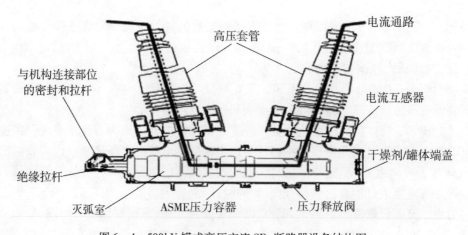

图 6 - 4　500kV 罐式高压交流 SF_6 断路器设备结构图

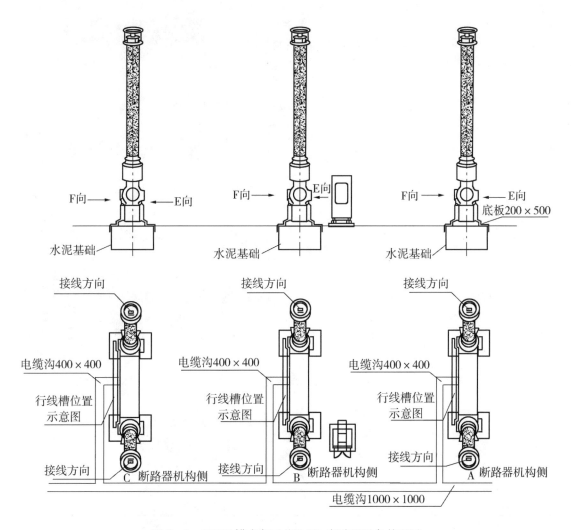

图 6 – 5　500kV 罐式高压交流 SF$_6$ 断路器设备外观图

- 550kV
- 50&63&80kA
- 4000/5000A
- 50&60Hz
- 40ms 开断时间
- 1 – pole 操作，HMB8.3 液压弹簧操作机构
- 每相双断口，压气式灭弧室
- 合闸电阻 425Ω ± 5%

图 6 – 6　500kV 罐式高压交流 SF$_6$ 断路器设备实物外观图

2. 500kV 瓷柱式高压交流 SF$_6$ 断路器(图 6 – 7 至图 6 – 9)

1—灭弧室(外壳是绝缘材料，绝缘
　　陶瓷或复合材料，对地绝缘)
2—支持瓷套
3—操作机构

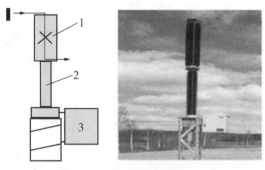

图 6 - 7　500kV 瓷柱式交流 SF$_6$ 断路器设备结构与外观图

- 420/550kV
- 50/63kA
- 4000/5000A
- BLG1002A 弹簧操作机构
- 三种不同配置：

　带电容器　　　　　　　HPL420/550B2
　带电容器和合闸电阻　HPL420/550TB2
　不带电容器　　　　　　HPL420/550B2 - WC

图 6 - 8　500kV 瓷柱式交流 SF$_6$ 断路器设备外观图

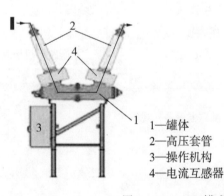

1—罐体
2—高压套管
3—操作机构
4—电流互感器

A. 外壳是金属材
料（钢材或者铸铝）
B. 直接对地

图 6 - 9　500kV 罐式交流 SF$_6$ 断路器设备结构与外观图

6.2　断路器主要工序及制作工艺

6.2.1　断路器主要工序流程图

断路器主要工序流程图如图 6 - 10 所示。

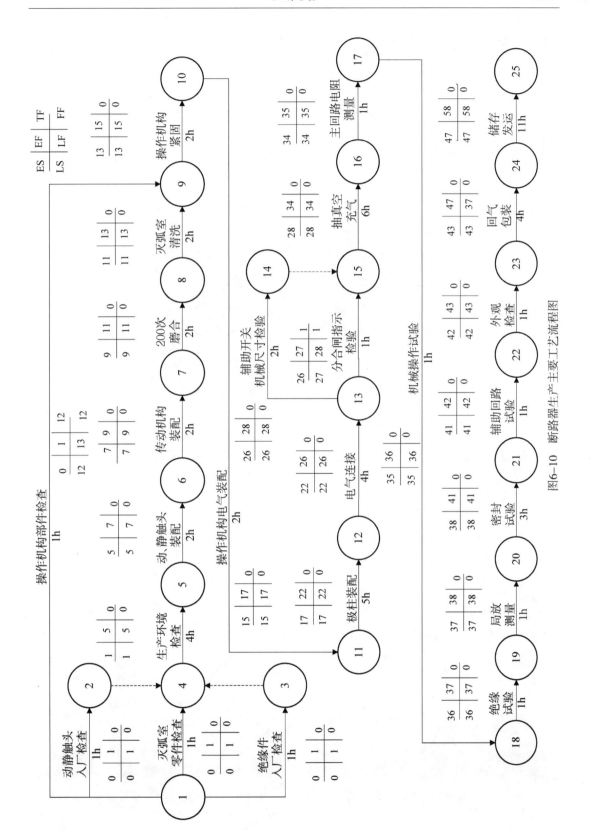

图6-10 断路器生产主要工艺流程图

6.2.2　断路器主要制作工艺及特点

1. 零部件装配

1）灭弧室装配

（1）动、静触头系统装配。环境温度、湿度、洁净度要符合工艺要求，所使用的工装器具应干净、无污垢→触指、触头清洁，镀银面无毛刺、无划痕、无斑点，屏蔽罩表面应清洁、光滑、无损伤、无变形。导体表面应清洁、无凸起、无伤痕、无异物。喷嘴应清洁、无裂纹、无气泡、无伤痕、无异物→按工艺文件要求装配灭弧室。罐式断路器灭弧室装配见图6-11。

图6-11　罐式断路器灭弧室装配

（2）过程检验。①检查动触头系统、静触头系统、均压罩、喷嘴、导电杆等的装配，应符合设计图纸要求。②检查灭弧室装配过程中所有螺丝的紧固情况（应良好），力矩值应达到技术标准的要求。③测量灭弧室装配尺寸、形位公差、同心度，均应符合产品技术条件要求。④主回路电阻的过程检验，应符合产品技术条件要求。

（3）灭弧室磨合试验200次操作，进行额定操作电压自动分合闸200次，以保证触头充分磨合，如图6-12及图6-13所示。

图6-12　罐式断路器灭弧室磨合试验

图6-13　瓷柱式断路器灭弧室磨合试验

（4）灭弧室磨合试验 200 次操作后清理，如图 6－14 所示。

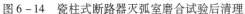

图 6－14　瓷柱式断路器灭弧室磨合试验后清理　　　图 6－15　断路器操作机构装配图

2）操作机构装配

（1）机械部分。①按产品设计图纸及装配工艺要求正确装配操作机构的传动零部件。②传动部件如拐臂、传动轴、连接拉杆等零部件之间的连接应牢固、可靠。③所有紧固件如螺丝、销子等应无漏装。④转动部件、轴承涂抹符合技术要求的优质润滑脂。装配尺寸、形位公差应符合产品技术条件要求，各紧固点力矩值应达到技术标准的要求，应按工艺要求进行螺栓紧固作业。⑤外露的螺栓按力矩要求紧固好以后，应做紧固标识线。断路器操作机构装配如图 6－15 所示。

（2）电气部分。①所有电气元件型号、规格（包括所有辅助开关的技术要求）应符合设计图纸和供货技术协议的要求。②所有电气元件和部件安装位置应正确，固定应牢靠。③各电气元件和端子排的接线采用规定线径进行连线，走线符合整齐、美观的要求。④二次线端子及端子排均应有标记号，一个端子只允许接入一根导线。端子排固定应牢固，使其不至于振动、发热等而变松。每组端子板应有 15% 的备用端子。接线端子和端子排标识应清晰。⑤除断路器中对控制或辅助功能正常要求的辅助接点外，每台断路器需要备用的辅助接点的常开与常闭触点对数应符合供货技术协议要求。⑥机构箱内设置加热器，其技术参数及性能应满足供货技术协议的要求。

（3）过程检验。①根据电气原理图用万用表检查辅助回路和控制回路，所有线路连接应正确，符合设计图纸要求。②分、合闸线圈技术参数等要求应符合设计图纸和供货技术协议的规定。③分、合闸线圈的铁芯动作顺畅、无卡阻；铁芯运动行程及配合间隙差值应满足制造厂的规定。④检查操动机构的传动情况，其动作应顺畅自如可靠。

3）极柱装配

①支柱绝缘子和瓷套内、外表面应清洁、无污垢，釉层光滑，无缺陷或破损；密封面应光洁、平滑、无伤痕。②支柱绝缘子和瓷套应有良好的抗污秽能力和运行特性，其爬电比距应符合供货技术协议要求。③支柱绝缘子和瓷套的主要尺寸及形位公差应满足有关技术标准及产品技术条件要求。④按设计图纸及装配工艺要求进行极柱装配，其机械部件连接应牢固、可靠。⑤所有密封面、法兰面（密封槽）、密封圈应清洁；密封圈应无扭曲、变形、裂纹、毛刺等，并应具有良好的弹性；密封圈应与法兰面（或法兰面上的密封槽）的尺

寸相配合；使用过的密封圈不许再使用；对接法兰时，要确保 O 形圈不被挤出。⑥组装用的螺栓、密封垫、清洁剂、润滑剂、密封脂和擦拭材料应符合产品的技术规定。⑦外露的螺栓按力矩要求紧固好以后，应做紧固标识线。极柱装配如图 6 - 16 及图 6 - 17 所示。

图 6 - 16　罐式断路器极柱装配

图 6 - 17　瓷柱式断路器极柱装配

2. 总装配

1）极柱与操动机构组装

①按产品设计图纸及装配工艺要求正确装配断路器极柱与操动机构之间的传动零部件。②操动机构输出轴与断路器本体传动轴之间的机械传动连接应正确、可靠。③传动连杆所选用的材质、机械强度和刚度、防锈、防腐等技术要求应符合供货技术协议的有关规定。④传动机构与其它部件的连接应牢固。⑤装配尺寸、形位公差应符合产品技术条件要求。⑥各紧固点力矩值应达到技术标准的要求，应按工艺要求进行螺栓紧固作业。外露的螺栓按力矩要求紧固好以后，应做紧固标识线。⑦螺栓连接的力矩应符合设计图纸或通用技术条件要求，应按工艺要求进行螺栓紧固作业。外露的螺栓按力矩要求紧固好以后，应做紧固标识线。断路器操动机构组装如图 6 - 18 所示，罐式断路器总装如图 6 - 19 所示。

图 6 - 18　断路器操动机构组装

图 6 - 19　罐式断路器总装

2）管路敷设

① SF_6 管道、油管（适用时）和线管装配及布置应符合设计图纸要求。② SF_6 气管接头与极柱气体通路口接头的连接应正确、可靠，管路、接头无泄漏。

3）密度继电器安装

① SF$_6$ 密度继电器应完好，有合格证、出厂试验报告。②充气检查密度继电器的 SF$_6$ 泄漏报警信号压力值、闭锁信号压力值、额定压力值，均应符合技术条件要求。③核对所使用的密度继电器型式和有关技术要求，应符合供货技术协议的规定。

4）过程检验与调试

①断路器本体与操动机构装配完毕后，进行预分合操作 5 次，其动作应正常、顺畅。②断路器分、合闸指示标识清晰，动作指示位置正确。合闸位置标志字符为"合"或"1"；分闸位置标志字符为"分"或"0"。位置指示器的颜色要求为：红色表示闭合，绿色表示开断。③辅助开关的接点转换正确，动作计数器动作正常；测量断路器主回路电阻，应符合产品技术条件要求。④采用不低于 100A 直流压降法进行测量。

对于弹簧操作机构应做如下检查：①弹簧储能时间应符合产品的技术规定。②合闸弹簧储能后，牵引杆的下端或凸轮应与合闸锁扣可靠锁住。③机构合闸后，应能可靠地保持在合闸位置。④弹簧机构缓冲器的行程，应符合产品的技术条件规定。

对于液压操作机构应做如下检查：①油箱内部应清洁。②管道在额定油压时，接头无渗油。③储压器预充氮气压力应符合产品技术要求；氮气压力异常时应有报警信号。④油泵停止、启动、分合闸闭锁及油压异常升高或降低时微动开关接点动作正确可靠。⑤油压异常升高时，安全阀动作值应符合产品技术要求。⑥断路器应具有失压防慢分功能。

3. 主控制柜

断路器主控制柜如图 6 - 20 所示。

1）电气部分

①二次接线应符合产品技术图纸的规定和要求。②根据电气原理图检查核对所有电气元件型号、规格，应符合图纸要求。③据电气原理图上的布置图检查所有电气元件和部件安装位置，应正确、牢固。④二次线端子及端子排均应有标记号，一个端子只允许接入一根导线。端子排固定应牢固，使其不至于因振动、发热等而变松。每组端子板应有 15% 的备用端子。

图 6 - 20　断路器主控制柜

⑤所有辅助开关、辅助接点应在电气接线图上标明编号，与其连接的电气接线端也应标明编号。除断路器中对控制或辅助功能正常要求的辅助接点外，每台断路器需要备用的辅助接点的常开与常闭触点对数应符合供货技术协议要求。⑥检查所有线路连接的正确性，并做二次回路通电动作正确性检查。主控制柜内应设置接地端子和接地导体，用于二次回路接地的接地铜排截面应不小于 100mm^2。⑦控制柜、操作机构箱门应配不小于 8mm^2 接地过门多股铜线。接地端子应标以规定的保护接地符号"⏚"。

2）接地的要求

每台断路器设备的底架上（每相一个底座的，各相应分别装设）均应设置可靠的适合于规定故障条件的两个接地极板，每个接地极板接触面积不小于 360mm^2，并配有与接地线连接的紧固螺钉或螺栓。紧固螺钉或螺栓的直径应不小于 12mm。接地连接点应标以规定的保护接地符号"⏚"。

4. 出厂试验

1）主回路电阻测量

采用不低于 100A 直流压降法，按 GB/T11022、DL/T593 的规定，并符合产品技术条件要求。

2）机械试验

（1）机械特性试验

①测试条件：在进行机械试验时，断路器应充入 SF₆ 气体至额定压力，在额定操作电压下进行，如果是采用液（气）压操作机构，还应同时在额定操作液（气）压下进行。②主要机械尺寸测量：行程、超程、开距。③机械参数测量：分闸时间、合闸时间、合 - 分时间、合闸同期性、分闸同期性、合闸速度、分闸速度以及行程 - 时间特性曲线。④性能检查：a. 对弹簧机构，检查弹簧储能时间；b. 对液压机构，检查油泵打压时间、储压器预充压力、油泵启动压力、油泵停止压力、额定油压、合闸报警油压、合闸闭锁油压、分闸报警油压、分闸闭锁油压、重合闸闭锁油压。

（2）机械操作试验

操作试验：在进行机械操作试验时，断路器应充入 SF₆ 气体至额定压力，按以下各种方式进行，至少应达到以下规定的操作次数：①最高操作电压配最高操作液（气）压力，连续分、合各 5 次；最低操作电压配最低操作液（气）压力，连续分、合各 5 次。②额定操作电压配额定操作液（气）压力，连续分、合各 5 次；具有自动重合闸操作功能的断路器进行 5 次"分—0.3s—合分"操作；不具有自动重合闸操作功能的断路器进行 5 次"合分"操作。③在 30% 额定操作电压下，配额定操作液（气）压力，连续操作 3 次，不得分闸。④具有防跳跃装置的断路器，进行 3 次正常的防跳跃试验。

机械参数测量：分闸时间、合闸时间、合 - 分时间、合闸同期性、分闸同期性、合闸速度、分闸速度以及行程 - 时间特性曲线。应符合 GB1984、GB3309，并符合技术协议要求。

3）主回路的绝缘试验（1min 工频耐压试验）

试品状态：断路器内充入 SF₆ 气体，其压力应在绝缘用的最低功能压力下进行耐压试验。试验电压：按 GB/T11022 表 1、表 2 的栏（2）中规定数值选取，并符合供货技术协议要求。对地、相间和开关断口间均采用通用值。频率 45 ～ 65Hz，耐受时间 1min。

试验判据：按试验程序在规定的时间内耐受规定的试验电压而无击穿放电，则认为试验通过。

4）局部放电试验

按其相关标准进行绝缘试验、局部放电试验，局部放电量应不大于 5pC。

5）密封性试验

采用定量检漏、局部包扎法。每个密封面均要用塑料薄膜包扎 24h 后进行测量，使用灵敏度不低于 1×10^{-8}（体积比）的气体检漏仪进行检漏，测定包扎腔内 SF₆ 气体的浓度，并通过计算确定漏气率。试验结果要求：每个隔室的年漏气率不应大于 0.5%。

6）SF₆ 气体水分含量的测量

试品状态：断路器充入 SF₆ 气体至额定压力。

试验方法：静止 48h 后，进行气体湿度的测量，各气室的含水量应换算成 20℃ 时的值。

试验结果要求：20℃时，SF$_6$气体水分含量≤150μL/L。

7）辅助和控制回路的绝缘试验

辅助回路和控制回路耐受工频电压值2 000 V 持续时间1min无击穿放电，则认为试验通过。

断路器试验照片如图6-21至图6-23所示。

图6-21 瓷柱式断路器试验　　图6-22 罐式断路器试验　　图6-23 断路器试验仪表

6.2.3 包装、发运准备

1. 包装（见图6-24）

（1）包装文件应有产品安装及使用说明书、出厂试验报告、合格证书和产品装箱单，实物和数量与装箱单相符。

（2）断路器外瓷套表面整洁，无划伤、无缺损、无裂纹。

（3）断路器各相气室应在充入0.03～0.1MPa低压力的干燥气体（SF$_6$或高纯氮气）的情况下包装，以免潮气侵入；或按工厂工艺要求进行包装，有防止潮气侵入的有效措施。

（4）断路器的包装应注意瓷套在箱中固定牢靠，不得相互窜动、磕碰。

（5）包装箱内设备应有防雨、防潮、防碰撞、防变形的有效措施。包装箱上应有运输方向标志和符号，如"防雨""防潮""向上""小心轻放""由此起吊"和"重心点"等。

（6）附件的包装箱外面要写上断路器型号，有特殊要求（如颜色、数量、规格等）的附件包装箱还应写上该附件箱所属的断路器的编号。

（7）对于汇控柜、机构、端子箱等的防潮：电线引出孔及换气孔要用乙烯树脂等堵塞，内部应封入硅胶，门应当用透明胶带密封好。

图6-24 断路器包装效果图

2. 入库

（1）断路器各相气室应在充入0.03～0.1MPa低压力的干燥气体（SF$_6$或高纯氮气）的情况下入库，以免潮气侵入；或按工厂工艺要求进行包装入库，有防止潮气侵入的有效措施。

（2）存放时，开始时要求每周对设备进行检查，确认密封良好，设备状态良好；其后每月检测一次，并有检测记录。

（3）储存场所应具备适宜的环境条件，必须有防雨、防潮、防污、干燥通风等完善措施。

3. 发运

（1）检查运输单元各气室的情况，确认密封良好，设备状态良好。

（2）包装箱上标志和符号清晰，如"防雨""防潮""向上""小心轻放""由此起吊"和"重心点"等。

（3）按包装箱上外标识的起吊部位，正确地起吊和装卸，确保搬运安全。

（4）《产品货运单》与装车产品箱号、件数核对无误。

（5）确认防雨、防潮、防碰撞等措施完善。

6.3 断路器设备制造主要生产工艺质量控制及监造要点

6.3.1 生产条件检查

1. 企业员工构成

针对被监造断路器设备的项目架构，对企业员工检查如下：

（1）针对被监造设备的人员配置详情，检查其人员的职称、工作简介。

（2）各关键作业岗位技术工人的等级、学历、岗前培训方式及时间、岗位工龄、人数。

2. 厂房布局及车间状况

（1）厂房的大小和布局。

（2）生产环境控制能力（温度、湿度、洁净度或降尘量），车间的名称及其控制指标。

（3）各制作工序在用的生产装备（名称、型号规格、生产厂家、出厂时间、数量）。

3. 设备开工生产前生产环境管理检查（见表6-1）

表6-1 设备开工生产前生产环境管理检查

序号	见证项目	见证点	依据和标准	见证方法	见证方式
1	作业环境	1. 厂房布置	是否合理、有序	观测、记录	W
		2. 元件、材料存放、保管	分类、标识		
		3. 工装设备	1. 工厂配备了哪些先进生产设备？其名称、型号、精度等 2. 生产现场是否配备了相应的测量、检测仪器及其名称、型号、精度、检定有效期等		
		4. 人员装备	1. 生产人员是否按工厂规定着装 2. 生产人员是否训练有素、操作熟练 3. 生产人员工作态度是否认真、负责		

序号	见证项目	见证点	依据和标准	见证方法	见证方式
2	主要工序环境	1. 断路器、灭弧室装配车间 2. 隔离开关、接地开关等零部件装配车间 3. 运输单元装配车间 4. 总装车间	1. 生产人员进入灭弧室、断路器等装配车间前是否经过风淋等洁净程序 2. 车间温度、湿度、洁净度是否受控（参照企业内部标准或行业标准）	观测、记录	W

6.3.2 原材料、组部件见证

原材料和组配件见证的基本要求是：订货技术协议书、原制造厂的出厂文件、供应商的验收文件、实物"四同一"。

"四同一"的基准是订货技术协议书。必要时，要求供应商进行抽检复验确认。

主要原材料和组配件见证内容如表6－2所示。

表6－2　主要原材料和组配件见证内容

序号	见证项目	见证内容	见证方法	见证方式	说明/要求
1	喷嘴	外观	查验原厂材质检验报告、质保证书，进厂抽检、验收记录，核对实物；必要时查看供货合同	W	查验原厂材质检验报告、质保证书，进厂抽检、验收记录，核对实物；必要时查看供货合同
2	触头	外观	查验原厂材质检验报告、质保证书，进厂抽检、验收记录，核对实物；必要时查看供货合同	W	查验原厂材质检验报告、质保证书，进厂抽检、验收记录，核对实物；必要时查看供货合同
3	盆式绝缘子、支柱绝缘子	外观及机械特性	核查试验报告，必要时抽检	W	原材料确认：确认生产厂家、型号、性能指标、包装等；查看实物，查阅检测报告，核对技术协议等文件要求；必要时进行耐压局部放电及探伤试验抽查
4	绝缘拉杆	机械特性、电器特性	核查试验报告，必要时抽检	W	见证内容：1. 拉力强度；2. 例行工频耐压；3. 检查环氧浇注工艺；4. 检查绝缘拉杆连接结构 要求：①应满足断路器最大操作拉力的要求，满足断路器灭弧室断口耐压的要求；②应为整体浇注，表面应光滑，无气泡、杂质、裂纹等缺陷；③应按《电网重大反事故措施》的要求，具有预防绝缘拉杆脱落的有效措施 说明：根据制造厂具体情况实施

序号	见证项目	见证内容	见证方法	见证方式	说明/要求
5	灭弧室	材料及组装工艺	材质试验报告、验收报告及实地查看、核对设计文件	R、W	见证内容：1. 铜钨触头质量进厂验收；2. 喷嘴材料进厂验收；3. 灭弧室组装 要求：满足工厂装配工艺文件的要求 说明：根据制造厂具体情况实施
6	传动件	外观及机械特性	核查试验报告，必要时抽检	R、W	见证内容：1. 零部件机械强度检查；2. 形位公差测量、外观检查 要求：应满足工艺设计文件的要求，或有入厂验收报告 说明：根据制造厂具体情况实施
7	外壳	外观及机械特性	核查试验报告，必要时抽检	R、W	见证内容：1. 焊缝探伤检查；2. 水压试验；3. 气密性试验 要求：①应符合 GB 11345—1989《钢焊缝手工超声波探伤方法和探伤结果分级》相关技术要求；②应符合 JB/T 1612 - 1994《锅炉水压试验技术条件》相关技术要求；③应符合技术协议及相关技术要求 说明：根据制造厂具体情况实施
8	并联电容器	电气特性	核查试验报告，必要时抽检	R、W	见证内容：1. 电容量、介损值测量；2. 工频耐压试验；3. 局部放电测量 要求：①应符合技术协议及 DL/T 840—2003《高压并联电容器技术条件》相关技术要求；②查验均压电容的出厂质量证书、出厂试验报告，并核对实物；③查验供货商对均压电容的入厂复验报告 说明：根据制造厂具体情况实施
9	合闸电阻	每相合闸电阻阻值测量	核查试验报告，必要时抽检	R、W	要求：应符合订货技术协议要求
10	套管式电流互感器（仅针对罐式断路器）	电气特性	核查试验报告，必要时抽检	R、W	见证内容：1. 精度测试；2. 绕组伏安特性测试；3. 变比测试 要求：应符合订货技术协议及 DL/T 725—2000《电力用电流互感器订货技术条件》要求
11	操作机构	机械特性	核查试验报告，必要时抽检	R、W	见证内容：弹簧、液压、气动机构检查，应根据不同机构特点进行 要求：①断路器操作机构及相关技术要求；②DL/T 593—2006《高压开关设备的共享订货技术导则》相关技术要求；③气动机构宜加装汽水分离装置和自动排污装置 说明：根据制造厂具体情况实施

序号	见证项目	见证内容	见 证 方 法	见证方式	说明/要求
12	SF_6密度继电器、压力表	外部特性	核查出厂证明书、试验报告，必要时抽检	R、W	见证内容：1. 出厂校验；2. 接点检查；3. 接口检查 要求：①应分别符合技术协议及相关技术要求；②应有自封接头，方便现场拆卸
13	SF_6气体		核查出厂证明书、试验报告，必要时抽检	R、W	查验原厂质保书，出厂试验报告，进厂抽检、验收记录，核对实物。必要时查看采购合同
14	密封件	外部特性	核查出厂证明书、试验报告，必要时抽检	R、W	查验原厂质保书，出厂试验报告，进厂抽检、验收记录，核对实物。必要时查看采购合同
15	主控柜	尺寸及特性	核查试验报告，必要时抽检	R、W	见证内容形位公差及控制元器件、操动电源核对
16	瓷套	外观及机械特性	核查试验报告，必要时抽检	W	见证内容：1. 瓷件形位公差及表面粗糙度检查；2. 瓷件外观检查；3. 孔隙性试验；4. 机械强度；5. 超声波探伤；6. 伞形、爬距、干弧距离等项 要求：①查验瓷套的出厂质量证书、出厂试验报告，并核对实物 ②查验供货商对瓷套的入厂复验报告。应符合 GB/T 772—2005《高压绝缘子瓷件技术条件》JB/T 9674—1999《超声波探测瓷件内部缺陷》要求 ③查验瓷套的外观、供货厂家、图号是否与技术协议、供货商的设计图纸相符 说明：根据制造厂具体情况实施

注：对以下几个关键零部件，检查其出厂试验报告，重点的试验项目有(必要时可抽检)：

①盆式绝缘子：绝缘试验、局部放电试验、压力试验、X 射线检查。

②绝缘拉杆：绝缘试验、局部放电试验、拉力强度试验。

③金属外壳：外壳的压力试验、密封性试验、外壳焊缝无损探伤检验。

④套管：瓷件密封面表面粗糙度、形位公差测量，外观检查，例行弯曲试验。

⑤ SF_6 气体：SF_6 气体出厂试验的质量检验报告。

⑥传动件(铝合金连板、杆)：材质杆棒拉力强度、零件硬度测试值。

6.3.3　原材料及零部件质量控制措施

监造人员主要应采取以下几个方面的原材料及零部件质量控制措施：

(1)检查原材料及零部件的订货合同签订情况，要求品牌和数量必须与技术协议一致，采用原材料/元器件技术协议符合性检查见证。按照项目设备技术协议中列明的产品《主要元器件来源一览表》的相关约定，重点核查承制方实际采用的原材料元器件的符合性，同时核查供货进度，开展进度控制监造工作，以保证承制方生产按合同规定开展，避免发生由于材料采购问题而返工，出现生产质量和进度严重滞后的问题。

（2）原材料供应商应具有相同设备材料的长期供货业绩，并在超高压公司产品中有过应用经验，且对其曾经出现过的材料、部件质量问题进行有效整改，以充分保证采购品的高质量。

（3）原材料必须有完整的原产地出厂质量检验/试验记录、合格证。

（4）检查原材料和部件入厂检验的完整性、有效性，包括检验项目、检验手段、检验批次比例、不合格品处置等，发现问题立即要求整改，包括重新订货，以充分保证原材料及组部件入厂质量。

（5）重要的原材料/部件要求承制方延伸监造，并提供监造记录供监造代表审查，必要时进行材料部件监造人员延伸监造。

（6）对主要的部件材料，如绝缘子、绝缘拉杆、套管等按编号进行入厂质量检验登记、核对，确保主材的入厂高质量。

6.3.4　部件装配（生产）过程质量控制

由于 SF_6 断路器装配过程质量控制极其重要，监造人员应熟悉 SF_6 断路器生产企业的设计、工艺和质量方面的要求，并对各见证项目生产过程进行拍照取证，做好相关记录。各见证项目的质量要求应符合 SF_6 断路器生产企业相关质量标准和工艺文件等要求。

1. 灭弧室装配工序见证要点（表6-3）

表6-3　灭弧室装配工序见证要点

序号	见证项目	见证点	见证方法	见证方式
1	动、静触头系统装配	1. 环境温度、湿度、洁净度要符合工艺要求，所使用的工装器具应干净、无污垢 2. 触指、触头清洁、镀银面无毛刺、无划痕、无斑点 3. 屏蔽罩表面应清洁、光滑、无损伤、无变形 4. 导体表面应清洁、无凸起、无伤痕、无异物 5. 喷嘴应清洁、无裂纹、无气泡、无伤痕、无异物 6. 装配用的所有元件必须是全新的、清洁的 7. 按工艺文件要求装配灭弧室	1. 检查记录 2. 现场查看	R/W
2	过程检验	1. 动触头系统、静触头系统、均压罩、喷嘴、导电杆等的装配，应符合设计图纸要求 2. 灭弧室装配过程中所有螺丝的紧固情况应良好，力矩值应达到技术标准的要求 3. 测量灭弧室装配尺寸、形位公差、同心度，均应符合产品技术条件要求 4. 灭弧室磨合试验200次操作，进行额定操作电压自动分合闸200次，以保证触头充分磨合 5. 主回路电阻的过程检验，应符合产品技术条件要求	1. 检查记录 2. 现场查看	R/W

2. 极柱（本体）装配工序见证要点（表6-4）

表6-4 极柱(本体)装配工序见证要点

序号	见证项目	见证点	见证方法	见证方式
1	绝缘拉杆	1. 绝缘拉杆表面应清洁、光滑,无毛刺、不起层 2. 绝缘拉杆是关键零部件,监造时应重点检查其原厂出厂试验报告的试验项目,其结果应合格(必要时可抽检) 3. SF$_6$断路器设备内部的绝缘操作杆必须经过局部放电试验方可装配,要求在试验电压下单个绝缘件的局部放电量不大于3pC。绝缘拉杆在断路器组装前和断路器工频耐压试验时均应进行局部放电试验 4. 按设计图纸及装配工艺要求装配绝缘拉杆 5. 绝缘拉杆连接结构良好,连接要牢固,并具有预防绝缘拉杆脱落的有效措施	1. 检查记录 2. 现场查看	R/W
2	极柱装配	1. 支柱绝缘子和瓷套内外表面应清洁、无污垢、釉层光滑、无缺陷或破损;密封面应光洁、平滑、无伤痕 2. 支柱绝缘子和瓷套应有良好的抗污秽能力和运行特性,其爬电比距应符合供货技术协议要求 3. 支柱绝缘子和瓷套的主要尺寸及形位公差应满足有关技术标准及产品技术条件要求 4. 支柱绝缘子和瓷套是关键零部件,监造时应重点检查其原厂出厂试验报告的试验项目,其结果应合格(必要时可抽检) 5. 按设计图纸及装配工艺要求进行极柱装配,其机械部件连接应牢固、可靠 6. 所有密封面、法兰面(密封槽)、密封圈应清洁;密封圈应无扭曲、变形、裂纹、毛刺等,并应具有良好的弹性;密封圈应与法兰面(或法兰面上的密封槽)的尺寸相配合;使用过的密封圈,不许再使用;对接法兰时,要确保O形圈不被挤出 7. 组装用的螺栓、密封垫、清洁剂、润滑剂、密封脂和擦拭材料应符合产品的技术规定 8. 出线端部接线板导体材料、机械尺寸、机械强度、导体载流截面等具体要求应符合供货技术协议的有关规定 9. 对于装配完毕的断路器本体,应进一步认真检查内部清洁度,其内部应清洁、无遗留物 10. 各紧固点力矩值应达到技术标准的要求,应按工艺要求进行螺栓紧固作业。外露的螺栓按力矩要求紧固好以后,应做紧固标识线 11. 吸附剂装配应正确、适量、无漏装。吸附剂的防护罩结构应坚固、性能良好,应采用金属材质 12. 装上吸附剂后,按工艺要求立即抽真空,抽真空合格后充SF$_6$气体。抽真空过程可进行定性检漏,应无泄漏现象。定性检漏仅作为判断设备漏气与否的一种手段,是定量检漏前的预检	1. 检查记录 2. 现场查看	R/W
3	过程检验	1. 检查行程、超程、开距等机械参数应符合产品技术条件要求 2. 检查极柱主回路电阻,应符合产品技术条件要求。采用不低于100A直流压降法进行测量	1. 检查记录 2. 现场查看	R/W

3. 操作机构装配工序见证要点(表 6-5)

表 6-5　操作机构装配工序见证要点

序号	见证项目	见证点	见证方法	见证方式
1	机械部分	1. 按产品设计图纸及装配工艺要求正确装配操作机构的传动零部件 2. 传动部件如拐臂、传动轴、连接拉杆等零部件之间的连接应牢固、可靠 3. 所有紧固件如螺丝、销子等应无漏装 4. 转动部件、轴承应涂抹符合技术要求的优质润滑脂 5. 装配尺寸、形位公差应符合产品技术条件要求 6. 各紧固点力矩值应达到技术标准的要求,应按工艺要求进行螺栓紧固作业。外露的螺栓按力矩要求紧固好以后,应做紧固标识线	1. 检查记录 2. 现场查看	R/W
2	电气部分	1. 所有电气元件型号、规格(包括所有辅助开关的技术要求)应符合设计图纸和供货技术协议的要求 2. 所有电气元件和部件安装位置应正确,应固定牢靠 3. 各电气元件和端子排的接线采用规定线径进行连线,走线符合整齐、美观的要求 4. 二次线端子及端子排均应有标记号,一个端子只允许接入一根导线。端子排固定应牢固,使其不至于因振动、发热等而变松。每组端子板应有15%的备用端子。接线端子和端子排标识应清晰 5. 除断路器中对控制或辅助功能正常要求的辅助接点外,每台断路器需要备用的辅助接点的常开与常闭触点对数应符合供货技术协议要求 6. 机构箱内设置加热器,其技术参数及性能应满足供货技术协议的要求	1. 检查记录 2. 现场查看	R/W
3	机构箱	1. 机构箱门框及手柄转动应灵活 2. 机构箱门密封胶垫的密封应良好,柜体外壳应能防寒、防热、防潮、防水、防尘,外壳防护等级应符合IP54要求 3. 柜体应为全焊接的钢结构,材质为不锈钢(不锈钢厚度不小于2mm)或覆面漆碳素钢板,并应符合供货技术协议要求 4. 机构箱内应配置截面不小于$100mm^2$的接地铜排,用于二次回路的接地	1. 检查记录 2. 现场查看	R/W
4	过程检验	1. 根据电气原理图用万用表检查辅助回路和控制回路,所有线路连接应正确,符合设计图纸要求 2. 分、合闸线圈技术参数等要求应符合设计图纸和供货技术协议的规定 3. 分、合闸线圈的铁芯动作应顺畅、无卡阻;铁芯运动行程及配合间隙差值应满足制造厂的规定 4. 检查操动机构的传动情况,其动作应顺畅自如,可靠	1. 检查记录 2. 现场查看	R/W

6.3.5 断路器总装配(生产)过程质量控制

断路器总装配(生产)过程质量控制指对断路器设备装配质量及技术参数的测量检查的全过程。对设定的零部件 W 点的试验或检测,实施全过程跟踪旁站的检查监督。根据技术文件的要求对产品实施全数全方位的检查,铭牌、标志、外观、结构、操作传动、仪表及指示灯显示、附件等项均应符合要求。核查测量检验记录,检查检验人员是否按照检验工艺规定的检测方法并使用合格的检验器具及设备进行检验,加工检验记录应完整齐全,结果均应符合要求。

1. 断路器装配工序见证要点(表 6 - 6)

表 6 - 6　断路器装配工序见证要点

序号	见证项目	见 证 点	见证方法	见证方式
1	极柱与操动机构组装	1. 按产品设计图纸及装配工艺要求正确装配断路器极柱与操动机构之间的传动零部件 2. 操动机构输出轴与断路器本体传动轴之间的机械传动连接应正确、可靠 3. 传动连杆所选用的材质、机械强度和刚度、防锈、防腐等技术要求应符合供货技术协议的有关规定 4. 传动机构与其它部件的连接应牢固 5. 装配尺寸、形位公差应符合产品技术条件要求 6. 各紧固点力矩值应达到技术标准的要求,应按工艺要求进行螺栓紧固作业。外露的螺栓按力矩要求紧固好以后,应做紧固标识线	1. 检查记录 2. 现场查看	R/W
2	横梁(适用时)、底座装配	1. 横梁(适用时)与组部件之间的装配位置应正确,连接应牢固、可靠 2. 螺栓连接的力矩应符合设计图纸或通用技术条件要求,应按工艺要求进行螺栓紧固作业。外露的螺栓按力矩要求紧固好以后,应做紧固标识线 3. 横梁(适用时)、底座材料要采用热镀锌钢板制成,并应符合供货技术协议的有关规定 4. 每台隔离开关和接地开关的底架上(每相一个底座的,各相应分别装设)均应设置与规定的故障条件相适应的两个接地端子和接地导体,每个接地端子接触面积不小于 $360mm^2$,并配有用于与接地导体连接的紧固螺钉或螺栓。紧固螺钉或螺栓的直径应不小于 12mm。接地连接点应标以规定的保护接地符号"$\bot$"	1. 检查记录 2. 现场查看	R/W
3	管路敷设	1. SF_6 管道、油管(适用时)和线管装配及布置应符合设计图纸要求 2. SF_6 气管接头与极柱气体通路口接头的连接应正确、可靠,管路、接头无泄漏 3. 油管(适用时)接头的连接应正确、可靠,管路、接头无泄漏	1. 检查记录 2. 现场查看	R/W

序号	见证项目	见证点	见证方法	见证方式
4	密度继电器安装	1. SF$_6$密度继电器应完好，有合格证、出厂试验报告 2. 充气检查密度继电器的 SF$_6$泄漏报警信号压力值、闭锁信号压力值、额定压力值，均应符合技术条件要求 3. 核对所使用的密度继电器型式和有关技术要求，应符合供货技术协议的规定	1. 检查记录 2. 现场查看	R/W
5	过程检验与调试	1. 断路器本体与操动机构装配完毕后，进行预分、合操作 5 次，其动作应正常、顺畅 2. 断路器分、合闸指示标识清晰，动作指示位置正确 　合闸位置标志字符为"合"或"I"；分闸位置标志字符为"分"或"O"。位置指示器的颜色要求为：红色表示闭合，绿色表示开断 3. 辅助开关的接点转换正确，动作计数器动作正常 4. 机械尺寸测量：断路器行程、超程、开距应满足产品技术条件要求 5. 主回路电阻测量：断路器主回路电阻测量，应符合产品技术条件要求。采用不低于 100A 直流压降法进行测量 6. 对于弹簧操作机构应做如下检查： 　a. 弹簧储能时间应符合产品的技术规定 　b. 合闸弹簧储能后，牵引杆的下端或凸轮应与合闸锁扣可靠锁住 　c. 机构合闸后，应能可靠地保持在合闸位置 　d. 弹簧机构缓冲器的行程应符合产品的技术条件规定 7. 对于液压操作机构应做如下检查 　a. 油箱内部应清洁 　b. 管道在额定油压时，接头无渗油 　c. 储压器预充氮气压力应符合产品技术要求；氮气压力异常时应有报警信号 　d. 油泵停止、启动、分合闸闭锁及油压异常升高或降低时微动开关接点动作正确可靠 　e. 油压异常升高时，安全阀动作值应符合产品技术要求 　f. 断路器应具有失压防慢分功能	1. 现场查看 2. 检查记录	R/W

2. 主控制柜装配工序见证要点(表 6-7)

表 6-7　主控制柜装配工序见证要点

序号	见证项目	见证点	见证方法	见证方式
1	电气部分	1. 二次接线应符合产品技术图纸的规定和要求 2. 根据电气原理图检查核对所有电气元件型号、规格，应符合图纸要求 3. 根据电气原理图上的布置图检查所有电气元件和部件安装位置，应正确、牢固	1. 现场查看 2. 检查记录	R/W

序号	见证项目	见证点	见证方法	见证方式
1	电气部分	4. 二次线端子及端子排均应有标记号，一个端子只允许接入一根导线。端子排固定应牢固，使其不至于因振动、发热等而变松。每组端子板应有15%的备用端子 5. 所有辅助开关、辅助接点应在电气接线图上标明编号，与其连接的电气接线端也应标明编号。除断路器中对控制或辅助功能正常要求的辅助接点外，每台断路器需要备用的辅助接点的常开与常闭触点对数应符合供货技术协议要求 6. 断路器控制柜中应有"远方/就地"转换开关以及用于就地操作所必需的开关、继电器和其它设备 7. 柜外的二次线应采用金属防护管防护，其安装位置应正确、牢固 8. 检查所有线路连接的正确性，并做二次回路通电动作正确性检查 9. 主控制柜内应设置接地端子和接地导体，用于二次回路接地的接地铜排截面应不小于100mm² 控制柜、操作机构箱门应配不小于8mm²接地过门多股铜线 接地端子应标以规定的保护接地符号"⏚" 控制柜、机构箱的接地还应满足供货技术协议的有关规定	1. 现场查看 2. 检查记录	R/W
2	柜体	1. 柜体外壳的防护等级应符合IP54要求 2. 箱门结构及密封应满足防水、防潮、防小动物的要求 3. 门框及手柄转动应灵活 4. 柜体应为全焊接的钢结构，材质为不锈钢，厚度不小于2mm，或覆面漆碳素钢板，或按供货技术协议要求	1. 现场查看 2. 检查记录	R/W

3. 接地工序见证要点(表6-8)

表6-8 接地工序见证要点

序号	见证项目	见证点	见证方法	见证方式
1	对设备本体的接地要求	每台断路器设备的底架上(每相一个底座的，各相应分别装设)均应设置可靠的适合于规定故障条件的两个接地极板，每个接地极板接触面积不小于360mm²，并配有与接地线连接的紧固螺钉或螺栓。紧固螺钉或螺栓的直径应不小于12mm 接地连接点应标以规定的保护接地符号"⏚"	1. 现场查看 2. 检查记录	R/W
2	主控制柜、机构箱的接地要求	每个控制柜、机构箱内应设置接地端子和接地导体，用于二次回路接地的接地铜排截面应不小于100mm² 控制箱、操作机构箱门应配不小于8mm²接地过门多股铜线 接地端子应标以规定的保护接地符号"⏚" 控制柜、机构箱的接地还应满足供货技术协议的有关规定		

4. 防锈、防腐要求(表6-9)

表6-9　防锈、防腐要求

基 本 要 求	见证方法	见证方式
所有暴露在大气中的金属附件应有可靠的防锈、防腐蚀措施,宜采用热镀锌工艺,或采用不锈钢材料制成 　　所有的连接螺栓应为热镀锌或不锈钢材质。直径12mm 以下的螺栓、螺钉等可采用热镀锌或不锈钢材料制成,直径12mm 及以上的螺栓应采用热镀锌 　　所有暴露在大气中的金属部件的油漆与防锈处理的技术要求均应满足供货技术协议的有关规定	1. 现场查看 2. 检查记录	R/W

6.3.6　断路器出厂试验过程质量控制

1. 出厂试验前发书面通知

监造人员须在 SF_6 断路器做出厂试验前 7 个工作日书面通知公司监造部及业主有关部门。

2. 核对出厂试验数据

为保证出厂试验数据的真实性、准确性和可靠性,监造人员应逐项核对企业的检测设备及仪器状态、周期检定、主要技术参数等是否经验证,并符合计量检定有效期;对不满足检测要求的设备或仪器,要求生产企业进行调整或更换,待设备或仪器满足检测要求后才能进行出厂试验。

3. 监督、见证试验全过程

SF_6 断路器出厂试验的试验项目以订货技术协议的要求为主,监造人员须了解技术协议要求的试验项目,并对试验全过程进行监督、见证。

1)出厂试验方案

试验方案的内容应包括测试项目、次序、判据、某些项目的接线图和示意图、仪器仪表。

测试项目:不能少于技术协议书上的规定,每个项目的内涵不能小于技术协议书上的规定。

次序:有些项目不止做一次,必须先后有序。

判据:试验方案上的判据应有具体数字。

接线图和示意图:绝缘强度试验和带考核指标的试验应附上接线图和表示施加电压或电流量值及其持续时间的示意图。

仪器仪表:试验所使用的互感器、分压器和测试仪器仪表的型号、规格、量程、精度,并简要说明测试仪器的功能。

2)出厂试验见证的一般性程序和要求

(1)按以下内容审核出厂试验方案:

a. 出厂试验方案是否经生产厂有关部门和责任人审批。

b. 该出厂试验方案与厂内人员、设备、环境条件是否匹配。

c. 对照订货技术协议书，审核试验项目是否齐全，试验顺序和合格范围等是否正确和准确。

d. 对照有关国家级标准和国家级行业标准，审核试验接线、试验装备(含仪器、仪表)、试验电压或电流的量值、频率、波形。

e. 若有差异，应与供应商充分协商，坚持标准，努力求同。

(2)出厂试验方案最好提交三方会议通过；最迟应在试验前半个月拿出，驻厂监造组将出厂试验方案连同审核过程及意见呈报业主批复。

(3)按以下内容进行试验前的见证

a. 对照试验方案，现场确认项目，查看接线(含接地)及所用的试验装备，核查仪器仪表受检的有效期。见证方式：W。

b. 核查试验环境是否符合试验要求。

c. 发现异常立即向试验负责人提出。

(4)试验过程的见证：绝缘耐受试验的加压过程中，在保证安全的前提下，至少有一名监造人员观察被试品，还得有一名监造人员观察测试显示屏。试验过程发现任何异常均应及时提出。

(5)试验结果的见证：在观察试验全过程的基础上，听取试验负责人对试验结果的判定，若有异议，应及时向试验负责人提出；对考核性指标测试结果的异议可在对照原始数据、设计参数和供应商报告的基础上提出，必要时加用书面联系单方式。

4. 型式试验

为验证所设计和制造的断路器产品及其操动机构和辅助设备的性能是否能够达到相应产品标准的要求，按现行标准进行型式试验，其见证要点如表6-10所示(具体详见技术协议要求)。

表6-10 型式试验见证要点

序号	型式试验项目	试验内容
1	绝缘试验	工频电压试验、雷电冲击电压试验、操作冲击电压试验、作为状态检查的电压试验、人工污秽试验和凝露试验、局部放电试验，标准雷电冲击波 $1.2/50\mu s$ 在正、负两种极性的电压下各进行不少于15次的雷电冲击全波试验
2	机械试验	机械特性试验、机械寿命试验
3	回路电阻测量	
4	温升试验	
5	短时耐受电流和峰值耐受电流试验	
6	出线端短路条件下的关合和开断试验	出线端故障的试验方式1、2、3、4、5；额定短路开断电流下的连续开断能力(电寿命)试验
7	容性电流开合试验	线路充电电流开合试验($U_r \geq 72.5kV$)、电缆充电电流开合试验($U_r \leq 40.5kV$)

序号	型式试验项目	试验内容
8	无线电干扰电压试验	
9	EMC 试验	
10	密封试验	
11	辅助和控制回路的附加试验	
12	近区故障试验	适用于直接与架空线连接的、额定电压 72.5kV 及以上且额定短路开断电流超过 12.5kA 的三极断路器
13	失步关合和开断试验	适用于有额定失步开断能力的断路器
14	单相和异相接地故障试验	适用于中性点对地绝缘系统中的断路器
15	临界电流开合试验	适用于具有临界电流的断路器
16	容性电流开合试验	线路充电电流开合试验($U_r \leqslant 40.5$kV)、电缆充电电流开合试验($U_r \geqslant 72.5$kV)、单个电容器组开合试验、背对背电容器组开合试验
17	感性电流的开合试验	并联电抗器开合试验、感应电动机开合试验
18	环境试验	低温试验和高温试验、湿度试验、严重冰冻条件下的操作验证试验、端子静负载试验、淋雨试验
19	防护等级验证	IP 代码的检验、机械撞击试验
20	耐受地震试验	
21	高海拔试验	
22	噪声水平测试	

注：1. 型式试验见证一般以文件见证(R 点)方式进行，主要见证试验单位的资质，试验的方案方式是否符合标准，试验结论是否符合试验目的等

2. 当型式试验在技术协议中作为出厂试验项目时见证方式是按文件见证(R 点)、现场见证(W 点)还是停工待检(H 点)需各方商定

5. 例行试验见证

例行试验也称出厂试验，是为了发现产品所用材料和制造中的缺陷，它不应损伤产品的性能和可靠性。出厂试验应该对每台成品进行检验，以确保每台产品与已经通过型式试验的产品相一致。根据协议，任一项出厂试验均可在现场进行。

断路器产品的出厂试验应分为对主要零部件的试验和对整台产品的试验两部分进行，并提供这两部分试验的试验报告。例行试验见证如表 6 - 11 所示。

表 6 - 11　例行试验见证要点

序号	见证项目	见 证 点	依据标准	见证方法	见证方式
1	主回路电阻测量	1. 测试方法： 采用不低于 100A 直流压降法 2. 测量结果： 　测得的主回路电阻不应超过 $1.2R_u$，并做三相不平衡度比较。R_u 是型式试验时（温升试验前）测得的相应电阻值	按 GB/T 11022、DL/T 593 的规定，并符合产品技术条件要求	现场观测、并做记录	H
2	机械特性试验	测试条件：在进行机械试验时，断路器应充入 SF_6 气体至额定压力，在额定操作电压下进行，如是采用液（气）压操作机构，还应同时在额定操作液（气）压下进行	按 GB1984—2014、GB3309—1989，并符合技术协议要求 同期一般应满足下列要求： 　相间合闸不同期不大于 5ms 　相间分闸不同期不大于 3ms 　同相各断口间合闸不同期不大于 3ms 　同相各断口间分闸不同期不大于 2ms	现场观测、并做记录	H
		主要机械尺寸测量：行程、超程、开距			
		机械参数测量：分闸时间、合闸时间、合 - 分时间、合闸同期性、分闸同期性、合闸速度、分闸速度以及行程 - 时间特性曲线			
		性能检查： 　a. 对弹簧机构：检查弹簧储能时间 　b. 对液压机构：检查油泵打压时间、储压器预充压力、油泵启动压力、油泵停止压力、额定油压、合闸报警油压、合闸闭锁油压、分闸报警油压、分闸闭锁油压、重合闸闭锁油压 　失压防慢分检查			
		试验结果：以上试验项目结果合格，并应符合产品技术条件要求			
	机械操作试验	在进行机械操作试验时，断路器应充入 SF_6 气体至额定压力，按以下各种方式进行，至少应达到以下规定的操作次数： 　a. 最高操作电压配最高操作液（气）压力，连续分、合各 5 次 　b. 最低操作电压配最低操作液（气）压力，连续分、合各 5 次 　c. 额定操作电压配额定操作液（气）压力，连续分、合各 5 次；具有自动重合闸操作功能的断路器进行 5 次"分—0.3s—合分"操作；不具有自动重合闸操作功能的断路器进行 5 次"合分"操作 　d. 在 30% 额定操作电压下，配额定操作液（气）压力，连续操作 3 次，不得分闸 　e. 具有防跳跃装置的断路器，进行 3 次正常的防跳跃试验	按 GB1984—2014、GB3309—1989 有关规定 注：1. 合闸操作电压：110% 额定操作电压为最高合闸操作电压；80% 额定操作电压为最低合闸操作电压 　2. 分闸操作电压：120% 额定操作电压为最高分闸操作电压；65% 额定操作电压为最低分闸操作电压	现场观测、并做记录	H
		试验结果：以上试验项目动作应正确、可靠，并应符合产品技术条件要求			

序号	见证项目	见 证 点	依据标准	见证方法	见证方式
3	设计和外观检查	1. 产品的外形尺寸、安装尺寸、接线端子尺寸等应符合产品设计图样和供货技术协议要求 2. 铭牌应标有有关的产品标准中规定的必要的信息，应使用耐腐蚀的不锈钢或铝合金材料制成，字样、符号应清晰 3. 绝缘子表面应完好，无破损、无裂纹 4. 分、合闸位置指示器指示应正确、清晰、可靠，安装位置便于观察 5. 辅助设备包括连接线等应有防雨、防潮的措施。箱外的二次线应采用金属防护管防护，其安装位置应正确、牢固 6. 油漆的颜色和质量应符合供货技术协议要求；外露金属件的表面防锈、防腐蚀措施应符合产品技术条件和供货技术协议要求 7. 用于断路器断口间的并联电阻(适用时)和并联电容器(适用时)外观应完好	按 GB1984—2014、GB/T 11022、DL/T 593 的规定，并符合设计图纸、工艺和供货技术协议要求	现场观测、并做记录	W
4	密封性试验	试品状态：断路器充入 SF_6 气体至额定压力 试验方法：采用定量检漏 局部包扎法，每个密封面均要用塑料薄膜包扎24h后进行测量，使用灵敏度不低于 1×10^{-8}(体积比)的气体检漏仪进行检漏，测定包扎腔内 SF_6 气体的浓度，并通过计算确定漏气率的方法 试验结果要求：每个隔室的年漏气率不应大于0.5%	按 GB/T 11023、GB1984 的规定，并符合供货技术协议要求	现场观测、并做记录	H
5	SF_6 气体水分含量的测量	试品状态：断路器充入 SF_6 气体至额定压力 试验方法：静止48h后，进行气体湿度的测量，各气室的含水量应换算成20℃时的值 试验结果要求：(20℃)时，≤150μL/L	按 GB/T 12022、DL/T 506 的规定，并符合供货技术协议要求	现场观测、并做记录	H
6	辅助和控制回路的绝缘试验	辅助回路和控制回路应耐受工频电压值2000V，持续时间1min，无击穿放电，则认为试验通过	按 GB1984、GB/T 11022 的规定，并应符合供货技术协议要求	现场观测、并做记录	W

序号	见证项目	见 证 点	依据标准	见证方法	见证方式
7	主回路的绝缘试验（1min工频耐压试验、干试）	试品状态：断路器内充入 SF$_6$ 气体，其压力应在绝缘用的最低功能压力下进行耐压试验	按 GB/T 11022、GB1984—2014、GB/T 16927.1、DL/T 402、 DL/T 593 的规定，并应符合供货技术协议要求	1. 用自带数字万用表（可测电容值的）校验分压器，并接入厂家测量系统中，以予监测 2. 现场观测、并做记录	H
		试验电压：按 GB/T11022 表 1、表 2 的栏（2）中规定数值选取，并符合供货技术协议要求 对地、相间和开关断口间均采用通用值。频率 45～65Hz，耐受时间 1min			
		加压方式：对地、相间以及分开的开关装置断口间进行			
		试验判据：按试验程序在规定的时间内耐受规定的试验电压而无击穿放电，则认为试验通过			
8	合闸电阻测量（适用时）	合闸电阻的测量值应在标称值的 ±5% 范围内；合闸电阻的预插入时间按制造厂的规定。	GB1984、DL/T 402	现场观测、并做记录	W
9	断口电容器局部放电试验、介质损耗因数、电容量测量（适用时）	按其相关标准进行绝缘试验、局部放电试验，局部放电量应不大于 5pC 电容器介质损耗因素 tanδ 应小于 0.2% 实测电容值在额定值的 ±5% 范围内（实测电容以耐压后测量为准）	GB1984 GB/T 16927.1、GB/T 7354 DL/T 402	现场观测、并做记录	H

6. 包装发运见证要点（表 6 - 12）

表 6 - 12　包装发运见证要点

序号	见证项目	见 证 点	见证方法	见证方式
1	包装	1. 包装文件应有产品安装、使用说明书、出厂试验报告、合格证书等和产品装箱单，实物和数量与装箱单应相符 2. 断路器外瓷套表面应整洁，无划伤、无缺损、无裂纹 3. 断路器各相气室应充入 0.03～0.1MPa 低压力的干燥气体（SF$_6$ 或高纯氮气）的情况下包装，以免潮气侵入；或按工厂工艺要求进行包装，有防止潮气侵入的有效措施	1. 现场查看 2. 检查记录	R/W

序号	见证项目	见 证 点	见证方法	见证方式
1	包装	4. 断路器的包装应注意瓷套在箱中固定牢靠，不得相互窜动、磕碰 5. 包装箱内设备应有防雨、防潮、防碰撞、防变形的有效措施。包装箱上应有运输方向标志和符号（如防雨、防潮、向上、小心轻放、由此起吊和重心点等） 6. 附件的包装箱外面要写上断路器型号，有特殊要求（如颜色、数量、规格等）的附件包装箱还应写上该附件箱所属的断路器的编号 7. 对汇控柜、机构、端子箱等的防潮：电线引出孔及换气孔要用乙烯树脂等堵塞，内部应封入硅胶，门应当用透明胶带密封好	1. 现场查看 2. 检查记录	R/W
2	入库	1. 断路器各相气室应在充入 0.03 ～ 0.1MPa 低压力的干燥气体（SF_6 或高纯氮气）的情况下入库，以免潮气侵入；或按工厂工艺要求进行包装入库，有防止潮气侵入的有效措施 2. 存放时，开始时要求每周对设备进行检查，确认密封良好，设备状态良好，其后每月检测一次，并有检测记录 3. 贮存场所应具备适宜的环境条件，必须有防雨、防潮、防污、干燥通风等完善措施 4. 为了跟踪保管过程中的管理状况，每隔 3 个月确认 1 次保管场所的保管状况 5. 保管期超过 6 个月时，制造厂要制定保管后的总体检查要领，并指示进行必要的点检	1. 现场查看 2. 检查记录	R/W
3	发运	1. 检查运输单元各气室的情况，确认密封良好，设备状态良好 2. 包装箱上标志和符号（如"防雨""防潮""向上""小心轻放""由此起吊"和"重心点"等）应清晰 3. 按包装箱上外标识的起吊部位正确地起吊和装卸，确保搬运安全 4.《产品货运单》与装车产品箱号、件数核对无误 5. 确认防雨、防潮、防碰撞等措施完善	1. 现场查看 2. 检查记录	R/W

6.4　工程问题处理案例及产品质保期故障树

6.4.1　工程问题处理案例

案例 1　提前导入以往工程问题，促进某制造厂断路器工艺改良

在 2017 年 2 月 15 日某工程 500kV 瓷柱式断路器开工启动会上，监造方根据以往工程同类产品所出现的 20 项问题及处理情况，提出瓷柱式断路器技术协议要求符合性检查表，

业主、监造代表和某制造厂公司技术人员、生产车间管理人员、试验人员等一起对照该检查表逐条讨论，形成一致意见，要求某工程500kV瓷柱式断路器严格按照该检查表执行。

承制方根据瓷柱式断路器技术协议要求符合性检查表，改进了接线板材质和连接方式等3项，细化了7项，等效验证了1项。其中对于第5条要求："在机械操作和特性试验过程中断路器须安装的支柱绝缘部分，不得采用工装代替绝缘拉杆等传动部分，须符合GB1984—2003中7.101机械操作试验应在完整的断路器进行"，某制造厂认为虽然按GB1984—2003中7.101规定机械操作试验应在完整的断路器进行，但是断路器分成单元装配和运输，仍然无法保证出厂试验数据与现场一致。因此，出厂试验可以按照6.101.1.2的规定对部件进行检验，在这种情况下断路器制造厂应给出在现场使用的交接试验的程序，以保证这样的单元试验和装配完整断路器的一致性。此方案已执行多年，完全可以保证现场的测试结果满足技术要求。经过讨论，与会人员达成共识，形成会议纪要，在生产过程中各抽取一组（三相）进行完整的断路器机械操作试验，与通过工装按单元试验数据进行对比，监造人员严格按有关标准对全过程监造。最终对比试验结果符合预期，整体试验比工装试验各项时间少2ms左右，详见以下：

（1）完整的断路器机械操作试验，行程A相210.4mm、B相210.5mm、C相210.6mm，分闸时间18.3~18.9ms，合闸时间56.6~57.6ms，合－分闸时间37.9~40.3ms，合闸速度5.1~5.1m/s，分闸速度9.8~9.9m/s。

（2）工装代替绝缘拉杆进行断路器机械操作试验，行程A相209.5mm、B相209.9mm、C相209.2mm，分闸时间20.2~20.4ms，合闸时间59.3~60.4ms，合－分闸时间44.0~44.8ms，合闸速度4.7~4.7m/s，分闸速度8.6~8.8m/s。

监造方根据以往工程存在问题的经验提前介入，让承制方提前了解用户的关注重点，避免了承制方许多的重复工作和与相关方之间无谓的争执，确保技术协议得到落实，有效保障产品质量。完整的断路器机械操作试验如图6-25所示。

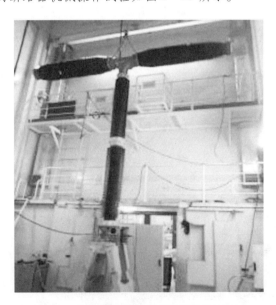

图6-25 完整的断路器机械操作试验

案例2 断路器机构侧灭弧室支撑筒上固定防护板的螺钉脱落

某高压开关制造公司供货某直流工程生产550kV GIS罐式断路器。据安装现场反馈，现场在进行断路器单元清罐检查时发现罐体内部有一个黑色氧化螺钉，经现场检查，发现该脱落螺钉为断路器机构侧灭弧室支撑筒上固定防护板的螺钉。脱落螺钉装配位置如图6-26所示。

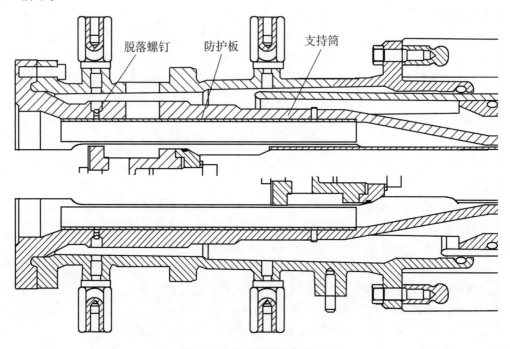

图6-26 脱落螺钉装配位置

经过认真排查，确认断路器单元螺钉脱落的原因是公司装配厂装配员工作失误，紧固该螺钉时力矩紧固不到位，在装运过程中罐体方向倾斜，原本朝上的螺孔变为朝下，因此导致螺钉脱落。只有一个螺钉不紧对结构整体紧固性并没有造成特别明显影响，因此，在试验过程中没有发现。该直流工程使用的断路器灭弧室结构为该公司引进ABB公司的原始结构，未做任何修改。该灭弧室结构已投入生产十多年，从国内两大电网公司运行几千个间隔业绩来看，该灭弧室结构没有问题。发生此部位螺钉脱落问题，目前仅此一例，实属个例。

该开关制造公司经过认真研究，认为单元断路器可以采取现场修复，并且此次修复工作全权由厂家负责。修复后的断路器投入系统后运行稳定，至今未发现任何问题。

该案例暴露了监造过程对设备内部紧固率管控不足，这是当前设备监造普遍存在的问题，需要进一步细化监造要求，有效管控设备紧固率，确实保障设备质量。

案例3 某换流站罐式断路器频繁打压

1. 故障简介

某换流站罐式断路器近期发生频繁打压故障。2014年以来，液压机构发生故障的断路器有581、563、592、572、591、563、575、571、594。其中594断路器液压机构在2016年6月15日至7月8日期间共发生915次打压。

2. 故障设备信息

发生故障的断路器均为某制造厂生产的550PM63-40型断路器，断路器动力机构采用德国进口的8.1.2型液压弹簧机构。

3. 故障原因分析

1) 断路器动力机构原理图 (图6-27)。

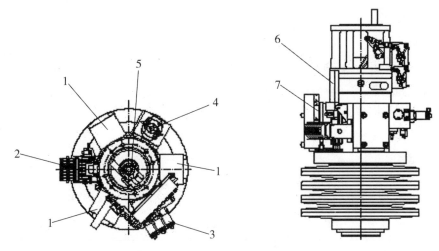

图6-27 断路器动力机构原理图

1—储能模块；2—位置监测模块；3—控制模块；4—充压模块；

5—工作模块；6—泄压阀操作手柄；7—弹簧储能位置指示

2) 故障原因分析

2016年8月23日，在某制造厂对594断路器进行解体检查，拆开堵头时发现靠近控制模块的堵头密封圈上有长2mm、宽1mm的金属丝状碎屑，并在堵头金属部分发现明显划痕，如图6-28所示。因此，现场判断为该金属碎屑可能脱落自封堵头的密封槽内表面，密封不严造成机构内部高压油向低压油腔体泄漏。

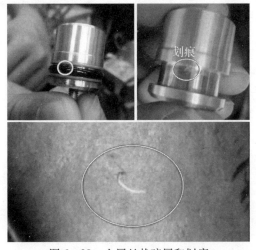

图6-28 金属丝状碎屑和划痕

根据检查结果，认为液压油中较大的金属碎屑是造成机构频繁打压的主要原因。金属碎屑的主要来源为：金属零件机加工残留及装配过程中产生。

4. 改进措施

针对罐式断路器存在的频繁打压问题，该制造厂已经进行了生产改进，主要措施有：

(1)储能模块活塞在原结构上增加了一个清洁圈，采用双清洁圈实现双向保护。

(2)缸体取消阳极氧化工艺，避免缸体内壁出现氢脆现象。

(3)在后续工程罐式断路器出厂试验中增加抽检项目，在 200 次分合操作后，结合密封试验，选取 2 台(6 相)操作机构，在分、合状态下分别开展 24 h 的额定压力下保持试验，以 HMB 机构说明书中的相关要求作为判据。

该案例暴露了监造过程对设备制造过程洁净度管控不足，这是当前设备监造普遍存在的问题，需要进一步细化监造要求，有效管控设备洁净度，确实保障设备质量。

案例 4　某换流站 5033 断路器控制模块漏油

1. 故障简介

2016 年 07 月 04 日，某换流站检修人员现场抢修 500kV 极两换流变压器交流侧 5033 断路器 C 相电机储能异常完毕后，对 A、B 相同类问题排查时，发现 A 相断路器控制模块出现漏油现象，漏油速率约 2 滴/min。

对 5033 断路器进行检查，拆开断路器防雨罩后，可观察到底部防雨罩内有明显积油(见图 6-29)；检查断路器控制模块，控制模块有明显漏油点(见图 6-30)。

　　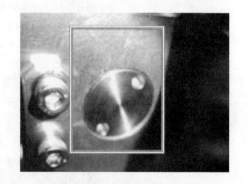

图 6-29　防雨罩积油现场　　　　　　图 6-30　控制模块漏油点

对断路器操作机构进行放油，对故障模块进行更换，对断路器操作机构进行真空注油排气处理。对 5033 断路器进行多次分合操作，记录断路器电机零起打压和闭锁补压储能时间，电机打压时间正常，且后台信号 SER 正常。

将断路器操作至合闸位置且断路器储能完毕后，断开断路器电机电源，对 5033 断路器 A 相进行 12 h 保压试验，并记录储能模块与碟簧之间的距离为 8.92cm。对断路器保压试验进行检查，现场检查断路器控制模块无漏油现象，储能模块与碟簧之间距离为 8.83cm，变化量为 0.09cm，满足厂家不大于 0.3cm 的要求。

7 月 8 日，对 5033 断路器进行断路器动作特性试验，试验结果满足要求，恢复现场。

2. 故障设备信息

故障设备为某高压开关制造厂生产的封闭式组合电器(GIS)，型号为 ZF15-550，2015 年 3 月出厂。

3. 故障原因分析

对断路器故障模块进行拆分，打开控制模块主换向阀密封盖，可清晰观察到有白色密封圈脱出现象，如图6-31和图6-32所示。

图6-31 白色密封圈脱出位置

图6-32 各密封圈安装位置

将主换向阀从控制模块中拆出，发现主换向阀中白色塑料密封垫圈断裂，且有明显挤压痕迹，黑色橡胶密封圈有明显磨损痕迹，如图6-33、图6-34所示。

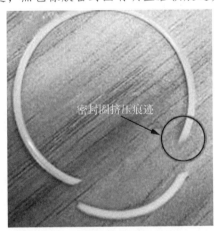

图6-33 白色塑料密封垫圈挤压断裂

图6-34 黑色橡胶密封圈磨损

综上分析，5033断路器操作机构漏油现象是由于控制模块中主换向阀中白色密封圈断裂位移导致的。可能是由于控制模块换向阀装配过程中安装工艺不到位，导致主换向阀中白色密封垫圈安装不到位，使其受力变形，产生位移，如图6-35所示。在断路器长期运行中，多次分合断路器产生的震动致使密封圈断裂位移导致渗油。

4. 改进措施

对所有断路器操作机构进行排查，检查操作机构是否存在漏油问题，并对操作机构渗油部件进行更换。按照定额补足备品备件，做好储备管

图6-35 白色密封垫圈圈断裂位移

理工作。

联系设备生产厂商，对本次损坏整流模块进行检测，确认具体故障点和故障原因，并提出有效的解决措施。

6.4.2 产品质保期故障树

根据主网某运行单位近十年统计数据，在断路器统计的 1 312 个问题中，附件故障问题为 1 110 个，本体密封故障问题为 95 个，本体过热故障问题为 37 个，二次故障问题为 63 个，机构故障问题为 7 个，制作成故障树，如图 6-36 所示。从以上数据中可见，附件故障为 84.6%，占绝大多数，因此，监造过程采取针对措施管控断路器附件的制造质量是当务之急。当然，密封故障、过热故障等严重问题发生频率也不低，断路器本体制造过程中的密封、接触及机构配合度等问题均不可忽视。

图片说明：

NB1——断路器的原材料与装配时的环境温度、湿度、洁净度控制问题。

NB2——检验、试验缺项问题。

NB3——断路器的原材料检测、装配后各工序的检测控制问题。

NB4——断路器的紧固件紧固与厂家不规范操作问题。

MH1——环境情况与厂家操作出现问题。

MH2——环境因素与工艺要求，检查控制问题。

MH3——操作工艺执行时，设备控制出现问题。

MH4——环境温度、湿度、洁净与工艺方法缺陷问题。

MH5——断路器操作不规范，检查控制问题。

WB2——断路器的原材料与环境控制问题。

WB3——断路器的原材料、检查控制问题。

WB4——紧密度与厂家不规范操作问题。

WB5——工艺方法、仪器仪表出现问题。

YX1——装配中不规范操作问题。

YX2——胶装密封检查控制问题。

YX3——操作缺陷，检查失控问题。

SY1——操作不规范、过多进行破坏性试验问题。

SY2——操作不规范、试验检测漏检问题。

SY3——试验、检验设备问题，试验质量失控问题。

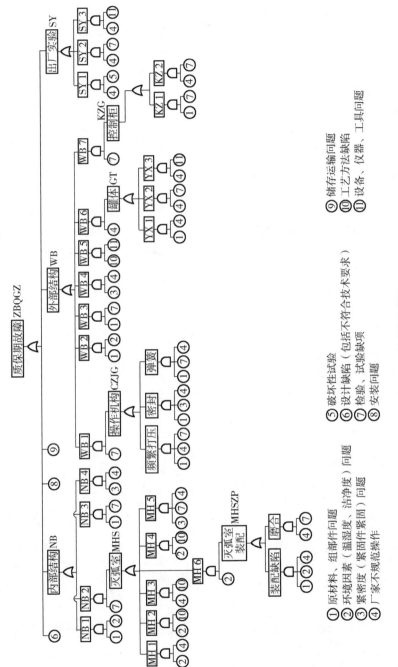

图6-36 断路器故障树

①原材料、组部件问题
②环境因素（温湿度、洁净度）问题
③紧密度（紧固件紧固）问题
④厂家不规范操作
⑤破坏性试验
⑥设计缺陷（包括不符合技术要求）
⑦检验、试验问题
⑧安装问题
⑨储存运输问题
⑩工艺方法缺陷
⑪设备、仪器、工具问题

7 组合电器（GIS、HGIS、GIL）

7.1 GIS 概述

7.1.1 GIS 的定义

GIS(gas insulated substation)是指全部采用 SF_6 气体作为绝缘介质，并将所有的高压电器元件密封在接地金属筒中的金属封闭开关设备。GIS 组合电器基本是由断路器、隔离开关、接地开关、电压互感器、电流互感器、避雷器、母线、电缆终端进出线套管连接件等 8 种高压电器组合而成的高压配电装置。

7.1.2 主要开关设备结构性能

72.5kV 及以上电压等级的 GIS 可用于户内或户外，电压等级提高后的 GIS 对绝缘性能有更高要求，气体压力需要提高。压力提高后，箱式结构从机械强度考虑已难以满足，因而 GIS 多采用圆柱式结构，即所有电器元件(如断路器、互感器、隔离开关、接地开关和避雷器)都放置在接地金属材料(钢铝)制成的圆筒形外壳中。

7.1.3 GIS 的基本结构

GIS 按其结构可分为三相共箱式(126kV)、部分三相共箱式，如三相母线共箱。目前除 800kV 及以上电压等级外，三相母线共箱式结构已在各个电压等级的 GIS 中得到应用，其中断路器、隔离开关、互感器、接地开关仍采用分箱式结构。我国目前生产 550kV GIS(图 7-1)大部分采用全分相式结构，GIS 是由完成某一功能的各个单元(又称间隔)组成，如进线间隔、出线间隔、母联间隔等。通过各个单元的组合，可以满足电力系统不同接线要求，如内桥接线方式、一个半接线方式等。

图 7-1 550kV GIS

GIS 某一功能单元又由若干隔室组成，如断路器隔室、母线隔室等。隔室的分割既要满足正常的运行要求，又要在出现内部故障时电弧效应可得到限制。隔室的分割通过绝缘隔板来完成。不同隔室内允许有不同气室压力，一般除断路器隔室外，作为绝缘介质的

SF_6 气体压力为 0.4MPa 等（表压）。断路器隔室因为要考虑 SF_6 气体灭弧效果，所以压力较高，一般为 0.5MPa 等（表压）。

550kV 气体绝缘金属封闭开关设备采用全分相式结构，由断路器、隔离开关、接地开关、快速接地开关、母线、电流互感器、电压互感器、避雷器、SF_6 套管、电缆终端组成。GIS 总体采用"积木式"结构，每个主要原件均为标准的独立单元，所以可以组成多种多样的结构来满足变电站一次主接线要求及运行要求。GIS 产品除了主要元器件外，还配有控制柜 SF_6 检测系统等辅助设备。因此，产品不仅可以实现电力线路的关合、开断、保护、测量及检修的目的，而且其监测控制系统还可以直接反映各元件工作状态，实现就地远方操作，与主控室保护屏连接后还可以实现自动跳闸和重合闸。

目前我国 550kV 及以上电压等级断路器基本配置液压操动机构，分相电气联动，断路器为罐式双断口、自能灭弧。隔离开关采用电动操作机构，所有带电部分（如动、静触头等）安装在一个金属外壳中。隔离开关具有一个断口，并与相关断路器、其它隔离开关及接地开关或故障关合接地开关之间联锁。接地开关和故障接地开关由开关本体和操动机构两部分构成，并通过轴密封和连杆与操动机构相连接，有三相机械联动和三相电气联动两种形式。其中三相共用一台操动机构，实现三相机械联动；每相配用一台操动机构，三相采用电气联动。母线为分相结构，为了补偿由于温度变化或安装等其它因素引起的母线变形，在母线外壳连接的合适位置可安装伸缩节。电流互感器采用内置结构，置于断路器两侧。电压互感器为电磁式、单相结构。避雷器采用氧化锌避雷器，为单相结构。充气套管为分相结构，装于每相分支外壳上。电缆终端为分相结构，当 GIS 采用电缆进出线时，电缆通过电缆终端与 GIS 本体连在一起。就地控制柜是对 GIS 现场监视与控制的集中控制屏，也是 GIS 间隔内外各元件以及 GIS 与主控室之间电气联络的集中端子箱，内置接线端子排及各种二次继电器保护原件等。550kV GIS 的 3D 图如图7-2 所示。

图 7-2　550kV GIS 的 3D 图

7.1.4　GIS 的特点

与传统敞开式配电装置相比，GIS 主要具有以下几个方面的优点：

（1）GIS 占地面积小、体积小，重量轻，元件全部密封不受环境干扰。

（2）操作机构少或无油化，无气化，具有高度运行可靠性。

（3）GIS 采用整块运输，安装方便且安装周期短，安装费用较低；检修工作量小，时间短。共箱式 GIS 全部采用三相机械联动，机械故障率低。

（4）优越的开断性能。断路器采用自能灭弧室（自能热膨胀加上辅助压气装置的混合式结构），充分利用了电弧自身的能量。

（5）损耗少、噪音低。GIS 外壳上的感应磁场很小，因此涡流损耗很小，减少了电能的损耗。采用液压弹簧机构，使得操作噪音很低。

7.2　GIS 主接线的基本形式

发电厂和变电所的电气设备通常分为一次设备和二次设备两大类。所谓一次设备，是指生产、输送和分配电能的电气设备，如发电机、变压器、开关电器(包括断路器、隔离开关等)、母线、电力电缆和输电线路等。表示电能发、输、配过程中一次设备相互连接关系的电路，称为一次回路或称为一次接线。所谓二次设备，是指测量仪表、控制及信号与元件、继电保护装置、自动装置、运动装置等。这些设备构成了发电厂、变电所的二次系统。根据测量、控制、保护和信号显示的要求，表示二次设备相互连接的电路，称为二次回路或二次接线。GIS 主接线的基本形式一般分为单母线接线、双母线接线、一倍半接线、无母线单元接线四种形式。

1. 单母线接线

发电厂和变电所的主接线的基本环节是电源(即发电机或变压器)和引出线。母线(也称为汇流排)是中间环节，它起着汇总和分配电能的作用。由于多数情况下引出线数量要比电源数量多，因此，在两者之间采用母线连接，既有利于电能交换，又可以使接线简单明显和运行方便。单母线接线就是只有一组母线的接线形式。其特点是电源和供电线路都连接在同一条母线上，如图 7 - 3 所示。

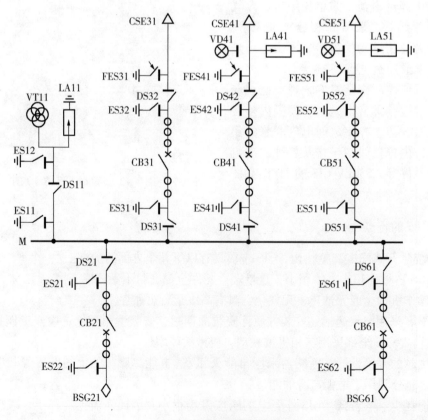

图 7 - 3　单母线接线示意图

单母线接线的主要优点是：简单，采用设备少，操作方便，投资少，便于扩建。

单母线接线的主要缺点是：当母线隔离开关发生故障或检修时必须断开全部电源，造成整套设备停电。此外，当断路器检修时，也必须在整个检查期间停止该回路的工作。因此，单母线接线无法满足对重要用户供电的需求。

2. 双母线接线

双母线接线形式(见图 7-4)是针对单母线分段接线形式的缺点而提出来的。它是除了工作母线 M 之外，又增设了一组备用母线 R。由于该接线方式有两组母线，因此可以做到相互备用。在双母线接线形式中，两组母线用母线联络断路器连接起来，每一个回路都通过一台断路器和两台隔离开关连接到母线上，运行时，接至工作母线上的隔离开关接通，接至备用母线上的隔离开关断开。采用双母线接线形式之后，通过切换两组母线隔离开关达到以下目的：轮流检修母线而不致供电中断；检修任一回路的母线隔离开关时只断开该回路；一条母线故障时，可将全部回路转移到另一条母线上。双母线接线的最重要操作是切换母线。

双母线接线的主要优点是：对母线进行检修时，有效避免回路或整套设备长期停电。

双母线接线的主要缺点是：当工作母线故障时，在切换母线的过程中，设备仍要短时停电；检修出线断路器时，该回路仍需停电。

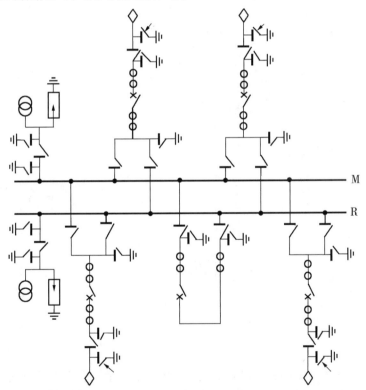

图 7-4　双母线接线示意图

3. 一倍半接线

一倍半接线形式如图 7-5 所示。该接线方式中，在两组母线之间装有三组断路器，但可引出两条回路，因此，该接线方式又称为 3/2 接线。正常运行时，两组母线同时带电运行，任一组母线发生故障或检修都不会造成停电。同时，还可以保证任何断路器检修时不停电（其中隔离开关不作为操作电器，仅在检修时使用）。甚至在两组母线都发生故障（或一组母线正在检修，一组母线又发生故障）的极端情况下，功率仍可以继续传输。 因此，一倍半接线方式虽然断路器数目比双母线多，但运行的可靠性与灵活性却大大增强，目前，330～550kV 变电站大多采用这种接线方式。

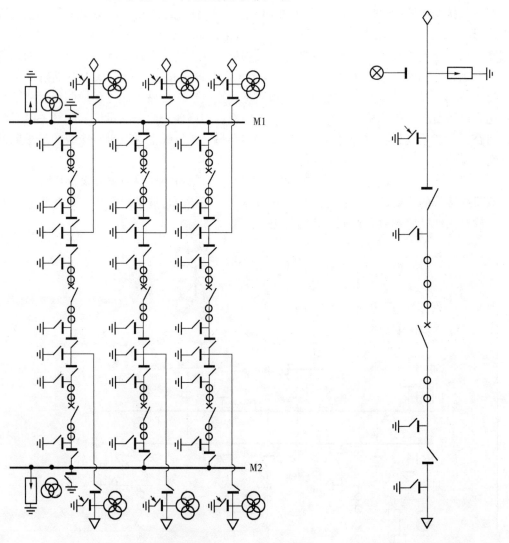

图7-5　一倍半接线示意图　　　　图7-6　无母线单元接线示意图

4. 无母线单元接线

无母线单元接线方式如图7-6所示，其特点是几个元件直接串联连接，其间没有任何横向联系（如母线等），不仅减少了电器数目，简化了配电装置的结构，降低了造价，同时也降低了发生故障的可能性。这种接线形式的缺点是元件之一发生故障或检修时，整个单元将被迫停止工作。

7.3　组合电器元件

7.3.1　断路器

1. 断路器工作原理

GIS 六氟化硫（SF_6）断路器：即采用绝缘件支撑的金属外壳接地的 SF_6 断路器，SF_6 气体作为灭弧和绝缘介质。因为断路器需要灭弧，所以断路器气室气体压力比其它气室高，基本与常规断路器断口压力相当。SF_6 断路器在灭弧时是利用绝缘性能较好、压力较高的 SF_6 气体吹灭电弧的。获得高压 SF_6 气体的方式一般有两种，即双压式和单压式。双压式是在断路器内设置有两种压力的 SF_6 气体系统（高压区和低压区），该方式使得断路器内部结构比较复杂，目前已很少使用。单压式是在断路器内部只有一种压力较低的 SF_6 气体，在开断过程中，利用触头与活塞的运动所产生的压气作用，在触头喷口间产生气流吹弧。分断动作完成之后，压气作用将立即停止，触头间又恢复为低气压，因此称为单压式。单压式断路器内部结构比较简单。自能式气自吹 SF_6 断路器是在压气式基础上发展起来的，它利用电弧能量建立灭弧所需的压力差，因而固定活塞的截面积比压气式要小。由于 SF_6 气体优越的绝缘、灭弧性能，不仅使得各部分间的绝缘距离有效缩小，结构还可以简化，从而使体积小、重量轻。

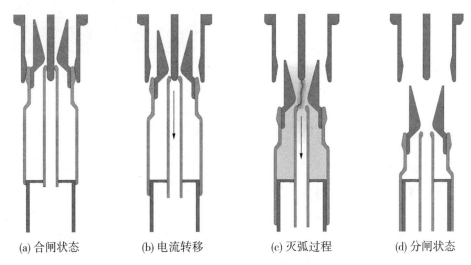

(a) 合闸状态　　　　(b) 电流转移　　　　(c) 灭弧过程　　　　(d) 分闸状态

图 7-7　灭弧室从合闸状态到分闸状态示意图

灭弧室的熄弧过程：当操动机构接到分闸命令后，活塞杆带动绝缘拉杆拉动动触头运动进行分闸操作，静主触头与动主触头分离后，电流转移到仍接触的弧触头上，当动、静弧触头分离时，弧触头间产生电弧，随着动触头的运动，气缸与活塞之间的空间被压缩，此空间内的 SF_6 气体压力比气缸外的压力大，即缸内外压差越来越大，电弧的热量使弧柱周围气体分解成离子状，热量同时反射到缸内使之压力进一步增大。随着触头的运动，缸内 SF_6 喷口喉部），电弧将喷嘴堵塞，并且电弧能量使气缸内的 SF_6 气体加热膨胀，压气缸内气压进一步提高，为电流过零时熄弧积蓄了能量和新鲜的 SF_6 气体，电弧堵塞效应的合理应用，对于提高开断性能、减小压气缸尺寸、重量和机构的操作功具有重要的作用。当电弧电流向零区过渡且静弧触头已脱离喷口喉道时，气吹开始，积蓄的新鲜 SF_6 气体以超音速通过喉道喷向下游区，电流过零后新 SF_6 气体继续充入弧隙，绝缘恢复，开断成功。灭弧室工作原理示意图如图 7-7 和图 7-8 所示，灭弧室实物如图 7-9 所示。交流电流中的电弧具有以下几个特点：①当电流瞬时值高时，电弧温度高，电弧直径大；当电流瞬时值低时，电弧温度低，电弧直径小。②电弧温度变化略滞后于电流的变化。温度最大值落后于电流最大值约 20°（电角度），温度最低值落后于电流零值 27°（电角度），这是因为电弧具有一定的热惯性。

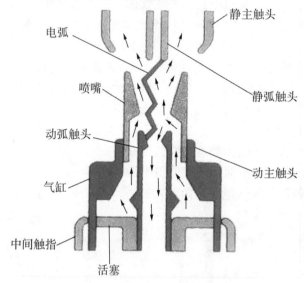

图 7-8　灭弧室内部结构图

图 7-9　550kV 罐式断路器灭弧室实物图

2. 断路器配用的操作机构

断路器配用的操作机构为断路器的可靠运行起着举足轻重的作用。目前，最常见的操作机构有：液压弹簧操作机构、全弹簧操作机构和气动弹簧操作机构。

1）液压弹簧操作机构

液压弹簧操作机构可以方便地获得大的操作功，制造精度要求高，适用于操作功大的场合或设备。液压操作机构以液体为介质进行液压传动以实现高压开关的分闸动作和合闸动作。液压传动系统中的动力设备——液压泵（油泵），将原动机的机械能转为液体的压力能，然后通过管路及控制元件，借助执行元件——工作缸，通过断路器的绝缘拉杆将液体压力能转为动能，驱动灭弧室的动触头进行分合闸操作。液压操作机构的特点是能量密度大，可以在结构上实现紧凑型布置。液压操作机构是以液压油为工作介质，工作时几乎没有磨损。由于液压油的压缩性可以忽略不计，并且运动质量轻，使得操作噪音较低。液压弹簧操作机构如图 7-10 所示。液压弹簧操作机构则是以碟形弹簧贮能代替了传统的压缩氮气贮能，避免了环温变化使得操作特性更加稳定可靠；弹簧为贮能器，弹簧力经过贮能活塞转换为液压力推动工作活塞实现力的传递，各功能元件完全模块式集成连接，密封全部采用密封圈，节省了空间，减少了密封点，无渗漏油的隐患。该机构有两套各自独立的分闸控制阀，最大可能地保证了操作可靠性。

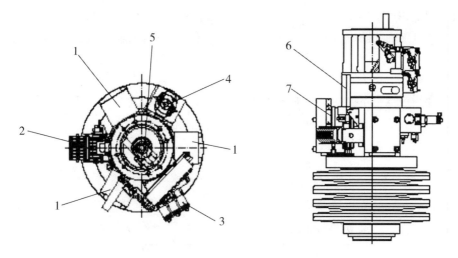

图 7 – 10　液压弹簧操作机构

1—储能模块；2—监测模块；3—控制模块；4—打压模块；5—工作模块；6—泄压阀操作手柄；7—弹簧储能位置指示器

2）储能

当储能电机接通时，油泵将低压油箱的油压入高压油腔，三组相同结构的储能活塞在液压的作用下，向下压缩碟簧而储能。图 7 – 11 为液压弹簧操作机构机芯外形图。

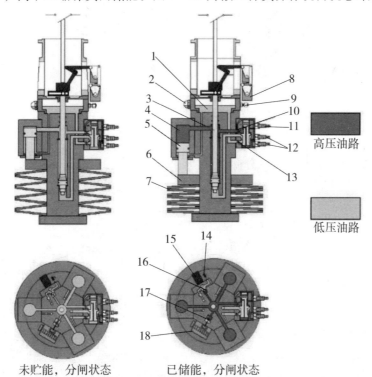

高压油路

低压油路

未贮能，分闸状态　　已储能，分闸状态

图 7 – 11　液压弹簧操作机构机芯外形图

1—低压油箱；2—油位指示器；3—工作活塞杆；4—高压油腔；5—储能活塞；6—支撑环；7—碟簧；
8—辅助开关；9—注油孔；10—合闸节流阀；11—合闸电磁阀；12—分闸电磁阀；13—分闸节流阀；
14—排油阀；15—储能电机；16—柱塞油泵；17—泄压阀；18—行程开关

3）合闸操作（图7-12）

当合闸电磁阀线圈带电时，合闸电磁阀动作，高压油进入换向阀的上部，在差动力的作用下，换向阀芯向下运动，切断了工作活塞下部原来与低压油箱连通的油路，而与储能活塞上部的高压油路接通。这样，工作活塞在差动力的作用下快速向上运动，带动断路器合闸。在合闸过程中带动辅助开关切换，断开合闸回路，为分闸做好准备。

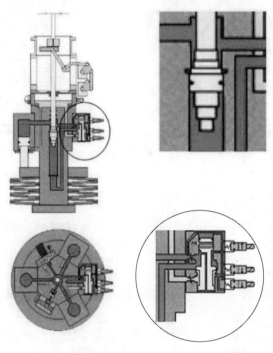

图7-12　合闸操作示意图

4）分闸操作（图7-13）

当分闸电磁阀线圈带电时，分闸电磁阀动作，换向阀上部的高油压腔与低压油箱导通而失压，换向阀芯立即向上运动，切断了原来与工作活塞下部相连通的高压油路，而使工作活塞下部与低油油箱连通失压。工作活塞在上部高压油的作用下迅速向下运动，带动断路器分闸。在分闸过程中带动辅助开关切换，切断分闸回路，为下次合闸做好准备。

7.3.2　隔离开关及接地开关

550kV用GR、GL型隔离开关（图7-14、图7-15），它的所有带电部分（如动、静触头等）均安装在铝合金外壳中，隔离开关具有一个断口，采用电动操作机构，

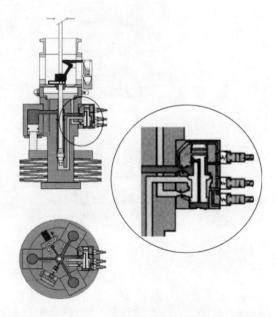

图7-13　分闸操作示意图

并与相关的断路器、其它隔离开关及接地开关(故障关合接地开关)之间联锁。

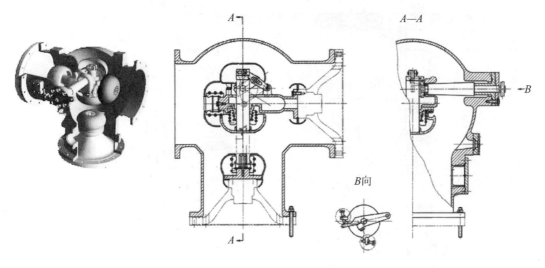

图 7 – 14　GIS 用 GR 型隔离开关

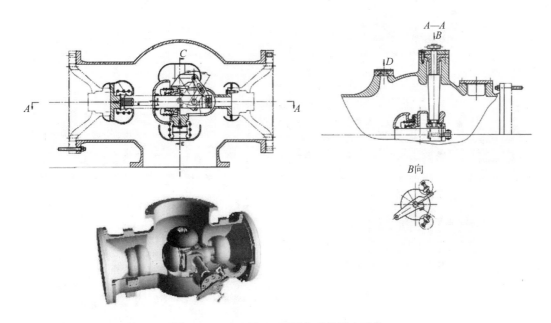

图 7 – 15　GIS 用 GL 型隔离开关隔离开关

1. 隔离开关应考虑的因素

隔离开关必须考虑以下因素：额定电流（2000A/3150A/4000A）及动、热稳定电流（31.5kA/40kA/50kA/63kA）（3s/4s），结构形式（GL 型/GR 型），是否有关合母线转移电流的要求（如双母线接线形式一般进出线间隔母线隔离开关），配用机构形式（电动机构/弹簧机构），机构的操作电压、控制电压。接地开关（ES）（图 7 – 16）、快速接地开关（FES）能在合闸位置承受规定的动热稳定电流，FES 能快速可靠地关合规定的短路电流。FES 有可能在运行时意外地带电关合，人为造成接地故障。因此，为防止事故扩大，要求 FES 具有规定的短路关合能力。

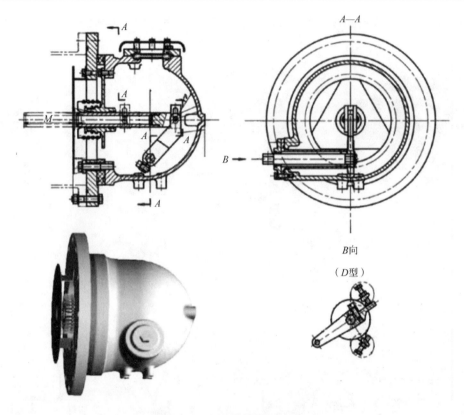

图 7 - 16　GIS 用接地开关 ES

2. 隔离开关、接地开关配用机构

隔离开关、检修用接地开关一般配用电动机构（图 7 - 17），故障关合接地开关配用电动弹簧操作机构。接地开关、故障关合接地开关的壳体与 GIS 壳体间设有绝缘板，解开它们与 GIS 的接地线时，即可进行回路电阻测量。为了防止误操作，接地开关、故障关合接地开关和隔离开关设有联锁。

(a) 外观图

(b) 内部图

图 7 - 17　电动机构实物

7.3.3 电流互感器

电流互感器如图 7-18 所示，作为一种非常重要的测量与保护元件，在开关设备乃至电力系统中起着举足轻重的作用。一般来说，在进行电流互感器分装单元设计时，首先根据各间隔的布置图，明确电流互感器线圈的参数、组合顺序，并确定外壳的长度，然后，再根据线圈组合的总高度，确定内屏蔽的高度及固定螺杆的长度。

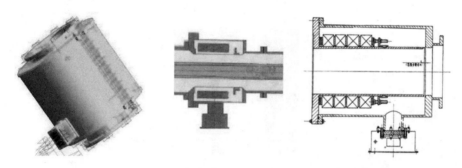

图 7-18　电流互感器

除了线圈排序之外，对于电流互感器分装单元，线圈的极性是一个非常关键的问题，它与保护系统有着直接的联系。标准规定，CT 线圈按照减极性进行制造，即当一次侧电流由 P_1 侧流入 P_2 侧流出时，二次侧电流从 S_1 侧流出，如图 7-19 所示。

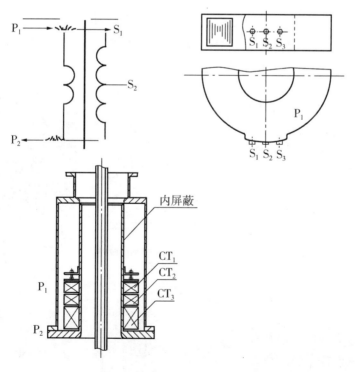

图 7-19　电流互感器的结构

7.3.4　电压互感器

电压互感器如图 7 - 20 所示，它是非常重要的测量与保护元件。电压互感器的一次绕组"A"端为全绝缘结构，另一端作为接地端和外壳相连，一次绕组和二次绕组为同轴圆柱结构，一次绕组装有高压电极及中间电极，绕组两侧设有屏蔽板，使场强分布均匀。安装检查必须考虑以下因素：额定参数（变比、精度、容量），安装方式（正装、倒装甚至侧装），结构形式（单相、三相），充气压力、充气接口要求等。

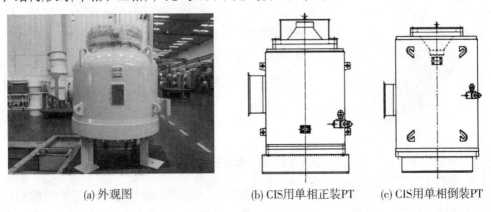

(a) 外观图　　　　　(b) CIS用单相正装PT　　　(c) CIS用单相倒装PT

图 7 - 20　电压互感器

7.3.5　进出线套管

进出线套管如图 7 - 21 所示，它是电力系统广泛使用的一种电力设备。它的作用是使高压引线安全穿过墙壁或设备箱与其它电力设备相连接。套管的使用场所决定了其结构要有较小的体积和较薄的绝缘厚度。目前，在国内项目中最常用的出线方式是充气套管，该出线方式一般不需要考虑与外部的连接，只要按照技术协议的要求选用满足客户需要的出线套管装配即可。在某些情况下，客户会对出线端子处提出特殊要求，如屏蔽环的尺寸、出线端子的方向及连接孔尺寸等。

在选取套管时，首先需要考虑泄漏比距，对用于高海拔地区的产品，还应考虑海拔修正系数 K_a，并且还要考虑技术协议和订货合同对套管制造商的要求。

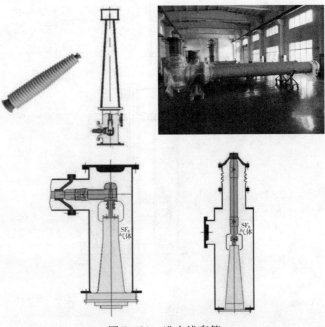

图 7 - 21　进出线套管

7.3.6 避雷器

GIS 基本用氧化锌避雷器。罐式氧化锌避雷器主要由罐体（见图 7 - 22）、盆式绝缘子、安装底座及芯体等部分组成。芯体是由氧化锌电阻片作为主要原件，它具有良好的伏安特性和较大的通流容量。在正常运行电压下，氧化锌电阻片呈现出较高的电阻，使流过避雷器的电流只有微安级，因此省去了传统的碳化硅避雷器不可缺少的灭弧间隙，使避雷器的结构大为简化。当系统出现危害电器设备的大气过电压或操作过电压时，氧化锌呈现低电阻，使避雷器的残压被抑制在允许值以下，并吸收过电压能量，从而对电气设备提供可靠的保护。入厂检验项目基本有 SF_6 气密性试验、供方出厂试验、入厂检验、外观检查及铭牌参数检查。

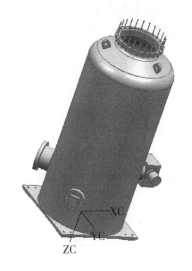

图 7 - 22 避雷器罐体

7.3.7 SF_6 电器壳体

1. 产品的制造工艺要点

SF_6 电器有焊接壳体及铸件壳体，两种壳体的设计加工工艺要点：分支母线壳、断路器壳体等采用圆筒形铝合金壳体加工制作而成，如图 7 - 23 所示。制造工艺：焊接，着色探伤，机加工，水压试验，气压试验，着漆。而隔离开关、接地开关等外形不规则，采用铸造工艺生产。制造工艺：铸造，着色探伤，机加工，水压试验，气压试验，着漆。

图 7 - 23 分支母线壳、断路器壳体

2. 壳体电气性能要求

壳体直径与壳体内壁的表面状况对 SF_6 电器的电性能有重要影响，主要的要求有以下四条：

（1）壳体直径设计与计算。

（2）板材滚筒焊接壳体的内表面，要求磨光焊缝，残留焊缝高小于 2mm，磨去鱼鳞纹，手摸无扎手尖角，目测光滑，以消除尖角放电。然后，内表面应喷丸并涂环氧铁红底漆。

（3）铸铝壳体内表面应磨净铸件表面，无突起尖角，光滑无扎手现象，清洗后涂环氧铁红底漆。

（4）SF_6 电器壳体，可按不同的筒径、额定电流而分别选用碳钢板（锅炉钢20g）、碳钢板（20g）加拼焊不锈钢板（1Crl8Ni9Ti）以及铝板或铸铝。拼焊不锈钢板或用铝板（铸铝），是为了消除涡流发热与损耗。

7.3.8　绝缘件（绝缘盆子、绝缘拉杆（CB）、喷口 、支持绝缘筒、绝缘拉杆（DS））

高压 GIS 开关设备经常使用盆式绝缘子这样的支撑件，它起到将有高压电流的金属导电部位与地电位的外壳之间隔离开的作用。同时，盆式绝缘子也将承受金属导体自身重量、运动部位的力负荷，因此 GIS 用盆式绝缘子不但要满足绝缘性能的要求，还要具有良好的力学性能。高压断路器中的绝缘筒（棒）经常承受的机械负荷为拉伸、扭转、剪切、弯曲和挤压。制造过程中原材料性能优良、工艺配方合理、工艺纪律严明对制造质量尤为重要。

盆式绝缘子设计计算有三项工作：①高压电气性能设计及电场计算；②绝缘物嵌件浇注应力计算；③盆式绝缘子受气压作用时主应力计算及变形计算。

绝缘件生产工艺：装模—预干—真空浇注，首次固化温度、真空度、时间要求，首次干燥固化处理，先由 105℃ 加热 4h，再升温至 125℃，待 20～24h 后进行出炉脱模；脱模后立刻覆盖保温，约半小时后进行激光打码，约 1h 后再次入炉进行二次干燥处理，炉内温度控制在 120～130℃ 之间；待二次干燥约 14h 并在炉内自然冷却至 60℃ 左右后出炉修整。图 7－24 为绝缘件效果图。

图 7－24　绝缘件效果图

7.3.9 专业技术标准（表7-1）

表7-1 专业技术标准

序号	文件名称	标准号
1	绝缘配合 第1部分：定义、原则和规则	GB 311.1—2012
2	互感器 第1部分：通用技术要求	GB 20840.1—2010
3	互感器 第2部分：电流互感器的补充技术要求	GB 20840.2—2014
4	电气装置安装工程 电气设备交接试验标准	GB 50150—2006
5	交流电压高于1000V的绝缘套管（MOD IEC 60137）	GB/T 4109—2008
6	污秽条件下使用的高压绝缘子的选择和尺寸确定 第2部分：交流系统用瓷和玻璃绝缘子	GB/T 26218.2—2010
7	额定电压72.5kV及以上气体绝缘金属封闭开关设备与电力变压器之间的直接连接	GB/T 22382—2008
8	局部放电测量（IDT IEC 60270：2000）	GB/T 7354—2003
9	高电压试验技术 第1部分：一般定义及试验要求	GB/T 16927.1—2011
10	高电压试验技术 第2部分：测量系统	GB/T 16927.2—2013
11	标准电压	GB/T 156—2007
12	绝缘配合 第1部分：定义、原则和规则	GB 311.1—2012
13	绝缘配合 第2部分：高压输变电设备的绝缘配合使用导则	GB/T 311.2—2013
14	互感器 第3部分：电磁式电压互感器的补充技术要求	GB 20840.3—2013
15	电流互感器	GB 1208—2006
16	高压交流断路器	GB 1984—2003
17	高压交流隔离开关和接地开关	GB 1985—2004
18	外壳防护等级（IP代码）	GB 4208
19	电工术语 高压开关设备	GB/T 2900.20
20	交流电压高于1000V的绝缘套管	GB/T 4109—2008
21	外壳防护等级（IP代码）	GB 4208—2008
22	电工电子产品自然环境条件 温度和湿度	GB/T 4797.1—2005
23	电工电子产品自然环境条件 降水和风	GB/T 4797.5—2008
24	变压器、高压电器和套管的接线端子	GB/T 5273—1985
25	高压电力设备外绝缘污秽等级	GB/T 5582—1993
26	局部放电测量	GB 7354—2003

序号	文 件 名 称	标 准 号
27	额定电压 72.5kV 及以上气体绝缘金属封闭开关设备	GB 7674—2008
28	六氟化硫电气设备中气体管理和检查导则	GB/T 8905—2012
29	高压开关设备和控制设备标准的共用技术要求	GB/T 11022—2011
30	高压开关设备六氟化硫气体密封试验方法	GB 11023—1989
31	交流无间隙金属氧化物避雷器	GB 11032—2010
32	金属覆盖层 工程用银和银合金电镀层	GB 12306—1990
33	金属覆盖层 钢铁制件热浸镀锌层技术要求和试验方法	GB/T 13912—2002
34	高压开关设备抗地震性能试验	GB/T 13540—2009
35	低压系统内设备的绝缘配合 第 1 部分：原理、要求和试验	GB/T 16935.1—2008
36	导电用无缝铜管	GB/T 19850—2013
37	额定电压 72.5kV 及以上气体绝缘金属封闭开关设备与充流体及挤包绝缘电力电缆的连接 充流体及干式电缆终端	GB/T 22381—2008
38	包装储运指示标志	GB 191
39	交流高压电器在长期工作时的发热	GB 63
40	工业六氟化硫	GB 2022
41	高电压试验技术第一部分：一般试验要求	GB/T 16927
42	额定电压 72.5kV 及以上刚性气体绝缘输电线路	GB/T 22383
43	交流高压断路器订货技术条件	DL/T 402—2007
44	交流高压隔离开关和接地开关订货技术条件	DL/T 486—2010
45	六氟化硫电气设备中绝缘气体湿度测量方法	DL/T 506—2007
46	气体绝缘金属封闭开关设备现场耐压及绝缘试验导则	DL/T 555—2004
47	高压开关设备和控制设备标准的共用技术要求	DL/T 593—2006
48	气体绝缘金属封闭开关设备技术条件	DL/T 617—2010
49	气体绝缘金属封闭开关设备现场交接试验规程	DL/T 618—2011
50	气体绝缘金属封闭开关设备订货技术导则	DL/T 728—2000
51	气体绝缘金属封闭输电线路技术条件	DL/T 978—2005
52	电力大件运输规范	DL/T 1071—2007
53	导体和电器选择设计技术规定	DL/T 5222—2005
54	气体绝缘金属封闭输电线路使用导则	DL/T 361

7.3.10 见证点设置表(500kV 组合电器 GIS)（表 7-2）

表 7-2　见证点设置表

序号	项目	监检内容	见证方式 H(点)	见证方式 W(点)	见证方式 S(点)	缺陷分级
1	设计审查	检查设计符合性和可靠性	√			C 类
2	零部件及组部件	导电面镀银层	√	√		B 类
		盆式绝缘子	√	√		B 类
		绝缘台	√	√		B 类
		支撑绝缘子	√	√		B 类
		绝缘拉杆	√	√		B 类
		避雷器	√			C 类
		电压互感器	√			C 类
		电流互感器	√			C 类
		套管	√			C 类
		断口并联电容器	√			C 类
		合闸电阻	√			C 类
3	清洁作业	工序环境	√			B 类
		绝缘件外观、清洁度检查	√			B 类
		磷化件外观、清洁度检查	√			B 类
		导体类外观、清洁度检查	√			B 类
		触头类外观、清洁度检查	√			B 类
		密封件外观、清洁度检查	√			B 类
		壳体类外观、清洁度检查	√			C 类
4	涂敷作业	螺栓	√			B 类
		密封面	√			B 类
		箱体机架	√			B 类
5	紧固作业	紧固件	√			B 类
		紧固点力矩值	√			B 类
		螺栓类	√			B 类
6	装配作业	断路器装配	√			B 类
		隔离开关、接地开关装配	√			B 类
		分支母线装配	√			B 类
		母线装配(总装)	√			B 类

序号	项 目	监 检 内 容	见 证 方 式			缺陷分级
			H（点）	W（点）	S（点）	
7	试验	主回路电阻测量	√			C 类
		断路器机械试验	√			B 类
		隔离开关机械试验		√		B 类
		检修用接地开关机械试验		√		B 类
		快速接地开关机械试验		√		B 类
		联锁试验		√		B 类
		气体密封性试验	√			B 类
		SF_6气体湿度测量		√		B 类
		辅助和控制回路绝缘试验		√		B 类
		主回路绝缘试验（带局部放电测量）	√			A 类
8	包装、发运	现场查看、检查记录		√		B 类

7.4　GIS 的派生产品——H. GIS

7.4.1　H. GIS 的定义和结构特征

H. GIS 是 SF_6 复合电器的简称，它由罐式 SF_6 断路器（T－GCB）、隔离开关（DS）、接地开关（ES）和快速接地开关（FES）以及电流互感器（CT）等元件组成，按用户不同的主接线需求（3/2 CB 接线、单母线接线或双母线接线等）将有关元件连成一体并封闭于金属壳体之内，充 SF_6 气体绝缘，与架空母线配合使用。它的基本一次元件与 GIS 元件是公用的。日本在 20 世纪 70 年代后期率先推广使用了 SF_6 复合电器，将其命名为"半个 GIS（H－GIS）"。我国于 1980 年开始研制 252kV SF_6 复合电器，1984 年做出样品。将这种电器命名为" SF_6 复合电器"，一是为了区别于 GIS，二是考虑到更符合中国人的语言习惯；为与国外使用过的简化代号接轨，正式采用 H. GIS 简称。

我国过去和现在研制的 SF_6 复合电器，与日本几个制造公司的 H. GIS 的元件构成、工作性能及其基本结构都相同，仅仅是各元件的具体结构和技术参数不同。我国研制的 550kV SF_6 复合电器，其基本元件（CB、DS、ES、FES 及 CT）都取自 550kV GIS，采用一字形布置成 3/2 CB 接线。根据一次接线的不同要求，还可将这些基本元件组合成 4/3 CB（3 条进、出线共用 4 台 CB）接线方案，或采用两台断路器的两进一出式接线方案，或用于双母线系统的单台 CB 的布置方案。在 CB 两侧的 CT 及 DS－ES 的数量、布置方式可按用户不同要求设计。由于元件已标准化，因此其组合设计很方便，也很容易实现标准化组合方案的生产。H. GIS 布置图和实物图分别如图 7－25、图 7－26 所示。

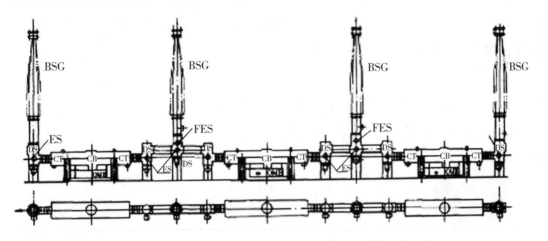

图 7 – 25   ZHW – 550 型 H. GIS(3/2 CB 接线)一串产品布置图

图 7 – 26   550kV H. GIS 装配实物图

7. 4. 2   SF$_6$ 全封闭式组合电器 GIS 装配工艺流程(图 7 – 27)

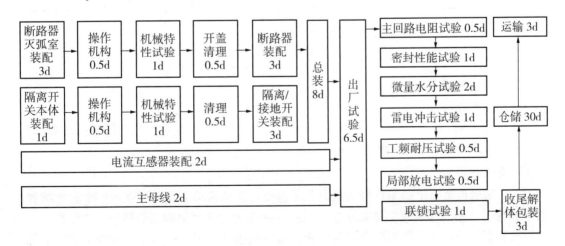

图 7 – 27   SF$_6$ 全封闭式组合电器 GIS 装配工艺流程图

7.5　管道母线 GIL

7.5.1　GIL 设备结构制造工艺(气体绝缘刚性输电线路)

1. GIL 生产流程(见图 7 - 28 和图 7 - 29)。

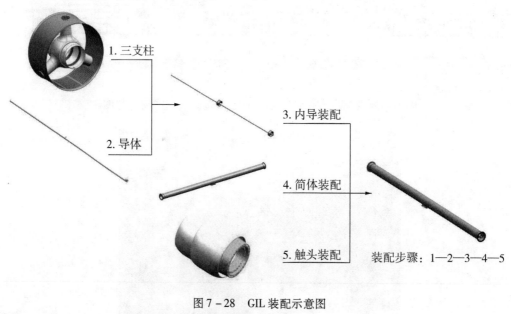

图 7 - 28　GIL 装配示意图

装配步骤：1—2—3—4—5

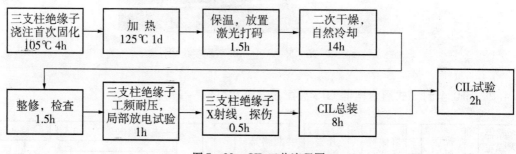

图 7 - 29　GIL 工艺流程图

2. 制造工艺要点

1)壳体制造

原材料下料、成型、翻边、焊接、检验、机加工、涂装。壳体采用无缝铝合金管，在焊接法兰后，用着色剂检查焊缝、水压试验。

2)导体制造

导体制造包括由下料制作到表面处理(包括电镀和涂装)的全过程。电镀配有铝镀银、铜镀银、刷镀及硬质阳极氧化等。12m 导体采用两节拼接氩弧焊焊接，焊接后经打磨、校正等处理，用着色剂检查焊缝质量；检查机加工尺寸、形位公差和粗糙度；金属导体表面应光滑、清洁、无毛刺；导体触头镀银层应无斑点、无划痕、无磕碰，符合工艺技术要求。

3）三支柱绝缘件制作

按照工艺技术要求进行绝缘件的浇注（装模—预干—真空浇注），管控好首次固化温度、真空度、时间等质量控制点。首次干燥固化处理，先用 105℃ 加热 4h，再升温至 125℃，待 20～24h 后出炉脱模；脱模后立刻覆盖保温，约半小时后进行激光打码，约 1h 后再次入炉进行二次干燥处理，炉内温度控制在 120～130℃ 之间；待二次干燥约 14h 并在炉内自然冷却至 60℃ 左右后出炉修整、送检。经工频耐压、局部放电量测量、X 射线探伤等检验合格后交付装配使用。

4）总装配

三支柱绝缘子分装，检查活动三支柱绝缘子滚轮等安装，应符合要求；检查固定三支柱绝缘子与粒子捕捉器 M12 螺栓（螺纹滴紧固胶），应按照 47.5 N·m 力矩紧固；检查固定（活动）三支柱绝缘子的焊接方式（氩弧焊），应满足要求，使用工装保证位置尺寸应符合图纸要求，每个三支柱绝缘子设置了 6 个焊点进行焊接，每个焊点焊完，静置冷却 1min 左右再施焊，焊接完成经打磨清理，符合要求。按照图纸工艺要求，用吊车将导体缓缓送入壳体内，检查单元内导体和法兰端面相对尺寸，应满足设计值；母线筒内三块粒子捕捉器的固定片焊接（焊接时用工装遮挡内部），采用氩弧焊，焊缝呈 U 形，焊接完成清理检查，应符合要求，装配接驳弯头、屏蔽罩。使用力矩扳手按标准力矩和工艺要求进行紧固作业，外露的螺栓按力矩要求紧固，做紧固标识线。

7.5.2　规范性引用文件

下列标准中未标示版本年号的，采用其最新版本。

GB 311.1	高压输变电设备的绝缘配合
GB 7674	额定电压 72.5kV 及以上气体绝缘金属封闭开关设备
GB/T 8905	六氟化硫电气设备中气体管理和检测导则
GB/T 11022	高压开关设备和控制设备标准的共用技术要求
GB/T 11023	高压开关设备 六氟化硫气体密封试验方法
GB 12022	工业六氟化硫
GB/T 16927.1	高压试验技术第一部分：一般试验要求
GB/T 22383	额定电压 72.5kV 及以上刚性气体绝缘输电线路
TEC 62271-203	额定电压 52kV 及以上气体绝缘金属封闭开关设备

7.5.3　出厂检验

试验项目、技术要求和试验方法如表 7-3 所示。

表 7-3　试验项目、技术要求和试验方法

序号	检验项目	技术要求	试验条件及测试方法	备注
1	零部件及装配质量检查	符合图样及文件要求	按图样及文件目检或用通用量具检查	
2	真空残压保持检查	抽真空至 133.3Pa，再抽 30min，静置 24h 后检查真空残压不大于 133.3Pa	真空泵、真空计	

序号	检验项目		技术要求	试验条件及测试方法	备注
3	密封性试验		SF_6 气体年泄漏率不大于 0.5%	1. SF_6 气体符合 GB12022 2. 按 GB/T 11023 进行 3. 用塑料薄膜包封密封部位及焊接部位至少 24h 后，用 SF_6 气体检漏仪测量包裹区内的气体含量 4. 判断年漏气量	
4	主回路电阻测量		见工程试验形态的具体要求	1. 按照 GB/T 22383、GB 7674、IEC 62271—203 进行 2. 直流压降法 3. 测量用直流电流 ≥100A	
5	绝缘试验	主回路	主回路对地绝缘电阻不小于 1000MΩ	用 2500V 兆欧表测量	主回路短时工频耐受电压加压过程见图 7 - 30
			短时工频耐受电压（有效值）对地：740kV	1. 按 GB/T 22383、GB 811.1、GB/T 15927.1、GB7674 及 IEC62271—203 进行 2. SF6 气体压力 0.4MPa	
		辅助回路	短时工频耐受电压（有效值）2kV	按 GB/T 11022 进行	
6	局部放电试验		预升电压 740kV。测量电压 381kV，局部放电不大于 5pC	1. 试验按 GB/T 22383、GB 7674、IEC 62271—203 进行 2. 按 GB7674 进行 3. 应在绝缘试验后进行局部放电测量，局部放电测量应在用于进行绝缘试验设备的整体或分装上进行	可在工频耐压试验后的降压过程中测量
7	外壳压力试验		按照图样要求进行例行水压试验、气密性试验	压力泵	
8	收尾及包装检查		1. 运输单元装配运输盖板前，用强光手电筒检查壳体内部及导体清洁度，应无金属微粒、纤维及粉尘 2. 运输单元包装前外观检查应无磕碰、划伤、掉漆、污染 3. 按工艺文件及具体工程包装规范执行	目视	

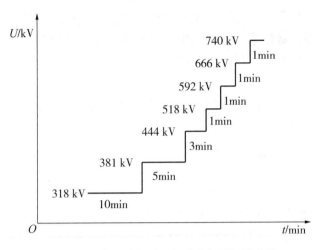

图 7-30 主回路短时工频耐受电压加压过程

7.6 GIS 设备监造工作程序及控制要点

7.6.1 GIS 设备监造工作程序

在接到 GIS 产品监造任务后，首先要仔细阅读订货合同及技术协议。在此基础上编制产品监造工作实施细则，根据实施细则及产品生产进度，对产品的有关部件、出厂试验进行文件见证和现场见证，对产品的包装、运输做好见证工作。下面将仔细分析监造过程中各个主要环节。

1. 审阅订货合同及技术协议

在审阅技术协议时，我们要把业主在技术协议中所提出的各种技术参数与供应商在技术协议中所做出的响应、以及供应商生产该产品的技术条件三者进行仔细对比。

2. 编制产品监造实施细则

在技术协议审阅完成后，根据被监造产品的有关资料进行产品监造实施细则的编制工作。

（1）监造实施细则就是监造组对某项监造任务的监造计划，细则中必须说明被监造产品的技术特性。

（2）监造实施细则必须说明监造工作的具体安排。

（3）在编制细则时，在技术协议中对某些部件有特定要求（或指定生产厂家）给予特别注意。

3. 文件见证

文件见证工作是依据监造委托合同、GIS 作业指导书进行的，要求进行文件见证的零部件，一般应注意下列情况：

（1）供应商直接买进部件用于产品上，如电流互感器、电压互感器、避雷器等，对于这类部件，首先要求供应商提供所购部件的质量文件（如验收试验报告、验收单等）。

　　(2)供应商购买材料或半成品，再进行加工后用于产品的，如绝缘拉杆、GIS筒体、盆式及柱式绝缘子等，对这类部件要求供应商提供原材料的质量文件（如材质成分报告、机械强度报告等）、供应商加工的工序合格证及相关的质量证明文件（如工序合格证、质量跟踪卡、焊缝探伤报告等）。

　　(3)由于多数GIS产品是大批量生产的，因此文件见证一定要关注质量文件与所对应的部件的关系（时间、批次）。

7.6.2　GIS组合电器的关键质量控制要点

　　1. GIS单元的清洁

　　GIS单元的清洁是装配过程中最重要的质量控制要点，此过程的质量关系到GIS设备能否试验合格、顺利出厂。清洁时要先使用细纱布或百洁布去除掉罐体及各导电元件上的毛刺及污痕，再使用高纯酒精及工业无毛纸等物品擦拭罐体内壁及元件，保证气室内无杂物。

　　2. 气室真空度及SF_6气体水分检查

　　真空度要求是继清洁度之后的第二个控制要点，此工序是控制SF_6含水量的重要保证措施，它不仅能减少SF_6气室本身的水分，也减少罐内其它物质（绝缘体、密封体等）内所含的水分，一般要求在充气之前气室真空度至少达到133Pa（1mmHg）后再继续抽真空0.5h，国内还有些厂家要求真空度达到10Pa后再继续抽真空2h。

　　GIS单元的固体绝缘介质表面吸附水膜时会使沿面电压分布不均匀，因而是闪络电压低于纯空气间隙的击穿电压，介质表面粗糙不平，有划痕、毛刺，也会使电场分布畸变，从而使闪络电压降低。吸附的水膜在高气压时易发生凝露现象，GIS设备带电运行时就会形成电桥，使设备绝缘性能大大降低，发生击穿现象。

　　减少水分对GIS运行产生影响的另一个关键控制点是，SF_6气体露点必须控制在0℃以下，以防止温度的变化使绝缘体表面上产生凝露现象。绝缘体表面所附着的水珠和SF_6电弧产物发生反应生成HF等低氟化物，这些低氟化物是使沿面的绝缘材料和金属表面劣化的主要原因，但把SF_6气体的露点控制在-5℃以下时，绝缘体凝结的就不是水珠而是冰晶，它对绝缘性能几乎没有影响，可以保证设备的稳定运行。

　　3. 密封性检查

　　检查气密性的手段通常是采用聚乙烯塑料布局部包扎积累法测定，还要经常检查SF_6压力表的读数来作为密封性的辅助检查。气密性积累的时间通常是24h。密封性能的好坏主要取决于罐体焊接质量，其次是密封圈的制造、安装及调整状况。安装时要保证O形圈的压缩量和修整圆度；在清理罐体密封面的密封槽时，要用细砂纸，法兰边缘可以用锉刀、砂纸修磨。罐体加工后要用气压试验来检查密封情况，压力取最高气压的1.25倍。用SF_6气体加压，在总装试验时测SF_6气体的泄漏状况，要使灵敏度不大于1×10^{-8}。

　　4. GIS设备的耐压

　　从出厂实验证明，影响耐压效果的最主要的因素是绝缘体表面粗糙度和气室内杂质的危害。SF_6气体对由电极表面缺陷而引起的微观电场不均匀状态十分敏感，当SF_6气体压力与表面粗糙度之积大于 8MPa·μm 或 SF$_6$ 气体压力与导电微粒长度之积大于 7MPa·μm 时，会引起局部电场畸变及强化，降低了放电电压；当压力与粗糙度之积大于 10MPa·μm 时，击穿电压将下降到一半；当导电微粒长度为 1mm 时，击穿电压将下降 30%；当导电微粒长度为 100mm 时，击穿电压将下降 70%。因此，无论在工厂或现场都应做耐压或局部放电试验，以验证 GIS 是否存在致命的绝缘性能缺陷。

设备耐压放电的过程及结果证明：微粒通常容易积存在罐体的底部，特别是在垂直罐体和母线筒的水平盆式绝缘子的表面，这是静电屏蔽效应的体现。在高电压的加压过程中，导电性杂质在外加电场的作用下竖起直立，在电场力超过杂质重力作用时，微粒开始上浮。特别是在交流电产生的场中，会使杂质一直处于振动和上浮的过程，即在不断上下振动中逐渐上浮，处于弹跳的状态，这样就会将杂质驱赶到电场较弱处（也就是罐体的边缘或盆式绝缘子的边缘）。这些杂质对耐压效果有着非常大的影响，这就要求 GIS 设备在正式耐压前，施加电压较低但作用时间较长的电压"老练"，"老练"时间必须大于耐压时间。此过程对于消除微米级的细小杂质非常有效，这些细小杂质往往经过一、二次放电以后即被消除掉，可使整体耐压水平提高。如果"老练"时间过短，其结果可能使微粒振动上浮尚在途中，减少了悬浮微粒"老练"放电的概率，不能将小杂质全部清除，会出现"老练"不完全现象，因此每次"老练"时间不得少于 5min，如有条件还应延长"老练"时间。

5. 现场见证

根据监造实施细则对产品的出厂试验进行现场见证，现场见证工作又可分为机械特性试验、耐压试验、局部放电试验、密封性试验、回路电阻测量、SF$_6$ 气体水分含量检测六部分。

（1）GIS 产品的机械特性试验。即测量产品动作特性——分闸时间、分闸速度、合闸时间、合闸速度、分闸同期性、合闸同期性等。这些特性都是由产品的传动部件决定的。在产品做机械性能试验时，按规定是可以做适当调整的。如果经过调整仍不能达到合格，则必须查明原因，采取措施解决，直至合格。

（2）GIS 产品耐压试验。根据国家标准，产品出厂只做工频耐压试验。若业主要求做雷电冲击试验，应在技术协议或补充协议中给予注明。

（3）GIS 产品的局部放电试验。当电压施加到诱发电压后，降到测量电压，进行局部放电测量。但在诱发电压至测量电压之间，不允许电压低于测量电压后再调升至测量电压。

（4）密封性试验（检漏试验）。目的是检查产品的泄漏情况是否在允许的范围之内。只有 SF$_6$ 气体泄漏量在规定的标准之内，才能保证产品正常运行。

（5）回路电阻测量。是确定产品动、静触头接触是否良好的重要手段。一般情况下，回路电阻超过规定值，往往是触头接触有问题引起的。

（6）SF$_6$ 气体水分含量检测。应关注检测方法是否正确，仪表是否符合要求，以使得测量数据准确。

以上所述装配工艺是保证 GIS 质量的重要措施，装配人员要严格按照专业技术来进行 GIS 设备的组装和试验。见证过程中遇到质量问题要及时改正，确保设备制造质量。

7.7　工程问题处理

7.7.1　工程问题处理案例（表7-4）

表7-4　某直流工程550kV GIS质量问题案例

试验位置	极性	试验波形类型	试验电压/kV	波前时间 $T_1/\mu s$	半峰时间 $T_2/\mu s$
某C相断路器合闸	负	1675±3 %（全波）	1632	2.08	46.09
		1675±3 %（全波）	1673	截波	截波
		1675±3 %（全波）	1664	2.16	45.52
		1675±3 %（全波）	1657	2.05	46.04
		1675±3 %（全波）	1667	2.15	46.07

发现日期	问题描述	处理措施及结果
2017-01-22	雷电冲击试验时，负极性第二次加压1673kV出现截波，放电定位仪亮，按厂方试验方案追加三次通过，后续工频耐压及局部放电试验未做，查找原因后，再进行试验	开盖检查放电位置为非机芯侧导电臂和罐体内壁见图7-31和图7-32，处理后，2017-02-06高压试验复检通过。原因分析：导电臂为异形原件，导电臂圆弧位置为铝铸件加工后需人工打磨，人工打磨有可能造成圆弧不均匀或壳体内壁涂漆后有看不见的微小金属微粒，因而造成电场不均放电。后对导电臂圆弧位置进行重新打磨，工频耐压及局部放电试验通过

图7-31　导电臂放电点位置　　　　　图7-32　罐体内壁放电点位置

7.7.2　产品质保期故障树（图7-33）

　　GIS故障类型分为：1.附件故障，2.本体绝缘故障（包括油、气绝缘介质异常），3.本体密封故障，4.本体过热故障，5.二次系统，6.机构故障（适用于开关类产品）。

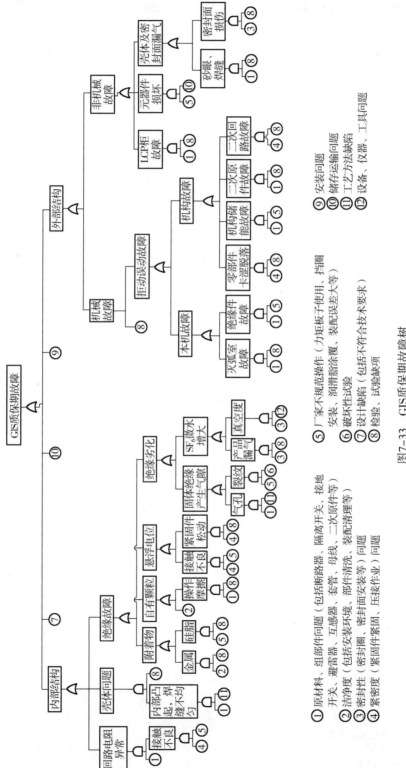

图7-33　GIS质保期故障树

　　根据主网某运行单位设备管理系统近 10 年的运行数据，统计 GIS 有 37 个问题，其中附件故障问题为 10 个，本体密封故障问题为 2 个，本体过热故障问题为 6 个，二次故障问题为 17 个，机构故障问题为 3 个。从以上运行数据中可以看出，二次故障问题最多，约占 46%，其次是附件故障问题，约占 27%，因此，在监造过程中需要采取针对措施对以上两类问题进行管控。该运行单位所辖 GIS 设备数量较少，不足 10 套，问题代表性并不是很强。据了解，内部放电故障在电网系统的 GIS 设备运行中比较频发，对 GIS 内部绝缘强度和洁净度的管控丝毫不能放松。

$\mathcal{8}$ 平波电抗器

在直流系统中，平波电抗器用以抑制谐波电流和暂态过电流，以及提供换相电抗保持直流电流。在高压直流工程 HVDC 中输出的整直电压中，总是会有有害的特征脉动纹波，因此需要用平波电抗器加以抑制。在直流输电的换流站中都装有平波电抗器，它与直流滤波器配合使用，使输出的直流接近于理想直流。

平波电抗器与直流滤波器一起构成特高压直流换流站直流侧的直流谐波滤波回路，减小交流脉动分量并滤除部分谐波，减少直流线路沿线对通信的干扰，避免谐波使调节不稳定。平波电抗器还能防止由直流线路产生的陡波冲击进入阀厅，从而使换流阀免遭过电压的损坏。当逆变器发生某些故障时，还可避免引起继发的换相失败，且能减小因交流电压下降而引起逆变器换相失败的几率。当直流线路短路时，在整流侧调节配合下，平波电抗器可限制短路电流的峰值。电感值并不是越大越好，因电感的增大对直流输电系统的自动调节特性会有影响。

平波电抗器一般串接在每个极换流器的直流输出端与直流线路之间，是高压直流换流站的重要设备之一。在直流输电系统中，当直流电流发生间断时，会产生较高过电压，对绝缘不利，使控制不稳定。平波电抗器通过限制由快速电压变化所引起的电流变化率来防止直流电流的间断，从而降低换流器的换相失败率。

平波电抗器按型式分为油浸式平波电抗器和干式平波电抗器。在特高压直流工程中均采用干式平波电抗器。

8.1 干式平波电抗器概况

8.1.1 干式平波电抗器

平波电抗器及阻塞滤波器电气接线示意图如图 8 - 1 所示。平波电抗器外形如图 8 - 2 所示。

1. 干式平波电抗器主要结构

干式平波电抗器由线圈、支架、绝缘支柱、均压环、底座等组成。线圈由多层同心压缩铝线包组成，采用多层圆筒式并联结构，每层线包均浇注环氧树脂使其绝缘，线圈包封采用环氧树脂玻璃纤维材料增强绕包，层间垫有隔条，用于保证层间绝缘和散热，端部用高强度铝合金星形夹持，并用环氧玻璃纤维带拉紧结构，使电抗器绕组成为刚性整体，以确保线圈震动时不变形。在绕组的上、下端部采用电场屏蔽环，其下部采用星形支架和支柱绝缘子支撑。在线圈绕组周围安装降噪装置以降低噪声。由于干式平波电抗器无铁芯，因此其负荷电流与磁性呈线性关系。

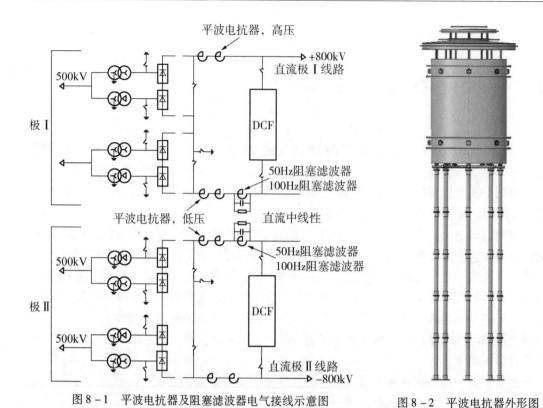

图 8-1　平波电抗器及阻塞滤波器电气接线示意图　　　　图 8-2　平波电抗器外形图

2. 干式平波电抗器的优点

①对地绝缘简单。干式平波电抗器的绝缘主要由支柱绝缘子提供，提高了主绝缘的可靠性。干式平波电抗器无油绝缘系统，因无油而没有火灾危险和环境影响，在阀厅和户外之间也不需要装设防护墙。②潮流反转时无临界场强。高压直流反转需要改变电压极性，会因捕获电荷而在油纸复合绝缘系统中产生临界场强；但对于干式平波电抗器来说，改变电压极性仅在支柱绝缘子上产生应力，没有临界场强的限制，这样干式平波电抗器的支柱绝缘子与其它母线支柱绝缘子的特性相似。③负荷电流与磁链呈线性关系。由于干式平波电抗器没有铁芯，因而在故障情况下不会出现磁链饱和现象，在任何情况下都保持同样的电感值。④暂态过电压较低。因为干式平波电抗器对地电容较低，所以对平波电抗器的冲击绝缘水平要求也较低。⑤噪声低。⑥质量轻，易于运输和处理。⑦干式平波电抗器基本上是免维护的，运行、维护费用低。

3. 干式平波电抗器的主要作用(在每个换流站与每极串联)

(1)限制直流电流突变，减小换相失败的可能性。当直流线路发生故障时，限制直流线路短路期间整流器中的峰值电流；还可限制线路和逆变器的放电电流。

(2)和直流滤波器一起构成直流输电线路的谐波滤波回路，减小直流线路中电压和电流的谐波分量。

(3)防止直流线路陡波冲击进入阀厅。

(4)能平滑直流电流中的纹波，避免在低直流功率传输时电流的断续。

(5)避免直流侧谐振。

8.1.2 干式平波电抗器的主要原材料和组部件

8.1.2.1 绕包绝缘技术（树脂、固化剂、无捻纤维纱）

目前国产特高压平波电抗器均采用先进的绕包绝缘技术，是以无碱玻璃纤维经过胶槽挂上绝缘胶实现包封绝缘的，包封绝缘的主要绝缘材料为环氧树脂体系和玻璃纤维；玻璃纤维的主要成分为 SiO_2，它是无机纤维材料，其基本结构是硅氧 $(Si-O)$ 为主链，比有机纤维材料 $C-C$ 键能大，因此玻璃纤维可耐高温，在温度 250℃ 以下机械、电气性能很稳定。

监造要点：环氧值测定；固化剂纯度测试；固化凝胶时间试验。

8.1.2.2 主要原材料

1. 换位导线

平波电抗器一般采用扁形换位铝导线绕制，换位导线如图 8-3 所示。

(a) 整盘电磁线

(b) 电磁线合格证

图 8-3 换位导线

换位导线是以多根（一般为奇数根）能耐油、水溶浸的高强度漆（纱）包铜、铝线为芯线，通过有退扭功能的放线装置，水平集束成为芯线间宽面重叠、行列间相互平行的数列（一般为两列）的组合导线。

经绞合压型后的导线再包以多层绝缘薄膜带和一层最外层复合布带绕包。每轴只能缠绕一根换位导线，起头、完头要露出轴外，单股线首端、末端要有明确标识，便于检测股间绝缘。

换位导线各单股线直流电阻相对平均值的互差不超过 ±2%；各单股线直流电阻对其它单股线的绝缘电阻不小于 100MΩ。

2. 绝缘材料

绝缘材料为环氧树脂、固化剂、玻璃丝纱、气道条、环氧树脂布带；防污闪涂料在环氧树脂混合料中，由于环氧树脂必须与固化剂交联固化形成不溶、不熔的体型网状结构才能显示出环氧树脂优良的电气性能和机械性能，因此在环氧树脂浇注过程中固化剂是必不可少的重要部分。绝缘材料如图 8-4 至图 8-9 所示。

图 8-4　环氧树脂标签

图 8-5　固化剂标签

图 8-6　玻璃丝纱合格证

图 8-7　气道条实物

图 8-8　防污闪涂料

图 8-9　气道条检验报告

漏电起痕是一切有机绝缘材料在严重潮湿和污秽条件下的特有现象。电抗器表面涂覆憎水性涂料，对抑制表面局部放电非常有效。

1）见证试验报告

见证试验报告内容但不限于以下内容：细度、硬度、黏度、不挥发分、干燥时间、活性试验。

2）入厂检验

外观检查：包装物上各标识齐全、清晰。漆色泽一致、无结块、无杂质、无沉淀。

试验检测：固化时间120℃/2h，固体含量≥60%，附着力≤2级。

8.1.2.3 主要组部件

1. 隔声装置

隔声装置通过在噪声传播路径上采取隔声措施(目前采用的隔声措施主要有组装式隔声壁、高效隔声板以及二者组合应用)和消声措施(吸音棉)。

隔声装置包括：环氧树脂；玻璃纤维短切毡、无捻纱、网格布；吸声圈、筒；梯形板、支架；防鸟栅等，外形结构尺寸应与图纸相符。

要求：外观无损伤、无较大色差、无飞边毛刺。各部件安装连接整体顺畅、紧密牢固。

提示：吸音棉应使用阻燃材料，并提供吸音棉的燃烧测试报告。

2. 支撑绝缘子

绝缘子伞裙断面图如图8-10所示。绝缘子实物如图8-11所示。

外观尺寸：产品结构高度、上下法兰孔中心距外绝缘爬距；例行抗弯试验；工频耐受试验。提供支柱绝缘子、伞套材料相应的技术参数和详细的电气及机械性能试验报告，并满足技术协议的指标要求。

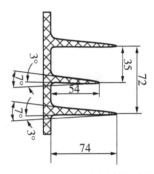

图8-10 绝缘子伞裙断面图

- 体积电阻率 ≥ 1012 Ω·m；
- 击穿强度 ≥ 30 kV/mm；
- 耐漏电起痕及电蚀损不低于4.5级；
- 抗撕强度 ≥ 10 kN/m；
- 抗张强度 ≥ 4 MPa；
- 扯断伸长率 ≥ 150%；
- 邵氏硬度 ≥ 50；
- 憎水性应符合DL/T 864附录A的要求；
- 阻燃性 FV-0级；
- 支柱高度 2 415 ±1.5 mm；
- 爬电距离≥8 800 mm。

图8-11 绝缘子实物

3. 汇流排

平波电抗器汇流排为挤压铝型材，如图8-12所示。

(a) 外形图

(b) 实物俯视图

图8-12 平波电抗器汇流排

（1）核查合格证及试验报告。具体内容主要为：外观、抗张强度、屈服强度、延伸率、化学光谱分析。

（2）入厂检验。外观检验：表面清洁光滑，无毛刺，无油污和水迹，无损伤，尺寸符合国家标准要求。测量检测：抗拉强度≥220MPa。

（3）未经入厂检验或未见检验报告不能在产品上使用。

4. 均压环

平波电抗器均压环由不同规格的电晕环组成，每圈电晕环都是由多段尺寸相同的两端封闭的弧形铝管所组成的非闭合环。

电晕环技术要求：

（1）原材料型号规格应与图纸相符，外形结构尺寸与图纸要求相符。

（2）焊接方法、焊接材料、焊接质量必须满足工艺文件要求。

（3）表面圆滑，无毛刺，无凹凸不平；无油污和水迹，无裂纹和严重划伤；安装翼板焊接牢固可靠。

提示：不得有任何应力进行装配。

5. 防雨罩

防雨罩如图 8-13 所示，上部为降噪装置可以起到降低噪声和防止雨淋的作用。

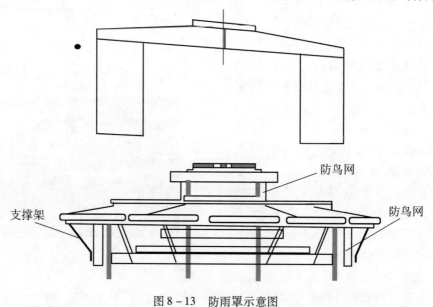

图 8-13　防雨罩示意图

8.2　干式平波电抗器的主要生产工序

8.2.1　干式平波电抗器的制造工艺及特点

（1）制造工艺要点。该产品主要工艺是线圈的卷制、处理，汇流排的制造，线圈及隔声装置的安装。线圈为多层圆筒式，共 21 层，采用矩形截面的铝绞线绕制，线圈内径

φ2 014 mm，线圈外径 φ4 408 mm。每层线圈作为一个独立单元，每个单元由预浸树脂的玻璃丝束包绕，每个单元之间有 H 级聚酯引拔撑条相互隔离，形成导体的散热通道。各层线圈出头由铝套筒与铝绞线冷压在一起，然后焊接在汇流排上。

（2）对汇流排焊接工艺的检查。焊线无尖角、毛刺、气孔、裂纹等缺陷，焊线光滑、饱满、尺寸符合图纸要求。(抗拉强度试验 - 报告)

（3）线圈整体涂漆。喷漆前要将作业区打扫干净，涂漆时要保持周围环境清洁无灰尘。将线圈内、外表面上的毛刺打磨处理干净，使待涂漆的表面平滑，用抹布蘸酒精对上下汇流排、线圈内外表面的进行彻底擦拭。根据 RTV 漆性质，该漆开桶搅拌均匀后，直接喷刷，在喷刷过程中严格控制涂层不漏涂、不滴流、不挂丝。涂刷遍数，直至符合工艺要求。

（4）制造工艺流程双代号网络计划图（见图 8 - 14）。

8.2.2　线圈绕制

平波电抗器线圈的结构型式为多层并联型式，制造工艺分为一次绕制完成再固化和多次固化两种方式。

线圈绕制技术要求要点：①拉紧上下汇流排胶束；②所有包封端部打磨平整并且在同一水平线上，端部所有出线部位不得有漏缝；③起吊时用专用工具，不允许吊上下汇流排；④线圈出头在能焊在相关汇流排情况下尽量靠近汇流排，并且要靠近出头焊接；⑤绕制线圈时要保护好汇流排表面，防止绝缘胶束滴入；⑥所有安装孔必须保护好，不允许粘上胶；⑦第 15 包封以内撑条为 72 等分，第 15 包封以外撑条为 84 等分；⑧线圈最后入炉前，需将所有撑条的两个端部与相邻层的撑条端部用胶束缠绕紧固；⑨上下汇流排相对应的角度应一致，不允许有偏差。

线圈绕制过程按下述工艺过程实施：

1. 准备阶段

1）备料

无碱玻璃粗纱，每轴胶束由单股 4800TEX 玻璃纱上胶而成（上胶收卷转数控制在 60r/min，保证浸润良好）。

2）模具安装

（1）上、下汇流排各支臂间距测量；

（2）各螺栓把装力矩标准：M12（80）、M16（195）± 10%；M30（550）± 20%，力矩扳手；

（3）各部件自身转动性（下汇流排、四个大立柱、上中下部定位圈、四个小立柱）；

（4）各部件用垫块撑紧（方钢管、下中上定位圈、小立柱与大立柱之间、上汇流排与大立柱之间）；

（5）上、下汇流排轴向高度；

（6）上、下汇流排各支臂偏差；

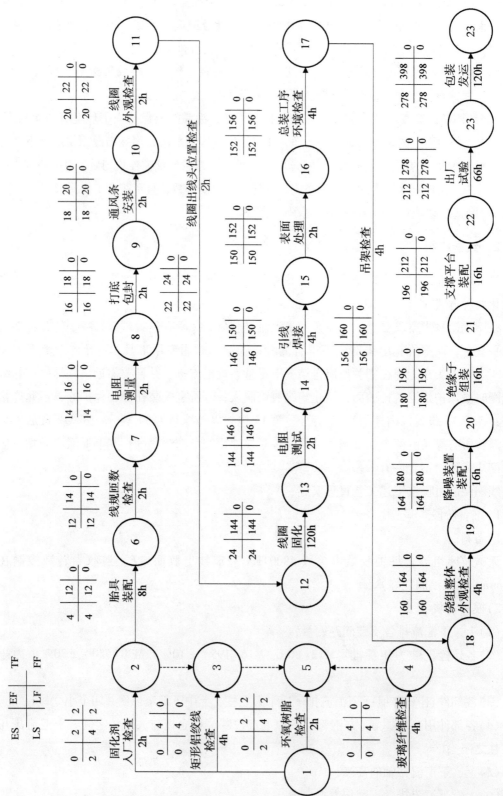

图8-14　平波电抗器制造工艺流程双代号网络计划图

（7）上、下汇流排中心距偏差；

（8）定位圈（下中上）外径。

2．绕制阶段

1）绕制环境温湿度

5—9月份绕制时间为15天，10月—次年4月绕制时间为20天，环境温度控制为25℃±5℃，湿度控制为≤65%，温度、湿度早中晚各记录一次。

2）绕制工艺要求

包封绕制→绝缘层绕制→绝缘层绕制工艺要求：①内、外假包封；②内包封卷制应均匀，不得有缝隙；③卷制前、后导线股间测量（100V摇表），如图8-15所示。

图8-15　卷制后测量导线股间绝缘

线圈出头位置、长度如图8-16所示。

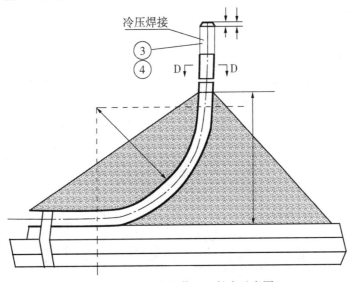

图8-16　线圈出头位置、长度示意图

聚酯引拔条间距测量，如图8-17所示。

图8-17　引拔条间距测量

图8-18　胶泥填补

3）胶泥填补

填补位置、每层导线出头两侧（高温环氧树脂胶泥）如图 8 – 18 所示。

4）刷胶

导线绕制后，涂刷胶束树脂胶（胶束上胶），如图 8 – 19、图 8 – 20 所示。

图 8 – 19　绕玻璃纱

图 8 – 20　涂刷胶束树脂胶

3. 绕制后阶段

1）线圈整体要求

（1）外表面刮平处理，达到平整、光滑、洁净、纹路均匀清晰；

（2）端圈光滑呈自然圆弧过渡；

（3）绕制完成后 12h 内入炉固化处理。

2）线圈包封绕制

层绝缘包封底包、外包。绝缘层绕制工艺要求如表 8 – 1 所示。

表 8 – 1　绝缘层绕制工艺要求

类　别	绕制要求
内、外假包封	1. 胶束带半叠一层 + 半叠稀纬带 + 胶束带半叠一层 + 半叠稀纬带 + 胶束带半叠一层 2. 半叠要求：带与带之间重叠 40% ～ 50%
层绝缘包封底包、外包	1. 胶束带半叠一层 + 半叠稀纬带一层 + 胶束带平叠一层 2. 平叠要求：带与带之间重叠 0 ～ 2mm，稀纬带不外露端封

底包绕制后，应在 4h 内进行线圈的绕制。

最外包封最后一次半叠的浸胶玻璃丝必须是满盘玻璃丝。

3）绕制周期约 20 天，到期入炉完全固化。

4. 包封固化

平波电抗器线圈绕制完成（或部分完成）后，采用大型加热罐来加热固化线圈本体。干燥炉加热方式为：100℃ 以下蒸汽加热、100℃ 以上电汽混合加热的常压热风循环干燥方式。分布 12 个热电偶监测不同部位的温度。

固化过程按下述工艺过程实施：

1）准备阶段

①将干燥炉内、轨道、平车清理干净；②平车铺放纸板防护良好。

线圈按单元 1 ～ 11 单元、12 ～ 21 单元分两次固化，两次固化采取完全固化方式。

（也可以分 3 次固化）

2）热电耦预先校验

热电耦预先校验数值准确，数量 12 只。单元热电耦安放位置如图 8 - 21 所示。

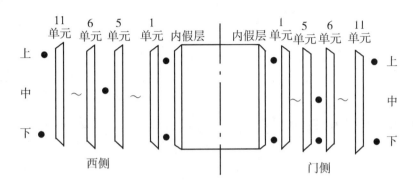

图 8 - 21　热电耦安放位置示意图

3）固化工艺要求

按固化曲线要求进行固化处理：设置 1 只热电偶作为温度控制点；根据实际情况，调整间隔和排风时间，以保证升降温速度和各点热电偶温度差。

记录要求：升、保温阶段每小时记录一次各控制点的温度；降温阶段每 2h 记录一次；写明固化温度参数起始点及总时间。

（1）固化过程

固化过程包括升温过程、高温保温过程、降温过程和结束过程。

举例说明：

a）按固化曲线要求进行固化处理：速度控制 ≤25℃/h，从室温升温到 80℃ 阶段，1 ~ 11 热电耦温差 ≤30℃；其余升、降温阶段，1 ~ 11 热电偶温差 ≤20℃。热电耦显示温度如图 8 - 22 所示，固化温度曲线如图 8 - 23 所示。

图 8 - 22　热电耦显示温度

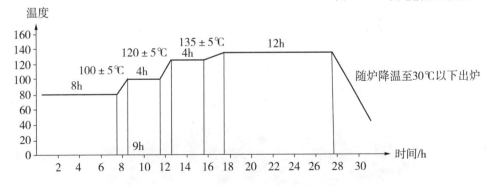

图 8 - 23　固化温度曲线图

b）排风：在升、保、降温过程中，每间隔 30min 排风 5min。

4）出炉要求

固化结束后，降温至不高于 30/40℃（冬/夏）出炉。

8.2.3　产品装配

1. 引线焊、连接

铜（铝）端子（排）无氧化，表面平整、光滑，无任何损伤，螺栓孔数量及间距符合图纸要求。

需要焊接引线的焊接搭接截面符合工艺要求，焊缝均匀、饱满，无夹渣，无气孔。焊后要去除焊渣、毛刺、尖角，并用锉刀或砂布打磨平整，无碳化物。引线焊接的位置正确，引线外包绝缘尺寸应符合设计图纸及工艺文件要求。

引线连接：引线连接的基本连接形式有铜（铝）焊接、冷压接和螺栓连接。①线圈出线与汇流排的连接基本上采用磷铜焊或（氩弧焊），如图 8-24 所示。②引线之间的连接一般采用冷压接。采用冷压接方式，可防止绝缘的碳化、受潮。针对不同的引线连接部位，采取不同的引线连接方式，可以保证引线连接的机械强度和电气性能，并可改善作业环境，提高产品的清洁质量。冷压连接：液压站（DYB-A）、压钳、压坑模、压圆模。（使用三相 380V 电源。额定压力：63MPa；额定出力：400kN；油缸直径：50mm。）

图 8-24　气体保护焊

2. 线圈与降噪装置的装配

线圈与降噪装置的装配如图 8-25 所示。检查零部件的尺寸和材料，是否符合图纸要求。

图 8-25　线圈与降噪装置的装配

实际几何尺寸偏差：±5%；吸音棉阻燃等级：215℃。

要求：安装完成后，重点查看降噪装置的装配质量，查看降噪装置装配是否牢固美观，防雨部分有无开裂。

3. 主线圈与平台试装

支撑架表观应质量完好，无尖棱锐角，无金属飞边、毛刺；材质应正确，表面处理良好。几何尺寸及安装尺寸符合图纸要求。

支撑平台（包括绝缘支柱）安装位置应正确且牢固，间隔尺寸及倾斜角度应符合图纸要求。安装要求：①平波电抗器基础平整度误差±3mm，轴线误差±2mm。②平波电抗器各支柱螺栓平整度误差±2mm，地脚螺栓中心误差±2mm，各柱地脚螺栓平整度误差±2mm。③每层支柱绝缘子组装后节径尺寸误差±2mm，米字平台安装后平整度误差±2mm。④平波电抗器本体中部消声系统组装过程，各消隔板间缝隙小于1mm。⑤上部消声系统中，消声主体及消声顶盖组装过程，等位线连接正确率达到100%。⑥平波电抗器安装过程本体、中部消声罩、上部消声系统外表RTV漆严禁剐蹭。⑦支架接地良好，标识规范。

4. 绝缘子的组装

平波电抗器支撑部分采用多柱瓷质绝缘子垂直支撑。每两节绝缘子被定义为一个单元。在各单元之间使用刚性金属平台将各柱绝缘子固定。在绝缘子顶端与电抗器之间安装有一个刚性不锈钢绝缘子顶端平台和多柱支座进行过渡支撑。支座上方安装电抗器本体。进行绝缘子的垂直度和法兰水平的检查；就位后，在紧固螺栓前，采用专用仪器观测电抗器安装的垂直度和水平，适当采用垫片进行调整，确保整体平衡稳定。整体平衡调整完成后，按要求力矩采用力矩扳手逐个紧固螺栓。

绝缘支柱外观应质量完好，伞裙（磁、硅胶）及爬距应满足技术协议和设计要求。

5. 极限侧产品装配

装配流程：底座安装→支柱绝缘子安装→层间环形板安装→安装上部支架及垫凳→主体安装→防雨罩安装→安装吸音圈→安装梯形防鸟网→安装屏蔽环。

1）支柱绝缘子装配（图8-26）

底座安装：型号规格为FZSPW-800/16-Z，单台装配数量为60。

支柱绝缘子是一种特殊的绝缘控件，能够在输电线路中起到重要作用：支撑导线和防止电流回地。各支柱绝缘子的组装过程，着重在每层绝缘子组装结束后控制其顶面节径尺寸，使其满足设计说明和厂家要求。如果存在误差可使用厂家专配调整垫片进行调整。每层节径尺寸调整至符合安装要求后，上一层支柱组装前，将组装好的每个支柱底部连接螺栓间隔紧固一半，另一半待全部组装完毕后一次性紧固，便于过程调整。

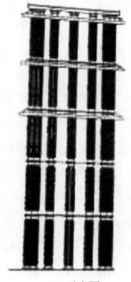

(a) 实物图　　　　　　　　　(b) 示意图

图 8 – 26　支柱绝缘子装配

支柱绝缘子组装完毕，顶部上支架安装在最上层支柱绝缘子顶部，安装时控制各上支架顶部平整度保持在同一水平上；然后安装顶部米字平台，平台与上支架安装后，需及时将米字平台顶面调整至水平状态；最后紧固剩余的未紧固螺栓，按不同规格螺栓对照不同扭矩值进行检测，如螺栓设有防振帽，需将防振帽套上并拧紧。

2）支柱绝缘子吊运安装

吊运方法：绝缘子的吊点在每节绝缘子上部法兰的两个对称安装孔处。

3）安装法兰座、支座

图 8 – 27 所示为平波电抗器（瓷）安装示意图。

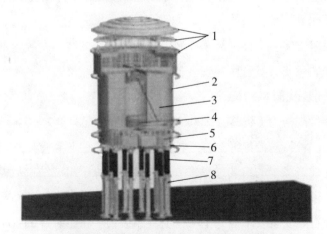

图 8 – 27　平波电抗器（瓷）安装示意图

1—上部防雨罩；2—中部吸声罩；3—电抗器本体；4—内部吸声筒；
5—底部消声器；6—绝缘子顶端平台；7—高强瓷绝缘子；8—金属支架

4）主体线圈装配（图8-28）。

检查确保：包封无开裂现象、均匀平整，表面涂层厚度均匀且附着力强，无气泡、无脱落；线圈表面无任何损伤，层间通风道无堵塞现象，整个线圈紧固牢靠，出线端子位置正确且焊接牢固，镀锡层整洁；整体外观质量良好。

图8-28　主体线圈装配

图8-29　主体安装

5）主体安装（图8-29）

主体安装要求：吊架外观质量完好，安装牢固可靠，各几何尺寸符合设计图纸要求。汇流端子位置正确且牢固，外观质量无异常。

（1）平波电抗器本体中部消声罩组装。组装场地应平整（能够承受平波电抗器本体和消声罩组装后的总重），在组装场地将平波电抗器本体与装在其底部的支撑件组装好，让平波电抗器本体与地面保持一定距离，便于中部消声系统组装。中部消声系统主要由消声隔板、上下弧形槽钢及与平波电抗器本体吊端臂连接的接长件组成，其中有平波电抗器上部消声系统（分消声主体、消声顶盖）。主体和顶盖分别都需要组装，组装过程对接口部位防止错口，接口等位线要按厂家说明正确连接并最终通过金属件与本体相连。平波电抗器运行后不允许有单独金属件（螺栓等）悬浮在磁场中。

（2）平波电抗器中部和上部消声系统附件组装前对附件均应采取防潮措施。

6）防雨罩安装（图8-30）

7）安装屏蔽环

查看均压环是否牢固、是否形成环路。整体直径、单径偏差应符合工艺文件的规定，表面处理干净整洁，无尖棱锐角，无金属飞边、毛刺。

单台均压环数量：_____个；均压环直径和长度：_____。

6. 拆装

拆装如图8-31所示，按装配顺序反方向操作，拆卸主体线圈外部隔声装置前，应在每片隔声装置内壁侧按顺序标注阿拉伯数字1，2，…，24，以便现场安装。

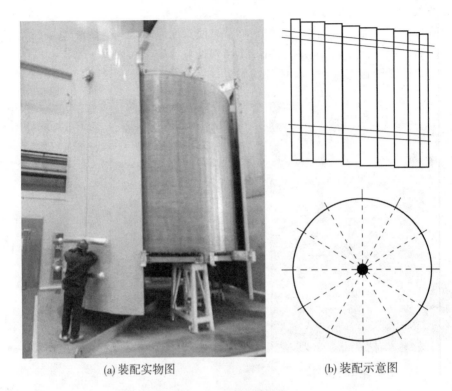

(a) 装配实物图   (b) 装配示意图

图 8 – 30 防雨罩安装

图 8 – 31 拆装

支柱绝缘子拆装后恢复原包装。拆装过程中应注意对所有附件外表面的防护，避免刮碰。

7. 附件包装

附件包装如图 8-32 所示。防雨罩、隔音板、支架平台、环形板等部件包装要求：

(1)符合技术协议。

(2)符合 GB/T 191—2008 包装储运图示标志。

(3)符合 GB/T 13384—2008 机电产品包装通用技术条件。

(4)包装工序应符合国家相关标准、合同要求及工艺要求。

①包装材料及尺寸应满足设计要求，包装箱钉装牢固可靠。

②装箱技术文件和清单齐全，封装完好。

图 8-32 附件包装

③电抗器外表整洁、完好，无变形。及时包装，将可动部分保持在一定的固定位置，并有切实的保护措施；支柱绝缘子采用集装箱或木制箱包装，支柱绝缘子在箱中固定牢靠，不得相互窜动、磕碰。

④所有包装均应符合铁路、公路和海运部门的有关规定。

⑤包装箱内的设备应有防雨、防潮、防碰撞、防变形的有效措施。

⑥包装箱上应有明显的包装储运图示标志和符号(如"防雨""防潮""向上""小心轻放""由此起吊"和"重心点"等)，并应标明买方的订货号和发货号。

检查是否有分区保管、防静电、防火、防爆、防盗、防潮等措施，是否账物相符、严格管理，做到"仓库规范化、存放系列化、保养经常化"。

8. 产品包装发运

(1)查看外观，核对产品铭牌，检查附带文件资料、合格证。

(2)现场检查并与装箱单核对。

①铭牌核实：品名、型号、规格、数量应与合同和装箱单一致。

②外形、尺寸应符合技术图纸要求；外表无损伤。

③质量证明文件(包括出厂试验及检验报告、合格证书)应完整。

④预装配过的附件应有配装标记，易损件应有防震防潮措施；零部件包装或封印应完好，包装标识应符合标准要求。

(3)审查运输方案，按要求检查装车情况，应符合合同和技术协议的规定。

①检查运输设备状态，确认设备完好。

②包装箱上标志和符号(如"防雨""防潮""向上""小心轻放""起吊和重心点"等)应清晰。

③按包装箱上外标识的起吊部位正确起吊和装卸，确保搬运安全。

④《产品货运单》与装车产品箱号、件数核对无误。

⑤确认防雨、防潮、防碰撞等措施完善。按要求检查装车情况，应符合合同和技术协议的规定。检查冲撞记录仪安装、启用，如图 8-33 所示。

图 8-33 检查冲撞记录仪安装、启用

8.3 平波电抗器产品试验

8.3.1 试验依据、项目、类型及试验顺序

1. 试验依据(见表 8-2)

表 8-2 平波电抗器试验依据文件

序号	文 件 名 称	标 准 号
1	直流输电系统用干式和油浸平波电抗器设备标准及试验导则	IEEE Std 1277—2000
2	高电压试验标准	IEEE Std 4—1995
3	干式空串联电抗器设备标准及试验导则(试用)	IEEE Std C57.16—1996
4	变电站地震勘测设计	IEEE Std 693—1996
5	电工术语 变压器、互感器、调压器和电抗器	GB/T 2900.15—1997
6	电抗器	GB 10229
7	高压直流输电用干式空心平波电抗器	GB/T 25092
8	电气绝缘的耐热性和表示方法	GB/T 11021—2014
9	局部放电测量	GB/T 7354—2003
10	高压电器设备无线电干扰测试方法	GB 11604—1989
11	高压输变电设备的绝缘配合	GB 311.1—2012
12	高电压试验技术 第1部分：一般定义及试验要求	GB/T 16927.1—2011
13	电力变压器第2部分：温升	GB 1094.2—2013
14	电力变压器第3部分：绝缘水平、绝缘试验和外绝缘空气间隙	GB/T 1094.3—2003
15	电力变压器第6部分：电抗器	GB/T 1094.6—2011
16	电力变压器第4部分：电力变压器和电抗器雷电冲击和操作冲击试验导则	GB/T 1094.4—2005
17	电力变压器第10部分：声级测定	GB/T 1094.10—2003
18	电气装置安装工程电气设备交接试验标准	GB/T 50150—2006
19	电力设施抗震设计规范	GB 50260—2013
20	高压电力设备外绝缘污秽等级	GB/T 5582—1993
21	高压开关设备抗地震性能试验	GB/T 13540—2009
22	质量管理体系要求	GB/T 19001—2008
23	电力设备预防性试验规程	DL/T 596—1996
24	±800kV 直流输电用平波电抗器	Q/CSG 11603—2007
25	±800kV 直流输电用支柱绝缘子	Q/CSG 11610—2007
26	金属板材超声波探伤方法	GB/T 8651—2002
27	钢管漏磁探伤方法	GB/T 12606—1999
28	±800kV 高压直流设备交接试验	DL/T 274—2012

2. 试验项目及试验类型(见表 8-3)

表 8-3 试验项目及试验类型

序号	见证项目、类型
1	外观检查(例行)
2	绕组直流电阻测量(例行)
3	电感和损耗电阻测量(例行)
4	高频阻抗和品质因数测量(型式/例行)
5	杂散电容测量(型式)
6	匝间绝缘试验(例行)
7	端子间雷电冲击全波/截波试验(例行/型式)
8	端对地雷电冲击全波/截波试验(型式)
9	端对地操作冲击(湿)试验(型式)
10	温升试验(型式/例行)
11	声级测量(型式)
12	端对地外施直流电压(湿)耐受试验(型式)
13	无线电干扰试验(型式)
14	暂态故障电流试验(特殊)
15	抗震性能试验(特殊)——该试验可通过计算方法验证

3. 试验顺序

1)工序间试验内容(见表 8-4)

表 8-4 工序间试验内容

项 目	测量仪表	工艺文件	试 验 内 容
测试绕组导线间的绝缘电阻、股间工频耐压试验(双螺旋绕制完成的产品)	现场观察并记录仪表测量;绝缘电阻测试仪	GB1094.3	全部检测试验值应符合设计及工艺文件要求。 1. 在每层导线绕制前,应测量每根换位线内部各股线的单丝直流电阻,并折算出总电阻,还应测量每股线与其它各股线之间的绝缘电阻值 2. 在下一层导线绕制完毕后,应对前一层导线各单丝直流电阻和导线之间的绝缘电阻进行复测 3. 每绕完一层导线,应对该层各换位导线的直流电阻进行测量 4. 每层各换位导线间进行交流耐压试验,以检测该层导线绝缘性能 5. 固化后测量每根并联换位导线内部的相邻单丝导线间的绝缘电阻或交流耐压值(都要循环到) 6. 固化后绕组并联导线及其内部单丝直流电阻测试,测量每根并联换位导线内部的单丝导线的直流电阻,测量每根并联换位导线整体的直流电阻 7. 每层线圈的并联导线焊接后,测量整体的直流电阻和电感

2)绝缘试验(见表8－5)

表8－5　绝缘试验的试验顺序(例行/型式试验)

试验顺序	绝缘试验项目
1	端对端中频震荡电容器放电试验(匝间绝缘试验)
2	端子间雷电冲击全波/截波试验
3	端对地雷电冲击全波试验
4	端对地操作冲击(湿)试验(型式)
5	端对地外施直流电压(湿)耐受试验

注：各项绝缘试验后应复测：绕组直流电阻、电感和损耗电阻、品质因数 Q。

8.3.2　试验设备、仪器

平波电抗器产品试验主要试验设备、仪器如图8－34、图8－35所示。

图8－34　冲击发生器等试验设备

图 8 - 35 局部放电仪等试验设备

8.3.3 试验过程和监造要点

下面以 ±800kV 极限侧平波电抗器为例介绍其试验过程和监造要点。

8.3.3.1 外观检查

线圈本体绝缘固化完成后,应对线圈本体的绝缘进行检查,保证包封绝缘基本无裂缝等缺陷。

8.3.3.2 绕组直流电阻与直流损耗测量

使用仪器:直流电阻测试仪,如图 8 - 36 所示。

测量绕组直流电阻的目的主要是检查平波电抗器的以下几个方面:①绕组导线连接处的焊接或机械连接是否良好;②导线的规格、电阻率是否符合要求;③引线与引线、引线与汇流排的连接是否良好;④平抗的温升试验在冷态和热态时电阻值是否符合要求。

产品所有组部件安装完成后,在试验大厅静放 12h。

图 8 - 36 直流电阻测试仪

按照技术协议要求,在 20±5℃下测量绕组直流电阻,并换算到 80℃。如果环境温度与技术协议要求存在差异,可参照 GB 1094.1—2013 第 11.2 款,在 5～40℃时测量。该平波电抗器绕组为铝绕组,温度换算系数为:$K=(225+80)/(225+T)$,T 为绕组温度。设计值:0.0192Ω(80℃)。

根据直流电阻测量结果,计算出额定直流下的损耗,并与限值比较。

(1)绕组直流电阻测试回路如图 8-37 所示。

(2)测量电流:DC 50A。

(3)温度测量。按照 IEEE Std 1277—2000 和 GB/T 25092—2010 的要求,试品在试区至少静放 5 倍热时间常数后,方可进行冷态电阻测量。根据技术中心的估算,该平抗的热时间常数为 2h。也就是说,试品在试区静放 12h 以上方可进行温度测量。温度测量时,共取 12 点:分别在电抗器内层、中间及外层线圈上下端布置

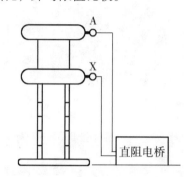

图 8-37 绕组直流电阻测试回路示意图

4 个测温探头测温点,以 12 个测温点的平均值作为绕组平均温度。直流电阻测量值与设计值的偏差≤±2%;绝缘试验前后,直流电阻测量值偏差≤2%。

8.3.3.3 电感、交流等效电阻、谐波损耗测量与品质因数测量

使用仪器:高频阻抗分析仪,如图 8-38 所示。

图 8-38 高频阻抗分析仪

根据 IEC60289 和 GB/T 25092—2010,在室温下,频率为 50～2500 Hz 的范围内,测量平波电抗器的电感值和损耗电阻,然后把损耗换算到 80℃,计算后总的谐波损耗不大于 2kW。1～50 次谐波下电感值误差应为(±3%)75mH。

阻塞电抗器 1～50 次谐波下电感值误差应为(±2%)75mH。50Hz 和 2500Hz 两频率下的电感量的相对偏差应不超过 5%。

8.3.3.4 杂散电容与高频阻抗测量

使用仪器:高频阻抗分析仪。

高频阻抗测量主要是检测平波电抗器在 30kHz～1MHz 的频率范围内两端之间的阻抗。测试应尽可能靠近试品,使用直读式高频阻抗分析仪直接测量。

在 50kHz、100kHz、200kHz 下测量平波电抗器端子间和端对地的杂散电容,并同时给出 30kHz～1MHz 之间的测量结果。

高频阻抗和品质因数 Q 在第 2 次（100 Hz）、第 12 次（600 Hz）或 24 次（1200 Hz）谐波下测量；还应在 IEC 60289 的规定在 30 kHz 到 1 MHz 的频率范围内测量端子间的高频阻抗。

高频阻抗测试回路（端对端）如图 8 – 39 所示。

高频阻抗试验报告中给出自谐振频率。试验前后的 Q 值变化不超过 15%。

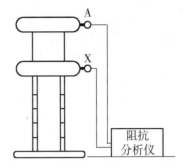

图 8 – 39　高频阻抗测试回路示意图

8.3.3.5　温升试验

使用仪器：温度巡检仪、变压器直流电阻测试仪、红外线测温仪，分别如图 8 – 40 至图 8 – 42 所示。红外线测温仪器温如图 8 – 43 所示。

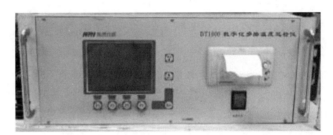

图8-40　温度巡检仪

图 8 – 41　变压器直流电阻测试仪

图 8 – 42　红外线测温仪　　图 8 – 43　红外线测温仪测温

试品试验状态：温升试验在试验大厅进行。试验前应完成冷态直流电阻的测试。防雨罩、降噪装置等影响通风散热的辅助间应完全安装；试品与地面之间的距离不宜小于平波电抗器绕组厚度的 2.5 倍，试品周围风速应不大于 0.5m/s。

1. 绕组热点温升的测量

温升试验时使用 PT100 测量热点温升，并按 30℃ 环境温度进行校正，校正后的温升值应不超过限值。

2. 冷却介质温度的测量

共取 6 个测量点，距离干抗表面约 2m，1/2 高度处均匀分布 6 点。取这 6 点的平均值作为冷却介质温度。

3. 型式试验加电过程

• 直流温升试验

（1）先施加等效直流电流 I_t，期间每半小时读取绕组热点温度和环境温度，当绕组热点温升变化不超过每小时 1K 后，持续 3h。

$$I_t = \sqrt{\frac{R_{dc80}I_{dm}^2 + \sum P_H}{R_{dc80}}},$$

式中，R_{dc80} 为绕组的直流电阻；I_{dm} 为最大连续直流电流，3487A；$\sum P_H$ 为测量计算得到的 1.1pu 总谐波损耗。

（2）随后施加 2h 过负荷运行工况下等效电流 I_{t2} 并持续 2h，期间每半小时读取绕组热点温度和环境温度，测取绕组热点温升；最后将电流降至 I_t，当绕组热点温升变化不超过 1K/h 后，持续 3h，随后断电测量绕组热电阻。

4. 例行试验加电过程

• 直流温升试验

施加等效直流电流 I_t，期间每半小时读取绕组热点温度和环境温度，当绕组热点温升变化不超过 1K/h 后，持续 3h，断电测量绕组热电阻。

$$I_t = \sqrt{\frac{R_{dc80}I_{dm}^2 + \sum P_H}{R_{dc80}}},$$

式中，R_{dc80} 为绕组的直流电阻；I_{dm} 为最大连续直流电流，3487A；$\sum P_H$ 为测量计算得到的 1.1pu 总谐波损耗。

5. 绕组热点温升的测量布置

热点测量不少于 $21 \times 4 = 84$ 个测点，具体要求是：

每线圈包封应至少布 4 个温度测量点，测温元件（热电偶）应贴在线圈端封表面，即线圈上端第 1 匝向下的位置，每层包封 4 个测温点，一种高度（30mm）。在设计中认定的可能最热的包封层，应注意增加温度测量探头的数量。

除绕组外，用红外测量仪测量与绝缘部分接触或接近的其它金属部件的温升。

6. 结果及判断

试验过程中应进行红外成像并保留图谱来检测可能出现的过热和温度异常点。

在试验前和试验后应测量电抗器电阻。

绕组平均温升/K：68

线圈热点温升/K：88/99（I_{2h}）

金属结构件热点温升/K：60

试品试验过程中不出现烟雾、局部温升异常偏高和异常放电声响。

$$I_{t2} = \sqrt{\frac{R_{dc80}I_{2h}^2 + \sum P_H}{R_{dc80}}},$$

式中，R_{dc80} 为绕组的直流电阻；I_{2h} 为 2h 过负荷直流电流，3821A；$\sum P_H$ 为测量计算得到的 1.2pu 总谐波损耗。

• 50Hz 交流温升试验

（1）先施加 50Hz 等效交流电流 I_{AC1}，期间每半小时读取绕组热点温度和环境温度，当绕组热点温升变化不超过 1K/h 后，持续 3h。

$$I_{AC1} = \sqrt{\frac{\sum P_H}{R_{50Hz80}}} ,$$

式中，$\sum P_H$ 为测量计算得到的 1.2pu 总谐波损耗；R_{50Hz80} 为 80℃下 50Hz 谐波等效交流电阻。

（2）随后施加 50Hz 等效交流电流 I_{AC2}，电流稳定后检查绕组和金属结构件热点温升情况并记录，电流持续时间应尽可能长。最后将电流降至 I_{AC1}，当绕组热点温升变化不超过 1K/h 后，持续 3h，断电测量绕组热电阻。

$$I_{AC2} = \sqrt{\frac{R_{dc80}I_{dm}^2 + \sum P_H}{R_{50Hz80}}} ,$$

式中，R_{dc80} 为绕组的直流电阻；I_{dm} 为最大连续直流电流，3487A；$\sum P_H$ 为测量计算得到的 1.1pu 总谐波损耗；R_{50Hz80} 为 80℃下 50Hz 谐波等效交流电阻。

8.3.3.6　声级测定

使用仪器：声级计，如图 8-44 所示。

为了保证环境不受噪声污染，必须控制平波电抗器的噪声。

施加的试验电流是根据平波电抗器技术协议所提出的主要谐波电流，逐一施加单频试验电流。

图 8-44　声级计

试验电流的频率应取谐波电流的 1/2；试验电流的有效值应按下式计算：

$$I = \sqrt{2\sqrt{2iI_{dc}I_n}} ,$$

式中，I_n 为谐波电流有效值；I_{dc} 为额定直流电流。

①施加 50Hz 电流 $I_s = 1161.3A$；

②施加 75Hz 电流 $I_s = 342.1A$；

③施加 150Hz 电流 $I_s = 317.6A$；

④在垂直投影 3m 远，干抗本体 1/3 和 2/3 高的地方进行噪声测量，测量的噪声水平带隔声装置声压级应不大于 74.1dB（A）。

判据：谐波电流下的噪声（升压级）水平 ≤80dB（A）。

8.3.3.7　端对端中频震荡电容器放电试验（匝间绝缘试验）

使用仪器：冲击测量系统，如图 8-45 所示。

匝间绝缘试验亦即电容放电试验，是由充电的电容器通过球隙反复对电抗器进行负极性放电，在电抗器绕组上获得指数衰减的正弦过电压来进行匝间绝缘试验。按照协议和标准要求，振荡放电频率在 300 ～ 900Hz，持续时间不小于 10ms，充电电压为负极性。

在 60% 电压下进行 1 次，在 100% 电压下进行 5 次，最后在 60% 电压下进行 1 次。试验中应测量电压和电流波形，不允许波形有畸变或发生匝间闪络。

图 8-45　冲击测量系统

1. 试验回路(见图 8 - 46)

2. 试验设备运行方式

6 000kV 冲击电压发生器,设备运行方式为 4 并 5 串,波头电阻为 16Ω/4,波尾电阻为 20kΩ/8。如果波形不符,须进行调整。充电电压为负极性。计算得振荡放电频率为 685 Hz。

3. 试验电压

振荡的第一个峰值为 - 950kV,过冲系数尽量不大于 5%,允许偏差 ±3%。

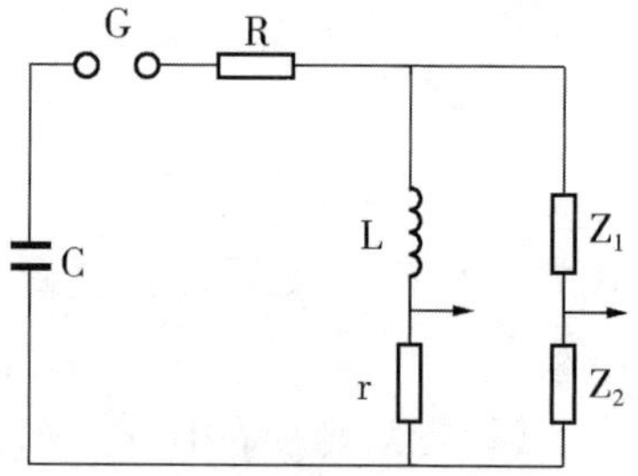

图 8 - 46　端对端中频震荡电容器
放电试验测试回路

8.3.3.8　端对端雷电冲击全波/截波试验

使用设备仪器: 冲击测量系统。

(1)6000kV/840kJ 冲击电压发生器。

(2)Strauss impulse measuring system 冲击电压测量系统,精度、峰值不确定度为 ±1.5%,时间参数不确定度为 ±3%(GB/T 16927.2《高电压试验技术 第二部分: 测量系统》中的要分别为 ±3% 和 ±10%)。

波形调节是冲击试验的重要环节,调节波形是指在现有设备条件下调出标准波形或与标准波形最接近的波形、波头、过冲。

不管是例行试验还是型式试验,只有试品能够承受雷电冲击全波/截波试验的考验,且没有发生故障,才可以说其通过了冲击试验的考核。

依次对每个端子施加负极性标准雷电冲击全波和截波,另一端子直接接地。

试验电压全波为: - 1 260kV。

截波: - 1 386kV。

全波波形要求为: $1.2(1 \pm 30\%)\mu s/50(1 \pm 20\%)\mu s$; 截波波形要求为: $T_c = 2 \sim 6\mu s$, $K_0 \leq 0.30$。

试验顺序应为: 60% 全波 1 次,100% 全波 1 次,60% 截波 1 次,100% 截波 3 次,60% 全波 1 次,100% 全波 2 次。

端对端雷电冲击全波/截波试验回路如图 8 - 47 所示。

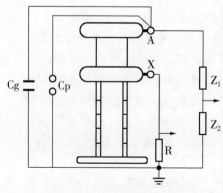

图 8 - 47　端对端雷电冲击全波/
截波试验回路示意图

合格标准：60% 与 100% 相比较，电压和电流波形无畸变，试品内部无烟雾、异常声响出现，试品绝缘表面无沿面闪络。

8.3.3.9 端对地雷电全波及截波冲击试验

使用仪器：冲击测量系统。端对地雷电全波及截波冲击试验如图 8 - 48 所示。

试验时，按照运行方式将平波电抗器安装在由支柱绝缘子构成的绝缘支架上。

试验电压：全波 1 950kV，截波 2 145kV；

全波波形：1. 2(1 ± 30%) μs/50(1 ± 20%) μs；

截波波形：1. 2(1 ± 30%) μs/50(1 ± 20%) μs；

截断时间：$T_c = 2 \sim 6 \mu s$；

过零系数：$K_c \leq 0.3$；

试验顺序：负极性全波和截波试验合并开展。

图 8 - 48　端对地雷电全波及截波冲击试验

1 次正极性 60% 电压全波冲击；

7 次正极性 100% 电压全波冲击；

1 次负极性 60% 电压全波冲击；

8 次负极性 100% 电压全波冲击；

1 次负极性 60% 电压截波冲击；

3 次负极性 100% 电压截波冲击。

结果及判断：与减低幅值的冲击试验相比，100% 电压下的电流、电压波形应稳定不变，试品内部无烟雾、异常声响出现，试品绝缘表面无沿面闪络。

8.3.3.10 端对地操作冲击（湿）试验

电力系统中运行的平波电抗器除长时间受到工频电压和短时大气过电压的作用外，还经常受到操作过电压的作用。产生操作过电压的原因是多方面的，主要是由于线路操作引起的，如线路合闸和重合闸、故障和故障切除、开断容性电流等。为了保证电力系统的安全运行，就要对平波电抗器进行操作过电压能力的试验。

试验波形：250(1 ± 20%)) /2 500(1 ± 60%) μs。

试验电压：325kV。

淋雨喷头至干抗均压环之间保持足够安全距离(3m)，对其中一个支柱进行淋雨，预淋 15min。接着在淋雨状态下施加 1 次正极性 60%、7 次正极性 100% 和 1 次负极性 60%、8 次负极性 100%。

淋雨率：垂直分量 1. 0 ~ 2. 0 mm/min、水平分量 1. 0 ~ 2. 0 mm/min；雨水电阻率：$100 \pm 15 \Omega \cdot m$。

合格标准：试验过程中，如果外绝缘闪络不超过 2 次，且闪络后绝缘子上没有任何异常迹象，无击穿性闪络，则认为试验合格。

端对地操作冲击(湿)试验回路如图 8 – 49 所示，试验数据如图 8 – 50 所示。

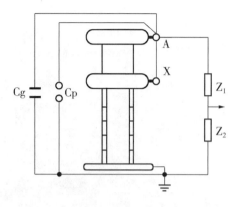

图 8 – 49　端对地操作冲击(湿)试验回路示意图

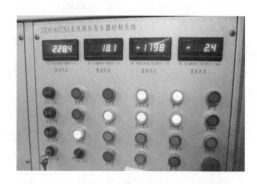

图 8 – 50　端对地操作冲击(湿)试验数据

8.3.3.11　无线电干扰试验

使用仪器：无线电干扰测量仪，如图 8 – 51 所示。

高压电气设备的局部放电或电晕所引起的无线电干扰信号，将对邻近的无线电通信系统产生很大的影响，严重时将使通信设备无法正常工作。这就要求对高电压设备产生的无线电干扰加以限制。

试验电压：±120kV；测量频率：500Hz。

首先对试品施加正极性比试验电压规定值高 10% 的电压并维持 5min，然后将电压缓慢下降到试

图 8 – 51　无线电干扰测量仪

验电压规定值的 30%，再缓慢上升至初始值并停留 1min。然后按每级约 10% 的试验电压逐级下降到试验电压规定值的 30%，同时，在每级电压下测量无线电干扰电压应不超过 1mV。

上述测量完成后，接地 30min，继续下一步测量。

随后对试品施加负极性比试验电压规定值高 10% 的电压，维持 5min，然后将电压缓慢下降到试验电压规定值的 30%，再缓慢上升至初始值并停留 1min。然后按每级约 10% 的试验电压逐级下降到试验电压规定值的 30%，同时，在每级电压下测量无线电干扰电压应不超过 1mV。

注：由于阻塞滤波器电抗器接中性线端，而设计是按 ±800kV 线端考虑的，因此建议不进行此项试验。

8.3.3.12　暂态故障电流试验

暂态故障电流试验采用设计计算分析方法，结合模型试验。

8.3.3.13　抗震性能试验

抗震性能试验采用设计计算分析方法，结合模型试验(记录计算要素，审核抗震性能计算方法，记录计算结果)。

1. 抗震计算模型

运用有限元分析软件对电抗器进行抗震计算。

平波电抗器有限元模型如图 8 - 52 所示。

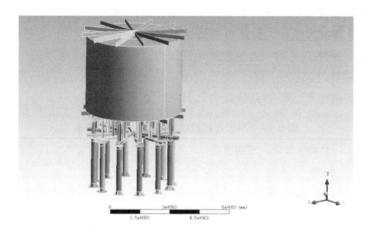

图 8 - 52　平波电抗器有限元模型

对上述模型进行模态计算，得到前 6 阶模态，如表 8 - 6 所示。

表 8 - 6　模态

阶数	频率/Hz	阶数	频率/Hz
1	1. 86	4	25. 37
2	3. 50	5	26. 02
3	3. 50	6	26. 03

2. 绘制应力云图

平波电抗器在地震工况下地脚螺栓连接件的应力云图如图 8 - 53 所示，可见其最大值为 72. 5MPa。

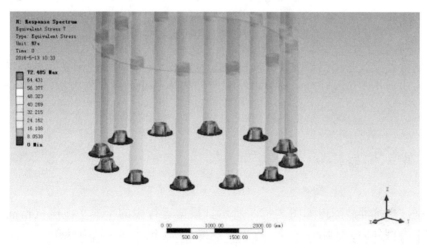

图 8 - 53　地脚螺栓连接件的应力云图

　　结论：电抗器在地震波作用下，最大应力为 147.7MPa，位于支架连接处，材料的许用应力为 240MPa。复合绝缘子的最大应力为 37.1MPa，破坏强度为 80MPa。安全系数大于 1.67，故该产品在 8 度地震作用下是安全的。

　　注意：各项绝缘试验后复测：绕组直流电阻、电感和损耗电阻、品质因数 Q。

8.3.3.14　承受短路能力试验（短路机械力计算）

　　平波电抗器在短路工况下，内层包封承受拉力，外层包封承受压力，但外层受力比内层小；线圈各线饼轴向上承受压力，由于线圈各层固化处理，因此可不考虑各层线饼轴向强度及位移。平波电抗器线圈短路机械力计算格式见表 8-7。

表 8-7　平波电抗器线圈短路机械力计算表

线圈名	线饼号	径向压力/（kg/mm）	压曲强度/（kg/mm）	安全系数	环向应力/（kg/mm）	许用应力/（kg/mm）	安全系数
包封1							
包封2							
包封……							
包封20							
包封21							

　　平波电抗器短路电流曲线如图 8-54 所示。

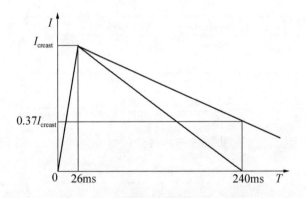

图 8-54　平波电抗器短路电流曲线

　　平波电抗器导线采用铝导线，其抗拉强度为 6kg/mm²，对于径向受拉的内层导线，要求其所受拉应力小于抗拉强度。平波电抗器线圈各层固化处理，有效提高其径向压曲（失稳）强度。

8.4　平波电抗器质保期故障树

　　干式平波电抗器故障树如图 8-55 所示。根据运行中的干式平波电抗器故障类型统计，其故障类型分为：①附件故障，②本体绝缘故障（包括油、气绝缘介质异常），③本体密封故障，④本体过热故障，⑤二次系统故障。

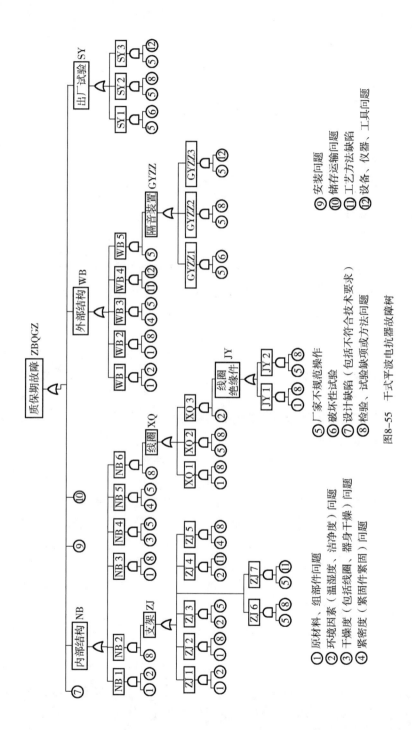

①原材料、组部件问题
②环境因素（温湿度、洁净度）问题
③干燥度（包括线圈、器身干燥）问题
④紧密度（紧固件紧固）问题
⑤厂家不规范操作
⑥破坏性试验
⑦设计缺陷（包括不符合技术要求）
⑧检验、试验缺项或方法问题

⑨安装问题
⑩储存运输问题
⑪工艺方法缺陷
⑫设备、仪器、工具问题

图8-55　干式平波电抗器故障树

9 套管

9.1 套管概况

9.1.1 套管的分类及性能特点

套管是电力系统主设备的重要高压载流组件之一，起着引线绝缘和固定的作用。套管根据其结构、使用场所、使用环境和安装方式等可分类如下：

按主绝缘结构可分为电容式和非电容式。电容式又可分为胶点纸、胶浸纸、油浸纸、浇注树脂、气体或液体绝缘。非电容式可分为气体绝缘、液体绝缘、浇铸树脂、复合绝缘。

按使用场所可用于换流变压器、变压器、电抗器、气体绝缘金属封闭开关设备、断路器、变压器－气体绝缘金属封闭开关设备、变压器－电缆终端、穿过墙或楼板。

按使用环境可分为户内、户外、户外－户内、户外－浸入式等；污秽等级一般地区（外绝缘污秽等级Ⅰ级）、污秽地区（外绝缘污秽等级Ⅱ～Ⅳ级）。

按安装方式可分为垂直、倾斜、水平等。

套管是主设备与电力系统连接的重要连接件，如果存在缺陷或发生故障，不仅直接危及主设备的安全运行，而且还影响电力系统供电的可靠性，因此套管必须具有与主设备相适应的电压等级电气强度、能抗短路电动力以及能抵抗突发地震自然灾害冲击力的机械强度。除此之外，套管在系统运行中长期通过负荷电流，必须能承受短路时的瞬时过热，所以还应具有良好的热稳定性。套管长期暴露在大气中，必须能承受高温、严寒、风沙、雨雪、湿热、大温差、强紫外线以及酸碱等有害气体的环境影响。套管是安装在主设备上的一个组件，直接影响设备的外形尺寸和运行特性，因此要求其外形小、质量轻、密封性能好、通用性强和便于运行维护等。

9.1.2 套管的结构特征

套管由导电和绝缘两部分组成，导电部分包括导电杆（导电管）、穿缆（变压器引线）、接线端子等。绝缘部分分为外绝缘和内绝缘，外绝缘为瓷套、硅橡胶等；内绝缘为电容芯子、变压器油、SF_6气体、发泡聚氨酯、附加绝缘件等。图9-1为套管结构示意图，两种套管的唯一区别是复合外套内填充物不同。

电容芯子7是GSETF/GSETFt型环氧树脂浸纸式套管的主绝缘。电容芯子由绝缘纸卷绕而成，并且经过真空、干燥后浸渍环氧树脂，在卷制时插入的铝箔屏8保证了套管径向和轴向电场的均匀分布。

电容芯子安装在硅橡胶复合绝缘子外套 6 内。硅橡胶伞裙和法兰通过专门技术直接模压到玻璃钢环氧筒上。套管头部的均压罩 3 用于均匀头部的电压。

GSETF 型套管电容芯子与复合外套之间填充 SF$_6$ 绝缘气体 4。

GSETFt 型套管的填充物为发泡聚氨酯，在芯子和复合外套之间形成了固态的柔性连接。

套管法兰 10 通过螺栓与复合外套法兰 9 连接。套管的法兰是按照套管的结构和用途设计的，如果套管用于阀厅，法兰部位覆盖有圆柱筒以更好地适应阀厅的墙体开口。分压器位于分压器盒内。除此之外，法兰上还提供有接地螺栓孔、放气阀、起吊环及变压器放气塞 13。

套管的头部包括一个端盖 2，端盖密封了复合外套及其它部件，并与接线柱 1 连接。对于充有 SF$_6$ 气体的 GSETF 型套管，头部还提供有气体连接阀。

底盘与绝缘体采用不可拆卸设计，同时起到密封接线柱的作用。所有密封采用 O 形圈密封结构。

与交流套管不同，此类套管都有直流载荷。直流套管的电场分布特性很大程度上取决于变压器或电抗器侧的环境，通过特殊的成型件 17 实现电场分布的特性，因此每种套管的成型件都是按照套管量身定做的。

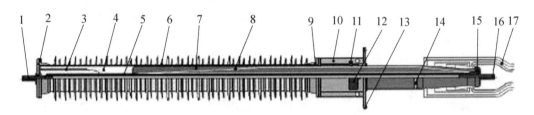

图 9 - 1　套管结构示意图

1—空气端接线柱；2—头部端盖；3—均压罩；4—套管填充物（GSETF 型套管填充 SF$_6$ 气体、GSETFt 型套管填充发泡聚氨酯）；
5—导电管；6—硅橡胶复合绝缘子外套（复合绝缘子）；7—电容芯子；8—铝箔屏；9—复合外套法兰；
10—套管法兰（接地孔、起吊环）GSETF 型套管外部压力控制装置；11，12—分压器盒（试验抽头）；13—放气塞；
14—接地金属带；15，16—油端接线端子；17—出线装置绝缘成型件

9.2　GSETF 型套管生产工序流程及监造要点

9.2.1　GSETF 型套管生产主要工序流程

GSETF 型套管生产主要工序流程如图 9 - 2、图 9 - 3 所示。

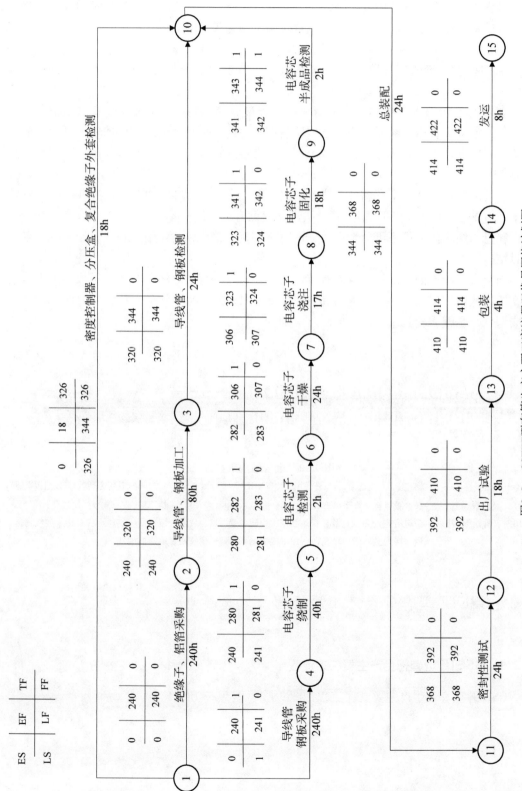

图9-2　GSETF型套管生产主要工序流程双代号网络计划图

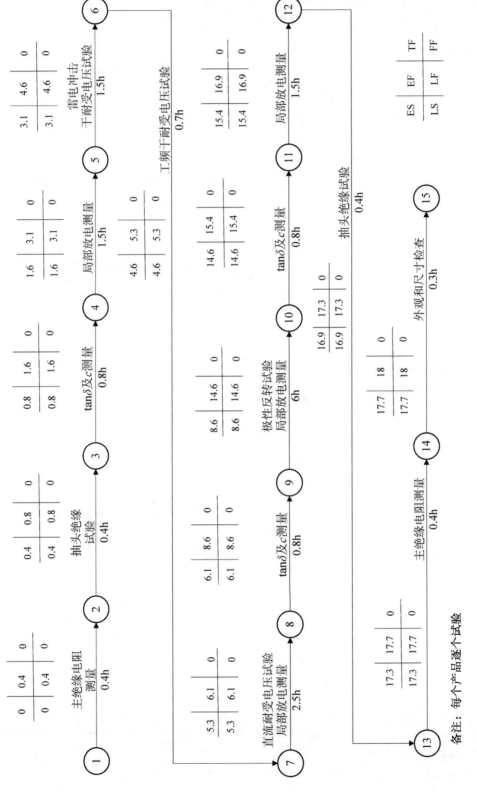

图9-3 GSETF型套管出厂试验工序流程双代号网络计划图

备注：每个产品逐个试验

9.2.2　GSETF型套管主要工艺监造要点

1. 主要原材料组部件检查

检查原材料生产厂家、型号、规格；查看实物，查阅检测报告，核对技术协议等文件要求。

检查的主要原材料及组部件：①电容芯子制作主要材料，绝缘纸、环氧树脂、导电杆、铝箔，②硅橡胶复合绝缘子外套，③套管法兰，④压力控制装置，⑤测量端子、分压器盒，⑥接线端子，⑦均压装置，⑧其它组件，如密封垫圈、卡圈、夹件、螺栓等。

2. 原材料组部件质量要点见证

现场查看实物，核对出入厂检查资料，完成原材料组部件质量要点见证记录表（见表9－1）。

表9－1　原材料组部件质量要点见证记录表

序号	见证项目	见证内容	见证方法	见证点 H	见证点 W	见证点 S	技术协议及标准要求	见证结果
1	电容芯子制作主要材料	出入厂检查报告、合格证与协议及相关标准符合性，报告与实物的符合性，实物的完好性	原材料确认：生产厂家、电容芯子制作主要材料型号、性能指标、包装等确认；查看实物，查阅检测报告，核对技术协议等文件要求			√	生产厂家：_____ 型号：_____ 原材料检验记录：_____ 主要特性参数：	见证情况：□符合□不符合
2	环氧树脂	出入厂检查报告、合格证与协议及相关标准符合性，报告与实物的符合性，实物的完好性	原材料确认：生产厂家、电容芯子制作主要材料型号、性能指标、包装等确认；查看实物，查阅检测报告，核对技术协议等文件要求			√	生产厂家：_____ 型号：_____ 原材料检验记录：_____ 主要特性参数：	见证情况：□符合□不符合
3	导电杆	出入厂检查报告、合格证与协议及相关标准符合性，报告与实物的符合性，实物的完好性	原材料确认：生产厂家、电容芯子制作主要材料型号、性能指标、包装等确认；查看实物，查阅检测报告，核对技术协议等文件要求			√	生产厂家：_____ 型号：_____ 原材料检验记录：_____ 主要特性参数：	见证情况：□符合□不符合

序号	见证项目	见证内容	见证方法	见证点			技术协议及标准要求	见证结果
				H	W	S		
4	铝箔	出入厂检查报告、合格证与协议及相关标准符合性，报告与实物的符合性，实物的完好性	原材料确认：生产厂家、电容芯子制作主要材料型号、性能指标、包装等确认；查看实物，查阅检测报告，核对技术协议等文件要求			√	生产厂家：＿＿＿＿ 型号：＿＿＿＿ 原材料检验记录：＿＿ 主要特性参数：	见证情况： □符合 □不符合
5	硅橡胶复合绝缘子外套	出入厂检查报告、合格证与协议及相关标准符合性，报告与实物的符合性，实物的完好性	原材料确认：生产厂家、电容芯子制作主要材料型号、性能指标、包装等确认；查看实物，查阅检测报告，核对技术协议等文件要求			√	生产厂家：＿＿＿＿ 型号：＿＿＿＿ 原材料检验记录：＿＿ 主要特性参数：	见证情况： □符合 □不符合
6	套管法兰	出入厂检查报告、合格证与协议及相关标准符合性，报告与实物的符合性，实物的完好性	原材料确认：生产厂家、电容芯子制作主要材料型号、性能指标、包装等确认；查看实物，查阅检测报告，核对技术协议等文件要求			√	生产厂家：＿＿＿＿ 型号：＿＿＿＿ 原材料检验记录：＿＿ 主要特性参数：	见证情况： □符合 □不符合
7	压力控制装置	出入厂检查报告、合格证与协议及相关标准符合性，报告与实物的符合性，实物的完好性	原材料确认：生产厂家、电容芯子制作主要材料型号、性能指标、包装等确认；查看实物，查阅检测报告，核对技术协议等文件要求			√	生产厂家：＿＿＿＿ 型号：＿＿＿＿ 原材料检验记录：＿＿ 主要特性参数：	见证情况： □符合 □不符合
8	测量端子、分压器盒	出入厂检查报告、合格证与协议及相关标准符合性，报告与实物的符合性，实物的完好性	原材料确认：生产厂家、电容芯子制作主要材料型号、性能指标、包装等确认；查看实物，查阅检测报告，核对技术协议等文件要求			√	生产厂家：＿＿＿＿ 型号：＿＿＿＿ 原材料检验记录：＿＿ 主要特性参数：	见证情况： □符合 □不符合

序号	见证项目	见证内容	见证方法	见证点			技术协议及标准要求	见证结果
				H	W	S		
9	接线端子	出入厂检查报告、合格证与协议及相关标准符合性，报告与实物的符合性，实物的完好性	原材料确认：生产厂家、电容芯子制作主要材料型号、性能指标、包装等确认；查看实物，查阅检测报告，核对技术协议等文件要求			√	生产厂家：_____ 型号：_____ 原材料检验记录：_____ 主要特性参数：	见证情况： □符合 □不符合
10	均压装置	出入厂检查报告、合格证与协议及相关标准符合性，报告与实物的符合性，实物的完好性	原材料确认：生产厂家、电容芯子制作主要材料型号、性能指标、包装等确认；查看实物，查阅检测报告，核对技术协议等文件要求			√	生产厂家：_____ 型号：_____ 原材料检验记录：_____ 主要特性参数：	见证情况： □符合 □不符合
11	其它组件	其它组件，如密封垫圈、卡圈、夹件、螺栓等	原材料确认：生产厂家、电容芯子制作主要材料型号、性能指标、包装等确认；查看实物，查阅检测报告，核对技术协议等文件要求			√	生产厂家：_____ 型号：_____ 原材料检验记录：_____ 主要特性参数：	见证情况： □符合 □不符合

3. 电容芯子制作检查

（1）绕制作业环境的检查。检查温度、湿度、降尘量的控制情况，环境管理制度执行情况，应有测量手段，记录应齐全规范，处于受控状态。

（2）电容芯子的绕制检查。重点检查导电杆的材质、制作工艺是否符合图纸工艺要求，绕制过程是否符合图纸工艺要求；检查绕制的层数、铝箔屏的放置是否符合图纸要求，绕制是否均匀平整紧实；电容芯子在绕制过程中是否出现绝缘损坏或夹杂异物；绝缘包扎是否牢固、是否开裂、是否排列整齐。检查电容芯子的绕制形状是否与设计一致。电容芯子绕制完成后，核对设计尺寸，测量介损、局部放电。检查电容芯子干燥工艺执行情况，检查干燥温度、干燥时间是否符合工艺要求；检查电容芯子浸环氧树脂工艺执行情况，是否记录浇注过程关键信息，如记录允许浇注的干燥管温度、浇注工艺执行时间、浇注平衡后罐子内浇注液面的变化情况。查看、检验电容芯子固化工艺及芯子质量，是否记录固化关键信息，如记录固化工艺执行时间、玻璃化转变温度。检查芯子半成品质量检测、固化后电容芯子预试验等情况，测量的电容、介损、交流局部放电量是否满足图纸工艺要求，是否在固化后、机加工前，机加工后、组装前，整体套装后、填充绝缘前分别进行测量。

4. 组附件检查、试验

重点检查硅橡胶复合外套、套管法兰、压力控制装置，检查测量端子、分压器盒、接线端子、均压装置、密封垫圈、卡圈、夹件、螺栓等外观，确认外观完好，并核对有关参数符合图纸要求。检查硅橡胶复合外套试验情况，如测试的绝缘护套电容、介损等，与设计值的误差应在标准范围内。

5. 绝缘涂层检查

检查绝缘涂层材料是否合格、涂层是否均匀、厚度是否满足要求、表面是否损伤。

6. 总装配检查

检查套装过程是否按照图纸、技术标准执行。套装后的套管组附件组装是否完整、是否符合厂家工艺要求；套装后套管存放条件是否符合要求。

7. 密封性检查

检查套管整体结构及组附件的密封安装、测漏情况，检查连接弹簧片的抗弯曲能力及密封垫片的安装情况。对照密封工艺文件、现场检查套装后填充内绝缘介质前套管密封性能，检查正、负压力下测试结果是否符合工艺要求，记录施加压力的测试结果，如施加正压力大小(Pa)与时间(h)、负压力大小(Pa)与时间(h)。

8. 试验

套管零部件的检验、产品的装配、型式试验和出厂试验及试验后的检查等都必须依据技术协议及相关 IEC 标准、国家标准、电力行业规程进行。监造人员将现场见证套管所有的型式试验和出厂试验。

1)型式试验

提供第三方鉴定的型式试验报告，检查第三方试验资质，审查型式试验报告的有效期，按协议及标准审查型式试验报告与协议的符合性。督促承制方完成型式试验方案报审。报审附件包括型式试验报告及试验单位试验资质证明文件。

2)出厂试验

(1)试验准备

①试验方案报审。根据协议、相关标准在试验前 15 天或按协议要求审查制造单位提供的套管出厂试验方案，审查试验方案与技术协议的符合性：

- 将进行的试验项目；
- 各试验项目的实施计划和安排顺序；
- 各项试验的试验原理、试验方式、回路布置等；
- 试验所用试验参数(对于没有在技术规范中明确给出的试验参数，应注明参数的确定方法)；
- 试验所用仪器仪表清单及其型号、校验日期、有效期限；
- 试验需测量和记录的数据或波形，注明测量和记录方式；
- 试验成果与否的判据。

监造人员将根据套管技术规范的要求和相关标准要求，认真检查该试验方案中上述各项是否合理可行，对不足之处将要求承制方进行修改和补充。最终的试验方案需要提交委托方或相关负责部门进行审批。

②试验设备审查。审查试验设备情况，如生产厂家、规格型号、精度、校验合格有效

期，核对实物，应满足试验要求。

③试验人员资质审查。查看试验人员上岗证，试验人员应培训合格、持证上岗。所有试验均应在委托方或委托方授权的监造工程师见证下进行。只有获得委托方的许可，方可在委托方不在场的情况下进行试验。

（2）试验检查

在进行试验前，应先对试验仪器和试验设备进行检查，在检查中应注意以下几个要点：

A. 高压试验技术和设备

①冲击电压发生器：产生雷电全波、截波、操作波的能力（电压、容量、波形、负载电容和电感、电压稳定性，截断时间稳定性），满足被试设备要求的程度。

②工频试验设备：电压、容量、波纹系数、局部放电水平满足被试设备要求的程度。

③直流发生设备：电压、容量、波纹系数、极性反转时间、升压速度等满足被试设备要求的程度。

④高压测量技术和准确度：分压器、峰值电压表、示波器的准确度等满足测量要求，有权威部门的有效校验报告。

B. 高压试验示伤及定位技术（硬件及软件）

冲击（特别是截波）试验示伤技术，局部放电量的测量、记录及定位技术。

C. 特殊试验设备

①工频发电机组：容量、电压（配合中间变压器）、持续运行时间、波形满足试验要求。

②测量设备：电压和电流互感器的测量准确度，校验报告；电压表、电流表、功率表的准确度和校验报告。

D. 其它试验设备和测量仪表

①人工污秽试验装置（电源、蒸汽锅炉）；

②电桥；

③其它理化试验设备。

在进行每一次试验时，监造人员都将对试验中的关键点进行检查。检查内容包括：

① 检查试验回路是否和试验计划中描述的一致，检查回路布置是否合理可行；

②检查试验中将用到的仪器仪表的型号是否与试验计划中所列一致，检查其校验日期和有效期限；

③检查试验中施加的试验参数是否正确；

④ 观察试验现象，对试验中的异常现象（如放电声、电压电流的波形变化等）进行记录，核查试验人员记录的试验结果；

⑤对试验现象和试验记录进行分析，与试验判据相比较，判断试验结果是否满足产品的技术要求。

例行试验现场见证项目、技术协议及标准要求、方法和依据如表9-2所示。现场监造人员见证所有试验项目并完成见证文件填写，出厂试验质量要点现场见证记录表如表9-2所示。

表9-2　出厂试验质量要点现场见证记录表

序号	见证项目	见证内容	见证方法	见证点 H	见证点 W	见证点 S	技术协议及标准要求	见证结果
1	主绝缘电阻测量（逐个试验）	1. 试验接线 2. 仪表量程 3. 测试要点 4. 测试结果，符合标准	现场观察并记录			√	绝缘电阻≥10 000 MΩ	记录数据： 见证情况： □符合 □不符合
2	抽头绝缘试验（逐个试验）	1. 试验接线 2. 仪表量程 3. 测试要点 4. 测试结果，符合标准	现场观察并记录			√	工频耐受电压2kV持续60s 绝缘电阻≥1 000 MΩ 在试验电压≥1kV下 C≤5000pF tanδ≤5%	记录数据： 见证情况： □符合 □不符合
3	tanδ及C测量（逐个试验）	1. 试验接线 2. 仪表量程 3. 测试要点 4. 测试结果，符合标准	现场观察并记录			√	在试验电压108kV、178 kV下tanδ≤0.6% C值范围：738～902pF tanδ变化量≤0.1%	见证情况： □符合 □不符合
4	局部放电量测量（逐个试验）	1. 试验接线 2. 仪表量程 3. 测试要点 4. 测试结果，符合标准	现场观察并记录			√	预加电压310 kV，维持1min。在108 kV电压下，放电量≤5pC；在178kV电压下，放电量≤10pC；各点电压下维持5 min	记录数据： 见证情况： □符合 □不符合
5	雷电冲击干耐受电压试验（逐个试验）	1. 试验接线 2. 仪表量程 3. 测试要点 4. 测试结果，符合标准	现场观察并记录	√			试验电压(全波)650kV 试验电压(截波)748kV 电压：负极性 全波100% 三次，截波100%二次 误差：±3%	记录数据： 见证情况： □符合 □不符合
6	工频干耐受电压试验（逐个试验）	1. 试验接线 2. 仪表量程 3. 测试要点 4. 测试结果，符合标准	现场观察并记录	√			a. 升压至178 kV，维持5min，进行局部放电量测量，放电量≤10pC b. 升压至310 kV，维持1 min c. 降压至178kV，维持5min，进行局部放电量测量，放电量≤10pC	记录实测数据： 见证情况： □符合 □不符合
7	tanδ及C测量（逐个试验）	1. 试验接线 2. 仪表量程 3. 测试要点 4. 测试结果，符合标准	现场观察并记录			√	在试验电压108kV、178 kV下，tanδ≤0.6%，C值范围：738～902pF tanδ变化量≤0.1%	记录实测数据： 见证情况： □符合 □不符合

续表 9 – 2

序号	见证项目	见证内容	见证方法	见证点 H	见证点 W	见证点 S	技术协议及标准要求	见证结果
8	直流耐受电压试验并局部放电测量（逐个试验）	1. 试验接线 2. 仪表量程 3. 测试要点 4. 测试结果，符合标准	现场观察并记录	√			直流试验电压为 +252 kV，持续时间为 2h，升压及降压过程均在 1min 内完成。在整个试验过程中，应测量局部放电量，且在最后的 30min 内，局部放电量大于 2000 pC 的脉冲数不超过 10 个，记录最后的 30min 以内的放电脉冲	记录实测数据： 见证情况： □符合 □不符合
9	极性反转试验并局部放电测量（逐个试验）	1. 试验接线 2. 仪表量程 3. 测试要点 4. 测试结果，符合标准	现场观察并记录	√			直流试验电压为 210 kV，先负极性维持 90min，然后正极性维持 90min，最后负极性维持 45min，从一个极性到另一个极性的每一次电压反转过程，时间不得超过 2min，在整个试验过程中，应按 GB/T 22674—2008 的规定测量局部放电量，除了反转期间，在任一 30min 内，局部放电量大于 2000pC 的脉冲数不超过 10 个	记录实测数据： 见证情况： □符合 □不符合
10	$\tan\delta$ 及 C 测量（逐个试验）	1. 试验接线 2. 仪表量程 3. 测试要点 4. 测试结果，符合标准	现场观察并记录			√	在试验电压 108kV、178 kV 下 $\tan\delta\leqslant 0.6\%$ C 值范围：738～902pF $\tan\delta$ 变化量 $\leqslant 0.1\%$	记录实测数据： 见证情况： □符合 □不符合
11	局部放电量测量（逐个试验）	1. 试验接线 2. 仪表量程 3. 测试要点 4. 测试结果，符合标准	现场观察并记录	√			预加电压 310 kV，维持 1min，在 108 kV 电压下放电量 $\leqslant$ 5pC，在 178kV 电压下放电量 $\leqslant$ 10pC；各点电压下维持 5 min	记录实测数据： 见证情况： □符合 □不符合
12	抽头绝缘试验（逐个试验）	1. 试验接线 2. 仪表量程 3. 测试要点 4. 测试结果，符合标准	现场观察并记录			√	工频耐受电压 2 kV 持续 60s 绝缘电阻 $\geqslant$ 1000MΩ 在试验电压 $\geqslant$ 1kV 下 $C\leqslant$ 5000pF；$\tan\delta\leqslant 5\%$	记录实测数据： 见证情况： □符合 □不符合

续表 9 - 2

序号	见证项目	见证内容	见证方法	见证点 H	W	S	技术协议及标准要求	见证结果
13	主绝缘电阻测量（逐个试验）	1. 试验接线 2. 仪表量程 3. 测试要点 4. 测试结果，符合标准	现场观察并记录			√	绝缘电阻≥10 000 MΩ	记录实测数据： 见证情况： □符合 □不符合
14	外观和尺寸检查（逐个试验）	1. 试验接线 2. 仪表量程 3. 测试要点 4. 测试结果，符合标准	现场观察并记录		√		按 Q/XD. TG. JT1703 及图样	记录实测数据： 见证情况： □符合 □不符合

9. 包装、存储、发运

（1）方案审查、报审，审查确认包装方案、存储方案、发运方案。督促承制方完成包装方案、发运方案报审。

（2）包装存储，现场查看，检查记录。

①包装文件应有拆卸一览表和产品装箱单，实物和数量相符，各组部件标有编号。

②所有法兰应密封良好无渗漏。

③套管应有防护措施或包装箱，包装强度足够。

④应有密封、防潮措施。

（3）发运，现场查看、记录。

①发运报审完毕，发运报审附件：有出厂试验报告、运输方案。

②承制方应提供存储检查记录、装箱清单、发货清单。

③查看或书面见证运输是否安装三维冲撞记录器，并记录三维冲撞记录器的初始值。

④了解押运及有关交接事宜。

⑤完成现场发运见证，拍照存档。

（4）完成存储、发运见证表填写。

9.3 套管典型问题及故障树

9.3.1 套管故障典型案例分析

目前，油纸电容式套管是高压套管的主要型式之一，在国内外电力系统中广泛使用。套管由中心导管、电容芯子、外绝缘及法兰等组成。其主绝缘是若干串联的电容芯子，它绕在中心铜管上，组成同心圆柱体电容器，以使套管中心铜管与接地法兰间的径向和轴向电场分布均匀。套管主绝缘的好坏通过测量绝缘电阻和介质损耗来判断，同时测试套管电容量来判断串联的电容屏有无击穿。

某变压器套管生产厂家生产的套管在变压器运行中经常发生套管油中可燃气体含量大大超标的问题，乙炔最多接近 48 000μL/L，总烃达到 86 000μL/L，严重威胁设备的运行安全。后经查找分析，发现是由于套管末屏放电，导管与零层间悬浮放电造成的。而造成放电的原因是套管设计结构不合理，该批套管的穿缆导管与电容体零层导管分别由铜、铝制成，穿缆导管根部螺帽托起零层铝导管，以保持等电位。高温、高压下，铜铝的膨胀系数不同，接触面上形成氧化膜，两导管间形成电位差，发生悬浮放电。另外，套管的接地末屏采用弹簧压紧结构，运行中的电磁振动造成接地瞬间开路，末屏与地之间产生高电位差，从而产生高能电弧放电。套管厂家针对问题重新调整设计，将铝管改成和穿缆导管一样的材质铜管，彻底解决了这一问题。

为了避免末屏接地不良产生的安全问题，建议定期对套管末屏部分进行远红外测温检查，将接触不良故障减到最少。套管的末屏接地不良是引起套管不正常运行的多发故障，其后果也比较严重，建议制造厂对其结构加以改进。

9.3.2 套管质保期故障树

套管质保期故障树如图 9-4 所示。

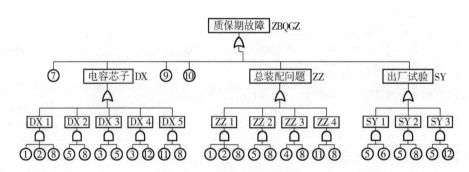

图 9-4 套管故障树

故障树说明：

①原材料、组部件问题：a. 电容芯子制作主要材料，如绝缘纸、环氧树脂、导电杆、铝箔；b. 硅橡胶复合绝缘子外套；c. 套管法兰；d. 压力控制装置；e. 测量端子、分压器盒；f. 接线端子；g. 均压装置；h. 其它组件，如密封垫圈、卡圈、夹件、螺栓等。

②环境因素(温度、湿度、洁净度)问题。

③干燥、浇注、固化问题(干燥、浇注、固化工艺执行问题)。

④组件紧固、密封问题(组件安装紧固、密封问题)。

⑤厂家不规范操作：a. 绕制、干燥、固化、车削、装配等工序操作不符合图纸工艺要求；b. 试验过程不符合试验方案要求。

⑥破坏性试验问题(雷电冲击等)。

⑦设计缺陷(包括不符合技术要求)。

⑧检验、试验缺项(原材料出入厂检查缺项或漏项，缠绕后性能检测、固化后车削前性能检测、车削后漏检、试验项目检测不全)。

⑨现场安装问题。

⑩储存运输问题。

⑪工艺方法缺陷(缠绕、干燥、固化、车削、装配等工序工艺缺陷)。

⑫设备、仪器、工具问题(未校验、校验过期、临时出现故障未发现)。

DX1—制作电容芯子的原材料如绝缘子、环氧树脂、导电杆、铝箔等出入厂检查缺项,电容芯子缠绕时的环境温度、湿度、洁净度失控。

DX2—绕制、车削、装配等工序中操作不符合图纸工艺要求,检查控制出现问题。

DX3—干燥、浇注、固化等工艺执行时,操作不符合要求。

DX4—干燥、浇注、固化等工艺执行时,相应设备出现控制问题。

DX5—绕制、干燥、浇注、固化、车削、装配等工艺有缺陷,检测漏检。

ZZ1—装配组件的出入厂检查缺项、装配环境的温度、湿度、洁净度控制出现问题。

ZZ2—组件装配后检查控制出现问题。

ZZ3—装配后紧固、密封检查控制出现问题。

ZZ4—装配工艺缺陷检查失控问题。

SY1—操作不规范、过多进行破坏性试验问题。

SY2—操作不规范、试验检测漏检问题。

SY3—试验、检验设备问题,试验质量失控问题。

10 电容器

10.1 电容器的结构及网络计划图

10.1.1 电容器的结构

电力电容器通常为油浸式和干式，主要由元件、绝缘件、连接件、出线套管和箱壳等组成，有的电容器内部还设有放电电阻和熔丝。电容器元件、绝缘件等的制造和装配均应在高度洁净的环境中进行，然后按工艺要求对电容器进行严格的真空干燥浸渍处理，除去水分、空气等，并用经过预处理的洁净绝缘油进行充分浸渍，最后进行封口，使其内部介质不与大气相通，防止介质受大气作用发生早期老化，影响电容器的使用寿命和可靠性。

（1）元件。元件是电力电容器的基本电容单元，它是由电介质和被它隔开的电极所构成的部件。电容器中的元件通常由聚丙烯薄膜与铝箔相互重叠配置后绕卷、压扁而成。铝箔通常采取凸出折边结构。

（2）箱壳。电容器通常采用 $1.5 \sim 2\text{mm}$ 的薄钢板制成的矩形箱壳，其机械强度高，易于焊接、密封和散热。在箱壳上开有供装配接线端子套管的孔，并开有注油孔，箱壳窄面两侧焊有供搬运和安装用的吊攀。箱壳的焊接通常采用气体保护焊（一般为氩弧焊接），以减少箱壳的变形，提高焊接质量。箱壳的机械强度应满足相应的耐受爆破能量的要求。

（3）套管和导电杆。线路端子采用瓷质的油绝缘套管，外部采取多个伞裙的形式以增长爬电距离。表面涂釉烧结，其机械强度，工频击穿电压，外表干闪络、湿闪络和内腔油中闪络距离均应在套管设计时予以充分考虑。载流导体即导电杆采用铜棒，导电杆上端有螺纹，下端焊有铜绞线，载流密度一般不超过 $2.5\text{A}/\text{mm}^2$，铜绞线在套管腔内与电力电容器芯子出线连接，表面有纸层或纸管覆盖。制造工艺良好的电力电容器，套管内腔应基本上充满绝缘油。套管与导电杆及套管与箱壳连接有两种方式，即钎焊式和装配式。装配式是将套管与导电杆法兰及套管与箱壳的连接部位制作成密封机构，嵌入橡胶密封圈加力压入，并注入密封胶。套管与导电杆及套管与箱壳连接部位强度不可能很高，在搬运、安装电力电容器时，应尽量避免直接受力，严禁拎套管。外部与电力电容器线路端子的连线应采用软导线，以免硬质导电排热胀冷缩时产生应力而破坏套管部位的密封，从而导致因电力电容器的密封问题而发生漏油现象。

（4）绝缘件。电力电容器内部的绝缘件主要由电缆纸及电工纸板经剪切、冲孔、弯折而制成，由其构成元件间、元件组间、芯子对箱壳间、引出线对箱壳间、内部熔丝对元件间等处的绝缘。绝缘件的制作应在净化环境下进行。

（5）内部熔丝。电力电容器用内部熔丝是设置在电力电容器内部的有选择性的限流熔丝，设置方法是每个元件一个，故也称为元件熔丝。内部熔丝的动作是由元件击穿引起的，通过元件熔丝动作将故障元件瞬时断开，从而使该电力电容器单元的其余部分以及接有该电力电容器单元的电力电容器组继续运行。

（6）内部放电器件。电力电容器单元中的放电器件是放电电阻，放电电阻接在电力电容器内部引出端之间，通常设置在电力电容器箱壳的顶盖下方。放电电阻应有足够的耐受电压能力和功率，特别应顾及电力电容器极间可能进行直流耐压试验的情况。放电电阻通常由多个电阻串联、并联后组成，电阻之间和电阻与引出端子之间的连接必须可靠。

10.1.2　电容器网络计划图

电容器生产流程双代号网络计划图如图 10-1 所示。

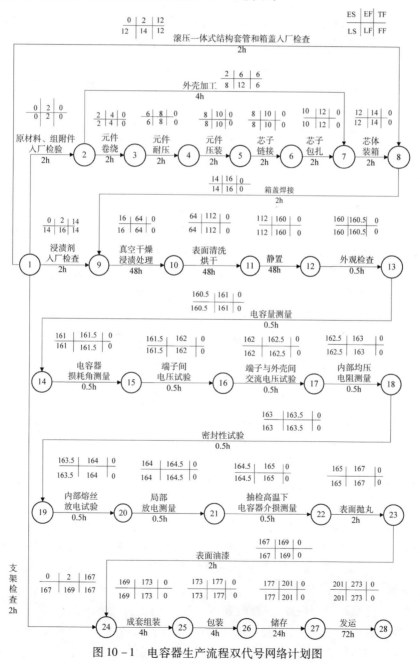

图 10-1　电容器生产流程双代号网络计划图

10.2 电容器制造主要生产工艺质量控制及监造要点

10.2.1 原材料、组部件和外协件的质量控制及监造要点

监造工程师应加强对承制方重要原材料、部件(包括铝箔、电容纸、PP膜、浸渍剂、内部熔丝、绝缘油、套管、放电电阻、金属材料等)的入厂验收,监造人员要现场见证主要材料的进厂验收项目和关键项目测试,审查其出厂检验单和制造单位的验收报告是否满足合同和设计任务书的要求。对主要的原材料、组部件和外协件进行审核,主要包括:

1. 铝箔

文件见证:要有出厂合格证、检测报告、检验记录;型号规格与技术协议一致。

外观检查:表面应光滑,无折皱,无孔洞,无杂质。

测量检验:刷水应为A级,每批次抽取多个样品进行厚度测量,应符合国家规定标称厚度误差 $\pm 0.2\mu m$、样品间最大值与最小值之差 $\leqslant 0.3\mu m$ 的要求。

2. 电容器膜

文件见证:要有出厂合格证、检测报告、检验记录;型号规格与技术协议一致。

外观检查:光滑,无折皱、气泡,无颗粒和外来杂质。

测量检查:每批次抽取多个样品进行厚度测量,应符合国家规定,即标称宽度误差为 $350 \pm 1mm$、标称厚度误差 $\pm 0.2\mu m$,样品间最大值与最小值之差 $\leqslant 0.4\mu m$;纵向和横向拉伸强度 $\geqslant 120\ MPa$,纵向和横向断裂延伸率 $\geqslant 40\%$;介电强度中值 $\geqslant 320MV/m$,次最低值 $\geqslant 200MV/m$,电气弱点数 $\leqslant 0.2$ 个/m^2,介质损耗因数(50Hz、室温) $\leqslant 0.02\%$,相对介电常数(50Hz、室温) 2.2 ± 0.2,体积电阻率(室温) $\geqslant 1.0 \times 10^{15}\Omega \cdot m$,平均空隙率为 $10 \pm 3.0\%$,最大空隙率 $\leqslant 16\%$,最小空隙率 $\geqslant 6.0\%$,表面粗糙率的主、次粗化面平均值范围为 $0.25 \sim 0.65\mu m$。

3. 电容器纸

文件见证:要有出厂合格证、检测报告、检验记录;型号规格与技术协议一致。

外观检验:电容器纸外包装标识应齐全、清晰。卷筒直径 $260 \sim 320mm$、纸宽 $500 \sim 580mm$,或符合订货合同要求;纸张纤维组织应均匀,不应有硬质块、折子、孔洞、黄筋、皱纹和粗纤维束。纸面应平整,不应有明显的匀度不良和透光现象;纸卷端面应整齐,无波浪形以及其它机械损伤,两端面对松紧度应一致,纸边无裂口,每卷纸接头不能超过1个,接头处粘接牢固均匀并有明显标记。

试验检测:测量紧度(g/cm^3)、厚度(μm)、纵向抗张强度(kN/m)、吸液高度($mm/10min$)、铁微粒(个/$1800cm^2$)、电导率(mS/m)、水溶性氧化物(mg/kg)、酸值(pH)、交货水分(%)应符合 GB/T22920—2008 表3规定。

4. 浸渍剂

文件见证:要有出厂合格证、检测报告、检验记录;型号规格与技术协议一致。

外观检验:外包装未破损,包装标识清晰;浸渍剂无杂质和沉淀物,色泽晶莹剔透。

试验检测:酸值(mgKOH/g)、闪点(闭口)(℃)、凝固点(℃)、比重(g/cm^3)、比色

散、击穿电压(kV/2.5mm)、相对介电常数(ε)、介损($\tan\delta\%$)、体积电阻率($\Omega\cdot cm$)、运动黏度(cst),其测得值应满足入厂检验标准。

5. 均压电阻

文件见证:要有出厂合格证、检测报告、检验记录;型号规格与技术协议一致。

外观检验:瓷质表面无损伤,引线脚根部无损伤。

试验检测:测量电阻阻值应符合设计值要求,其误差值在允许范围内。

6. 绝缘件

文件见证:要有出厂合格证、检测报告、检验记录;型号规格与设计一致。

外观检查:表面无损伤、无污迹,几何尺寸应符合设计图纸要求。

试验检测:必要时进行工频耐压试验。

7. 绝缘子

文件见证:要有出厂合格证、检测报告、检验记录;型号规格与技术协议一致。

外观检查:绝缘子表面无损伤、无污迹,色泽均匀一致。螺杆和螺母应为铜质材料,与瓷外套浇注紧密、牢固。螺栓螺纹无损伤,与螺母配合紧密。

试验检测:必要时应进行电气和机械强度试验。

8. 金属材料

文件见证:要有出厂合格证、检测报告、检验记录;型号规格与材质必须符合技术协议要求。

外观检查:板材表面应光滑,无裂纹、无起皮、无孔洞、无凹陷,厚度应均匀;型材表面应光滑,无裂纹、无起皮、无孔洞,几何尺寸必须符合国家标准,严禁使用非标产品。

试验检查:必要时进行机械强度试验。

9. 连接导线及附件

文件见证:要有出厂合格证、检测报告、检验记录;型号规格与材质必须符合技术协议要求。

外观检查:导线外绝缘应光滑、无损伤、无起鼓,绝缘层厚度应均匀;线鼻子与导线压接牢固,并镀锡,两端应有热缩套;电容器接线柱(鸟帽)表面应光滑、无龟裂、无孔洞,尺寸符合设计要求。

10.2.2 电容器生产过程的质量控制及监造要点

装配流程:元件卷制→引线、电阻、熔丝焊接→芯子压装→上盖焊接→整体试漏→真空、加热处理→注油浸渍→破真空、塞油塞、焊封口→表面喷涂。

1. 元件卷制

原材料装入机轴上应规范。卷制到额定圈数后,除用于外包的薄膜或电容器纸以外,将其余的薄膜、铝箔和电容器纸一起切断;全膜介质元件卷制过程中出现断膜、断铝箔时不允许搭接,否则所卷元件必须作废;卷制过程中薄膜、铝箔、电容器纸出现严重皱纹,元件产生严重S形波纹及蜂窝或端头不齐时,元件必须报废,并立即调整张力和更换材料;无张力恒定装置的卷制机,要经常调节材料张力,每小时不少于一次;国产机卷制全膜产品时,其指针读数不大于600r/min;按要求清理铝箔尾端后按规定层数外包薄膜或电容器纸，然后切断。切断取下后，迅速将元件压扁，以免产生 S 形波纹。

检验：元件的层数、R 膜的方向，薄膜和电容器纸与铝箔的边沿距离等应符合图纸要求。每卷制一批元件必须进行首检，检查其厚度、宽度、长度、引线片和折边应符合图纸要求。必要时可拆开元件检查卷制状况并实测其圈数。从元件卷制到单个元件打耐压的时间，必须严格控制在 20min 内。元件卷制好后要轻拿轻放，并且在 24h 内压装成芯子。

测量电容和耐压试验：所测得的电容值必须满足设计和工艺文件要求，并判别有无短路、开路，电容值偏大、偏小和相间、组间不平衡情况。

2. 引线、电阻、熔丝焊接

焊接牢固，防止虚焊和形成尖角。注意芯子两端元件的焊接，防止烙铁烫伤聚丙烯膜和绝缘件，对残余的松香助焊剂和锡渣要清理干净。引线焊接后必须进行电容量测量，检查是否有短路、开路现象。

3. 金属箱壳加工

材质应为不锈钢薄板 $\delta = 1.5 \sim 2mm$。表面光滑、平整、厚度均匀；按照图纸尺寸进行剪切，切口应平直、无毛边和卷口，其公差不大于 1mm；冲压的孔洞的尺寸和位置应符合图纸要求，孔边沿应光滑无毛边和卷口；按产品箱壳尺寸换上同规格的仿形靠模，对夹紧模进行调整。校平被焊件，用点焊固定，焊点间距为 $100 \sim 150mm$；与被焊件的起弧距离为 $2 \sim 3mm$，每条缝长应一次性焊接完成。焊缝应顺直、饱满，无砂眼和焊瘤，焊接牢固。附件焊接位置应正确、垂直、牢固；喷砂时压缩空气压力为 0.03MPa，防止压力过大使外壳变形。粗糙度应均匀，如无法喷毛的部位应用砂纸打磨，其表面不得留有氧化皮和油迹。喷砂完后应用压缩空气吹净表面沙尘，然后进行清洗和蒸汽烘干；按工艺守则要求用煤油对箱体进行试漏，如发现有渗漏处应进行补焊；漆的牌号和颜色应符合技术协议要求。箱壳表面应干净无油污，油漆按工艺要求进行过滤后喷防锈漆和面漆，漆面无颗粒、气泡，光亮、色泽均匀，附着力强。铭牌材质为不锈钢，按合同规定标注电容器参数，字迹清晰，必须用铆钉铆固。

4. 芯子压装

严格保持芯子的清洁和紧密度，防止芯子中元件位移。装箱时必须用气缸将芯子推入箱壳内，气缸压力调节为 0.24MPa。压装好后应检测元件的电容值，检查是否有短路、开路现象。

5. 上盖焊接

检查上盖的平整度和与箱体的配合间隙。焊接设备的性能操作方法应符合工艺文件的要求；焊缝应饱满、平整、无砂眼和焊瘤。

6. 整体试漏

试漏设备的性能和操作方法必须满足工艺守则的要求。产品检漏处应全部浸没于液体中。试漏压力必须保证在 $0.08 \sim 0.1MPa$ 之间，试漏时间必须保持 5min。试漏完后用高压气体将表面水分吹干。

7. 产品入罐

按照工艺守则对真空罐试漏、清罐，必须达到合格后才能将产品入罐。按照从下至上的顺序将电容器分为两层，侧放在平车内，要求产品间距保持 $15 \sim 20mm$，注油孔必须一律朝上。

8. 真空、加热处理

使用蒸汽加热，注意蒸汽变化，每半小时巡视一次，温度控制在规定的范围之内。真空度达到 15Pa 或 30Pa 时即进入高真空 I 阶段，完毕后充 N_2 进行破真空冷却。真空度达到 15Pa 时即进入高真空 II 阶段，完毕后充 N_2 进行破真空冷却。

9. 注油浸渍

前 10h 进行加温。注油前 3h 储油罐的真空度不大于 100Pa，然后才能进行注油。油面应控制油槽口平面 30～40mm，应注意油面变化而调整流量。注油过程中应注意观测接管内的油位，以正确判断产品是否注满油。产品浸渍过程中，当油面下降时应适当补充注油。

10. 破真空、塞油塞、焊封口

按照工艺守则进行破真空、冷却；整罐产品从出罐到塞油塞的时间必须控制在 20min 内完成，油塞不得随意松开；注满油的电容器立即用油塞堵住注油孔，未注满油的电容器禁止加油补偿。未注满油的电容器应做好标记；用干净布和酒精将表面油迹清洗干净，封盖焊接应牢固，表面应平整、光滑。

11. 表面喷涂

表面漆的颜色号应符合技术协议要求。箱体表面应处理干净，无锈迹及油污。按照工艺文件喷涂防锈漆及表面漆，表面漆色泽及厚度应均匀、无漆瘤、无气泡。

10.2.3 电容器试验的质量控制及监造要点

电容器的试验应根据技术规范书以及国家现行标准的要求开展型式试验和例行试验。

试验前准备工作，严格审核检测仪器的合格证及校验时间的有效期；提前 10 天将拟定开展的试验计划和试验方案报监造项目部、业主审查，经确认符合要求后方可开展试验。

10.2.3.1 型式试验

在产品正式生产之前，制造厂应对电容器进行型式试验。如果有近来能够覆盖本项目产品的型式试验报告，可不进行型式试验，但须提供型式试验报告及覆盖性说明报监造项目部和业主进行审核确认，否则应开展以下试验项目，并向业主方及其授权的监造方提供详细的检测报告或实测数据。型式试验应包括例行试验的全部项目，并应增加下列试验项目。

1. 直流滤波电容器和中性母线冲击电容型式试验

1）热稳定性试验

构架式电容器冷却空气温度为电容器温度类别上限值加 10℃。

a. 对于 C_1 电容器与中性母线冲击电容器

布置及实施按照 GB/T 20993—2012 标准 5.11 节执行。

b. 对于 C_2 电容器

布置及实施按照 GB/T 20994—2007 标准 2.12 节执行。

a 与 b 中，如果试验不成功，例如元件损坏等，试验须在另外三台电容器上重复进行。如果这三台电容器均通过上述试验，就认为这种电容器通过该试验。

c. 最高内部热点温度测量

该试验将确定最大内部热点温度上升到高于环境温度时与外壳温度的关系。

对于 C_1 电容器与中性母线冲击电容器，试验中电容器按 a 中的要求布置；对于 C_2 电容器，试验中电容器按 b 中的要求布置。

对电容器施加电压，使电容器内部热点温度达到卖方设计允许的持续时间超过 15min 的最大值，并保持 15min。试验前后电容之差应小于一个元件击穿或一根内部熔丝动作所引起的变化量。

2）端子与外壳间交流电压试验

对于 C_1 及中性母线冲击电容器，参照 GB/T 20993—2012 标准 5.12 节执行。

对于 C_2 电容器，参照 GB/T 20994—2007 标准 2.14 节执行。

3）端子与外壳间雷电冲击耐压试验

对于 C_1 及中性母线冲击电容器，参照 GB/T 20993—2012 标准 5.13 节执行。

对于 C_2 电容器，参照 GB/T 20994—2007 标准 2.15 节执行。

4）短路放电试验

对于 C_1 及中性母线冲击电容器，参照 GB/T 20993—2012 标准 5.14 节执行。

对于 C_2 电容器，参照 GB/T 20994—2007 标准 2.16 节执行。

5）电容随频率和温度的变化曲线测量

对于 C_1 及中性母线冲击电容器，参照 GB/T 20993—2012 标准 5.15 节执行。

对于 C_2 电容器，参照 GB/T 20994—2007 标准 2.18 节执行。

6）极性反转试验

仅对直流滤波器 C_1 电容器进行。

试验应参照 GB/T 20993—2012 标准 5.16 节执行。

7）电容器损耗角正切（$\tan\delta$）随温度变化曲线测量

对于 C_1 及中性母线冲击电容器，参照 GB/T 20993—2012 标准 5.17 节执行。

对于 C_2 电容器，参照 GB/T 20994—2007 标准 2.5 节执行。

8）局部放电试验

仅对 C_1 及中性母线冲击电容器进行。

试验应参照 GB/T 20993—2012 标准 5.18 节执行。

9）内部熔丝的隔离试验

仅对内熔丝结构电容器进行。

对于 C_1 及中性母线冲击电容器，参照 GB/T 20993—2012 标准 5.19 节执行。

对于 C_2 电容器，参照 GB/T 20994—2007 标准 2.17 节执行。

10）套管及导电杆受力试验

包括受力试验与尺寸检查两部分。

对于 C_1 及中性母线冲击电容器，受力试验参照 GB/T 20993—2012 标准 5.20 节执行，尺寸检查参照 GB/T 20993—2012 标准 5.3 节执行。

对于 C_2 电容器，受力试验参照 GB/T 20994—2007 标准 2.19 节执行，尺寸检查参照 GB/T 20994—2007 标准 2.3 节执行。

2. 阻塞滤波器电容器型式试验

1）热稳定性试验

构架式电容器冷却空气温度为电容器温度类别上限值加 10℃。

a. 布置及实施按照 GB/T 20994—2007 标准 2.12 节执行。

如果试验不成功，例如元件损坏等，试验须在另外三台电容器上重复进行。如果这三台电容器均通过上述试验，就认为这种电容器通过该试验。

b. 最高内部热点温度测量

该试验将确定最大内部热点温度上升到高于环境温度时与外壳温度的关系。

试验中电容器按 a 中的要求布置。

对电容器施加电压，使电容器内部热点温度达到供货商设计允许的持续时间超过 15min 的最大值，并保持 15min。试验前后电容之差应小于一个元件击穿或一根内部熔丝动作所引起的变化量。

2）端子与外壳间交流电压试验

参照 GB/T 20994—2007 标准 2.14 节执行。

3）端子与外壳间雷电冲击耐压试验

参照 GB/T 20994—2007 标准 2.15 节执行。

4）短路放电试验

参照 GB/T 20994—2007 标准 2.16 节执行。

5）电容随频率和温度的变化曲线测量

参照 GB/T 20994—2007 标准 2.18 节执行。

6）电容器损耗角正切（tanδ）随温度变化曲线测量

参照 GB/T 20994—2007 标准 2.13 节执行。

7）内部熔丝的隔离试验

仅对内熔丝结构电容器进行。

参照 GB/T 20994—2007 标准 2.17 节执行。

8）套管及导电杆受力试验

包括受力试验与尺寸检查两部分。

受力试验参照 GB/T 20994—2007 标准 2.19 节执行，尺寸检查参照 GB/T 20994—2007 标准 2.3 节执行。

3. 交流滤波电容器电容型式试验

1）热稳定性试验

构架式电容器冷却空气温度为电容器温度类别上限值加 10℃。

a. 布置及实施按照 GB/T 20994—2007 标准 2.12 节执行。

如果试验不成功，例如元件损坏等，试验在另外三台电容器上重复进行。如果这三台电容器均通过上述试验，就认为这种电容器通过该试验。

b. 最高内部热点温度测量

该试验将确定最大内部热点温度上升到高于环境温度时与外壳温度的关系。

试验中电容器布置及实施按照 GB/T 20994—2007 标准 2.12 节执行中的要求布置。

对电容器施加电压，使电容器内部热点温度达到卖方设计允许的持续时间超过 15min 的最大值，并保持 15min。试验前后电容之差小于一个元件击穿或一根内部熔丝动作所引起的变化量。

2）端子间耐压试验

参照 GB/T 20994—2007 标准 2.6 节执行。C_2 及 C_3 电容器能够承受 $2.15U_n$ 工频交流电压，历时 10s。

3）端子与外壳间交流电压试验

参照 GB/T 20994—2007 标准 2.14 节执行。

4）短路放电试验

参照 GB/T 20994—2007 标准 2.16 节执行。

5）电容随频率和温度的变化曲线测量

参照 GB/T 20994—2007 标准 2.18 节执行。

6）电容器损耗角正切（$\tan\delta$）测量

参照 GB/T 20994—2012 标准 2.13 节执行。

7）内部熔丝的隔离试验

仅对内熔丝结构电容器进行。

参照 GB/T 20994—2007 标准 2.17 节执行。

8）套管及导电杆受力试验

包括受力试验与尺寸检查两部分。

受力试验参照 GB/T 20994—2007 标准 2.19 节执行，尺寸检查参照 GB/T 20994—2007 标准 2.3 节执行。

10.2.3.2 例行试验

1. 直流滤波电容器和中性母线冲击电容例行试验

1）外观检查

对于 C_1 及中性母线冲击电容器，参照 GB/T 20993—2012 标准 5.3 节执行；

对于 C_2 电容器，参照 GB/T 20994—2007 标准 2.3 节执行。

电容器金属件外露表面应具有良好的防腐蚀层。套管、端子无明显渗漏。

2）电容测量

对于 C_1 及中性母线冲击电容器，参照 GB/T 20993—2012 标准 5.4 节执行。

对于 C_2 电容器，参照 GB/T 20994—2007 标准 2.4 节执行。

3）电容器损耗角正切（$\tan\delta$）测量

对于 C_1 及中性母线冲击电容器，参照 GB/T 20993—2012 标准 5.5 节执行。

对于 C_2 电容器，参照 GB/T 20994—2007 标准 2.5 节执行。

4）端子间电压试验

对于 C_1 及中性母线冲击电容器，参照 GB/T 20993—2012 标准 5.6 节执行。

对于 C_2 电容器，参照 GB/T 20994—2007 标准 2.6 节执行。

5）端子与外壳间交流电压试验

对于 C_1 及中性母线冲击电容器，参照 GB/T 20993—2012 标准 5.7 节执行。

对于 C_2 电容器，参照 GB/T 20994—2007 标准 2.7 节执行。

6）内部均压电阻测量（内部放电器件检验）

对于 C_1 及中性母线冲击电容器，参照 GB/T 20993—2012 标准 5.8 节执行。

对于 C_2 电容器，参照 GB/T 20994—2007 标准 2.8 节执行。

7）密封性试验

对于 C_1 及中性母线冲击电容器，参照 GB/T 20993—2012 标准 5.9 节执行。

对于 C_2 电容器，参照 GB/T 20994—2007 标准 2.9 节执行。

8）内部熔丝的放电试验

对于 C_1 及中性母线冲击电容器，参照 GB/T 20993—2012 标准 5.10 节执行。

对于 C_2 电容器，参照 GB/T 20994—2007 标准 2.10 节执行。

9）局部放电测量

仅对 C_2 电容器进行，参照 GB/T 20994—2007 标准 2.11 节执行。

10）批量抽样试验

批量抽样试验至少应在每批中每种类型的一台电容器单元上进行。一批是指同时注油的全部产品。当一批产品中某种电容器的数量超过 50 台时，抽样率应不低于 2%。如果任何一台电容器未通过任何一项试验，买方将有权拒收该批中的全部电容器。

a. 极间耐压试验

b. 高温下电容器介损的测量

试验应在额定电压下进行，电容器单元的温度为第 10.2.3.1 节 1. →1）→c. 所定义的热稳定性试验中电容器单元的最高内部热点温度。

c. 浸渍剂试验

对用于同一次处理的电容器单元产品进行浸渍的浸渍液进行试验，以便验证受试浸渍液具有规定用途所需的机械和电气特性。这种试验应对经浸渍处理的电容器单元进行，以便证明浸渍的完整性。

2. 阻塞滤波器电容器例行试验

1）外观检查

参照 GB/T 20994—2007 标准 2.3 节执行。

电容器金属件外露表面应具有良好的防腐蚀层。套管、端子无明显渗漏。

2）电容测量

参照 GB/T 20994—2007 标准 2.4 节执行。

3）电容器损耗角正切（$\tan\delta$）测量

参照 GB/T 20994—2007 标准 2.5 节执行。

4）端子间电压试验

参照 GB/T 20994—2007 标准 2.6 节执行。

5）端子与外壳交流电压试验

参照 GB/T 20994—2007 标准 2.7 节执行。

6）内部放电器件检验

参照 GB/T 20994—2007 标准 2.8 节执行。

7）密封性试验

参照 GB/T 20994—2007 标准 2.9 节执行。

内部熔丝的放电试验

参照 GB/T 20994—2007 标准 2.10 节执行。

8）局部放电试验

参照 GB/T 20994—2007 标准 2.11 节执行。

9）批量抽样试验

批量抽样试验至少应在每批中每种类型的一台电容器单元上进行。一批是指同时注油的全部产品。当一批产品中某种电容器的数量超过 50 台时，抽样率应不低于 2%。如果任何一台电容器未通过任何一项试验，买方将有权拒收该批中的全部电容器。

a. 极间耐压试验

b. 高温下电容器介损的测量

试验应在额定电压下进行，电容器单元的温度为第 10.2.3.1 节 2.→1）→b. 所定义的热稳定性试验中电容器单元的最高内部热点温度。

c. 浸渍剂试验

对用于同一次处理的电容器单元产品进行浸渍的浸渍液进行试验，以便验证受试浸渍液具有规定用途所需的机械和电气特性。这种试验应对经浸渍处理的电容器单元进行，以便证明浸渍的完整性。

3. 交流滤波电容器例行试验

1）外观检查

参照 GB/T 20994—2007 标准 2.3 节执行。

电容器金属件外露表面应具有良好的防腐蚀层。套管、端子无明显渗漏。

2）电容测量

参照 GB/T 20994—2007 标准 2.4 节执行。

3）电容器损耗角正切（$\tan\delta$）测量

参照 GB/T 20994—2007 标准 2.5 节执行。

4）端子间耐压试验

参照 GB/T 20994—2007 标准 2.6 节执行。

5）端子对壳交流电压试验

参照 GB/T 20994—2007 标准 2.7 节执行。

6）内部均压电阻测量

参照 GB/T 20994—2007 标准 2.8 节执行。

7）密封性试验

参照 GB/T 20994—2007 标准 2.9 节执行。

8）短路放电试验

参照 GB/T 20994—2007 标准 2.10 节执行。

9）局部放电测量

参照参照 GB/T 20994—2007 标准 2.11 节执行。

10）批量抽样试验

批量抽样试验至少应在每批中每种类型的一台电容器单元上进行。一批是指同时注油的全部产品。当一批产品中某种电容器的数量超过 50 台时，抽样率应不低于 2%。如果任何一台电容器未通过任何一项试验，买方将有权拒收该批中的全部电容器。

a. 极间耐压试验

b. 高温下电容器介损的测量

试验应在额定电压下进行，电容器单元的温度为第 10.2.3.1 节 3. →1）→b. 所定义的热稳定性试验中电容器单元的最高内部热点温度。

c. 浸渍剂试验

对用于同一次处理的电容器单元产品进行浸渍的浸渍液进行试验，以便验证受试浸渍液具有规定用途所需的机械和电气特性。这种试验应对经浸渍处理的电容器单元进行，以便证明浸渍的完整性。

10.2.3.3　特殊试验

1. 抗震试验

对电容器组及电容器单元，须提供抗震计算报告。抗震试验可通过计算予以校核。

2. 耐久性试验

按 GB/T 11024.2 的相关规定，对直流滤波器 C_2 电容器及直流中性母线冲击电容器进行过电压周期试验，对直流滤波器 C_1 电容器进行耐老化试验。

3. 外壳爆破能量试验

对于抗震试验、耐久性试验和外壳爆破能量试验，可提供可比元件设计电容器单元的相关试验报告供买方认可，并证明试验报告适用于该设备。

4. 电容器单元噪声试验

对 C_1 和 C_2 的电容器单元同时施加技术要求的谐波电流，对中性母线冲击电容器单元同时施加技术要求的谐波电流，测量电容器单元噪声，并记录噪声频谱。

5. 直流人工污秽试验

设备应满足本工程对应的污秽条件，卖方应提供人工污秽试验报告。污耐受性能须经受采用恒压法的人工污秽试验考核，绝缘子染污方式选用固体涂层法。试验应满足 GB 22707—2008 的相关规定。

10.2.4　产品包装、储运

1. 检查材质及制作质量

（1）包装箱材质良好，无破损、受潮、霉变等；

（2）包装箱钉装牢固，各尺寸符合图纸要求。

2. 防护材质及防护措施

（1）根据不同的设备，按照国家包装标准要求进行包装；

（2）防护材料必须满足有关标准要求；

（3）所有包装箱内的设备必须要有防护措施（防雨、防潮、反震、防位移）；

（4）控制柜内必须放置合适量的干燥剂。

3. 检查防震措施

（1）支撑件及夹紧件结构放置合理；

（2）管道外防护物包裹、衬垫合理，使零部件固定牢固；

（3）保护屏柜四面应有泡沫板塞满，防止屏柜表面损伤。

4. 检查随机文件

(1)装箱单内容填写正确；

(2)合格证编号与部件编号一致，内容正确。

5. 检查整体包装质量

(1)包装箱包装完好，无破损、霉变等；

(2)包装箱盖板上的塑料布封边可靠。

6. 检查防护标示

(1)发货标志清晰正确；

(2)图标标志清晰正确，符合国家标准要求；

(3)发货档案内容齐全，应用塑料袋封装，装订牢固；

(4)对产品包装、储运进行质量控制。

包装发运前，了解押运及有关交接事宜，制造单位、运输单位和设备监理单位签署交接证明。

10.3　电容器质保期故障树

电容器质保期故障树如图 10 − 2 所示。

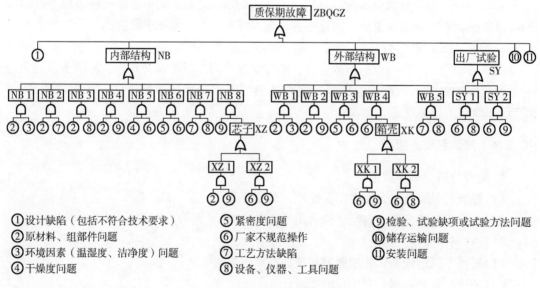

图 10 − 2　电容器质保期故障树

根据运行统计故障类型分为：1. 附件故障，2. 本体绝缘故障（包括油、气绝缘介质异常），3. 本体密封故障，4. 本体过热故障。

在统计的 31 个问题中，附件故障问题为 17 个，本体绝缘故障问题为 1 个，本体过热故障问题为 2 个，本体密封故障问题为 11 个。

11 互感器

11.1 电流互感器的主要生产工艺与监造要点

11.1.1 电流互感器的基本结构及特点

11.1.1.1 电流互感器的作用和特点

1. 电流互感器的主要作用

电流互感器是一种专门用于变换电流的特种变压器。互感器的一次绕组串联在电力线路中，线路电流就是互感器的一次电流。二次绕组外部接有负荷：如果是测量用电流互感器，二次绕组就接测量仪表；如果是保护用电流互感器，二次绕组就接保护控制装置。

电流互感器的一、二次绕组之间有足够的绝缘，从而保证所有低电压设备与电力线路的高电压相隔离。电力线路中的电流各不相同，可以通过电流互感器一、二次绕组匝数比的配置，将不同的一次电流变换成较小的标准电流值，一般是 5A 或 1A。这样可以减小仪表和继电器的尺寸，有利于仪表和继电器小型化、标准化。因此，电流互感器的主要作用是：

①传递信息给测量仪器仪表或控制保护装置；

②使测量和保护设备与高压电力线路相隔离；

③有利于仪表和保护继电器的小型化、标准化。

2. 电流互感器的主要特点

(1)电流互感器的一次绕组串联在电力线路中，并且匝数很少，线路电流就是电流互感器的一次电流。

(2)电流互感器二次绕组所接仪表和继电保护的电流线圈阻抗都很小，在正常情况下，电流互感器在近于短路下运行。

电流互感器一、二次额定电流之比称为电流互感器的额定电流比，即

$$K_n = I_1/I_2,$$

式中，I_1 为一次额定电流；I_2 为二次额定电流，5A 或 1A。若忽略很小的励磁安匝，并且只考虑一、二次电流大小之间的关系，则可得出

$$I_1 N_1 = I_2 N_2,$$

式中，N_1 为一次线圈的匝数；N_2 为二次线圈的匝数。

11.1.1.2 电流互感器的基本结构

电流互感器设备结构形式有正立式、倒立式、贯穿式、支柱式、母线式、套管式。高压系统最常见的正立式结构，二次绕组装在产品下部，产品重心较低，是国内油浸式互感

器的常用结构。下面详细介绍倒立式 SF_6 气体电流互感器结构。

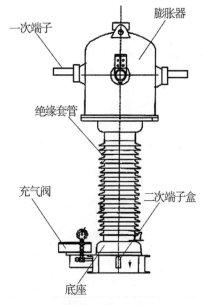

　　SF_6 倒立式电流互感器如图 11-1 所示，二次绕组是装在产品的上部，重心较高，头部较大，但一次绕组导体较短，套管较细，是近年来比较新的结构。本产品用于 50Hz 电力系统做电流的测量及继电保护。电流互感器主要由二次绕组、壳体、套管、底座、防爆片等组成。主绝缘采用同轴圆柱形均匀电场结构，由一次导杆、二次屏蔽、壳体相互构成同轴圆柱形均匀电场。二次绕组装于屏蔽罩内，二次引线通过屏蔽管从底座接线板引出。主绝缘采用绝缘特性良好的 SF_6 气体，底座内装有密度继电器以监测产品内 SF_6 气体的压力。当气体压力低于产品补气压力时，密度继电器发出报警信号；产品壳体上部装有压力爆破装置，用以当产品意外的内部故障引起压力突然升高时释放气压。综上所述，SF_6 气体绝缘电流互感器结构作为主绝缘的互感器是为适应变电站无油化的需要，独立式结构得

图 11-1　倒立式结构电流互感器外形图

到了发展。这种互感器多做成倒立式结构，因为 SF_6 气体绝缘性能与其压力有关，在这种互感器中气体压力一般选择 $0.3 \sim 0.35MPa$，所以要求其壳体和瓷套都能承受较高的压力。壳体用强度较高的钢板，采用机械化焊接可以保证要求；瓷套采用高强制造以满足要求。SF_6 气体绝缘性能还和气体中的含水量有关，互感器的器身必须经真空干燥处理。互感器上装有防爆片，万一产品发生故障，内部气体压力超过安全值时，防爆片破裂，释放内部压力，避免事故扩大。互感器还装有监视产品内部的压力表，充气、抽气的净化回收装置，要用专门的检漏仪和检漏装置检测产品的泄漏量。

11.1.2　SF_6 电流互感器主要工序

　　SF_6 电流互感器主要工序流程图如图 11-2 所示；生产工艺双代号网络计划图如图 11-3 所示。

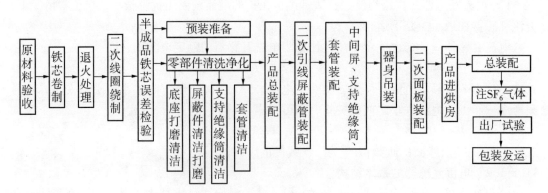

图 11-2　SF_6 电流互感器主要工序流程图

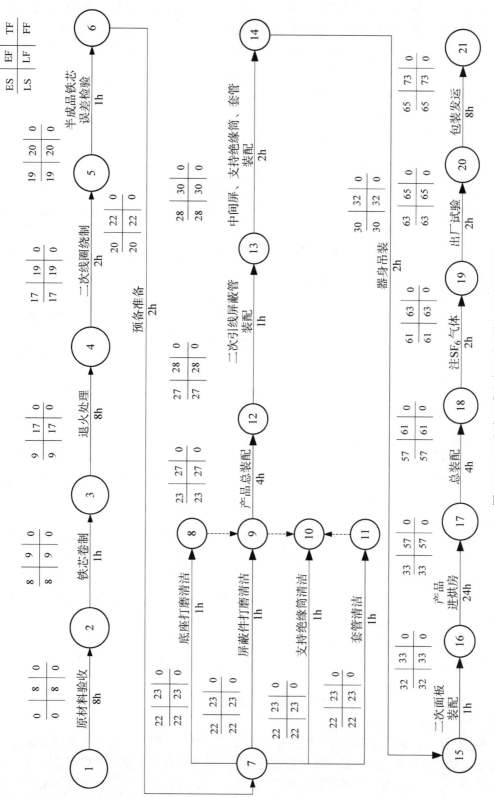

图11-3 SF₆电流互感器生产工艺双代号网络计划图

电流互感器制造工艺过程，监造人员严格按工艺文件、设备技术协议以及相关的法律、法规进行监督，确保合格产品发运到用地现场。

11.1.3　SF₆ 电流互感器设备制造主要生产工艺质量控制及监造要点

生产过程中，监造人员严格按照工艺规程进行现场见证，针对制造过程质量控制主要采取以下几个方面监造措施。

11.1.3.1　电流互感器主要原材料部件

1. 铁芯硅钢片

电流互感器铁芯是采用冷轧硅钢片，其导磁性能有明显的方向性，因而除硅钢片的材质必须符合图样设计要求外，在剪切时一定要保证磁通方向与轧制方向一致，并严格控制剪切，毛刺最大值不得超过 0.05mm，一般应不大于 0.03mm，硅钢片在加工过程中应尽可能不受弯曲等应力，并保持平整。

检查生产厂家资质、型号、厂家验收要求及标准、批号、质保证书、出厂试验报告、进厂抽检、验收记录、单位铁损值（W/kg）。

2. 导线

对于电流互感器，二次绕组导线一般采用缩醛漆包圆铜线，导线直径最细不宜小于 ϕ0.5mm，最粗不宜超过 ϕ2.5mm。根据设计和结构要求，线匝可均匀分布在整个圆周上。

检查生产厂家资质、型号、厂家验收要求及标准、批号、质保证书、出厂试验报告、进厂抽检、验收记录。

3. SF₆ 气体

（1）卖方应明确规定电流互感器中气体质量和密度，并为用户提供更新气体和保持要求的气体的数量和质量的必要的说明。

（2）绝缘介质（SF₆）性能要求：SF₆ 气体年泄漏率≤0.5%；SF₆ 气体含水量≤250μL/L；应有取气样阀门，以便测量 SF₆ 气体含水量；空气含量≤0.05%（质量分数）；采用包扎法使用灵敏度不低于 1×10^{-6}（体积比）的检漏仪对 SF₆ 气体电流互感器各密封部位、管道接头等处进行检漏时，检漏仪不应报警。

（3）SF₆ 气体压力值应具备压力偏高或偏低报警，并给出能长期运行的压力值。

（4）对批量提供的 SF₆ 气体应有包括无毒性的全部检验报告。

（5）SF₆ 气体的纯度要求达到 99.99%。

以上要检查生产厂家资质、型号；批号、质保证书、出厂试验报告、进厂抽检、验收记录等，应满足技术协议和图样要求。

4. SF₆ 气体密度继电器

SF₆ 电流互感器应是绝对密封的，应配备气体取样阀门及接头，气体取样阀门逆子阀，满足带电补气要求。装设便于从地面观察的指针式可拆装的密度继电器，安装角度向下倾斜 30°，具有高低值报警接点，配备气体取样阀门，在互感器安装完毕并充入新气后，应从互感器内重新进行气体取样试验。

SF₆ 气体密度继电器是配有电气附件的压力表，主要用于能源工业里的开关设备。它将压力测量和限位开关集在一装置中，通过一个特殊的补偿系统调整环境温度的影响。

检查 SF₆ 气体密度继电器供货商的资质证明文件；查看本批次 SF₆ 气体密度继电器是否有质量证明书；查看进厂时制造方的验收报告；查看 SF₆ 气体密度继电器产地、牌号和供应商是否与技术协议所要求的一致。

5. 复合套管

(1)电流互感器硅橡胶套管，应有良好的抗污能力和运行特性，其有效爬电距离应考虑伞裙直径的影响。

(2)硅橡胶绝缘套管产品表面漆层十年内不允许有变色、龟裂和脱落的现象。

(3)倒立式结构的电流互感器应保持支持绝缘和立杆绝缘柱的机械强度和绝缘水平，同时应防止内部螺钉松动。

以上要检查绝缘子供货商资质证明；查看绝缘子型号、规格、结构尺寸和供应商是否与技术协议所要求的一致；查看绝缘子的出厂试验、型式试验报告。见证绝缘子型号、外观、尺寸；见证绝缘子入厂绝缘试验。见证爬电距离测量，计算爬电比距。

6. 一次接线端子

电流互感器的一次端子引线连接端要保证接触良好，并有足够的接触面积，以防止产生过热性故障。一次接线端子的等电位连接必须牢固可靠。其接线端子之间必须有足够的安全距离，防止引线线夹造成一次绕组短路。

(1)接线端子与单台互感器组成一体，螺栓紧固，一次接线端子应由铝制成，应有可靠的防锈镀锡层。

(2)一次接线端子采用单片平板式接线板，应设计为防电晕式；采用高强螺栓连接。

(3)一次接线端子的材料及结构形式、厚度应能承受技术协议的机械强度要求。

以上要查看原生产厂家资质证明文件；查看原生产厂家合格报告。检查确保导体表面无擦伤、无划伤、无焊接变形缺陷，无裂痕表面缺陷；检看导体截面外观、尺寸是否符合图纸要求。

7. 二次接线端子

电流互感器二次接线端子应有防转动措施，防止外部操作造成内部引线扭断。

(1)电流互感器的二次回路全部引接至接线端子盒，引线截面至少为 $6mm^2$。

(2)端子盒应为不生锈的金属材料，端子应防腐蚀防潮和阻燃，防护等级 IP55。端子盒应便于外部电缆的引入，其开孔应能接入外径为 45mm 的电缆，配密封电缆护套，并有足够的空间。

(3)端子盒内的端子和导线，应能耐受 70℃高温。

(4)端子排应为在端子之间具有 1000V 绝缘隔层的模块式结构。每个端子应有标记片。二次出线端子螺杆直径不得小于 6mm，应用铜制成，并有可靠的防锈层。

检查生产厂家资质证明文件；检查二次端子盒尺寸；对户外二次设备外壳须采用亚光不锈钢或铸铝，进行防尘、防溅水、防凝露的防护等级试验报告。

8. 盆式绝缘子

SF_6 电流互感器的盆式绝缘子，是一个由导电橡胶制成的圆筒形零件，装在二次引线管的上面，深入盆式绝缘子的内部，与二次线圈和盆式绝缘子上部内表面接触，起到接地及固定二次引线管的作用。在理想状态下，该处并不形成气隙，场强较低，不会击穿。

检查盆式绝缘子的出厂试验合格报告，试验项目包括 X 光探伤试验、例行弯曲试验、工频耐压试验、局部放电试验。生产厂家、型号符合技术协议要求。盆式绝缘子外观检查如图11 - 4所示，盆式绝缘子弯曲负荷试验如图11 - 5所示。

图11 - 4　盆式绝缘子外观检查　　　　图11 - 5　盆式绝缘子弯曲负荷试验

11.1.3.2　电流互感器主要制造工艺

1. 铁芯卷制工艺

卷铁芯是采用经纵剪下料、剪裁成一定宽度的成卷硅钢片连续卷制而成的。卷铁芯模用金属膜，卷制成圆形，然后再用定型模块将其压成所需的形状。检查确保制出的铁芯尺寸公差小，叠片因数高，卷得紧，外观整齐。

2. 铁芯退火工艺

硅钢片的导磁性能对机械应力很敏感，在铁芯制造过程中，由于剪切、卷制、搬运中受到机械力的作用，都会导致铁芯磁性能变坏。为了恢复和提高铁芯的磁性能，需要对铁芯进行消除应力的热处理，即退火。退火还可以使各种形状的卷铁芯定型。检查退火工艺过程(包括升温、保温、降温三个阶段)。

3. 二次绕组制造工艺

环型绕组是导线直接缠绕在包有一定绝缘的环型铁芯上。根据设计需要，环型二次绕组在绕制前，首先要明确绕组的绕向，以第一层线匝所构成的螺旋线为准。导线穿过铁芯窗口即为一匝，在计算实绕匝数时，要把握住这一原理。特别是有中间抽头的绕组中，稍有疏忽就会把抽头匝数搞错。导线绕制要紧实，绕组的起末头要用布带锁紧。绕组出头绝缘可采用半叠两层以上的皱纹纸管或布带。为了保证电流互感器误差，采用调整二次绕组匝数分布的办法，以抵消由于一次返回导体对磁场分布的影响。检查作业环境的防尘、净化措施，绝缘件防脏措施，漆包线的漆层，层间绝缘，引线焊接应牢靠。

4. 产品总装配工艺

电流互感器总装配的工艺流程为：装配前零部件准备及配备→器身经真空干燥处理出炉→器身整理，所有紧固件再紧固，用吸尘器吸去器身表面灰尘→器身下箱，将器身吊装到箱内就位安装→二次配线及安装二次接线板→极性检测→绝缘电阻测量→一次配线安装。

(1)预装准备。零部件清洗净化，底座清洗干净，法兰面无锈蚀、表面光洁，二次引线管、瓷屏蔽、中间屏蔽表面无毛刺无灰尘，支持绝缘筒、套管内表面清洗干净无灰尘，内部装配用螺栓、面板等用酒精清洗。检查确保底座、屏蔽件、支持绝缘筒、套管等打磨清洁。

（2）底座装配。检查底座编号、密度计型号、气压表等。

（3）二次引线屏蔽管装配（图11-6）。检查二次引线管装配，接好接地线装配。检查产品的二次引线屏蔽管与套管同轴度偏差。检查产品引线管上部是否装入绝缘套。

图11-6 电流互感器二次引线屏蔽管装配

图11-7 电流互感器装配后外观检查

（4）中间屏、支持绝缘筒、套管装配。检查产品的中间屏与屏蔽套管同轴度偏差，中间屏与支持绝缘子的装配，套管的编号，套管与底座装配。

（5）器身吊装。检查壳体编号，高压屏蔽筒与壳体装配，壳体与套管装配，一次导电杆串、并联装配。

（6）二次绕组及面板装配。检查二次面板的类型，二次接线及密封装配；用摇表检查二次绕组之间、二次绕组对地绝缘；二次绕组装配极性检查。

（7）产品装配后密封要良好，要进行密封试验，即产品检漏。检漏方法一般均采用真空负压检漏和充气加压检漏。电流互感器装配后外观检查如图11-7所示。

（8）装配过程中产品需进行极性检测和绝缘电阻测量。极性检测是验证二次配线是否正确，一般用万用表进行，测量方法与器身极性检测方法相同。绝缘电阻测量一般采用2500V兆欧表进行，二次绕组之间及对地的绝缘电阻不得低于100MΩ。

（9）互感器在吊运时，应采用专用吊具。产品在吊运时应有底座上的吊拌进行直立吊运，不得吊运产品顶部，吊运时应有相应措施防止产品倾倒。

5. 产品干燥工艺

SF_6气体的绝缘性能和气体中的含水量有关，互感器的器身必须经真空干燥处理。处理方法是在产品装配完后再真空干燥，检查抽真空的真空度与保持时间（应符合产品要求），然后充入合格的SF_6气体。

11.1.3.3 出厂试验

1. 极性检查和端子标志检验

试验方法（误差校验仪检验法）：按照误差测定接好试验线路后，合上电源瞬间，校验仪上的极性指示器指示正常，即为负极性；如果极性指示器发出鸣叫声，则互感器极性错误。电流互感器端子标志示意图如图11-8所示。

极性判定：互感器一次绕组与二次绕组出线端子字母标

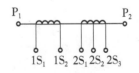

图11-8 电流互感器端子
标志示意图

志正确、清晰。互感器一次绕组、二次绕组之间的极性为负极性。

2. 二次绕组对地工频耐压试验

试验方法：电压施加于短路的各二次绕组与地之间，座架、箱壳和其它绕组段均应连在一起接地。

试验判定：施加电压由机械零位开始缓慢升高，加到3kV后持续60s，若无击穿现象，则试验合格。

3. 匝间过电压试验

试验方法：对一次侧绕组施加频率为50Hz的实际正弦波电流，在二次侧其中一个绕组上读取峰值电压，其余绕组短接接地。试验线路如图11-9所示。

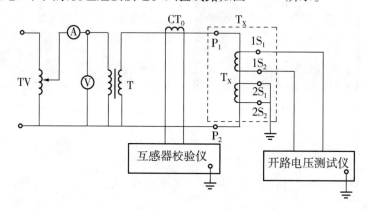

图11-9　电流互感器匝间过电压试验

TV—调压器；A—电流表；V—电压表；T—升流器；CT_0—标准电流互感器；Tx—被试品

试验判定：由调压器缓慢施加电流，注意观察电流表及峰值电压表值，电流值达到额定一次电流值或扩大额定一次电流值，持续时间60s，记录电压值。若在电流达到额定一次电流，试验电压峰值已经达到4.5kV，则应限制施加电流，记录电流值。若匝间无击穿现象，则试验合格。

4. 一次绕组工频耐压试验

试验方法：将经过大气条件校正的电压值，施加到短接的一次绕组的出线端P_1、P_2，所有二次绕组$1S_1$、$1S_2$、$2S_1$、$2S_2$短接，与夹件、箱壳连在一起后接地。一次绕组工频耐压试验接线图如图11-10所示。

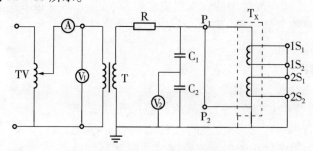

图11-10　一次绕组工频耐压试验接线图

TV—调压器；A—电流表；V_1—方均根值电压表；T—试验变压器；

V_2—峰值电压表；R—保护电阻；C_1、C_2—电容分压器；T_X—被试品

试验判定：在电流互感器的一次绕组施加规定的试验电压，持续时间60s，若试验过程中无破坏性放电现象，则试验合格。

5. 局部放电测量

试验方法：电压施加在短路的一次绕组与地之间，座架、箱壳均应接地。短路的二次绕组均应通过检测阻抗接入局部放电测量仪。局部放电测量如图11-11所示。

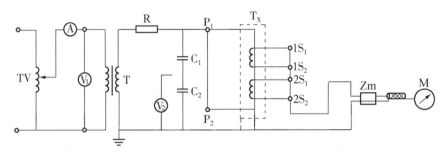

图11-11　电流互感器局部放电测量

TV—调压器；A—电流表；V_1—方均根值电压表；T—试验变压器；V_2—峰值电压表；

R—保护电阻；C_1、C_2—电容分压器；T_X—被试互感器；Zm—测量阻抗；M—局部放电测量仪

试验判定：局部放电测量小于或等于表11-1中的规定值，试验合格。

表11-1　局部放电量试验判据

系统接地方式	局部放电测量电压（方均根值）/kV	局部放电允许水平/pC	
		绝缘型式	
		液体浸渍	固体
中性点接地系统	U_m	10	50
	$1.2U_m/\sqrt{3}$	5	20

例　监造制造厂的330kV局部放电测量数据：电流互感器一次绕组施加海拔2400m校正后的工频电压510kV，持续时间1min，降到测量电压252kV，局部放电测量4pC，试验合格。试验照片如图11-12和图11-13所示。

图11-12　一次绕组工频耐压试验

图11-13　局部放电测量

6. 误差测定

试验方法：根据被试互感器准确级要求，施加额定电流百分数下各测量点的电流值，记录各点比差、角差值，根据误差限值，判定试品误差合格。试验线路如图 11 – 14 所示。

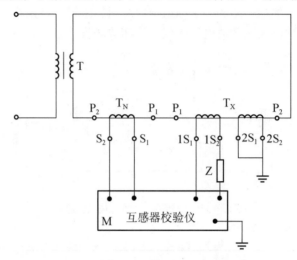

图 11 – 14　电流互感器误差测定

T—升流变压器；T_N—标准电流互感器；T_X—被试互感器；Z—负荷；M—互感器校验仪

判断准则：误差限值见表 11 – 2。

表 11 – 2　误差限值

准确级	电流误差/（±%）					相位差/±（′）				
	在下列额定电流/% 时					在下列额定电流/% 时				
	1	5	20	100	120	1	5	20	100	120
0.2	—	0.75	0.35	0.2	0.2	—	30	15	10	10
0.5	—	1.5	0.75	0.5	0.5	—	90	45	30	30
1	—	3.0	1.5	1.0	1.0	—	180	90	60	60

7. 伏安特性试验（保护级）

试验方法：在被试绕组两端施加电压，以励磁电流读数为准，读取电压值。电流互感器伏安特性测量回路如图 11 – 15 所示。

试验判断：依据厂家工艺文件，当对某一绕组进行试验时，其它绕组均处于开路状态，如此依次对每一组二次绕组进行试验。当测量电压高于二次绕组工频耐压值时，须在低频电源下测量，然后将电压值折算到 50Hz 电源时的数值进行比较。

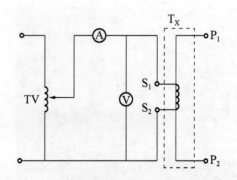

图 11 – 15　电流互感器伏安特性测量回路示意图

TV—调压器；A—电流表；V—平均值电压表；T_X—被试品

8. 密封性能及微水测量

试验方法：电流互感器分别整体用塑料罩子密封24h。试验如图11-16、图11-17所示。

图11-16 电流互感器气体性能试验

图11-17 电流互感器密封测量

试验判定：将被测样品用塑料罩子密封好，24h后测量罩子内被测样品所泄漏的气体浓度变化。

- SF$_6$气体年泄漏率测量，应小于1%；
- SF$_6$气体微水测量，应小于150μL/L；
- SF$_6$气体质量分数测量，要求质量分数≥99.9%。

9. 二次绕组直流电阻测量

试验方法：首先把电阻测量仪安全接地，然后将仪器的测量端子与被测电阻接好，选择合适的量程，接通电源，按下测量键，即显示被测电阻值。记录电阻值的同时应记录环境温度。

试验判断：测量二次绕组直流电阻测量值应符合设计要求。

10. 电流互感器(SF$_6$)零表压试验

试验方法：试验电压施加到短接的一次绕组的出线端，短接的二次绕组、夹件、箱壳连在一起后接地。试验线路如图11-18所示。

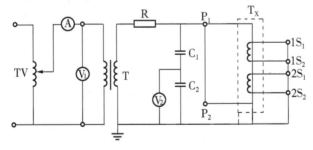

图11-18 零表压下工频耐压试验接线回路

TV—调压器；A—电流表；V$_1$—方均根值电压表；T—试验变压器；

V$_2$—峰值电压表；R—保护电阻；C$_1$、C$_2$—电容分压器；T$_X$—被试互感器

试验判断：将电流互感器产品SF$_6$气体全部放掉，监测SF$_6$气体表压为零。SF$_6$气体绝缘零表压耐压试验，耐受的电压(相对地)$1.3U_m/\sqrt{3}$(有效值)，持续时间5min，产品无闪络，试验合格。

11.1.3.4 拆装存栈工艺（包装）

卖方交付的合同货物应符合包装储运指示标志的规定，按照国家最新规定进行包装，满足长途运输、能承受水平受力、垂直受力、多次搬运、装卸、防潮、防震、防碎等包装要求。卖方应按照合同货物的特点，按需要分别加上防冲撞、防霉、防锈、防腐蚀、防冻、防盗的保护措施。以便合同货物在没有任何损坏和腐蚀的情况下安全地运抵现场。合同货物包装前，卖方应负责按部套进行检查清理，不留异物，并保证零部件和资料齐全。

（1）材质及制作质量。检查包装箱材质良好，无破损、受潮、霉变等；包装箱钉装牢固，各尺寸符合图纸要求。

（2）防护材质及防护措施。检查确认防护材料必须满足有关标准要求；所有包装箱内的设备必须有防护措施（防雨、防潮、反震、防位移）；控制柜内必须放置合适量的干燥剂。

（3）防震措施。检查确认：支撑件及夹紧件结构放置合理；管道外防护物包裹、衬垫合理，使零部件固定牢固。

（4）随机文件。检查确认：装箱单内容填写正确；合格证编号与部件编号一致，内容正确。

（5）整体包装质量。检查确认：包装箱包装完好，无破损、霉变等；包装箱盖板上的塑料布封边可靠。

（6）防护标示。检查确认：发货标志清晰正确；图标标志清晰正确，符合国家标准要求；发货档案内容齐全，应用塑料袋封装，装订牢固。

11.1.4 工程问题处理案例

关于抽查产品出厂试验发现的问题

经过抽查某换流站（海拔2400m）由制造厂供货的227台电流互感器出厂试验，发现一次绕组工频耐压试验施加电压没有进行海拔2400m校正，只按1000m以下电压值进行此项试验。监造人员不予认可，要求厂家重新开展此项试验，并通知监造人员现场见证。

制造厂重新提供试验方案，经业主和监造人员审核后，对供货该换流站227台电流互感器进行了全部出厂试验，监造人员全程见证。

见证情况：SF_6电流互感器，一次绕组工频耐压试验，对产品套管做了外绝缘试验，耐受电压进行了海拔修正。

备注：对产品外绝缘试验时，是在增加了产品内部气压下进行的，以免内部绝缘受影响。因为标准规定，内绝缘试验，耐受电压不需要进行海拔修正，符合标准要求。

11.1.5 产品质保期故障树

电流互感器故障树如图11-19所示。

NB1：产品原材料问题——①SF_6气体、铁芯、导线、密封垫、气压表、三通阀的原材料问题；②罐体内部清理不干净；⑧SF_6气体、铁芯、导线、密封垫、气压表、三通阀的入厂检验问题。

NB2：产品绝缘问题——③绝缘子内部及零部件干燥度不够，SF_6气体问题；⑧SF_6气体、绝缘子及零部件入厂检验问题。

WB1：产品过热问题——①一次导杆截面积不够，④一次接线端子螺栓紧固力矩不符

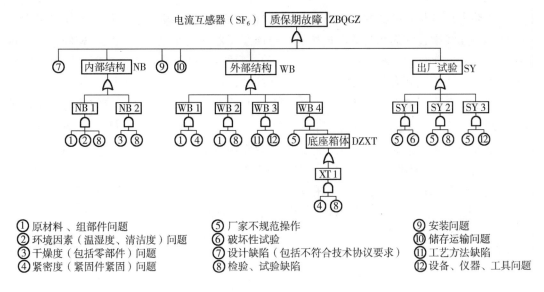

图 11-19　电流互感器故障树

合图纸要求。

WB2：产品密封问题——①气压表、密度计电器、三通阀垫圈不合格；⑧气压表、密度计电器、三通阀入厂检验问题。

WB3：二次箱体问题——⑪箱体密封检验缺陷问题；⑫二次接线测量端子接触不良会引起开路。

WB4：底座箱体问题——④气压表、密度计电器装配螺栓紧固不够，三通阀密封垫等问题；⑤装配不规范；⑧装配后密封检验项目缺陷问题。

SY1：产品出厂试验问题——⑤试验不符合技术协议及标准；⑥局部放电量大时查找原因重复加电压做绝缘试验。

SY2：产品型式试验问题——⑤试验不符合技术协议及标准；⑧型式试验、特殊试验项目有缺项。

SY3：产品试验仪器设备问题——⑤试验不符合技术协议及标准；⑫试验的设备仪器仪表没有校验或过期。

电流互感器故障类型分为：1. 附件故障，2. 本体绝缘故障（包括油、气绝缘介质异常），3. 本体密封故障，4. 本体过热故障，5. 二次系统故障。

在统计的 191 个问题中，附件故障问题为 105 个，本体绝缘故障问题为 21 个，本体过热故障问题为 27 个，本体密封故障问题为 31 个，二次系统故障问题为 7 个。

11.2　电压互感器的主要生产工艺与监造要点

11.2.1　电压互感器的基本结构及特点

11.2.1.1　电压互感器的作用和特点

1. 电压互感器的主要作用

电压互感器是一种专门用作变换电压的特种变压器，互感器的一次绕组并联在高压线路上，线路电压就是互感器的一次电压。二次绕组外部接有测量仪表、仪器及保护继电器等设备的电压线圈，它们都是并联连接的。电压互感器的工作原理和变压器相同，只不过电压互感器的二次负荷很小，因此可以说电压互感器是一种容量很小的变压器。电压互感器的一、二次绕组之间有足够的绝缘，从而保证所有低压设备与电力线路的高电压相隔离。电力系统有不同的额定电压等级，通过电压互感器一、二次绕组匝数的适当配置，可以将不同的一次电压变换成较低的标准电压值，一般是100V 或 $100/\sqrt{3}$V，这样有利于仪表和继电器小型化、标准化。电压互感器的主要作用有以下三点：

（1）传递信息供给测量仪器、仪表或保护控制装置。

（2）使测量和保护设备与高电压相隔离。

（3）有利于仪表、仪器和保护继电器小型化、标准化。

2. 电压互感器的主要特点

（1）电压互感器是一种专门用作变换电压的特种变压器，互感器的一次绕组并联在高压线路上，线路电压就是互感器的一次电压。二次绕组外部接有测量仪表、仪器及保护继电器等设备的电压线圈，它们都是并联连接的。

（2）电压互感器的一、二次绕组之间有足够的绝缘，从而保证所有低压设备与电力线路的高电压相隔离。通过电压互感器一、二次绕组匝数的适当配置，可以将不同的一次电压变换成较低的标准电压值，一般是100V 或 $100/\sqrt{3}$V，这样有利于仪表和继电器小型化、标准化。

11.2.1.2　电压互感器的基本结构

电压互感器按结构分为电磁式电压互感器和电容式电压互感器。按外绝缘材质分为瓷质套管电压互感器和硅橡胶外套。内绝缘型式通常为油浸式。

电磁式电压互感器的结构与变压器有很多相同之处，例如，线圈结构、铁芯结构等都是变压器中最简单的结构。

电磁式电压互感器的器身是串级式，如图 11 - 20 所示，由于铁芯带电，整个器身须装在瓷箱内，瓷箱既起高压套管的作用，又是油容器，故又称为瓷箱式结构。瓷箱顶部装有金属膨胀器，二次及剩余电压绕组出头 a - n，da - dn，以及一次绕组 N 端均通过小瓷套从底座侧面引出。

11.2.2　电压互感器的主要工序

电压互感器生产流程图如图 11 - 21 所示，电压互感器生产流程双代号网络计划图如图 11 - 22 所示。

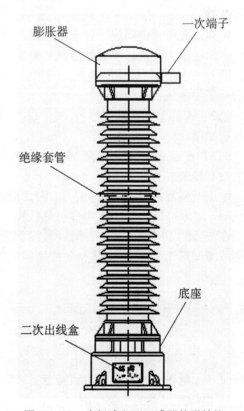

图 11 - 20　串级式电压互感器外形结构

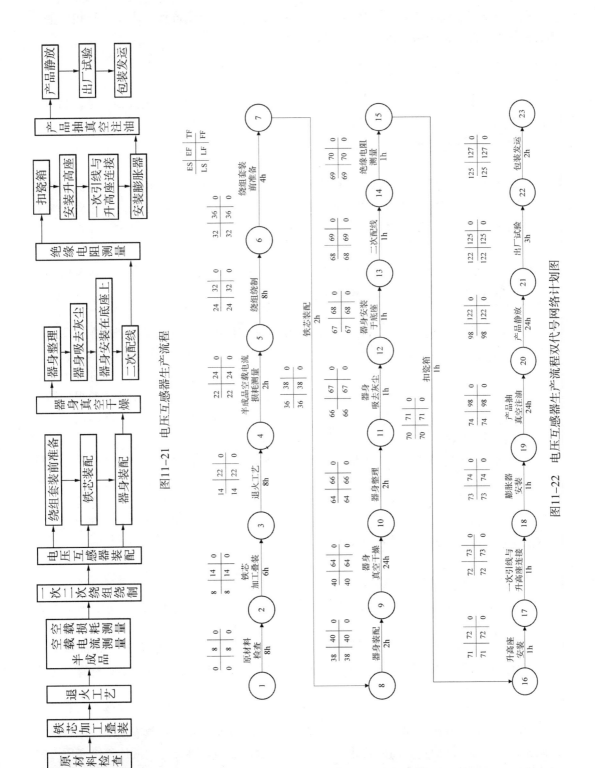

图11-21 电压互感器生产流程

图11-22 电压互感器生产流程双代号网络计划图

电压互感器制造工艺过程，监造人员严格按工艺文件、设备技术协议以及相关的法律、法规进行监督，确保合格产品发运到用地现场。

11.2.3 电压互感器设备制造主要生产工艺质量控制及监造要点

生产过程中，监造人员严格按照工艺规程进行现场见证，针对制造过程质量控制主要采取以下几个方面监造措施。

11.2.3.1 原材料、组部件

1. 硅钢片

互感器铁芯是采用冷轧硅钢片，其导磁性能有明显的方向性，因而除硅钢片的材质必须符合图样设计要求外，在剪切时一定要保证磁通方向与轧制方向一致，并严格控制剪切，毛刺最大值不得超过 0.05mm，一般应不大于 0.03mm，硅钢片在加工过程中应尽可能不受弯曲等应力，并保持平整。

检查生产厂家资质证明文件；检查生产厂家质保证书；检查硅钢片型号；检查硅钢片出厂合格报告；检查硅钢片验收记录。

2. 绝缘子

套管绝缘外套是其主绝缘部件，承担着绝缘和固定作用。如果绝缘外套存在缺陷或发生故障，不仅直接危及主设备的安全运行，而且还影响电力系统供电可靠性，因此它必须具有与主设备相适应的电压等级电气强度和抗短路电动力以及突发地震自然灾害冲击力的机械强度。因此，要检查绝缘子供货商的资质证明；查看绝缘子的出厂型式试验报告结果是否符合要求；检查复合绝缘子入厂外观、尺寸；进行复合绝缘子入厂绝缘试验。

3. 二次端子盒

电磁式互感器的二次回路全部引接至接线端子盒，引线截面至少为 $6mm^2$。端子盒应为不生锈的金属材料，端子应防腐蚀防潮和阻燃，防护等级 IP55。端子盒应便于外部电缆的引入，其开孔应能接入外径为 45mm 的电缆，配密封电缆护套，并有足够的空间。检查生产厂家资质证明文件；检查二次端子盒尺寸；检查二次端子盒防护等级 IP55 试验报告。二次端子盒应固定密封，尺寸符合设计。

4. 高、低压漆包线

电磁式电压互感器的一次绕组匝数多、二次绕组匝数少。一次绕组的导线截面小，一般采用 $\phi 0.2 \sim \phi 0.3mm$ 单丝漆包线。为使绕组引出线有一定的机械强度，起、末头用软电缆引出，并包有规定的绝缘。二次绕组电流大，导线粗。由于一次绕组外层线引出头 N 端运行时接地，因此它与二次绕组等电位，它们之间绝缘很薄，一般为 1 ～ 2mm 厚的纸板。检查生产厂家资质证明文件；检查生产厂家质保证书；检查漆包线型号；检查漆包线出厂合格报告；检查漆包线验收记录。

5. 变压器油

变压器油是一种矿物油，是从石油（原油）中分馏精制而成的。它具有质地纯净、绝缘性能良好、理化性能稳定、黏度较低等特点。变压器油作为一种良好的液体绝缘介质，普遍应用于互感器高压电器设备中，不仅起绝缘的作用，而且还具有冷却和消弧的作用。

互感器用变压器油的主要性能指标：

（1）击穿电压。用于 500kV 互感器产品变压器油，其耐压值一般为 63kV 以上。

（2）介质损耗因素。是一项对变压器的品质极为最重要的性能指标。介损值低，表明变压器油内存在的溶解性污染物少；介损值高，则表明变压器油内有较多的溶解性污染物。用于 500kV 的互感器的介质损耗因素（在 90℃时测量），一般规定不大于 0.3%。

（3）含气量。气是指溶解于变压器油中的气体（一般是空气）。用于 500kV 的互感器产品的含气量不大于 0.5%。

以上变压器油还有相容性、析气性、pH 值、油中溶解气体含量分析等。

检查生产厂家资质证明文件；检查电容器油型号；检查批号、质保证书、出厂试验报告、进厂抽检、验收记录，应满足国家标准、技术协议和厂家相关文件要求。

11.2.3.2　电压互感器生产制造

1. 铁芯加工制造

电压互感器铁芯尺寸和重量都比较小，铁芯叠片单相双柱、单相三柱、三相三柱和三相五柱等。用于变压器生产的硅钢片纵剪和横剪生产线，在互感器生产中同样得到广泛采用。互感器的叠片铁芯结构简单，容易实现自动叠装，电压互感器的叠片铁芯可不退火。检查制出的铁芯尺寸公差小，叠片因数高，外观整齐，检查叠片无毛刺。

2. 绕组制造工艺

宝塔圆筒式绕组用于一端全绝缘、另一端接地的电压互感器一次绕组。这种绕组被广泛应用于串级式绝缘结构的电压互感器。所谓串级式，就是把一次绕组分成几个匝数相等的部分串联起来使用，每一部分称为一级。一般额定电压越高，级数越多。

宝塔圆筒式绕组绕向的原则：以第一层线匝所构成的螺旋线方向为准，线匝构成右螺旋则为右绕向，构成左螺旋则为左绕向。

绕组的结构：串级式电压互感器，一次绕组被分成四段，第一级和第二级绕组固定在上铁芯上，第三级和第四级绕组固定在下铁芯上。每一级绕组均包括一次总匝数四分之一的一次绕组和平衡绕组，第二级和第三级绕组还包括耦合绕组，第四级绕组还有测量、保护绕组和剩余绕组。

绕组制造顺序：平衡绕组紧靠铁芯布置，制造时在电木筒上先绕平衡绕组，再分别绕制一次绕组、二次绕组、剩余绕组。

3. 电压互感器绕组套装前准备

绕组是电压互感器的核心部分。串级式电压互感器绕组是几个绕组分层绕在一起，第 I 绕组有高压绕组、平衡绕组；第 II、III 绕组有高压绕组、平衡绕组和耦合绕组；第 IV 绕组有高压绕组、平衡绕组、测量绕组、保护绕组和剩余电压绕组。

检查焊接是否牢固可靠，并无毛刺和凸起部分，清除焊渣和铜沫，再用砂纸打光擦干净，然后按照图纸要求保证绝缘。

4. 电压互感器铁芯装配

铁芯质量的好坏，直接影响到电压互感器的主要性能。铁芯质量主要取决于硅钢片的材质和加工质量，应符合图纸要求；严格控制铁芯剪切时毛刺，偏差，使其符合工艺要求；硅钢片在加工过程中应尽可能不受弯曲等应力，并保持平衡。

检查铁芯装配时要特别注意铁芯片间的搭、接头，接缝大将导致励磁电流增大。铁芯端面要整齐，保证铁芯重量，应符合图纸要求。

电压互感器的穿心螺杆不但承担着夹紧铁芯的任务，而且也起着夹紧固定电木支撑板的作用。检查穿心螺杆必须与铁芯可靠绝缘，螺杆外面套着电木管，两端垫有纸板、垫圈，纸管的长度公差必须严格控制。

5. 电压互感器器身装配

器身装配工序包括：松开上铁轭拆除硅钢片，套装绕组，再插上铁轭硅钢片，装穿心螺杆及电木支架，包扎绕组之间的连接线绝缘，习惯上这些工序称作插板。对铁芯必须严格检查，铁芯表面应清洁无锈蚀，接缝要小，符合图纸要求。检查器身装配时，铁芯、绕组、支撑板、绝缘隔板及其它零部件应完好、洁净，并符合图纸及工艺要求。套装绕组时应保证出头位置正确，用木撑条固定后，绕组不得松动，不允许随便转动绕组。各绕组的出头连接必须正确。引线绝缘包扎应紧实，包扎厚度应符合图纸要求，支撑表面应光滑、平整、清洁，不得有起泡、开裂和其它明显的机械损伤。

电压互感器器身装配后，应进行半成品试验：螺杆对铁芯绝缘电阻测量；降低电压下的误差测定。

6. 电压互感器总装配

电压互感器的主要部件包括器身、底座、瓷箱、升高座和膨胀器等。其装配工艺检查流程为：装配前零部件准备及配套→器身经真空干燥处理出炉→器身整理所有紧固件再紧固→用吸尘器吸去表面灰尘→器身安装在底座上→二次配线→绝缘电阻测量→扣瓷箱→安装升高座→一次引线与升高座连接→安装膨胀器底板→产品抽真空脱气→真空注油→油压检漏→膨胀器装配注油→整台产品装配完毕。

在整个装配过程中，检查铁芯和螺杆的尖角毛刺是否处理干净，瓷件表面是否清洁，支撑铁芯的电木板的材质和表面清洁度以及干燥处理的好坏。电压互感器装配时，应特别注意上述各点。

7. 电压互感器干燥工艺

绝缘处理的终点判断在电压互感器产品绝缘干燥过程中是一个非常重要的环节。在干燥全过程中，依据工艺要求，检查干燥温度、持续的干燥时间，画出监造电压互感器器身干燥曲线。

真空干燥正确地判断对保证绝缘处理质量和合理使用能源有重大意义，过早地终止干燥处理使绝缘中含水量偏高，会造成产品介质损耗因素、局部放电量偏高，严重时会达不到标准要求，同时绝缘干燥不彻底，会加速电压互感器产品运行中的绝缘老化，缩短设备的使用寿命。相反，如果高温干燥时间过长，会对绝缘材料有一定的损害。为此，正确地判断绝缘干燥程度是至关重要的。

11.2.3.3　电压互感器出厂试验

1. 端子标志检验

检查互感器一次绕组与二次绕组出线端子的字母，标志要正确、清晰。互感器一次绕组、二次绕组之间的极性为负极性。

2. 一次绕组工频耐压试验

检查一次施加试验电压，持续时间60s；检查互感器一次绕组N端工频耐压。

3. 一次绕组感应耐压试验

1）试验线路（见图11－23）

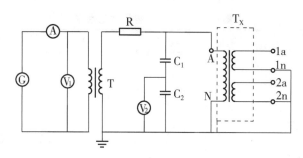

图 11 - 23　一次绕组感应耐压试验线路

G—发电机；A—电流表；V_1—方均根值电压表；T—试验变压器；R—保护电阻；

C_1、C_2—电容分压器；V_2—峰值电压表；T_X—被试互感器

2）试验方法

根据电源的频率计算试验时间：利用倍频发电机组作为电源，根据 $t = 100/f \times 60(\mathrm{s})$ 得出试验持续时间，但不得少于 15s。例如，发电机组频率为 150Hz，试验时间为 40s。

按照试验线路正确接线，依据样品技术条件规定的耐压值，将试验电压施加到一次绕组 A，金属夹件、金属底座或箱壳、铁芯以及二次绕组的一个出线端子和一次绕组接地端子 N 连在一起接地。电压由机械零位开始施加至技术条件规定试验电压，持续时间 40s，然后降到 30% 试验电压以下切断电源，试验过程中无异常现象，试验合格。

4. 局部放电测量

1）试验线路（见图 11 - 24）

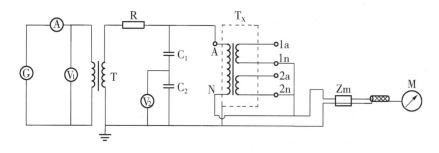

图 11 - 24　局部放电测量线路图

G—发电机；A—电流表；V_1—方均根值电压表；T—试验变压器；R—保护电阻；

C_1、C_2—电容分压器；V_2—峰值电压表；T_X—被试互感器；Zm—测量阻抗；M—局部放电测量仪

对于接地电压互感器，试验电压施加在一次绕组的 A 端，箱壳、座架、铁芯均应接地。一次绕组的 N 端和每个二次绕组的一个端子通过检测阻抗接入局部放电测量仪。

2）试验方法

感应耐压试验后的降压过程中，使电压达到局部放电测量电压。降至规定测量电压值，30s 内进行局部放电测量。局部放电测量≥5pC 时，试验合格。

3）判定

局部放电测量值小于或等于表 11 - 3 中规定值，试验合格。

表 11-3　局部放电量试验判据

系统接地方式	一次绕组的连接方式	局部放电测量电压（方均根值）	允许局部放电水平/pC	
			绝缘型式	
			液体浸渍	固体
中性点接地系统	相对地	U_m	10	50
		$1.2U_m/\sqrt{3}$	5	20
	相对相	$1.2U_m$	5	20

5. 二次绕组工频耐压试验

检查接线短路的各二次绕组与地之间，一次绕组端子短接接地。

检查施加电压，持续时间 60s。

6. 绕组段间工频耐压试验

检查接线短接绕组各段间对地。检查施加电压，持续时间 60s，无闪络现象。

7. 电容量和介质损耗因数测量

1）试验方法

检查接线一次绕组的末端接地，试验电压施加在一次绕组首端，二次绕组中任一出线端子均相连接入电桥测量。

2）试验判断

对于单级式电压互感器，在电压为 $U_m/\sqrt{3}$ 及正常环境温度下，其值通常不大于 0.005。对于串级式电压互感器，不需考核电容量，在 10kV 测量电压和正常环境温度下，整体介损值通常不大于 0.02，支架介损值通常不大于 0.05。

8. 励磁特性测量

1）试验线路（见图 11-25）

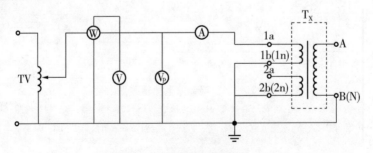

图 11-25　励磁特性测量接线图

TV—自耦调压器；A—电流表；W—低功率因数功率表；
V—方均根值电压表；Vp—平均值交流电压表；T_X—被试互感器

2）试验方法

$U_m \geqslant 40.5kV$ 及以上电压互感器应进行励磁特性测量。

将一次绕组末端可靠接地，从二次绕组施加励磁电压，其测量电压值至少为额定二次电压的 0.2、0.5、0.8、1.0、1.2 倍及相应额定电压因数的电压值。记录电流、电压和损耗值，要符合设计图纸要求。

9. 绝缘油性能试验

检查油耐压试验、微水测量、介损测量、色谱分析的试验报告。

10. 密封试验

按 GB1207—2006 中 10.7 执行。

11. 误差测定

1)试验线路(见图 11 – 26)

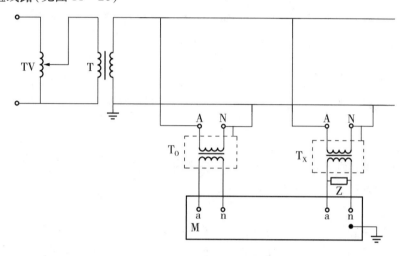

图 11 – 26　误差测定接线图

TV—调压器；T—试验变压器；M—互感器校验仪；To—标准电压互感器；

Tₓ—被试互感器；Z—负荷箱；A、N——次绕组端子；a、n—二次绕组端子

2)试验方法

将试品带上标准规定的负荷，根据所需测量点由调压器施加电压，记录电压误差及相位差，根据误差限值(见表 11 – 4)判定误差是否合格。

表 11 – 4　误差限值

准确级	电压误差/±%	相位差/±(′)
0.2	0.2	10
0.5	0.5	20
1.0	1.0	40
3.0	3.0	不规定
3P	3.0	120
6p	6.0	240

注意事项：一次绕组的末端与箱壳检验时必须牢固接地，二次绕组不能短路。

11.2.3.4　拆装存栈工艺（包装）

卖方交付的合同货物应符合包装储运指示标志的规定，按照国家最新规定进行包装，满足长途运输、能承受水平受力和垂直受力、多次搬运、装卸、防潮、防震、防碎等包装要求。卖方应按照合同货物的特点，按需要分别加上防冲撞、防霉、防锈、防腐蚀、防冻、防盗的保护措施，以便合同货物在没有任何损坏和腐蚀的情况下安全地运抵现场。合

同货物包装前，卖方应负责按部套进行检查清理，不留异物，并保证零部件和资料齐全。

1. 包装检查

检查确认产品和所有零部件包装完好；检查产品包装文件并将全套安装使用说明书、产品合格证明书、出厂试验记录、产品外形尺寸图、产品拆卸件一览表、装箱单、铭牌图包装完好，防止受潮；检查产品包装箱，应连续编号，不能有重号；产品外壳应整洁，无外挂游离物；检查确认产品密封良好无渗漏；其它包装件有防雨防潮措施；检查包装合同号、收货人、目的地、毛重、箱号；检查包装箱，应有明显的包装储运图示标志和符号（如"防雨""防潮""向上""小心轻放""由此起吊"和"重心点"等），并应标明买方的订货号和发货号。

2. 入库检查

检查产品、均压环和气体的包装及防潮情况；检查包封，应无开裂现象、均匀平整，运输可靠；检查设备的所有组、部件，不得损坏、不得进水和受潮。

3. 发运检查

检查产品密封性，压力应保持在范围内；检查压力表处于明显位置，并附补气装置和备用气体；检查确认冲撞记录仪安装牢固，记录仪电源充足，各方向指针设定在中心线位置，启动时开启电源，确认设备正常。

4. 最终检查

检查所有组件和拆卸零部件的包装及防潮；在设备包装发运前，应检查外观、核对产品铭牌，检查附带的文件资料、合格证等数量是否准确，检查产品记录。了解押运及有关交接事宜。包装发运前，供应商、运输单位和监造方签署交接证明，外表无损伤。检查或书面见证运输中是否安装三维冲撞记录仪，并记录三维冲撞记录仪和气体压力的初始状态。

11.2.4　电压互感器质保期故障树

电压互感器质保期故障树如图 11-27 所示。

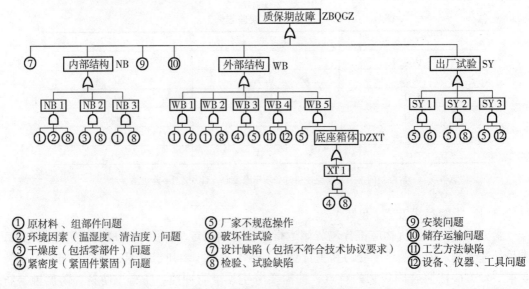

图 11-27　电压互感器故障树图

说明：

NB1：变压器油问题——① 变压器油不合格；② 变压器油设备装置处理不干净；⑧变压器油入厂检验问题。

NB2：产品绝缘问题——③互感器器身入炉干燥温度及时间不符；⑧互感器抽真空工艺检验问题。

NB3：铁芯、导线、绝缘支架问题——①铁芯性能及导线材质和绝缘支架问题；⑧铁芯、导线、绝缘支架入厂检验问题。

WB1：产品过热问题——①一次接线排截面积、铁芯、导线问题；④一次接线排紧固度不够。

WB2：产品密封问题——①底座密封垫不合格，产品密封渗漏，焊接渗漏；⑧底座密封垫入厂检验问题。

WB3：产品过热问题——④二次绕组和剩余绕组带的负荷设计裕度不够，一次绕组的X端接地不良，绝缘结构散热面积不够，导线的电流密度不够；⑤二次接线端子螺栓紧固力矩不够。

WB5：底座箱体装配密封问题——④所有密封处的紧固螺栓应均匀紧固，不得有个别螺栓过紧或未拧紧现象；⑧装配后打泵静压或抽真空试漏，不得有渗漏现象。

SY1：产品出厂试验问题——⑤试验不符合技术协议及标准；⑥局部放电量大时查找原因重复加电压做绝缘试验。

SY2：产品型式试验问题——⑤试验不符合技术协议及标准；⑧型式试验、特殊试验项目有缺项。

SY3：产品试验仪器设备问题——⑤试验不符合技术协议及标准；⑫试验的设备仪器仪表没有校验或过期。

电压互感器故障类型分为：1. 附件故障，2. 本体绝缘故障(包括油、气绝缘介质异常)，3. 本体密封故障，4. 本体过热故障，5. 二次系统故障。

在统计的 165 个问题中，附件故障问题为 66 个，本体绝缘故障问题为 38 个，本体过热故障问题为 9 个，本体密封故障问题为 29 个，二次系统故障问题为 23 个。

11.3 直流电流测量装置的主要生产工艺与监造要点

11.3.1 直流电流测量装置的基本结构及特点

11.3.1.1 直流电流测量装置的作用和特点

1. 直流电流测量装置的主要作用

直流电流测量装置是由连接到传输系统和二次转换器的一个或多个电流传感器组成，采用光电子器件用于传输正比于被测量的量，供给测量仪器、仪表和继电保护或控制设备的一种装置。

直流电流测量装置是直流输电线路中不可缺少的重要设备，其作用就是按一定的比例关系将输电线路上的大电流数值降到可以用仪表直接测量的标准数值，以便于用仪表直接进行测量。主要应用于 500kV、800kV 等高压直流换流站，用于测量直流场及阀厅的直流电流和谐波电流，为直流控制保护装置提供电流信息。

2. 光电式直流电流测量装置的主要特点

直流电流测量装置有光电式和纯光式。光电式直流电流测量装置有悬式及支柱式结构，可以满足不同的现场安装需求。其主要特点如下：

（1）利用分流器和空芯线圈实现对高压直流电流和谐波电流的同时监测。

（2）测量精度满足 0.2 级要求，阶跃响应上升时间小于 $125\mu s$。

（3）光纤绝缘子采用硅橡胶复合绝缘子，绝缘简单可靠，重量轻，便于运输和安装。

（4）分流器采用锰铜材质，温度稳定性好，输出信号不易受干扰。

（5）传感头的结构设计，解决了分流器发热及其对远端模块的影响，具有良好的散热性能，能够适应户外长期稳定运行。

（6）采用空芯线圈传感谐波电流，频率范围宽，具有较好的抗外磁场干扰性能。

（7）远端模块采用 16 位采集模拟信号，保证并提高了全量程范围的测量精度。

（8）合并单元发送数据，接口符合国家标准，具有良好的兼容性，便于系统集成。

（9）不存在二次输出开路的危害。

11.3.1.2 直流电流测量装置设备结构

直流电流测量装置的结构如图 11-28 所示，它利用分流器传感直流电流，利用空心线圈传感谐波电流，利用激光供电的远端模块就近采集分流器及空心线圈的输出信号，输出信号通过光纤进行传输，利用光纤绝缘子保证绝缘，远端模块置于独立的密闭箱体内，产品为悬挂式结构。

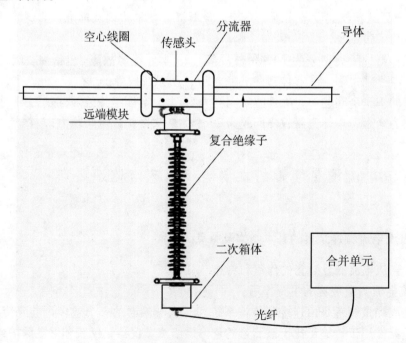

图 11-28　直流电流测量装置结构图

11.3.2 直流电流测量装置的主要工序

直流电流测量装置工艺流程图如图 11 – 29 所示。

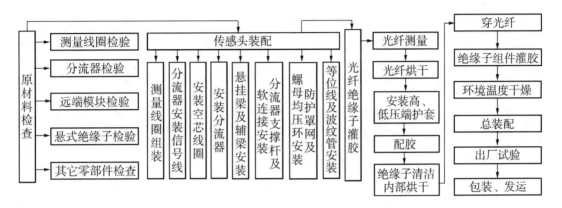

图 11 – 29　直流电流测量装置工艺流程图

直流电流测量装置工艺流程双代号网络计划图如图 11 – 30 所示。

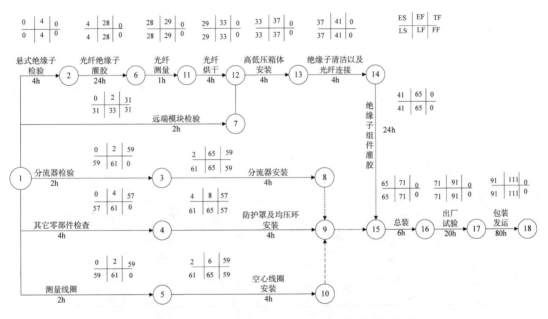

图 11 – 30　直流电流测量装置工艺流程双代号网络计划图

直流电流测量装置制造工艺过程，监造人员要严格按照工艺文件、设备技术协议以及相关的法律、法规进行监督，确保合格产品发运到用地现场。

11.3.3 直流电流测量装置设备制造主要生产工艺质量控制及监造要点

生产过程中，监造人员应严格按照工艺规程进行现场见证，针对制造过程质量控制的要求应采取以下监造措施。

11.3.3.1　原材料、组部件

1. 分流器

直流电流测量装置利用分流器测量直流电流，串联于一次回路中，用于直流电流的传感测量。监造要点：①检查分流器的外形尺寸是否符合图纸要求；②分流器侧面的标示是否完整，一次电流与二次输出是否符合本次工程要求；③信号出线表面应良好，无破损，预留长度足够引到高压箱体内，并留有余量；④查看分流电阻供货商资质证明文件；⑤查看分流电阻质量证明书；⑥查看进厂时制造方的验收报告；⑦查看分流器生产厂家、型号、规格、材质；⑧检查分流电阻外观、尺寸是否符合图纸要求；⑨检查直流电阻测量是否满足技术协议要求。

2. 空心线圈

直流电流测量装置利用空心线圈来测量谐波电流。监造要点：①检查外形尺寸是否符合图纸要求，能否顺利地装入导体上；②安装后检查极性 P_1、P_2，朝向是否正确；③查看空芯线圈出线长度是否符合要求，能否顺利引到高压箱体的远端模块上，并留有余量；④查看空芯线圈与导体连接是否牢固，所有固定螺钉是否都拧紧；⑤查看测量线圈供货商资质证明；⑥查看测量线圈质量证明书；⑦查看进厂时制造方的验收报告。

3. 复合绝缘子

直流电流测量装置复合绝缘子的骨架，起着支撑伞套、内绝缘、连接两端金具以及承受机械负荷的作用。复合绝缘子保证绝缘，为悬式结构，具有绝缘简单可靠、体积小、重量轻等优点。复合绝缘子如图 11－31 所示。

图 11－31　直流电流测量装置的复合绝缘子　　　图 11－32　复合绝缘子尺寸检查

监造要点：①检查生产厂家、型号规格、外观、结构尺寸，是否符合技术协议；②测量爬电距离、弧伞距离，计算爬电比距（mm/kV），是否符合技术协议；③查看绝缘子供货商资质证明；④查看绝缘子的出厂试验、型式试验报告；⑤见证绝缘子入厂绝缘试验。复合绝缘子尺寸检查如图 11－32 所示。

4. 光缆

光缆亦称光纤，是光导纤维的简称，如图 11-33 所示，是一种由玻璃或塑料制成的纤维，可作为光传导工具。其监造要点为：①检查光缆规格型号及长度，是否符合本次工程的要求；②光缆存放应是否合理，弯曲半径是否符合要求，确保光缆没有折断隐患；③安装前后都要对光纤的损耗进行测试，确保符合要求；④光缆终端熔接的 FC 和 ST 接头数量与要求数量应一致；⑤确认每根光纤都有序号标签，两侧标签应一致；⑥检查生产厂家、型号规格；⑦查看光纤供货商资质证明；⑧查看光纤出厂试验报告；⑨查看光纤损耗测试结果是否符合要求，如图 11-34 所示。

图 11-33　直流测量装置光缆

图 11-34　直流测量装置光纤损耗测量

5. 远端模块

直流电流测量装置是利用远端模块就地采集分流器和空芯线圈的输出信号。远端模块采用 16 位 A/D 采集模拟信号，保证并提高了全量程范围的测量精度。它置于绝缘子顶部远端模块箱体内。远端模块箱体是密封结构，具有很好的防雨水、防灰尘能力，防护等级 IP67。远端模块对来自分流器及空芯线圈的信号进行滤波、放大、模数变换、数字处理及电光变换，将被测直流电流及谐波电流转换为数字信号的形式输出。远端模块的工作电源由合并单元内的激光器提供。其监造要点为：①检查每种型号的远端模块安装是否符合要求，包括远端模块的型号数量、安装位置；②所有远端模块是否都牢固地固定在安装板上；③远端模块上所有的光纤连接头是否都用盖子保护好；④查看出厂试验报告。

6. 合并单元

直流电流测量装置利用合并单元以 IEC60044-8 标准方式发送数据。合并单元的接口应符合国际标准要求，具有良好的兼容性，便于系统集成。合并单元具有完善的自监视功能，便于运行监视及故障维护。监视参数包括：激光驱动电流、接收数据电平、远端模块温度、激光器温度等。其监造要点为：①检查生产厂家、型号规格是否符合技术协议；②查看厂家资质证明文件；③查看型式试验报告；④查看出厂试验报告。

7. 导体及均压环

直流电流测量装置是安装在一次导体上的。导体及均压环安装在传感头两侧。直流电流测量装置的导体及均压环的结构如图 11-35 所示。其监造要点如下：

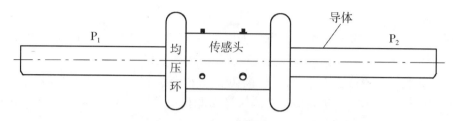

图 11 - 35　直流电流测量装置的导体及均压环的结构

（1）检查导体（图 11 - 36）外形尺寸是否与图纸要求一致；检查确认导体表面光滑，无明显划痕，转角处光滑过渡；检查导体的机械强度试验报告，应符合技术协议要求；查看原生产厂家资质证明文件；查看原生产厂家合格报告。

图 11 - 36　直流电流测量装置的导体　　　图 11 - 37　直流电流测量装置的均压环外观检查

（2）检查均压环外观，表面应无擦伤、划伤、焊接变形缺陷、圆度不够、裂痕等缺陷，如图 11 - 37 所示；检查尺寸是否符合厂家图纸规定。

8. 高、低压接线箱

高、低压接线箱分别接在复合绝缘子的顶部和底部。高压箱体安装远端模块，低压箱体光纤长度多余部分必须盘卷置于箱体内。箱体必须提供接地环及固定环。传感头箱、复合绝缘子及接线箱构成一个机械单元。其监造要点为：①检查生产厂家资质证明文件；②检查接线盒，要采用亚光不锈钢或铸铝；③检查厂家出厂试验报告，要满足 IP55 防尘、防溅水等级；④检查入厂外观及尺寸，要符合图纸要求。

11.3.3.2　直流电流测量装置主要制造

1. 一次传感头装配

一次传感头装配包括一个分流器及一个空芯线圈（分流器用于测量直流电流，空芯线圈用于测量谐波电流），还包括导体、均压环、防护网等部件。一次传感头装配结构图如图 11 - 38 所示。

一次传感头的装配应符合以下要求：所有连接处采用的螺钉的规格都符合图纸要求，所有螺钉都拧紧；空芯线圈安装位置正确，应在软连接一侧的导体上；分流器侧防护网与软连接侧防护网安装位置正确，并且内壁不能接触到导体；均压环、防护罩、侧防护网三个零件的安装要牢固，所有螺钉采用内六角；安装过程要保护零件表面，确认导体、防护罩、均压环、悬挂梁等零件表面都没有明显划伤；安装完成后，要将传感头组件固定在专

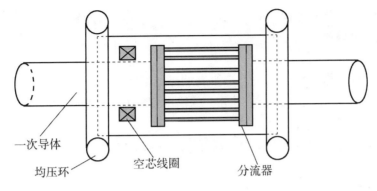

图 11 - 38   一次传感头装配结构图

用的工装或包装箱上，确保存放安全。

2. 分流器、空芯线圈及部件安装

安装应达到以下要求：分流器安装信号线，螺钉紧固可靠；安装空芯线圈极性正确；导体清洁无划伤，螺钉紧固可靠；空芯线圈极性正确；分流器方向正确，螺钉紧固可靠；悬挂梁、辅梁安装及组件安装，各部件清洁，力矩符合图纸要求；分流器支撑杆及软连接安装，各部件清洁，力矩符合图纸要求；防护罩安装位置及开口方向正确；螺母均压环紧固不松动；防护网及均压环安装，导体保护好，未被划伤；均压环固定螺钉力矩符合图纸要求；波纹管组件及等位线安装，波纹管与悬挂梁连接可靠；等位线螺钉紧固可靠。

3. 光纤绝缘子灌胶

光纤绝缘子灌胶流程如下：

(1) 光纤烘干。设置温度 58 ~ 60℃，烘干时间 12h，符合工艺要求。

(2) 绝缘子清洁。在环境温度 25℃、湿度小于 70% 下，将绝缘子平放，用布条蘸上酒精，穿入绝缘子内部进行清洁；在绝缘子外部包裹塑料薄膜，防止灌胶时绝缘子表面被污染。

(3) 绝缘子内部烘干。用热风机出风管对准绝缘子端部管口进行烘干，温度 60℃，时间 2h。结束后用塑料薄膜袋将绝缘子两端口扎紧密封，防止潮气进入。

(4) 穿光纤(灌胶前)。在环境温度 25℃、湿度小于 70% 下进行。用洁净纸蘸上无水酒精进行低压端金属部位清洁，将光纤从套管高压端一次穿入到低压端。

(5) 高、低压端光纤固定。将绝缘子压板螺钉固定在绝缘子套管上，拧紧、做好标记，安装锁紧接头，锁紧螺母。安装时注意保持护套位置不变。

(6) 配胶。在环境温度 25℃、湿度 70% 下，按比例配制 A、B 胶，搅拌均匀后施加压力抽真空度 0.005MPa，持续时间 10min。

(7) 绝缘子组件灌胶。在环境温度 25℃、湿度小于 70% 下进行。将绝缘子组件竖直固定在工装上，从绝缘子的底端向绝缘子的高端慢慢往上注入，施加压力 0.8MPa。

4. 总装配

直流电流测量装置总装配包括一次传感头和光纤绝缘子的安装。监造应检查确认：在安装状态下光纤绝缘子伞裙的朝向正确；箱体与绝缘子连接牢固；绝缘子两侧的高、低压箱体安装位置正确，箱体开盖朝向相同，两箱体表面平行；远端模块型号及数量符合要求，安装牢固；箱体内部的光纤排布合理，无折断隐患；传感头没有划伤，分流器及测量线圈安装极性正确，螺钉紧固。

11.3.3.3　出厂试验

1. 端子标志检验

检查直流电流测量装置传感头上是否有明显的"P_1"和"P_2"标志；同时检查传感头一次连线，通流方向为 P_1 至 P_2；合并单元上的输出信号为正，则直流测量的极性正确。

2. 驱动电流和数据电平

在合并单元的液晶面板读取每个远端模块的激光驱动电流，若电流 <650mA 且数据电平 >1800mV 则合格。

3. 光纤损耗检查

利用光功率计及光源分别检测每条光纤的损耗。若光纤损耗与标准光纤跳线的损耗差在 1dB 以内则合格。

4. 直流耐压及局部放电测量

1）试验方法

在被试品高压端施加直流电压，低压箱体接地，由直流电压发生器低压端子进桥测量。

2）试验判断

以 500kV 直流电流测量装置为例：

施加直流正极性电压 750kV，持续时间 60min，在最后 10min 内，局部放电量大于 1000pC 的放电脉冲数小于 10 个则合格。

5. 交流耐压及局部放电测量

1）试验方法

试验电压施加在短路的一次端子与低压箱体及地之间，由电容分压器低压端子进桥测量局部放电量。

2）试验判断

以 500kV 直流电流测量装置为例：

施加工频电压 680kV，持续时间 1min，测量电压 547 kV，局部放电量 <20pC 则合格。

6. 直流电流精度试验

直流电流测量装置误差试验线路如图 11-39 所示。

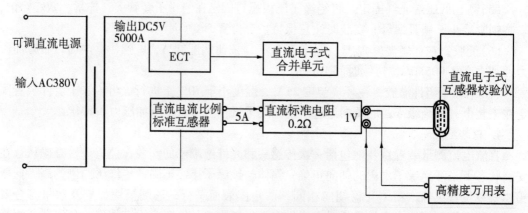

图 11-39　直流电流测量装置误差试验接线图

1）试验方法

以一次直流电流3200A、二次输出数字量5000为例：

①设置电子式互感器校验仪的额定电流3200A；②在直流电流比例标准源施加直流电流3.2A，高精度万用表读取电压值0.64V；③分别看合并单元上测量和保护的数字量，分别取10个远端模块的平均数；④计算系数：二次输出数字量5000÷平均数＝系数；⑤分别把测量系数和保护系数输入到合并单元后开始测量直流电流10%～120%内的电流误差。

2）试验判断

检查确认：电流精度试验接线准确；试验设备状况良好；在额定直流电流的10%～120%内测量级电流误差，误差应符合标准要求（<±0.2%）。

7. 频率响应试验

1）试验方法

保持直流电流测量误差系数不变，对直流ECT施加10%额定电流的交流电流，测试直流ECT的比差和角差。

2）试验判断

测量50Hz时的幅值和相角，若幅值误差小于±0.5%，相角小于500μs（540′），则合格。

注：若正弦波一个周期$T=0.02s=20ms=20\,000μs=360°×60′$，则1.08′/μs，计算：$500μs×1.08′=540′$。

8. 阶跃响应试验

1）试验方法

用信号发生器在电阻盒的输入端施加幅值为75mV的方波信号（交流50Hz），在合并单元上录取各远端模块的输出波形。

2）试验判断

用信号发生器在电阻盒的输入端施加幅值为75mV的方波信号（交流50Hz），在合并单元上录取各远端模块输出波形，用TOM软件核算1—6号模块的阶跃响应上升时间（10%—90%处，应小于125μs）。

9. 谐波电流测量

以空芯线圈电流200A/0.3V为例：

1）试验方法

接触调压器（50Hz交流标准源）：利用电子式互感器校验仪，输入谐波电流误差系数；额定电流200A（$f=50Hz$）；合并单元额定输出数字量10000；测量谐波电流误差（%）。

继电保护测试仪（100～1500Hz交流标准源）：将50Hz下测量误差系数输入到合并单元，在产品一次端施加不同频率一次电流录波，利用TOP软件读取模拟数字量K，则测量电流值$I=K/f$，根据I计算出不同频率下谐波电流误差（%）。

2）试验判断

50Hz下，施加200A、300A交流电流量误差<2%为合格。

2～50次谐波电流下误差<2%为合格。

11.3.3.4 拆装存栈工艺、包装

卖方交付的合同货物应符合包装储运指示标志的规定，按照国家最新规定进行包装，满足长途运输、能承受水平受力和垂直受力、可多次搬运和装卸、防潮、防震、防碎等包装要求。卖方应按照合同货物的特点，按需要分别加上防冲撞、防霉、防锈、防腐蚀、防冻、防盗的保护措施，以保证合同货物在没有任何损坏和腐蚀的情况下安全地运抵现场。合同货物包装前，卖方应负责按部套进行检查清理，不留异物，并保证零部件和资料齐全。

1. 包装检查

检查确认：①包装整洁、密封、防潮处理；②产品和所有零部件包装完好；③产品包装文件并将全套安装使用说明书、产品合格证明书、出厂试验记录、产品外形尺寸图、产品拆卸件一览表、装箱单、铭牌图包装完好，防止受潮；④产品包装箱连续编号，不能有重号；⑤产品外壳整洁，无外挂游离物；⑥产品密封良好无渗漏；⑦其它包件有防雨防潮措施；⑧包装合同号、收货人、目的地、毛重、箱号正确；⑨包装箱上有明显的包装储运图示标志和符号(如"防雨""防潮""向上""小心轻放""由此起吊"和"重心点"等)，并标明买方的订货号和发货号。

2. 入库检查

检查产品、均压环包装及防潮情况；检查确认包封无开裂现象、均匀平整，运输可靠；检查设备的所有组部件，不得损坏、进水和受潮。

3. 发运检查

检查确认：①产品密封性良好；②冲撞记录仪安装牢固；③记录仪电源充足；④各方向指针设定在中心线位置；⑤启动时开启电源后设备正常。

11.3.4 工程问题处理案例

关于直流电流测量装置出厂试验问题

在见证某直流工程 A 直流电流测量装置做高压绝缘试验时，发现厂家只对光纤绝缘子的高压箱体对低压箱体及地试验，没有安装一次传感头，不是装配完整的产品，并且精度试验是放在所有例行试验之前完成的。因为厂家认为，直流电流测量装置利用传感头组件传感一次电流，利用光纤绝缘子保证绝缘，故产品可在不带传感头的情况下只对光纤绝缘子进行耐压及局部放电试验；而误差测定试验可依据标准 GB26216.1—2010 中第 7.4 条规定，在其它例行试验都完成后再进行精度试验。

根据产品技术协议，监造人员坚持要求厂家在完整产品上开展所有例行试验。最后厂家按监造意见，在装配完整产品符合运行状态下，重新开展出厂试验，符合产品技术协议和国家标准要求。

11.3.5 直流电流测量装置质保期故障树

直流电流测量装置质保期故障树如图 11-40 所示。

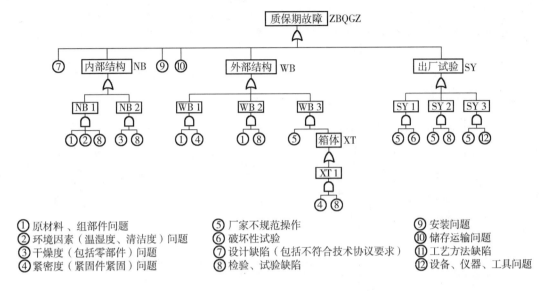

① 原材料、组部件问题　　　　⑤ 厂家不规范操作　　　　⑨ 安装问题
② 环境因素（温湿度、清洁度）问题　⑥ 破坏性试验　　　　　⑩ 储存运输问题
③ 干燥度（包括零部件）问题　　⑦ 设计缺陷（包括不符合技术协议要求）⑪ 工艺方法缺陷
④ 紧密度（紧固件紧固）问题　　⑧ 检验、试验缺陷　　　　⑫ 设备、仪器、工具问题

图 11－40　直流电流测量装置质保期故障树

故障树说明：

NB1：产品原材料问题——① 绝缘胶、光纤、绝缘子、远端模块、电阻盒、分流器原材料问题；② 绝缘子内部清理不干净；⑧绝缘胶、光纤、绝缘子、远端模块、电阻盒、分流器入厂检验问题。

NB2：产品绝缘问题——③光纤及绝缘子内部干燥度不符合工艺要求；⑧光纤及绝缘子入厂检验问题。

WB1：产品过热问题——①分流器和一次导体及零部件接触不良或偏差较大；④分流器、一次导体及零部件螺栓紧固度不够。

WB2：产品密封问题——①高、低压箱体密封问题；⑧箱体密封 IP 等级入厂检验缺项问题。

WB3：箱体装配问题——④高压箱体的远端模块、电阻盒装配时螺栓紧固力矩不符；⑧高、低压箱体密封检验缺陷问题。

SY1：产品出厂试验问题——⑤试验不符合技术协议及标准；⑥局部放电量大时查找原因并重复加电压做绝缘试验。

SY2：产品型式试验问题——⑤试验不符合技术协议及标准；⑧型式试验、特殊试验项目有缺项。

SY3：产品试验仪器设备问题——⑤试验不符合技术协议及标准；⑫试验的设备仪器仪表没有校验或过期。

直流电流测量装置故障类型分为：1. 附件故障，2. 本体绝缘故障（包括油、气绝缘介质异常），3. 本体过热故障，4. 二次系统故障。

在统计的 30 个问题中，附件故障问题为 19 个，本体绝缘故障问题为 4 个，本体过热故障问题为 3 个，二次系统故障问题为 4 个。

11.4　直流电压测量装置的主要生产工艺与监造要点

11.4.1　直流电压测量装置的基本结构及特点

11.4.1.1　直流电压测量装置的作用和特点

1. 直流电压测量装置的主要作用

直流电压测量装置主要应用于 800kV、500kV 及 50kV 等高压直流换流站，用于测量直流电压，为直流控制保护装置提供信息，可实现对高压直流电压的可靠监测，是保证高压直流输电系统可靠运行的关键设备。

2. 直流电压测量装置的主要特点

(1)利用精密电阻分压器传感直流电压，利用并联电容分压器均压并保证频率特性，可实现对高压直流电压的可靠监测。

(2)测量精度满足 0.2 级要求，阶跃响应上升时间小于 $125\mu s$。

(3)绝缘简单可靠，重量轻，便于运输和安装。

(4)高压电阻采用大功率精密金属膜电阻，温度系数低；高压电容采用耐高温设计，长期工作稳定性好。

(5)远端模块采用 16 位采集模拟信号，保证并提高了全量程范围的测量精度，同时避免了远端模块采样异常引起保护误动的问题。

(6)合并单元发送数据，接口符合国家标准，具有良好的兼容性，便于系统集成。

(7)高低压完全隔离，绝缘简单，安全性高。

(8)不存在磁饱和、铁磁谐振。

(9)不存在二次输出短路的危害。

11.4.1.2　直流电压测量装置的基本结构

直流电压测量装置是为测量仪器、仪表和保护或控制设备提供与一次回路直流电压相对应的信号的装置。直流电压测量装置的结构如图 11 - 41 所示，利用精密电阻分压器传

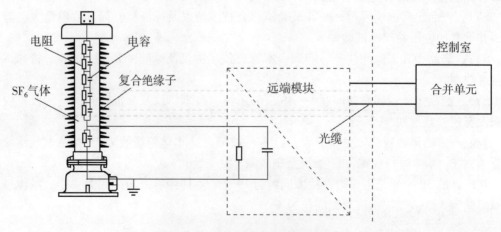

图 11 - 41　直流电压测量装置的结构

感直流电压，利用并联电容分压器均压并保证频率特性，利用基于激光供能技术的远端模块就地采集信号，利用光纤传送信号，利用复合绝缘子保证绝缘。直流电压测量装置绝缘结构简单可靠、体积小、重量轻、线性度好、动态范围大，可实现对高压直流电压的可靠监测。

11.4.2 直流电压测量装置的主要工序

直流电压测量装置制造工艺流程图如图 11 – 42 所示，双代号网络计划图如图 11 – 43 所示。监造人员应严格按照工艺文件、设备技术协议以及相关的法律、法规进行监督，确保合格产品发运到用地现场。

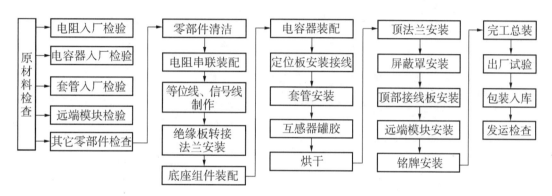

图 11 – 42　直流电压测量装置制造工艺流程图

11.4.3 直流电压测量装置设备制造主要生产工艺质量控制及监造要点

生产过程中，监造人员应严格按照工艺规程进行现场见证，针对制造过程质量控制采取以下几个方面监造措施。

11.4.3.1 原材料、组部件

1. 分压电阻

高压电阻采用的大功率精密金属膜电阻，温度系数低。直流电压测量装置利用基于等电位屏蔽技术的精密电阻分压器传感直流电压，可实现对高压直流电压的可靠监测，是保证高压直流输电系统可靠运行的设备之一。

监造要点：用万用表测量单节电阻和串联电阻。检查生产厂家资质证明文件；查看进厂时制造方的验收报告；查看分压电阻型号、规格；查看电阻值的测量结果；查看分压电阻的耐压水平；查看分压电阻是否符合图样要求；当分压电阻为金属膜电阻时，应进行直流电压预烧结处理。

2. 均压电容

直流电压测量装置均压电容，利用并联电容分压器均压保证频率特性，可实现对高压直流电压的可靠监测。高压电容采用耐高温设计，长期工作稳定性好。

监造要点：检查供货商的资质证明文件；查看进厂时制造方的验收报告；查看均压电容型号、规格；查看均压电容的电容值；查看均压电容的耐压水平；查看均压电容入厂外观、尺寸检查、入厂试验。

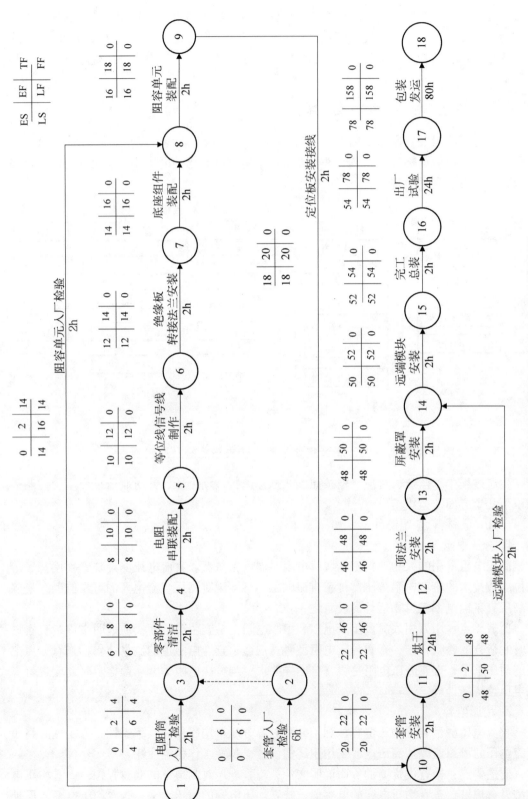

图11-43 直流电压测量装置制造工艺流程双代号网络计划图

入厂试验见证以 150kV 均压电容为例施加电压：

（1）直流耐压及局部放电测量。负极性施加直流电压 – 205kV，持续时间 60min，在最后 10min 内，局部放电量大于 500pC 的脉冲数小于 10 个，则合格。

（2）交流耐压及局部放电测量。施加工频电压 230kV，持续时间 72s，在 145kV 下局部放电量小于 5pC，则合格。

（3）介损及电容量测量。施加 10kV 及 63.5kV 测试，介损值小于 0.003，电容量 1430pF，电容公差 ±3%，则合格。

3. 复合套管

直流电压测量装置复合套管（见图 11 – 44），采用空芯复合绝缘子的技术要求，其伞套材料的耐漏电起痕及电蚀损性能、阻燃性能、主要电气及机械性能应符合 DL/T810 的要求。套管伞套表面单个缺陷面积（如缺胶、杂质、凸起等）不应超过 25mm²，深度不大于 1mm，凸起表面与合缝应清理平整，凸起高度不得超过 0.8mm，粘接缝凸起高度不得超过 1.2mm，总缺陷面积不得超过复合外套总表面的 0.2%。

图 11 – 44　直流电压测量装置复合套管

图 11 – 45　复合套管及法兰尺寸检查

监造要点：检查套管供货商的资质证明文件；查看套管的型式试验报告；查看套管出厂试验报告；检查套管入厂外观、尺寸，如图 11 – 45 所示；检测套管入厂绝缘试验。提交抗老化检验试验报告。最小爬电比距计算（mm/kV），符合技术协议要求。

入厂试验见证以 500PT 为例施加试验电压：

（1）直流耐压及局部放电测量。施加直流电压 – 750kV，持续时间 60min，在最后 10min 内，局部放电量大于 1000pC 的脉冲数小于 10 个，则合格。

（2）交流耐压及局部放电测量。施加工频电压 680kV，持续时间 1min，在 401kV 下局部放电量小于 10pC，则合格。

4. 远端模块

远端模块接收并处理直流分压器的输出信号。其输出为串行数字光信号，工作电源由位于控制室的合并单元内的激光器提供。直流电压测量装置可配置多个完全相同的远端模块，能够满足直流工程多重化冗余配置需求，保证直流电压测量装置具有较高的可靠性。

监造要点：检查供货商的资质证明文件；查看远端模块出厂试验报告；检查远端模块型号是否符合技术协议要求。

远端模块半成品检查以 500PT 模块为例：

(1)零漂值测量。记录激光器驱动电流应小于 650mA，数据电平应大于 1800mV，这时调试电阻值，让零漂值达到 ±0.2 的要求，否则，重新调节电阻值来达到零漂值规定要求。

(2)误差测试。通过标准电阻盒施加 75mV 的直流电压，通道 1 比差 <0.2%，通道 2 比差 <0.5%，试验合格。

5. 合并单元

合并单元置于控制室，一方面为远端模块提供供能激光，另一方面接收并处理远端模块下发的数据，并将测量数据输出供二次设备使用。

监造要点：合并单元首先要通过电磁兼容性的型式试验。检查生产厂家、型号规格；查看供货商的资质证明文件；查看出厂试验报告、型式试验报告。

6. SF_6 气体

监造要点：查看 SF_6 供货商的资质证明文件；查看本批次 SF_6 有否质量证明书；查看进厂时制造方的验收报告；查看气体品质和更换气体说明书。检测 SF_6 气体年泄漏率，要求 ≤0.5%；检测 SF_6 气体含水量，要求 <150×10^{-6}（体积比）；查看 SF_6 气体无毒性检验报告。

7. 二次接线端子盒

直流电压测量装置的二次接线端子盒里安装的是电阻盒和远端模块。

监造要点：检查供货商的资质证明文件；检查端子盒是否采用不锈钢或铸铝；检查试验报告是否满足 IP54 防尘、防水等级要求。

11.4.3.2　生产部件装配制造

1. 直流电压测量装置零部件准备

(1)零部件清洁。各零部件整洁明亮，现场见证用酒精擦拭。

(2)等位线、信号线制作。

(3)等位线、信号线、端子压接可靠。

(4)电阻串联。电阻要均匀，尺寸符合要求，串联要固定可靠。

2. 套管装配

(1)底座组件装配。密封槽内均匀涂抹密封胶，密封要可靠。

(2)电阻装配。测量电阻值后再装配，装配期间螺钉要紧固可靠。

(3)电容装配。测量电容值后再装配，装配期间螺钉要紧固可靠。

(4)套管安装。密封槽内均匀涂抹密封胶，密封可靠；顶法兰安装，密封槽内均匀涂抹密封胶，密封要可靠；屏蔽罩、顶部接线板安装，顶部接线板方向正确、螺钉紧固。

3. 直流电压测量装置二次接线盒安装

电阻盒、远端模块安装：接线要正确，螺钉紧固可靠；型号及数量要符合工程设计要求。

4. 套管干燥及密封

(1)记录烘干温度、时间，应符合工艺要求。

(2)抽真空。检查抽真空现场的环境及关键加工设备的运行状态；检查抽真空的真空度、持续时间是否满足工艺要求，并检查是否漏气。

（3）充气试漏。检查充气现场的环境及关键加工设备的铭牌与运行状态；检查 SF_6 气体检漏仪的铭牌、运行状况及有效期；检查气压是否达到技术要求；检查密封联结处的包覆情况；用 SF_6 气体检漏仪检查产品年漏气情况，是否满足技术要求。

5. 直流电压测量装置总装配部件检查

检查确认：各零部件清洁；各零部件整洁明亮；电阻串联装配，电阻压接可靠；电阻串拉力试验合格；屏蔽罩安装螺钉紧固。电阻串联值测试；检查确认等位线、信号线制作：检查确认等位线、信号线规格符合要求，端子压接可靠。

（1）底座组件装配。检查确认密封槽内均匀涂抹密封胶，密封可靠。

（2）电阻串联装配。检查确认电阻均匀、尺寸符合要求，电阻串联固定可靠。

（3）环氧管固定。检查确认螺钉固定胶涂抹均匀，符合指导书要求。

（4）套管安装。检查确认密封槽内均匀涂抹密封胶，密封可靠。

（5）顶法兰安装。检查确认密封槽内均匀涂抹密封胶，密封可靠。

（6）屏蔽罩、顶部接线板安装。检查确认顶部接线板方向正确、螺钉紧固。

（7）远端模块安装。检查确认远端模块接线正确，型号、数量符合设计要求。

11.4.3.3 出厂试验

1. 高压支路电容及介质损耗因素测量

试验方法：在直流电压测量装置的高压端子施加交流电压，频率在 50Hz 下，分别测量各点，分压器的末端和标准电容器的末端进桥测量，箱壳接地。以 500PT 为例：在 182kV、364 kV、547 kV 下分别测量分压器高压臂电容和介质损耗因数。

试验判断：绝缘试验前后测量结果不应有明显变化。

2. 高压支路电阻测量

试验方法：在分压器一次端子和分压器一次末端施加直流电压，同时在分压器一次回路中串联电流表，读取电流值，通过计算得出高压臂电阻值。

试验判断：应在绝缘试验前、后进行低电压下分压器高压支路的电阻测量，且绝缘试验前、后电阻值测量偏差应 $\leqslant \pm 0.1\%$。

3. 工频耐受电压及局部放电测量

试验方法：在被试品分压器一次端子施加电压，被试品的低压端子及箱壳连接一起接地。由标准电容器低压端子进桥测量局部放电量。

试验判断：（500PT）在一次端施加 680kV 工频电压，持续时间 1min，电压降到 $400.6kV(1.1U_{dr}/\sqrt{2})$，测量局部放电量，应小于 10pC。

4. 干态直流耐压试验及局部放电测量

试验方法：在被试品分压器一次端子施加电压，被试品分压器的低压端子及箱壳连接一起接地。由直流电压发生器低压端子进桥测量局部放电量。

试验判断：（500PT）施加正、负极性直流电压 750 kV，持续时间 60min，试验中记录所有大于 1000pC 的局部放电脉冲。试验最后 10min 内最大脉冲幅值为 1000pC 及以上局部放电脉冲应小于 10 个。

5. 低压支路工频耐压试验

试验方法：在分压器的末端及箱壳对地施加交流电压 3kV（有效值）1min。试验前低压器件支路断开。

试验判断：在分压器的末端施加电压 3kV，箱壳接地。持续时间 1min，试验通过。

6. 直流电压精度试验

试验方法：由直流电压发生器对被试品一次端施加额定直流电压，标准电压互感器二次侧和被试品的二次光纤传输到合并单元至校验仪，进行误差测量。

试验判断：在分压器一次端子施加直流电压，分别是额定电压的 10%、20%、80%、100%、120%、150%，将被试电子式电压互感器与标准电子式电压互感器进行比较，在不同电压下误差满足 0.2 级和 0.5 级要求。

测量系统精度(0.1～1.0p.u)%，准确级 <0.2；

测量系统精度(1.1～1.5p.u)%，准确级 <0.5。

7. 低压支路限幅元件检查

试验方法：测量低压臂端限压装置两端最大电压降。

试验判断：在低压臂输入端施加直流试验电压，若限幅电压小于 500V，试验通过。

8. 密封性能试验

试验方法：(局部包扎法)试品的局部用塑料薄膜包扎，经过一定时间后，测定包扎腔内 SF_6 气体的浓度并通过计算确定年漏气率的方法。

试验判断：对 500PT 绝缘充 SF_6 气体，要求年泄漏率 ≤0.5%；微水测量小于 250ppm*，试验通过。

9. 低压支路电阻测量

试验方法：测量低压臂两端的电阻(即屏蔽线的芯和屏蔽之间)。

试验判断：在高压试验前后均测量低电压下电阻值，其电阻值最大偏差在满足测量精度的前提下应不大于 0.05%。

10. 低压支路电容测量

试验方法：利用数字电容表一端接低压臂起头，另一端同连接远端模块及箱壳一起接地。或将直流电压测量装置与合并单元通过电缆连接后的整体进行试验，试验用的连接电缆与现场测量用连接电压一致。

试验判断：绝缘试验前后电容测量值应无明显差异。

11. 低压器件工频耐受电压试验

试验方法：低压器件是指合并单元，试验电压施加在直流电压测量装置的联结点上。

试验判断：施加工频电压 2kV，持续时间 1min，无闪络，试验通过。

12. 频率响应试验

试验方法：

·50Hz：在一次端施加交流电压，低压端和标准电流互感器低压端进桥测量误差。

·100～4000Hz：在信号发生器分别输入频率，在远端模块的输入端施加交流电压信号，有效值为 0.7V，输出到合并单元—录波软件—波形分析软件计算数字量，用数字量计算误差。

试验判断：

·50Hz：在被试品一次端施加交流幅值 100% 的额定电压。被试品低压端进合并单元

---

* ppm 为非法定计量，1ppm＝1μL/L。

至校验仪，标准电压互感器低压端进感应分压器至校验仪，测量误差≤1%、相位误差≤500μs。

· 100～4000Hz：用数字量计算的误差＜1%。

13. 阶跃响应试验

试验方法：在直流电压测量装置的高压端施加额定电压10%以上的一个阶跃电压，在二次远端模块输出端测量阶跃响应时间。

试验判断：在高压端施加测量范围10%以上的一个阶跃电压，在输出端测量暂态响应特性，响应时间（10%～90%）≤125μs。

11.4.3.4　拆装存栈工艺、包装

卖方交付的合同货物应符合包装储运指示标志的规定，按照国家最新规定进行包装，应满足要求：可长途运输，能承受水平受力、垂直受力、多次搬运、装卸，防潮，防震，防碎。卖方应按照合同货物的特点，按需要分别加上防冲撞、防霉、防锈、防腐蚀、防冻、防盗的保护措施，以使合同货物在没有任何损坏和腐蚀的情况下安全地运抵现场。合同货物包装前，卖方应负责按部套进行检查清理，不留异物，并保证零部件和资料齐全。

1. 包装检查

检查确认产品和所有零部件包装完好；检查产品包装文件并将全套安装使用说明书、产品合格证明书、出厂试验记录、产品外形尺寸图、产品拆卸件一览表、装箱单、铭牌图包装完好，防止受潮；检查产品包装箱，应连续编号，不能有重号；检查确认产品外壳整洁，无外挂游离物；检查确认产品密封良好无渗漏；检查确认其它包装件有防雨防潮措施；检查包装合同号、收货人、目的地、毛重、箱号；检查确认包装箱上有明显的包装储运图示标志和符号（如"防雨""防潮""向上""小心轻放""由此起吊"和"重心点"等），并标明买方的订货号和发货号。

2. 入库检查

检查产品、均压环和气体的包装及防潮情况；检查确认包封无开裂现象、均匀平整，运输可靠；检查设备的所有组部件，不得损坏、不得进水和受潮。

3. 发运检查

检查确认产品密封性良好，压力保持在0.02～0.05Mpa范围内；检查确认压力表处于明显位置，并附补气装置和备用气体；检查确认冲撞记录仪安装牢固，记录仪电源充足，各方向指针设定在中心线位置；启动时开启电源，确认设备正常。

11.4.3.5　工程问题处理案例

关于直流电压测量装置出厂试验漏项问题

监造某直流工程换流站800kV直流电压测量装置的出厂试验，发现在进行高压臂电容和介损测量时，试验人员只在288.5kV下测量相关数据，未按要求分别在288.5kV、577kV、866kV下测量高压臂电容和介损。厂家回复不具备相关试验测量条件；监造人员随即下达联系单要求厂家整改；厂家接受监造人员意见重新安排试验测量高压臂电阻和介损，保障了设备质量。

11.4.4　直流电压测量装置质保期故障树

直流电压测量装置质保期故障树如图11-46所示。

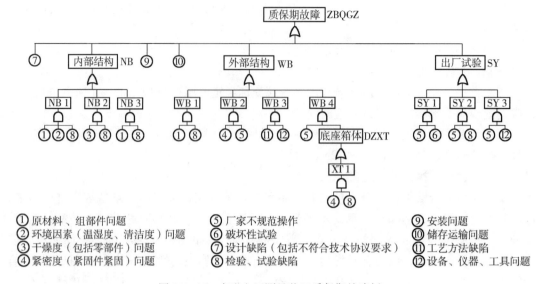

①原材料、组部件问题　　　　⑤厂家不规范操作　　　　⑨安装问题
②环境因素（温湿度、清洁度）问题　⑥破坏性试验　　　　　⑩储存运输问题
③干燥度（包括零部件）问题　　⑦设计缺陷（包括不符合技术协议要求）　⑪工艺方法缺陷
④紧密度（紧固件紧固）问题　　⑧检验、试验缺陷　　　　⑫设备、仪器、工具问题

图 11－46　直流电压测量装置质保期故障树

故障树说明：

NB1：产品原材料问题——①SF$_6$气体、电容、电阻、绝缘筒、套管、远端模块、电阻盒的原材料问题；②SF$_6$气体罐体内部清理不干净；⑧SF$_6$气体、电容、电阻、绝缘筒、套管、远端模块、电阻盒的入厂检验问题。

NB2：产品绝缘问题——③绝缘子内部、分压器及绝缘件干燥度不够；⑧绝缘子及分压器入厂检验问题。

WB1：产品密封问题——①气压表、密度计电器、三通阀垫圈不合格；⑧气压表、密度计电器、三通阀检验问题，装配后密封检验项目缺陷问题。

WB2：产品过热问题——④分压器及零部件螺栓紧固力矩与图纸不符；⑤一次接线端子螺栓紧固力矩与图纸不符。

WB4：底座箱体——④气压表、密度计电器装配螺栓紧固不够，三通阀密封垫密封不好，箱体装配的远端模块和电阻盒螺栓紧固力矩与图纸不符；⑧装配后检验问题。

SY1：产品出厂试验问题——⑤试验不符合技术协议及标准；⑥局部放电量大时查找原因，重复加电压做绝缘试验。

SY2：产品型式试验问题——⑤试验不符合技术协议及标准；⑧型式试验、特殊试验项目有缺项。

SY3：产品试验仪器设备问题——⑤试验不符合技术协议及标准；⑫试验的设备仪器仪表没有校验或过期。

直流电压测量装置故障类型分为：1. 附件故障，2. 本体密封故障，3. 本体绝缘故障，4. 二次系统故障。

在统计的58个问题中，附件故障问题为14个，本体密封故障问题为17个，本体绝缘故障问题为17个，二次系统故障问题为10个。

12 避雷器的主要生产工艺与监造要点

12.1 避雷器的基本结构特点及工序流程图

12.1.1 避雷器的基本结构特点

1. 避雷器的主要作用

避雷器的主要作用是限制过电压以保护电气设备。目前最常用的是氧化锌避雷器。

氧化锌避雷器主要由氧化锌电阻片组装而成。它的非线性很小，故具有较好的非线性伏安特性。氧化锌避雷器在正常工作电压下具有极大的电阻而呈现出绝缘状态；在雷电过电压的作用下则呈现低电阻状态，泄放雷电流，使与避雷器并联的电气设备的残压被限制在设备的安全值以下。待有害的过电压消失后，避雷器便迅速恢复高电阻而呈现出绝缘状态，从而有效地保护了设备，免受过电压的损害。

2. 氧化锌避雷器的主要特点

(1)结构简单，体积小，重量轻。

(2)动作响应快，保护性能好。

(3)通流容量大，通流能力完全不受串联间隙被灼伤的制约，仅与阀片本身的通流能力有关。通流容量大的优点使得避雷器完全可以用来限制操作过电压，也可以耐受一定持续时间的工频过电压。

(4)无续流，能耐受多重雷电过电压或操作过电压。当作用在阀片上的电压超过某一值时，将发生导通，其后，阀片上的残压受其良好的非线性特性所控制；当系统电压降至起始动作电压以下时，导通状态终止，相当于绝缘体，不存在工频续流。在雷电和操作过电压作用下，避雷器因无续流，只需吸收冲击过电压能量，而不需吸收续流能量，因此避雷器具有耐受多重雷击和重复发生的操作过电压的能力。

3. 避雷器的基本结构

避雷器由主体元件、绝缘底座、接线盖板、防晕环等组成，如图 12 - 1 所示。避雷器内部采用有良好伏安特性的氧化锌电阻片作为主要元件，在大气过电压和操作过电压下，氧化锌电阻片呈现低阻值，避雷器的残压被限制在允许值以下，从而对被保护设备提供可靠保护。

避雷器的主体元件是密封的，每台产品出厂前均进

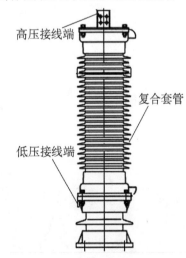

高压接线端

复合套管

低压接线端

图 12 - 1 避雷器的基本结构

行检漏。避雷器带有压力释放装置，当避雷器在异常情况下动作而使内部气压升高时，能及时释放内部压力，避免外套炸裂。

12.1.2　避雷器主要工序流程图

避雷器制造工艺流程如图 12 - 2 所示，避雷器制造工艺流程双代号网络计划图如图12 - 3 所示，如监造人员要严格核查工艺文件、设备技术协议以及相关的法律、法规，监督厂家严格按要求进行制造，确保合格产品发运到用地现场。

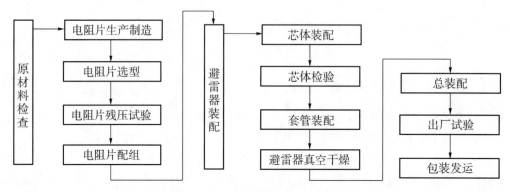

图 12 - 2　避雷器制造工艺流程图

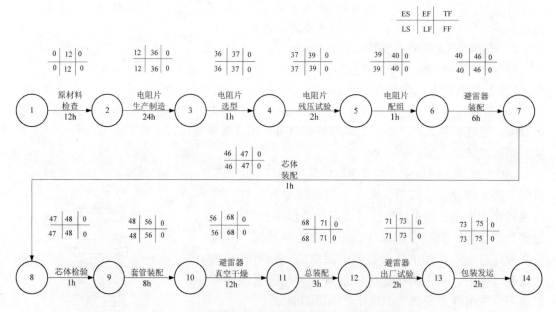

图 12 - 3　避雷器制造工艺流程双代号网络计划图

12.2　避雷器设备制造主要生产工艺质量控制及监造要点

生产过程中，监造人员应严格按照工艺规程进行现场见证，针对制造过程质量控制采取以下几个方面监造措施。

12.2.1 原材料、组部件

1. 氧化锌电阻片

避雷器的核心元件是氧化锌电阻片(阀片),如图 12 - 4 所示,其电气性能的优劣直接影响着避雷器的质量。图 12 - 5 所示为氧化锌电阻片半成品试验。

图 12 - 4　避雷器氧化锌电阻片 　　　　图 12 - 5　氧化锌电阻片半成品试验

查看供货商资质证明;查看质量证明书;查看进厂时制造方的验收报告;查看型号、规格、批号;检查确认外观、尺寸是否符合图纸要求。检查确认表面无擦伤、无划伤、无裂痕缺陷。要见证电阻片半成品试验。

2. 空心复合绝缘子

空心复合绝缘子至少由两个绝缘部件即绝缘管和伞套构成。伞套既可由安装在管上的单伞构成,也可由一段或分若干段直接压接到管上构成。空心复合绝缘子装有紧固装置或端部附件进行永久固定,且从一端到另一端是贯通的。

其监造要点如下:查看绝缘子供货商资质证明;查看绝缘子型号、规格、结构尺寸和供应商是否与技术协议所要求的一致;查看绝缘子出厂试验报告、型式试验报告。避雷器的外套为复合材料,并根据相关标准生产和试验。复合外套颜色为灰色(RAL 7035)。采用的绝缘子伞形必须能够有效耐受重污秽和大雨条件,并出具相关书面证明。

空心复合绝缘子表面平整光滑、无污渍。测量爬电距离(mm)、弧伞距离(mm),检查避雷器每种型号的爬电比距是否要符合技术协议要求。复合绝缘子爬距测量如图 12 - 6 所示。复合绝缘子表面清洁如图 12 - 7 所示。

图 12 - 6　复合绝缘子爬距测量 　　　　图 12 - 7　复合绝缘子表面清洁

复合绝缘子的容许应力取极限损伤应力的60%。复合绝缘子供货厂家需提供型式试验报告及极限损伤应力试验报告。

3. 高压接线板

避雷器的高压接线板用螺栓与高压导线连接。其监造要点如下：查看供货商资质证明；查看质量证明书；查看进厂时制造方的验收报告；查看外观尺寸是否符合图纸要求。检查确认表面无擦伤、无划伤、无裂痕缺陷。避雷器一次端子的材料应为热镀锌钢。

4. 绝缘杆

对绝缘杆的监造要点如下：查看供货商资质证明；查看质量证明书；查看进厂时制造方的验收报告；查看外观、尺寸是否符合图纸要求。检查确认表面无擦伤、无划伤、无裂痕缺陷。检查确认绝缘杆螺纹表面已进行防潮处理，光滑无毛刺；检查尺寸是否符合图纸要求。

5. 密封圈、压力释放装置、计数继电器

避雷器的主体元件是密封的，每台产品出厂前均应进行检漏。避雷器带有压力释放装置，当避雷器在异常情况下动作而使内部气压升高时，能及时释放内部压力，避免外套炸裂。其监造要点如下：检查供货商资质证明；查看质量证明书；查看进厂时制造方的验收报告；查看外观、尺寸是否符合图纸要求；检查确认表面无擦伤、无划伤、无裂痕缺陷；压力释放装置及计数继电器应显示动作次数和泄漏电流。

12.2.2　避雷器装配制造

12.2.2.1　避雷器安装制作流程

（1）安装前零部件检查。检查确认：外观无划痕、磕碰、镀层符合要求；密封面粗糙度符合要求；绝缘杆下螺套不能有溢出的环氧树脂；绝缘筒酒精擦拭后不发黏；密封圈无变形；金属附件洁净无油迹。

（2）安装前零部件清洁。所有零部件要用酒精擦拭清洁后才能装配。

（3）电阻片及零部件干燥处理。检查电阻片、绝缘件、金属零部件，确保其在烘箱内的温度及持续时间符合工艺要求。

12.2.2.2　避雷器总装配

1. 避雷器电阻片及套管装配（见图12-8、图12-9）

图12-8　避雷器电阻片装配　　　　　图12-9　避雷器套管装配

检查确认：电阻片各类批号、规格符合本工程设计清单要求；芯体装配及弹簧压缩量符合图纸和工艺要求；定位套与绝缘筒配合良好；瓷套上、下套筒对角紧固；密封部位密封胶的涂抹厚度均匀；在装配前用吸尘吸水机对装配各零部件吹风；电阻片洁净（用干布擦）；芯体在下压板部位首先在螺纹上涂抹的环氧胶均匀，再安装绝缘杆；支撑管放在绝缘杆中间位置固定牢固；支撑管里盖好拖板后放干燥剂；装配第一层电阻片，盖上铝垫，再盖上支撑板，依次串联、并联装配，符合图纸及工艺要求；密封部位密封胶没有漏涂的地方，固化时间符合工艺。避雷器型号多，要记录好每种型号的装配图号。

2. 避雷器检漏及充气

采用 SF_6 气体检漏仪、氦质谱检漏仪进行检漏，步骤如下：

产品一级检漏：真空度 133Pa，不停机保持 30min，真空度变化小于 15Pa；在避雷器上下法兰处进行包扎，在产品上部喷入氦气，测量漏气率 $\times 10^{-5}$ Pa·L/s。避雷器一级检漏合格后，充入 SF_6 气体，施加压力 44 kPa，用 SF_6 气体检漏仪检测。避雷器二级检漏合格后，将产品内的 SF_6 气体进行回放，开始抽真空，如图 12-10 所示；然后充入规定的 SF_6 气体，检查压力，避雷器充气后静放如图 12-11 所示，准备做出厂试验。

图 12-10　避雷器抽真空　　　　　　　图 12-11　避雷器充气后静放

3. 避雷器铭牌安装

避雷器铭牌由不锈钢材料制成，并且由防锈螺钉固定且必须能长久附于明显的位置。设备铭牌文字应使用中文书写，需增加设备爬电距离。

检查确认铭牌内容清晰准确、螺钉紧固。所有铭牌应清晰可辨，没有任何污物或油漆。铭牌应安装在显眼的位置。铭牌应采用非腐蚀性材料，并安装在防腐蚀材料上。

4. 避雷器总装配质量

检查避雷器各部件清洁、干燥情况；检查绝缘子的清洁、干燥情况；检查螺栓、螺钉的紧固力矩是否符合工艺要求；检查铭牌是否符合技术协议要求；检查接地是否符合技术协议要求；检查出线端子标志是否清晰。

12.2.2.3　出厂试验

以避雷器型号 YH10W5-403/906 为例：

1. 外套的外观与尺寸检查

试验方法：

● 外观检查。外观检查以目视观察和使用量具两种方法进行。

● 尺寸检查。尺寸检查时采用游标卡尺、直尺等标准量具测量。检查爬电距离时，应采用不会伸长的胶布带。

试验判据：复合外套表面单个缺陷面积不应超过 25mm²，深度不大于 1mm，凸起表面与合缝应清理平整，凸起高度不得超过 0.8mm，粘接缝凸起高度不得超过 1.2 mm，总缺陷面积不应超过复合外套总表面 0.2%。

套管尺寸：总高度 5836mm，总爬电距离 15 000 mm，一个套管高度 1 715 mm，爬电比距（mm/kV）>43.3（技术协议）。

2. 工频持续电流试验

试验方法：对试品施加持续运行电压，测量通过试品的全电流和阻性电流。试验环境温度为 20℃ ±15K。

试验判断：对避雷器施加工频持续运行电压，由示波器测量试品阻性电流，持续电流的阻性电流≤1.4mA。

3. 标称放电电流残压试验

试验方法：雷电冲击残压可以为单个电阻片雷电冲击残压算数和计算。

试验判断：测量残压的目的是为了验证各种规定的电流和波形下某种给定设计的残压，比例系数等于公布的残压与在同样电流和波形下比例单元所测残压之比，避雷器在陡波、雷电及缓波前冲击电流下残压值不大于规定值：对电阻片试验，波形 8/20μs，电流峰值 10 000 A。

4. 工频参考电压试验（见图 12 - 12）

试验方法：在避雷器一次接高压，由绝缘的避雷器低压端取信号测量。

试验判断：在避雷器高压端施加工频电压，当通过试品的阻性电流等于工频参考电流时，测出试品上的工频电压峰值。参考电压等于该工频电压峰值除以 $\sqrt{2}$，工频参考电压≥134.4kV/12mA。

图 12 - 12　避雷器工频参考电压试验

图 12 - 13　避雷器直流参考电压试验

5. 直流参考电压试验（见图 12 - 13）

试验方法：避雷器一次接高压，由避雷器低压端取信号测量。

试验判断：直流参考电压≥194.7kV/2mA 电流。对避雷器高压端施加直流电压，当通过试品的电流等于直流参考电流时，测出试品上的直流电压值。

6. 0.75 倍直流参考电压下泄漏电流试验

试验方法：避雷器一次接高压，由避雷器低压端取信号测量。

试验判断：在避雷器高压端施加 0.75 倍直流参考电压，通过避雷器的泄漏电流 ≤100μA。

7. 密封试验

试验方法：采用氮质谱检漏仪检漏法进行试验，具体试验方法可按 JB/T7618—2011。

试验判断：带密封外套的避雷器应有可靠的密封，以保证长期运行的可靠性。在避雷器寿命期间，不应因密封不良而影响避雷器的运行性能。要求漏气率小于 6.65×10^{-5} Pa·L/s。

8. 工频局部放电试验

试验方法：避雷器一次接高压，由避雷器低压端取信号测量。

试验判断：在避雷器高压端施加工频 1.05 倍的持续运行电压，在该电压下测量局部放电量，应不大于 10pC。

9. 多柱避雷器电流分布试验（见图 12 - 14、图 12 - 15）。

图 12 - 14　避雷器电阻片配组

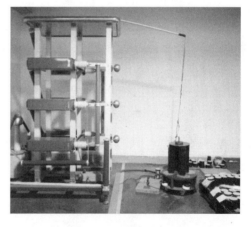

图 12 - 15　多柱避雷器电流分布试验

试验方法：本试验应对所有并联的电阻片进行，一个并联电阻片组指的是各柱间没有中间连接的装配的一部分；制造厂应规定一个适当的冲击电流值，其值为通过每柱的电流 100～1000A 范围，在该电流下测量通过每柱的电流，并且计算出各柱之间的电流分布不均匀系数。

试验判断：标准规定可以对并联电阻片的元件试验，多柱避雷器的电流分布需做 500A、250A 两个点，雷电波波前时间 <8μs，半峰值时间 <20μs，电流分布不均匀系数不大于 1.1。

12.2.2.4　避雷器拆装存栈工艺与包装

卖方交付的合同货物应符合包装储运指示标志的规定，按照国家最新规定进行包装，满足长途运输，能承受水平受力、垂直受力，多次搬运、装卸，防潮、防震、防碎等包装要求。卖方应按照合同货物的特点，按需要分别加上防冲撞、防霉、防锈、防腐蚀、防冻、防盗的保护措施。以使合同货物在没有任何损坏和腐蚀的情况下安全地运抵现场。合同货物包装前，卖方应负责按部套进行检查清理，不留异物，并保证零部件和资料齐全。

1. 产品包装、储运

包装材质及制作质量：包装箱材质良好，无破损、受潮、霉变等；包装箱钉装牢固，各尺寸符合图纸要求。

2. 防护材质及防护措施

根据不同的设备，按照国家包装标准要求进行包装；防护材料必须满足有关标准要求；所有包装箱内的设备必须要有防护措施（防雨、防潮、反震、防位移）；控制柜内必须放置合适量的干燥剂。

3. 防震措施

支撑件及夹紧件结构放置合理；管道外防护物包裹、衬垫合理，使零部件固定牢固；保护屏柜四面应用泡沫板塞满，防止屏柜表面损伤。

4. 随机文件

检查装箱单内容填写是否正确；确保合格证编号与部件编号一致，内容正确。

5. 整体包装质量

包装箱包装完好，无破损、霉变等；包装箱盖板上的塑料布封边可靠；发货防护标示清晰正确；图标标志清晰正确；符合国家标准要求；发货档案内容齐全，应用塑料袋封装，装订牢固；了解产品包装、储运质量控制；了解包装发运前、押运及有关交接事宜，制造单位、运输单位和设备监理单位签署交接证明。

12.3　避雷器典型问题及故障树

12.3.1　避雷器工程问题处理案例

关于避雷器型式试验报告审查问题

某直流工程 A 避雷器驻厂监造，技术协议要求避雷器外套是复合硅橡胶，提交型式试验报告是瓷外套，不符合技术协议要求。

当时厂家提交其它直流场避雷器型式试验覆盖性说明和 500kV 避雷器理论计算数据和挂网运行证明，可保证产品运行质量。

在监造人员一再坚持下，厂家重新委托有资质的第三方开展了型式试验，并提供报告。

12.3.2　避雷器故障树

避雷器故障树如图 12 - 16 所示。

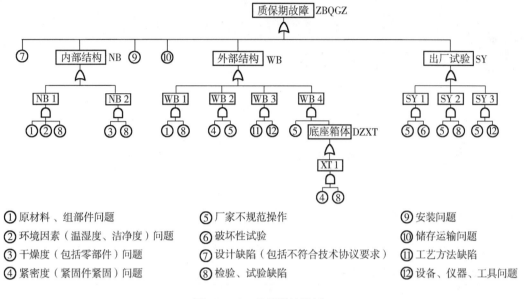

图 12－16　避雷器故障树

故障树说明：

NB1：产品原材料问题——① SF$_6$ 气体、电阻片、套管、密封垫、气压表、密度计电器、三通阀的原材料问题；② SF$_6$ 气体罐体内部清理不干净；⑧ SF$_6$ 气体、电阻片、套管、密封垫、气压表、密度计电器、三通阀的入厂检验问题。

NB2：产品绝缘问题——③绝缘子、电阻片及零部件干燥度不够；⑧绝缘子、电阻片及零部件检验问题。

WB1：产品密封问题——①气压表、密度计电器、三通阀密封垫圈不合格；⑧气压表、密度计电器、三通阀、密封垫入厂检验问题。

WB2：产品过热问题——④一次接线端子螺栓紧固力矩不符、电阻片质量不好；⑤一次接线端子螺栓紧固力矩不符合图纸。

WB4：底座箱体——④气压表、密度计装配螺栓紧固不够、三通阀、密封垫等问题；⑧装配后密封检验项目缺陷问题。

SY1：产品出厂试验问题——⑤试验不符合技术协议及标准；⑥局部放电量大时查找原因重复加电压做绝缘试验。

SY2：产品型式试验问题——⑤试验不符合技术协议及标准；⑧型式试验、特殊试验项目有缺项。

SY3：产品试验仪器设备问题——⑤试验不符合技术协议及标准；⑫试验的设备仪器仪表没有校验或过期。

13 隔离开关及接地开关

13.1 隔离开关及接地开关概况

13.1.1 主要开关设备

隔离开关是一种没有灭弧装置的开关设备，在分闸状态有明显可见断口，在合闸状态能通过正常工作电流和短路故障工作电流。

1. 隔离开关的主要用途

①检修与分段隔离；②倒换母线；③分、合空载电路；④自动快速隔离。

2. 隔离开关的主要分类和特点

①隔离开关按安装地点不同，分为户内和户外两种；②按使用特性不同，分为一般用、快分用和变压器中性点接地用三种；③按接口两端有无接地装置及附装接地刀的数量不同，分为不接地(无接地刀)、单接地(有一把接地刀)和双接地(有两把接地刀)三种。

3、隔离开关的结构形式

隔离开关根据断口结构可分为水平断口、垂直断口两种。水平断口包括双柱式(闸刀水平转、垂直转)、三柱式(闸刀水平转、垂直转)、伸缩插入式(瓷柱移动)；垂直断口包括闸刀式、偏折、对称折。

隔离开关断口应明显可见，绝缘可靠，通常用大气作为绝缘介质。接地闸刀，通常做成独立完整部件，附设在隔离开关底座上，这样可根据使用需要，将隔离开关做成接地和无接地的不同种类。隔离开关的主闸刀与接地闸刀，应相互联锁。(机械连锁可以在开关本体上实现，也可以在操动机构上实现。)

13.1.2 几种产品的主要结构

1. GW10A - 550 型隔离开关

GW10A - 550 型隔离开关为单柱垂直伸缩式结构，包括导电部分、支柱绝缘子、底座、接地开关、操动机构、钢支架等。隔离开关如图 13 - 1 所示。

导电部分由导电闸刀、静触头和均压环等装配而成。导电闸刀由导电杆、齿轮、平衡弹簧等组成，其中导电杆由铝合金圆管制成，为防止高压下的电晕，沿其外缘装有多只均压环。静触头是由导电杆、固定线夹、引弧杆、铝绞线、屏蔽罩组成。接线座为铸铝件，可以满足不同的接线方式。均压环和屏蔽罩能有效改善电场分布。

支柱绝缘子每相为两柱，一柱支持绝缘子，一柱操作绝缘子。每柱由三节实心棒形支柱绝缘子叠装而成，每柱下端固定在底座的支座上。

母线金具
LJ300铝铰线
静触头
导电闸刀铝管
均压环

(a) 结构图

(b) 实物图

图 13-1　隔离开关

　　底座是产品的基础，由钢板弯曲装配而成。底座上有一个固定支座和一个转动支座，一个是固定支持瓷瓶，一个是转动操作瓷瓶。在底座上有隔离开关和接地开关的传动连杆。底座上有与现场基础固定的调节螺栓。

　　产品的接地开关为垂直伸缩式。当要求接地开关的技术参数能满足额定感应电流和额定感应电压的标准值或超标准值时，在产品上需并联一套灭弧装置。所配真空灭弧装置应能满足合闸时辅助触头接触—真空灭弧装置合闸—主触头合闸的时序要求。

　　接地开关做成一个独立的装配单元，通过杠杆连接到隔离开关本体底座上。可根据需要灵活方便地改变接地开关的布置，在底座上组合成不接地、单接地两种。接地开关能通过与隔离开关相同的峰值耐受电流和短时耐受电流。

　　电动机操动机构由异步电动机驱动，通过机械减速装置将力矩传递给机构主轴旋转180°，借助连接钢管传力给隔离开关，通过操作杠杆带动中间操作绝缘子旋转180°。中间操作绝缘子通过连杆带动固定在中间支柱绝缘子上的导电闸刀，使导电闸刀上下垂直伸缩，当导电闸刀向上伸直，动触头上触片夹紧静触头为合闸，向下弯曲为分闸。

　　接地开关操动机构分合时，借助传动轴及水平连杆使接地开关转轴旋转100°，达到分合之目的。由于隔离开关垂直操作杆和接地开关垂直操作杆之间装有机械闭锁装置，故能确保其按主分—地合—地分—主合的顺序动作。

2. JW3－550I 型接地开关

JW3－550I 型接地开关的结构为垂直伸缩式，包括底座、支柱绝缘子、静触头、导电闸刀、操动机构等。其结构特征为：导电闸刀和支柱绝缘子均固定在底座上，支柱绝缘子顶部固定静触头和接线板，上部还固定有均压环。

当要求接地开关的技术参数能满足额定感应电流和额定感应电压的标准值或超标准值时，在产品上需并联一套灭弧装置。所配真空灭弧装置应能满足合闸时辅助触头接触—真空灭弧装置合闸—主触头合闸的时序要求。底座为产品的基础，由钢板弯曲焊接而成，在底座下有安装孔，以便和现场基础固定。其上安装支柱绝缘子、接地闸刀及传动装置、软连接等零部件。支柱绝缘子用以支持高压母线及接地开关静触头，建立母线对地绝缘和保证接地开关在动、静载荷下的机械稳定性。支柱绝缘子由三节高强度瓷瓶叠装而成，每柱下端固定在底座的支座上。静触头装在支柱绝缘子的顶部，采用指型多点接触式结构。静触头与接线板之间靠硬铝板支撑和导电。根据需要，能合感应电流的接地开关静触头上安装有辅助静触头。辅助静触头由特殊的铜基稀土合金制成，通过软连接与接地开关静触头连接。辅助静触头上安装有扭簧，在辅助动静触头接触过程中可始终保持与辅助动触头的可靠接触，接地导电闸刀由动触头、导电杆、操作杆等组成。在分闸位置时，通过传动装置导电杆运动至水平位置，保证高压母线通过绝缘支柱对地绝缘。合闸时，实现高压母线接地，根据需要，在接地导电闸刀上可并联一套灭弧装置。灭弧装置由辅助动触头、铜管、绝缘支撑件、带有快分机构的户外真空负荷开关组成。其中辅助动触头由特殊的稀土铜基合金制成，具有电导率大、强度高、延伸率好等特点。接地开关如图 13－2 所示。

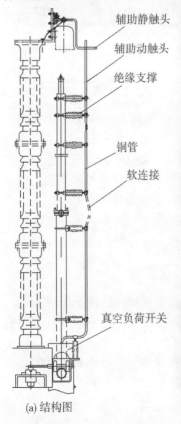

辅助静触头
辅助动触头
绝缘支撑
铜管
软连接
真空负荷开关

(a) 结构图

(b) 实物图

图 13－2　接地开关

操动机构采用 CJ6A 型电动操动机构，CJ6A 电动机构由电动机、机械减速系统、电气控制系统、箱体及附件等组成。

接地开关操动机构分合闸操作时，通过传动轴及水平连杆使接地开关转轴旋转，带动接地导电闸刀垂直伸缩运动，完成接地动触头合闸操作，反向进行分闸操作。

能开合感应电流的接地开关，接地开关合闸时，并联于接地导电闸刀上的辅助动触头随主触头一起垂直伸缩，真空接地开关也被电动机构带动开始储能。当主触头合到规定的绝缘距离时(动、静触头间距≥130mm)，辅助动触头与辅助静触头先接触，此时真空接地开关储能完毕，并快速合闸，开合感应电流。电动机构继续带动主接地开关合闸完毕。

3. GW4－40.5 隔离开关

GW4－40.5 隔离开关为双柱水平旋转式结构(见图 13－3)，由底座、支柱绝缘子、导电闸刀等组成，采用模块化设计。每组产品分为三相，通过相间水平连杆实现三相机械联动。

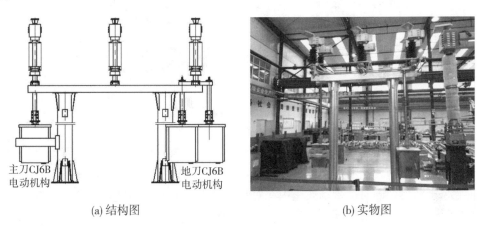

(a) 结构图　　　　　　　　　　　　　　　(b) 实物图

图 13－3　双柱水平旋转式结构隔离开关

工作原理：CJ6B 电动操作机构由异步电动机驱动，通过机械减速装置将力矩传递给机构主轴，使其旋转 96°。机构主轴与垂直连杆连接，隔离开关操作由操动机构带动底座上传动杠杆旋转 90°，通过水平连杆带动一侧支柱绝缘子(安装于转动杠杆上)旋转 90°，并借交叉连杆使另一支柱绝缘子反向旋转 90°，于是两闸刀便向一侧分开或闭合。接地开关操动机构分合时，借助传动轴及水平连杆使接地开关转轴旋转 90°，达到分合之目的。由于隔离开关垂直操作杆和接地开关垂直操作杆之间装有机械闭锁装置，故能确保其按主分—地合—地分—主合的顺序动作。

4. 72.5kV 中性点隔离开关

72.5kV 中性点隔离开关由底座、支柱绝缘子、接线座、左触头装配、右角头、传动系统、电动操动机构装配等部分组成，如图 13－4 所示。它由一个直立的相应电压等级的棒形绝缘子和一个 72.5kV 的棒式支柱绝缘子分别固定在一个底座上，其交角为 50°形成一个"V"形结构。底座固定在一个与水平面成 25°角的底架装配上，底座上的传动机构通过调节斜拉杆来调节隔离开关合闸状态。

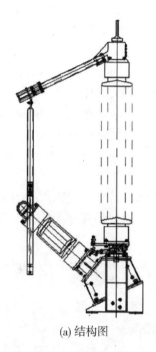

(a) 结构图　　　　　　　　　　(b) 实物图

图 13－4　72.5kV 中性点隔离开关

当启动 CJ6 型电动机构的分闸按钮时，电机转动带动蜗轮减速器、驱动机构主轴转动，动力通过与机构相连的连接管、拐臂、双头螺杆、连板等带动本体上的与水平面垂直的支柱绝缘子转动，同时也带动底座中一对相互啮合的齿轮相向转动。两个绝缘子上部的座触头装配与带右触头装配同侧转动 90°，由于机构蜗轮挡钉限位，使机构的主轴控制在分闸终了位置。

CS14G 手力操作机构操作时，首先要打开定位销钉，然后逆时针转动手柄 180° 至分闸位置，定位销钉自动锁定，完成分闸动作。合闸程序与分闸相同，但方向相反。配手动机构可加电磁锁，以防误操作。

CJ6 型电动操作机构与 CS14G 手动操动机构一样，都是装在隔离开关下面。当手柄旋转时通过机构上的万向接头可使机构主轴转动，再通过连板带动本体的一个支柱绝缘子旋转。啮合齿轮的传动可以使另一个支柱绝缘子做相同的转动，从而完成一次分闸动作。

13.2　开关制造过程的监造关键点设置

13.2.1　监造方对产品制造过程的关键点设置

监造方对产品制造过程关键点见证设置如表 13－1 所示。

表 13 - 1   监造方对产品制造过程的关键点设置

序号	项 目	监检内容	见证方式			缺陷分级
			H(点)	W(点)	S(点)	
1	关键原材料及组部件	支柱绝缘子		√		C 类
		隔离开关触头镀银层		√		C 类
		触头、导电臂		√		C 类
		软连接		√		C 类
		传动件		√		C 类
		均压环		√		C 类
		操动机构		√		C 类
2	出厂试验见证	主回路电阻测量			√	C 类
		机械操作和机械特性			√	B 类
		辅助和控制回路绝缘试验			√	C 类
		净空绝缘距离测量			√	B 类
		夹紧力测试			√	C 类
		主回路绝缘试验(抽检)			√	B 类
		绝缘子抗弯抗扭试验(抽检)			√	B 类

13.2.2 相关专业技术标准

与被监造设备相关的国际标准、国家标准、行业标准、项目单位企业标准以及制造单位企业标准见表 13 - 2。

表 13 - 2   相关专业技术标准

序号	标 准 名 称	标准号
1	高压开关设备和控制设备的抗震要求	GB/T 13540—2009
2	电工术语 高压开关设备	GB/T 2900.20—1994
3	高压输变电设备的绝缘配合	GB 311.1—1997
4	绝缘配合 第2部分:高压输变电设备的绝缘配合使用导则	GB/T 311.2—2002
5	交流系统用高压绝缘子的人工污秽试验	GB/T 4585—2004
6	标准电压	GB/T 156—2007
7	高压开关设备和控制设备标准的共用技术要求	GB/T 11022—2011
8	高压交流隔离开关和接地开关	GB 1985—2004
9	高压开关设备常温下的机械试验	GB 3309—1989
10	高电压试验技术 第1部分:一般定义及试验要求	GB/T 16927.1—2011
11	高电压试验技术 第3部分:现场试验的定义及要求	GB/T 16927.3—2010
12	交流电压高于1000V的绝缘套管	GB/T 4109—2008
13	绝缘子试验方法 第1部分:一般试验方法	GB/T 775.1—2006

序号	标　准　名　称	标准号
14	绝缘子试验方法 第 2 部分：电气试验方法	GB/T 775.2—2003
15	绝缘子试验方法 第 3 部分：机械试验方法	GB/T 775.3—2006
16	进口 252(245)～550kV 交流高压断路器和隔离开关技术规范	DL/T 405—1996
17	高压开关设备和控制设备标准的共用技术要求	DL/T 593—2006
18	高压交流隔离开关和接地开关	DL/T 486—2010

13.3　隔离开关装配工艺流程图

隔离开关装配工艺流程图如图 13 – 5 所示。

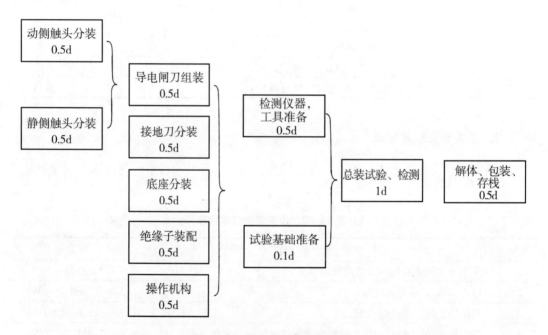

图 13 – 5　隔离开关装配工艺图

隔离开关故障类型分为：1. 附件故障，2. 本体故障，3. 本体密封故障，4. 二次系统，5. 机构故障（适用于开关类产品），6. 其它故障。

在统计的 335 个问题中，附件故障问题为 52 个，本体故障 123 个，本体密封故障问题为 2 个，二次系统故障问题为 103 个，机构故障 46 个，其它故障 9 个。

接地开关故障类型分为：1. 附件故障，2. 本体故障，3. 二次系统，4. 机构故障（适用于开关类产品），5. 其他故障。

在统计的 392 个问题中，附件故障问题为 27 个，本体故障 125 个，二次系统故障问题为 146 个，机构故障 53 个，其它故障 31 个。

14 支柱绝缘子

14.1   支柱绝缘子主要生产工艺与监造要点

14.1.1   支柱绝缘子的分类、性能特点

支柱绝缘子是输电线路中一种特殊绝缘控件，对电力系统中各种高压电气设备和母线等绝缘起着支撑及机械固定的作用。目前支柱绝缘子主要有纯瓷绝缘子、支柱复合绝缘子、空心支柱复合绝缘子、瓷芯支柱复合绝缘子、纯瓷外涂 RTV 绝缘子。

支柱复合绝缘子由于其电气性能优越，有良好的憎水性、抗老化性、耐漏电起痕性和耐电蚀损性，有很高的抗张强度和抗弯强度，加上其机械强度高，抗冲击性能、防震和防脆断性能好，重量轻、安装维护方便等优点，正在被电力系统广泛使用。

14.1.2   支柱复合绝缘子的结构特征

支柱复合绝缘子由于使用位置不同，性能要求不同，结构也不同。例如，干式平波电抗器支柱复合绝缘子为实心支柱复合绝缘子，其内绝缘为玻璃钢引拔棒缠绕玻璃丝，外绝缘为有机硅橡胶伞裙。其材料坚韧、弹性好、抗震性能高。金具和玻璃钢芯棒胶装而成。图 14 - 1 所示为某直流输电工程平波电抗器支柱复合绝缘子剖视图。

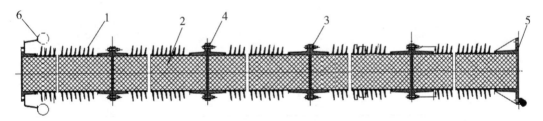

图 14 - 1   平波电抗器支柱复合绝缘子剖视图

1—硅橡胶伞裙；2—玻璃钢芯柱；3—支柱复合绝缘子紧固件(不锈钢螺母、螺栓、平垫圈、弹簧垫圈)；
4—法兰；5—底座；6—均压环

14.1.3   支柱复合绝缘子生产工序流程双代号网络计划图(见图 14 - 2)

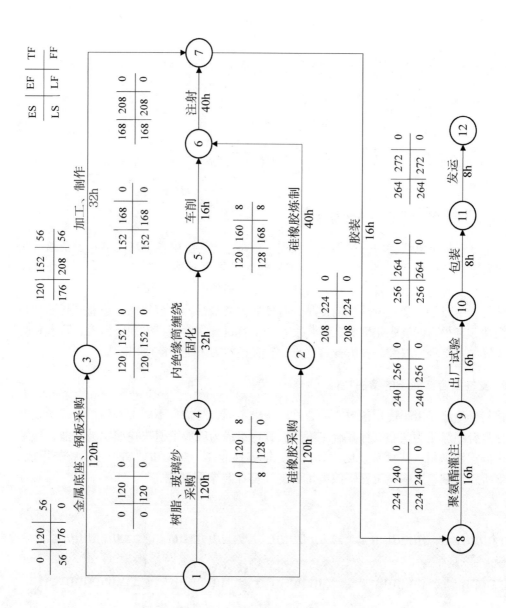

图14-2　支柱复合绝缘子生产工序流程双代号网络计划图

14.1.4 支柱绝缘子主要工序工艺监造要点

14.1.4.1 主要原材料组部件检查

检查原材料生产厂家、型号、规格；查看实物，查阅检测报告，核对技术协议等文件要求。

检查的主要原材料及组部件：①引拔棒、树脂、玻璃纱，硅橡胶，②金属底座、法兰，③均压环，④紧固件。

现场查看实物、核对出入厂检查资料，完成原材料组部件见证。质量要点见证记录见表 14-1。

表 14-1　质量要点见证记录表(原材料组部件)

序号	见证项目	见证内容	见证方法	见证点 H	见证点 W	见证点 S	技术协议及标准要求	见证结果
1	硅橡胶	出入厂检查报告、合格证与协议及相关标准符合性，报告与实物的符合性，实物的完好性	原材料确认：生产厂家、电容芯子制作主要材料型号、性能指标、包装等确认；查看实物，查阅检测报告，核对技术协议等文件要求			√	生产厂家：＿＿＿＿ 型号：＿＿＿＿ 原材料检验记录：＿＿ 主要特性参数：	见证情况： □符合 □不符合
2	环氧树脂	出入厂检查报告、合格证与协议及相关标准符合性，报告与实物的符合性，实物的完好性	原材料确认：生产厂家、电容芯子制作主要材料型号、性能指标、包装等确认；查看实物，查阅检测报告，核对技术协议等文件要求			√	生产厂家：＿＿＿＿ 型号：＿＿＿＿ 原材料检验记录：＿＿ 主要特性参数：	见证情况： □符合 □不符合
3	玻璃纱	出入厂检查报告、合格证与协议及相关标准符合性，报告与实物的符合性，实物的完好性	原材料确认：生产厂家、电容芯子制作主要材料型号、性能指标、包装等确认；查看实物，查阅检测报告，核对技术协议等文件要求			√	生产厂家：＿＿＿＿ 型号：＿＿＿＿ 原材料检验记录：＿＿ 主要特性参数：	见证情况： □符合 □不符合

序号	见证项目	见证内容	见证方法	见证点			技术协议及标准要求	见证结果
				H	W	S		
4	引拔棒	出入厂检查报告、合格证与协议及相关标准符合性，报告与实物的符合性，实物的完好性	原材料确认：生产厂家、电容芯子制作主要材料型号、性能指标、包装等确认；查看实物，查阅检测报告，核对技术协议等文件要求			√	生产厂家：_____ 型号：_____ 原材料检验记录：__ 主要特性参数：	见证情况：□符合 □不符合
5	金属底座、法兰	出入厂检查报告、合格证与协议及相关标准符合性，报告与实物的符合性，实物的完好性	原材料确认：生产厂家、电容芯子制作主要材料型号、性能指标、包装等确认；查看实物，查阅检测报告，核对技术协议等文件要求			√	生产厂家：_____ 型号：_____ 原材料检验记录：__ 主要特性参数：	见证情况：□符合 □不符合
6	均压环	出入厂检查报告、合格证与协议及相关标准符合性，报告与实物的符合性，实物的完好性	原材料确认：生产厂家、电容芯子制作主要材料型号、性能指标、包装等确认；查看实物，查阅检测报告，核对技术协议等文件要求			√	生产厂家：_____ 型号：_____ 原材料检验记录：__ 主要特性参数：	见证情况：□符合 □不符合
7	紧固件	出入厂检查报告、合格证与协议及相关标准符合性，报告与实物的符合性，实物的完好性	原材料确认：生产厂家、电容芯子制作主要材料型号、性能指标、包装等确认；查看实物，查阅检测报告，核对技术协议等文件要求			√	生产厂家：_____ 型号：_____ 原材料检验记录：__ 主要特性参数：	见证情况：□符合 □不符合

1. 内绝缘芯柱绕制固化

采用环氧引拔棒外连续纤维分步缠绕、逐层固化的工艺获得满足产品直径要求的玻璃钢芯柱坯件；环境温度、湿度、速度、张力、固化温度、固化时间等参数符合工艺要求。

2. 芯柱车削

芯柱绕制固化完成后，最后进行切削加工处理得到满足图纸尺寸要求的芯柱。

3. 硅橡胶注射伞套

1）硅橡胶炼制

要求配料计量准确，温度控制、湿度、分割时间等应符合工艺文件要求；符合炼胶工艺文件要求；硅橡胶的性能包括撕裂强度、抗张强度、延伸率、邵氏硬度、耐漏电起痕、击穿强度、体积电阻率（直流配方）、阻燃性和憎水性，均应符合相应国家标准、订货合同及企业标准要求。查验工艺文件、检验记录、现场查验。硅橡胶捏炼温度、硅橡胶分割时间、硅橡胶放置环境应符合工艺文件要求。

2）硅橡胶的注射

温度范围、胶量设定、压力符合工艺文件的要求；外绝缘伞套以高温硫化硅橡胶为材料，采用冷流道真空整体注射成型工艺，保证芯棒与伞套是在真空下的热耦连，黏接效果好，内绝缘只有一层界面，有效保证界面无气泡、杂质；查看工艺文件、记录报告，现场检查见证。

3）硅橡胶包覆内绝缘芯柱（内绝缘芯柱涂偶联剂）

符合工艺文件、指导文件的要求；现场检查，查验记录报告。

4）注射成型

符合工艺文件、指导文件要求，查看硫化温度、硫化时间、注射压力是否符合指导文件与工艺要求；现场检查，查验记录报告。

5）修整去边

要求去掉合模缝，使表面平整，突起类缺陷小于 0.7mm，凹陷类缺陷小于 0.8mm；现场检查，查验记录报告。

4. 金具（金属底座和法兰）预处理

操作符合工艺文件的要求；查看工艺文件、记录报告，现场检查见证。

（1）金具（金属底座和法兰）胶装。符合技术规范、技术协议、工艺文件的要求；按规范、协议要求进行查验。固化温度、固化时间应符合工艺要求。

（2）芯体与金具配合。符合技术规范要求。

（3）硅橡胶包覆芯体。符合技术规范要求。

14.1.4.2 试验

试验分为型式试验、例行试验、特殊试验。

型式试验：由制造厂将完整的试验项目经权威部门按协议技术要求进行全面试验，监造人员应进行试验情况的跟踪。（绝缘子型式试验的试品的数量和通过准则按照南方电网企业标准 Q/CSG11610 第 6.2.1 节的要求。）

例行试验：承制方按业主批准的《例行试验大纲》进行试验。承制方在试验前必须递交试验方案（大纲）给业主或监造代表审查，同时确认所有质检项目完毕并有签证，然后方可进行试验。

特殊试验：按照技术协议要求进行试验。

最终检查：由承制方质量控制部门进行试验后最终检查。

1. 型式试验

型式试验质量要点见证记录见表 14 - 2。

表 14 - 2　型式试验质量要点见证记录表

见证内容	见证方法	见证点			技术协议及标准要求	见证结果
		H	W	S		
尺寸试验	查验试验方案、试验报告等		√		要求：对于复合支柱绝缘子，尺寸、形位公差以及爬电距离的检查方法按 GB/T 25096 第 9.1 节；（尺寸、形位公差和爬电距离的要求按技术协议的规定） 提示：查验试验报告	记录数据： 见证情况： □ 符合 □ 不符合
介面和端部附件连接区的试验（复合绝缘子）	查验试验方案、试验报告等		√		要求：试验方法参照 GB/T 25096 第 8.2 节	记录数据： 见证情况： □ 符合 □ 不符合
伞套材料试验（复合绝缘子）	查验试验方案、试验报告等		√		要求：伞套材料试验方法参照 GB/T 22079 第 9.3 节，其中起痕和蚀损试验电压应为直流电压。同时还应提供伞套硅橡胶材料的绝缘强度、硬度、憎水性、机械强度、耐电痕化和蚀损等项目检测报告（见原材料部分的要求）。耐电痕化和蚀损试验施加电压应为直流。在进行试验时，当高压侧流过持续 0.5s 的 60mA 电流时，试验装置的输出电压降应不大于 5%。流过试品表面的污液流量为 (0.2 ± 0.05) mL/min，其它参照试验要求参照 GB/T 6553 的斜面法执行	见证情况： □ 符合 □ 不符合
干直流耐压试验	查验试验方案、试验报告等		√		要求：参照 GB/T 25096 第 9.2.2 节的程序，绝缘子施加干直流电压，耐受 1min，施加的电压水平参照技术协议内的数据。试验期间不应发生击穿闪络和局部发热	记录数据： 见证情况： □ 符合 □ 不符合
湿直流电压试验（户外绝缘子）	查验试验方案、试验报告等		√		要求：参照 GB/T 25096 第 9.2.2 节的程序，对整柱绝缘子进行直流湿耐受电压试验 1min，施加的电压水平参照技术协议内的数据。试验期间不应发生击穿和闪络	记录数据： 见证情况： □ 符合 □ 不符合

见证内容	见证方法	见证点 H	见证点 W	见证点 S	技术协议及标准要求	见证结果
干雷电冲击耐受电压试验			√		要求：根据 GB/T 25096 第 9.2.1 节，对试品进行雷电冲击干耐受电压试验。对整柱绝缘子进行 15 次正雷电冲击干耐受电压试验，所施加的电压水平参照技术协议内的数据。试验期间不应发生击穿，且闪络次数不得超过 2 次	记录实测数据： 见证情况： □符合 □不符合
湿操作冲击电压耐受试验（户外绝缘子）	查验试验方案、试验报告等		√		要求：根据 GB/T 8287.1 第 4.6 节，对试品进行湿操作冲击干耐受电压试验。对整柱绝缘子进行 15 次湿操作冲击干耐受电压试验，试验应在正负两种极性的电压下开展，所施加的电压水平参照技术协议内的数据。试验期间不应发生击穿，且闪络次数不得超过 2 次	记录实测数据： 见证情况： □符合 □不符合
人工污秽直流耐受电压试验	查验试验方案、试验报告等		√		要求：绝缘子人工污秽试验方法参照 GB/T 22707 的规定进行	记录实测数据： 见证情况： □符合 □不符合
无线电干扰试验	查验试验方案、试验报告等		√		要求：按 GB/T 24623 的规定进行试验，试验电压及最大无线电干扰限值见表 4 – 1 至表 4 – 6 中的数据。500kV 直流支柱绝缘子在 1.3p.u. 电压下应无可见电晕，无线电干扰水平应低于 1000μV	记录实测数据： 见证情况： □符合 □不符合
弯曲破坏试验（复合绝缘子）	查验试验方案、试验报告等		√		要求：根据 GB/T 25096 第 9.3.1 节，开展支柱绝缘子的弯曲破坏试验。500kV 直流支柱绝缘子机械强度应满足端部抗弯破坏强度≥12.5kN；中性母线支柱绝缘子机械强度应满足端部抗弯破坏强度≥8kN	记录实测数据： 见证情况： □符合 □不符合
扭转破坏试验（户外绝缘子）	查验试验方案、试验报告等		√		要求：根据 GB/T 8287.1 第 5.2.5 节开展试验。800kV 直流支柱绝缘子机械强度应满足端部抗扭破坏强度≥10kN·m；中性母线支柱绝缘子机械强度应满足端部抗扭破坏强度≥6kN·m	记录实测数据： 见证情况： □符合 □不符合
镀锌层试验	查验试验方案、试验报告等		√		要求：根据 JB/T 8177 标准开展镀锌层试验	记录实测数据： 见证情况： □符合 □不符合

1）尺寸试验

对于复合支柱绝缘子，尺寸、形位公差以及爬电距离的检查方法按 GB/T 25096 第 9.1 节（尺寸、形位公差和爬电距离的要求按技术协议规定）。查验试验报告。

2）介面和端部附件连接区的试验

介面和端部附件连接区的试验方法参照 GB/T 25096 第 8.2 节。查验试验报告。

3）伞套材料试验

伞套材料试验方法参照 GB/T 22079 第 9.3 节，其中起痕和蚀损试验电压应为直流电压。同时还应提供伞套硅橡胶材料的绝缘强度、硬度、憎水性、机械强度、耐电痕化和蚀损等项目检测报告（见原材料部分的要求）。耐电痕化和蚀损试验施加电压应为直流，在进行试验时，当高压侧流过持续 0.5s 的 60mA 电流时，试验装置的输出电压降应不大于 5%。流过试品表面的污液流量为（0.2±0.05）mL/min，其它参照试验要求参照 GB/T 6553 的斜面法执行。

4）干直流耐压试验

参照 GB/T 25096 第 9.2.2 节的程序，绝缘子施加干直流电压，耐受 1min，施加的电压水平参照技术协议内的数据。试验期间不应发生击穿闪络和局部发热。

5）湿直流电压试验

参照 GB/T 25096 第 9.2.2 节的程序，对整柱绝缘子进行直流湿耐受电压试验 1min，施加的电压水平参照技术协议内的数据。试验期间不应发生击穿和闪络。

6）干雷电冲击耐受电压试验

根据 GB/T 25096 第 9.2.1 节，对试品进行雷电冲击干耐受电压试验。对整柱绝缘子进行 15 次正雷电冲击干耐受电压试验，所施加的电压水平参照技术协议内的数据。试验期间不应发生击穿，且闪络次数不得超过 2 次。

7）湿操作冲击电压耐受试验（户外绝缘子）

根据 GB/T 8287.1 第 4.6 节，对试品进行湿操作冲击干耐受电压试验。对整柱绝缘子进行 15 次湿操作冲击干耐受电压试验。试验应在正负两种极性的电压下开展，所施加的电压水平参照技术协议内的数据。试验期间不应发生击穿，且闪络次数不得超过 2 次。

8）人工污秽直流耐受电压试验

绝缘子人工污秽试验方法参照 GB/T 22707 的规定进行。

9）无线电干扰试验

按 GB/T 24623 的规定进行试验，试验电压及最大无线电干扰限值见表 4-1 至表 4-6 中的数据。500kV 直流支柱绝缘子在 1.3p.u. 电压下应无可见电晕，无线电干扰水平应低于 1mV。

10）弯曲破坏试验

根据 GB/T 25096 第 9.3.1 节，开展支柱绝缘子的弯曲破坏试验。500kV 直流支柱绝缘子机械强度应满足端部抗弯破坏强度 ≥12.5kN；中性母线支柱绝缘子机械强度应满足端部抗弯破坏强度 ≥8kN。

11）扭转破坏试验（操作绝缘子）

根据 DL/T 1048—2207 第 8.4.2 节开展试验。直流支柱绝缘子破坏强度应大于额定扭转负荷。

12）规定拉伸负荷试验

试验按 GB/T 25096 进行。

13）镀锌层试验

根据 JB/T 8177 标准开展镀锌层试验。

2. 例行试验（逐个试验）

1）外观检查、尺寸检查

对于复合绝缘子，根据 GB/T 25096 第 10.2 节和第 11.2 节开展。按标准要求抽样数量进行尺寸检查，应符合图纸规定。查验报告、记录，现场见证查看。

2）干直流或交流工频耐压试验

对每支绝缘子施加干直流电压或交流工频电压，所施加交流电压的有效值不小于 1.5 倍直流额定电压，耐受时间 1min。试验期间不应发生击穿闪络和局部发热。应符合 dl/T810 及合同约定。查验报告、记录，现场见证查看。

3）弯曲负荷试验

对每支绝缘子施加负荷为 50% 的设计弯曲负荷，持续时间 90s；查验报告、记录，现场见证查看。

4）镀锌层试验

按国家标准规定的数量进行镀层检查，镀层质量应符合国家标准及合同要求，试验方法按 GB1OO1；查验报告、记录，现场见证查看。

5）合同规定的其它试验

按技术协议要求进行其它试验项目；查验报告、记录，现场见证查看。

出厂试验质量要点现场见证记录见表 14-3。

表 14-3 出厂试验质量要点现场见证记录表

序号	见证项目	见证内容	见证方法	见证点 H	见证点 W	见证点 S	技术协议及标准要求	见证结果
1	外观检查尺寸检查（抽样试验）	1. 试验接线 2. 仪表量程 3. 测试要点 4. 测试结果，符合标准	现场观察并记录			√	要求：对于复合绝缘子，根据 GB/T 25096 第 10.2 节和第 11.2 节开展	记录数据： 见证情况： □符合 □不符合
2	拉伸负荷试验（或弯曲负荷试验）（针对复合绝缘子）	1. 试验接线 2. 仪表量程 3. 测试要点 4. 测试结果，符合标准	现场观察并记录			√	按标准要求抽样数量进行尺寸检查，应符合图纸规定	记录数据： 见证情况： □符合 □不符合
3	干直流或交流工频耐压试验	1. 试验接线 2. 仪表量程 3. 测试要点 4. 测试结果，符合标准	现场观察并记录			√	提示：查验报告、记录，现场见证查看	见证情况： □符合 □不符合

序号	见证项目	见证内容	见证方法	见证点 H	见证点 W	见证点 S	技术协议及标准要求	见证结果
4	弯曲负荷试验	1. 试验接线 2. 仪表量程 3. 测试要点 4. 测试结果，符合标准	现场观察并记录			√	要点：对每支绝缘子施加负荷为 50% 的设计弯曲负荷，持续时间 90s 提示：查验报告、记录，现场见证查看	记录数据： 见证情况： □符合 □不符合
5	*验证金属附件和伞套间界面的渗透性和验证额定机械负荷 SML	1. 试验接线 2. 仪表量程 3. 测试要点 4. 测试结果，符合标准	现场观察并记录	√			要求：按国家标准规定的数量和方法进行抽样试验，应符合接收准则 提示：查验报告、记录，现场见证查看	记录数据： 见证情况： □符合 □不符合
6	镀锌层试验	1. 试验接线 2. 仪表量程 3. 测试要点 4. 测试结果，符合标准	现场观察并记录	√			要求：按国家标准规定的数量进行镀层检查，镀层质量应符合国家标准及合同要求，试验方法按 GB1001 提示：查验报告、记录，现场见证查看	记录实测数据： 见证情况： □符合 □不符合
7	合同规定的其它试验	1. 试验接线 2. 仪表量程 3. 测试要点 4. 测试结果，符合标准	现场观察并记录			√	要求：按技术协议要求进行其它试验项目 提示：查验报告、记录，现场见证查看	记录实测数据： 见证情况： □符合 □不符合

14.1.4.3　支柱复合绝缘子包装与储运

1）检查材质及制作质量
- 包装箱材质良好，无破损、受潮、霉变等；
- 包装箱钉装牢固，各尺寸符合图纸要求。

2）防护材质及防护措施
- 根据不同的设备，按照国家包装标准要求进行包装；
- 防护材料必须满足有关标准要求；
- 所有包装箱内的设备必须要有防护措施（防雨、防潮、反震、防位移）；
- 控制柜内必须放置合适量的干燥剂。

3）检查防震措施
- 支撑件及夹紧件结构放置合理；
- 管道外防护物包裹、衬垫合理，使零部件固定牢固；
- 保护屏柜四面应用泡沫板塞满，防止屏柜表面损伤。

4）检查随机文件
- 装箱单内容填写正确；

- 合格证编号与部件编号一致，内容正确。

5）检查整体包装质量

- 包装箱包装完好，无破损、霉变等；
- 包装箱盖板上的塑料布封边可靠。

6）检查防护标示

- 发货标志清晰正确；
- 图标标志清晰正确，符合国家标准要求；
- 发货档案内容齐全，应用塑料袋封装，装订牢固；
- 对产品包装、储运如何进行质量控制。

14.2 复合支柱绝缘子故障典型案例分析

1. 事件背景：某直流工程换流站

第 1 起事故：2016 年 3 月 7 日晚 10 点左右，574 小组滤波器 B 相 C_2 电容塔支柱复合绝缘子发生击穿事故。

第 2 起事故：2016 年 5 月 27 日 9 点，573 小组交流滤波器 B 相 C_1 电容器高压塔绝缘支柱复合绝缘子发生击穿事故。

第 3 起事故：2016 年 06 月 7 日 13 时，582 小组交流滤波器 C 相 C_1 电容器高压塔绝缘支柱复合绝缘子发生击穿事故。

2. 解剖产品，分析击穿原因

1）第 1 起事故解剖分析

2016 年 3 月 14 日，对规格 174mm×1500mm 的绝缘子进行解剖，解剖后发现，击穿点在中间引拔棒和缠绕层之间。同时，在芯棒缠绕层处发现了金属导线的截面，对击穿炭化粉末进行元素分析，确认为热电偶金属材料。导致产品击穿的原因为引拔芯棒与缠绕层之间的热电偶金属将绝缘距离缩短，在带电调试与试运行过程中不断放电，导致产品击穿。制造厂家对问题产品生产过程进行全面调查，发现该产品为研发产品，由于对研发产品管控失效而混入车间生产订单的产品中，发到现场安装运行。解剖图片见图 14 - 3、图 14 - 4。

图 14 - 3　击穿点图片 I

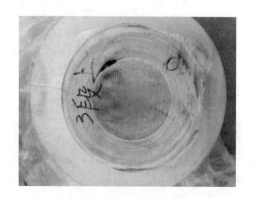

图 14 - 4　击穿点图片 II

2）第 2 起事故解剖分析

2016 年 6 月 2 日，对规格 217mm×2300mm 的绝缘子解剖后发现，中间引拔棒和缠绕层之间界面均出现炭化痕迹。解剖图片见图 14-5。

图 14-5 缠绕层与引拔棒界严重炭化

进一步对上下法兰进行检查，发现上下法兰底部存在锈蚀痕迹，如图 14-6 所示。

同时检查上下法兰工艺孔，发现上下法兰工艺孔未进行密封，故达不到密封的效果，如图 14-7 所示。

图 14-6 下法兰底部锈蚀痕迹

放大后

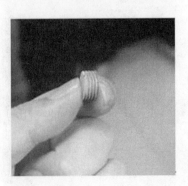

图 14-7 法兰工艺孔密封不良图

因此第 2 起击穿事故原因初步认定为：潮气通过密封不良的工艺孔进入复合绝缘子内部，并扩散至缠绕层和芯棒界面，而缠绕层和芯棒界面可能存在局部不黏，在高电压作用下不断放电烧蚀，炭化通道逐渐发展，最终内部击穿。

3）第 3 起事故解剖分析

2016 年 6 月 23 日，对规格 174mm × 770mm 的绝缘子解剖后发现，击穿点在中间拉挤芯棒和缠绕层之间。击穿现象和第 1 起事故现象相似，且在击穿路径中发现有金属粉末，同时解剖该产品也发现上下端面密封存在不可靠、有潮气渗入现象，如图 14 - 8 所示。

图 14 - 8　下端面解剖图

导致产品击穿的原因为引拔芯棒与缠绕层之间的热电偶金属将绝缘距离缩短，在带电调试与试运行过程中不断放电，导致产品击穿。产品击穿的直接原因是缠绕层与引拔棒带有热电偶的研发产品混入生产订单产品中，导致运行过程中击穿。

3. 质量事故原因的综合分析

1）产品结构说明

复合支柱绝缘子采用引拔棒外缠工艺的复合芯棒，其中引拔棒有两种方式：

1# 为单棒结构产品，工艺流程及结构见图 14 - 9。

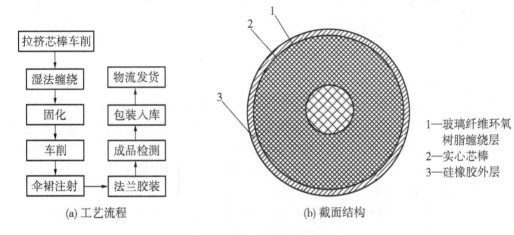

（a）工艺流程

1—玻璃纤维环氧
树脂缠绕层
2—实心芯棒
3—硅橡胶外层

（b）截面结构

图 14 - 9　单棒结构复合支柱绝缘子

2# 为多棒结构产品，工艺流程及结构见图 14 - 10。

多棒结构上下法兰端面工艺孔在真空灌胶前必须密封可靠，否则无法进行真空处理。接着对产品进行抽真空处理，真空度达到工艺要求 133Pa 后进行灌胶，环氧树脂胶液将多棒直径间隙填充。所有环氧胶液均为同体系材料，其材料力学性能、膨胀系数均相同。胶液灌充过程中，将上下法兰端面工艺孔再次填充固化，进行二次密封。因此，多棒产品结构不存在密封缺陷。

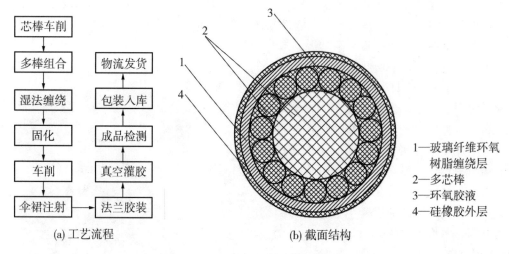

1—玻璃纤维环氧
　树脂缠绕层
2—多芯棒
3—环氧胶液
4—硅橡胶外层

(a) 工艺流程　　　　　　　　(b) 截面结构

图 14 – 10　多棒结构复合支柱绝缘子

单棒与多棒产品法兰差异：两种结构的法兰外形及结构尺寸完全相同，唯一的区别就是，1#单棒结构的法兰端面没有工艺孔，2#多棒结构的法兰端面有工艺孔，用于多棒的真空灌胶。两种结构法兰差异见图 14 – 11。

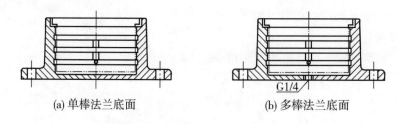

(a) 单棒法兰底面　　　　　　　　(b) 多棒法兰底面

图 14 – 11　法兰差异

2) 质量事故原因：

(1) 两种产品结构并存，法兰容易错用。2014 年该公司电容塔支柱和直流场极母线支柱采用多棒、单棒两种结构。由于交货期紧张，加上多棒结构的产品生产周期长于单棒结构的产品，生产中单棒结构的产品大幅度提前，成为主要生产产品。然而，供应商提供的法兰结构绝大部分为多棒结构的法兰，两种结构绝缘子法兰尺寸相同，唯一的区别是多棒结构法兰有工艺孔，致使单棒结构用了多棒结构法兰，存在多余的工艺孔。设计发现此问题后，要求采用聚四氟乙烯带对工艺孔进行可靠密封，并进行水煮、冷热循环、染色渗透等密封可靠性验证试验，下达了技术要求及作业标准。

(2) 管理不善导致员工执行不到位。由于产量增加 70% 以上，交货期较紧，短时间内招聘了大量的新员工，其中部分员工未能完全执行作业标准，将错用的多棒法兰进行单棒产品的密封可靠操作，导致部分单棒结构复合支柱绝缘子上下法兰端面工艺孔存在密封不良隐患。

3) 产品排查方案及结果

制造厂通过核实产品工艺结构及员工生产记录的方式，对所有供货给该直流工程的支柱绝缘子产品进行排查，将没有工艺风险的多棒形式产品排除，不能排除有生产隐患的数量计入可能存在隐患的产品数量内，排查了支柱复合绝缘子共计5 418 支，其中存在隐患产品数量2 105 支，主要涉及电容塔和直流母线产品。主要隐患点为：缠绕芯棒上下法兰顶端密封不良导致存在水汽进入风险。

4）解决方案

（1）电容塔用复合支柱绝缘子解决方案

针对存在质量隐患的电容塔绝缘子，根据电容塔不同部位承接的电压风险，实施补救方案如下：

①对于高塔底端绝缘子，从2016 年7 月2 日开始，在停电期间进行逐支检查，对有隐患的绝缘子进行更换。具体规格及数量见表14 - 4。

表14 - 4　可能存在隐患的绝缘子

电压/kV	产品规格	数量/支
252	φ217 - 2300	60
252	φ217 - 2300	74
220	φ217 - 2000	25

②对于其它质量隐患，全部进行检查并再次采用新的密封方案加强密封，并于2015 年11 月后进行全部更换。具体检查规格及数量见表14 - 5。

表14 - 5　其它质量隐患绝缘子

电压/kV	产品规格	数量/支
50	φ174 - 500	73
66	φ174 - 650	1016
126	φ174 - 1200	49
167	φ174 - 1500	37
50	φ174 - 500	279
72.5	φ174 - 770	288
145	φ174 - 1400	144

（2）母线产品解决方案

2016 年6 月24 日至6 月25 日对该直流工程两端直流场支柱绝缘子法兰外缘进行密封处理，待有停电机会时整体更换法兰端面有工艺孔的单棒支柱绝缘子。

以上因密封不良的产品数量约有60 支。

制造厂向用户提供了详细的质量事故原因分析及解决方案，并在业主、客户的支持下按照方案全部进行了更换，问题得到了全面妥善解决。

14.3　支柱绝缘子故障树

支柱绝缘子质保期故障树见图14 - 12。

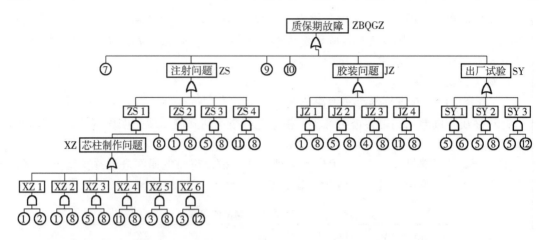

①原材料、组部件问题(1. 芯柱制作主要材料,芯棒、环氧树脂、玻璃纱、硅橡胶, 2. 金属底座、法兰, 3. 均压环和屏蔽装置, 4. 紧固件如弹簧垫圈、卡圈、螺栓等)

②环境因素(温湿度、洁净度)问题

③缠绕、固化问题

④密封问题

⑤厂家不规范操作(1. 绕制过程中有不符合图纸工艺要求, 2. 切削过程中不符合工艺要求, 3. 试验过程不符合试验方案要求)

⑥破坏性试验问题(雷电冲击、弯曲试验等)

⑦设计缺陷(包括不符合技术要求)

⑧检验、试验缺项(缠绕后检测、固化后车削检测、试验项目检测不全)

⑨现场安装问题

⑩储存运输问题

⑪工艺方法缺陷

⑫设备、仪器、工具问题

图 14-12 支柱绝缘子故障树

说明:

XZ1—制作芯柱的原材料洁净度、芯柱缠绕时的环境温度、湿度、洁净度控制问题。

XZ2—制作芯柱的原材料、芯棒缠绕前检测、缠绕后各工序的检测控制问题。

XZ3—制作芯柱的原材料、芯棒缠绕前检测、缠绕后各工序的检测控制问题。

XZ4—缠绕、固化等工艺有缺陷,检测控制出现问题。

XZ5—缠绕、固化等工艺执行时,操作不符合工艺要求,检查控制问题。

XZ6—缠绕、固化等工艺执行时,设备控制出现问题。

ZS1—芯柱制作后出现问题,检查控制出现问题。

ZS2—注射用的原材料,检测控制出现问题。

ZS3—注射操作不规范,检测控制出现问题。

ZS4—注射工艺缺陷,检测控制出现问题。

JZ1—胶装组部件,检测控制出现问题。

JZ2—胶装后组部件检查控制出现问题。

JZ3—胶装密封检查控制问题。

JZ4—胶装工艺缺陷检查失控问题。

SY1—操作不规范、过多进行破坏性试验问题。

SY2—操作不规范试验检测漏检问题。

SY3—试验、检验设备问题,试验质量失控问题。

第三编
电力系统主设备监造应用案例

15 项目执行概况

15.1 工程项目概述

某监理咨询有限公司(以下简称监造方),完成了某电网公司(以下简称业主方)的委托,对某±800kV直流输电工程主设备的19项监造工作,监造方按报审程序组建了8个主设备及8个交流一次设备驻厂监造项目部,共投入38位专业技术人员,从2016年7月8日产生第一份该工程监造日报开始,到2017年7月30日共历时387天,基本完成所承担的监造任务。监造方组织专门力量编制完成了《监造质量计划》《监造作业指导书》,并报业主方批准后执行。同时,认真执行业主方品控技术支持中心颁布的2016版《设备监造标准》要求,按照指导书的WHS点的设置,对全部合同产品的生产全过程进行了全面的检查见证。在对制造承包商的全过程制造监造工作中,监造方根据监造合同及业主方有关管理、技术文件的要求,以国家法律法规及中国南方电网相关标准规范为依据,忠实认真地履行了监造方的合同义务和业主委托。监造项目部的监造人员恪尽职守,勤奋工作,按照合同和业主委托约定,及时向委托方发送了监造过程见证、协调文件和报告,包括监造日志2805期、周报471期、月报117期、监造联系单/通知单202份、监造见证表单1381份、监造照片2144张。监造过程科学、公正、严谨,最终全部完成了监造合同约定的任务。所有合同设备通过产品出厂试验,按照业主方设定的交货时间顺利向业主方交货。监造方为本项目设备质量、进度等控制目标的圆满实现作出了监造方应有的贡献。

15.2 监造组织机构

监造组织机构(详见监造质量计划)。

15.3 监造管理措施

1. 人员选聘

公司监造部为了更好地贯彻执行公司综合管理体系的要求,经过公司领导集体研究,选聘了工作认真负责、专业知识深厚、现场经验丰富的专业设备监理师张××为项目总监,寇××、徐××、熊××、傅××、黄××、刘××、王××等同志为项目总监代表，选聘了张××、王××、沈××、贾××、韩××、史××等同志担任驻厂监造工程师，并由监造部主任担任项目总负责人。

2. 人员入场前准备工作

监造部及项目负责人积极联系用户，密切关注承制方最新动态，确保准时到场监造、不缺位。要求承制方按规定提供我方监造人员必要的办公场地及必要的办公设备。

3. 人员调动管理

由监造部统管整个该工程项目的监造人员，根据监造人员的专业特长及各项目的现场进度情况，充分调动监造人员在各子项目间进行穿插监造。

4. 安全、健康、环境管理

由公司质安部统一牵头管理，监造部本部安排专人承接相关工作。

5. 日常工作管理

监造项目部人员住宿、费用报销等日常事宜，监造部安排专人负责，统一管理，确保现场监造人员能够安心工作。

15.4　设备生产完成情况

截至 2017 年 7 月 19 日，该工程直流主设备生产完成情况如表 15 - 1 所示。

表 15 - 1　该工程直流主设备生产完成概况表

生产厂家	产品名称及型号规格	合同数量	实际供货（台/套）	主要原材料、部件合格率/%	生产、装配返工率/%	出厂试验一次通过率/%	质量总评分	进度总评分
变压器厂 A	换流变压器（HY、HD）	14 台	12 + 2	100	28.57	71.43	95	50
	平波电抗器（PKDGKL - 800）	9 台	8 + 1	100	33.33	100.00	97.5	24
	阻塞电抗器（ZKDGKL - 800）	1 台	1	100	100.00	100.00	99.5	65
变压器厂 B	换流变压器（LY、LD）	14 台	14	90	0.00	100.00	99.75	100
变压器厂 C	换流变压器（LY、LD）	14 台	14	100	14.28	100.00	93.25	70
继保公司 D	直流控制保护（PCS 型）	2 套	684	100	0.00	0.00	85	85
	直流测量装置（各种型号）	91 台	91	100	0.00	100.00	94	80
开关厂 E	GIS ZF8A - 550	11 间隔	11	92.5	2.94	94	90.275	85
	GIL 管型母线	4 组（2400m，共 298 个形态）	4	92.5	4.20	95.80	91.5	92
开关厂 F	550kV 隔离开关	44 台	44	90	6.82	97.72	93	72

续表 15 – 1

生产厂家	产品名称及型号规格	合同数量	实际供货（台/套）	主要原材料、部件合格率/%	生产、装配返工率/%	出厂试验一次通过率/%	质量总评分	进度总评分
电容器厂 G	DT12/36 C1 电容器 DAM 10.079 – 76.8W	小批量 30 台 + 大批量 508 台，共 538 台	538	100	0.74	99.26	93.7	94
	DT12/36 C2 电容器 AAM 14.113 – 361 – 1W	27 台	27	100	0.00	100	100	94
	中性母线冲击电容器 DAM12.5 – 30W	152 台	152	100	5.26	96.71	91.9	94
	50Hz 阻断电容器 AAM10 – 607 – 1W	265 台	265	100	0.00	100	100	100
	100Hz 阻断电容器 AAM11.208 – 520 – 1W	76 台	76	100	0.00	100	100	100
电容器厂 H	DT12/36 直流滤波器 C1 电容器 DAM10.08 – 76.8	大批量生产528 台，共538 台	538	100	0.19	99.81	94	100
	DT12/36 直流滤波器 C2 电容器 DAM14.12 – 5.77	大批量生产 22 台，共 27 台	27	100	0.00	100.00	100	100
	中性母线冲击电容器 DAM15.63 – 15	大批量生产 125 台，共 135 台	135	100	0.00	100.00	100	100
	50Hz 阻塞滤波器电容器 DAM7.5 – 27.02	大批量生产 326 台，共 336 台	336	100	0.00	100.00	100	100
	100Hz 阻塞滤波器电容器 DAM8.41 – 21.08	大批量生产 79 台，共 84 台	84	100	0.00	100.00	100	100
电容器厂 I	并联电容器 BAM7.97 – 508.6 – 1	3456 + 173 台	3629	100	0.08	99.97	92.6	85

生产厂家	产品名称及型号规格	合同数量	实际供货（台/套）	主要原材料、部件合格率/%	生产、装配返工率/%	出厂试验一次通过率/%	质量总评分	进度总评分
电容器厂 J	交流滤波器电容器 AAM9.32 - 448.7 - 1W	4320 + 216 台	4536	100	0.04	100	96	82
	交流滤波器电容器 AAM8.9 - 268.4 - 1W	1920 + 96 台	2016	100	0.05	100	95	82
	交流滤波器电容器 AAM10.38 - 174.6 - 1W	960 + 48 台	1008	100	0.00	100	100	82
	交流滤波器电容器 AAM7.65 - 541.1 - 1W	3360 + 168 台	3528	100	0.00	100	100	81
	交流滤波器电容器 AAM5 - 238.3 - 1W	1440 + 72 台	1512	100	0.00	100	100	81
	交流滤波器电容器 AAM8.13 - 185.8 - 1W	720 + 36 台	756	100	0.00	100	100	81
变压器厂 K	500kV 站用变压器	2 台	2	100	0.00	100.00	92	66
阀厂 L	换流阀组件（A5000THYVS）	192 台	192	50	0.52	99.48	86.5	85
	阀冷系统（LWW2900 - 304F）	4 套	4	100	100.00	100	96.5	100
开关厂 M	500kV 罐式断路器	16 台	16	100	12.50	100.00	95	100
	500kV 瓷柱式断路器	14 台	14	95	7.14	100.00	95	99
互感器厂 N	电流互感器	216 + 11 台	227	100	0.00	100.00	100	100
开关厂 O	35kV 罐式断路器（受端站）	8 台	8	100	0.00	100.00	100	100
	35kV 罐式断路器（送端站）	9 台	9	100	0.00	100.00	100	100

15.5　监造工作基本情况

某 ±800kV 直流输电工程主设备监造工作 19 项，包括直流控制与保护、换流阀及阀冷设备、低端换流变压器 1、低端换流变压器 2、高端换流变压器、平抗及阻塞电抗器、直流滤波电容器 1、直流滤波电容器 2、交流滤波电容器 1、并联电容器、组合电器 GIS、

GIL 母线、500kV 隔离开关、500kV 交流罐式和瓷柱式断路器、500kV 站用变压器、电流互感器、35kV 罐式断路器的监造。监造方工作主要包括以下五个方面。

1. 质量监造工作

承制方生产条件及能力的检查见证，主要包括：体系审查，包括质量体系认证书、环境/职业健康安全管理认证书、项目质保措施、原材料控制措施、生产工艺控制、试验过程控制等；生产资源审查，包括人员、设备、生产设施、安健环设施和相关制度等；设计审查，包括生产图纸检查、生产设计协调等；质量控制监造，原材料、组部件审查，包括协议符合性审查、入厂检验控制、部件制造监督；生产全过程监造，重要环节监造，包括加工生产、装配、检验环节；试验过程监造，包括型式试验过程或文件的检查见证、出厂试验过程监造；包装储运过程监造。

2. 进度监造工作

核查产品制造里程碑进度计划对产品采购合同约定交货期或合同双方商定调整交货期的符合性；核查产品生产制造月度进度计划对里程碑进度计划的符合性；进度控制协调，及时沟通了解业主方及承制方的交货期要求的变化，协调双方意见；按日、周、月，对制造各个工序的进度进行了解，发现偏离进度计划要求则及时预警，并督促承制方予以纠偏。根据业主方对进度控制的特殊要求，实施对进度控制的重点监控工作，联系协调处理进度控制存在的问题。

3. 职业健康安全与环境管理监造工作

按照监造合同的要求及南方电网行业管理的相关管理规定，以及公司三标体系相关管理规定，实施监造方的职业健康安全与环境管理的监控，主要包括：检查见证承制方职业健康安全保障体系和安全管理规章制度，应该符合国家相关法律法规要求；对承制方执行安全生产的法律、法规和强制性标准以及安全生产措施的情况进行监督、检查。发现不安全因素和安全隐患时，要求承制方采取有效措施予以整改。当发现承制方存在重大安全隐患，危及产品安全质量或可能发生的事故将影响到交货期时，立即通知承制方做好防患措施，并及时向业主方报告。若承制方延误或拒绝整改时，在向业主方报告获得批准后，责令其停工。如有必要，向有关行政主管部门报告。当发生安全生产事故时，评估其可能对产品质量及交货期造成的影响，并协助业主方和有关行政主管部门进行安全事故的调查处理工作。根据公司综合管理体系即三标体系文件要求，即对相关方的环境、职业健康安全施加影响管理程序，对相关方(即承制方)提出必要的环境、职业健康安全要求，以促进其自觉保护环境，改进环境行为以及减少职业健康安全风险。如发现承制方存在严重违反相关国家法律法规现象时，将告知业主方，对承制方提出整改要求，同时，将影响承制方的未来投标资格。当发现违反或有可能背离环境保护的有关规定时，要求承制方采取有效措施予以整改。当发生环境污染等重大环境事故时，协助业主方和有关行政主管部门进行事故的调查处理工作。监造方按照公司综合管理体系的要求，同时做好自身的职业健康安全与环境管理工作。

4. 采购合同管理与协调的监造工作

督促制造单位履行设备采购合同中制造质量及进度责任；对制造单位选定的原材料及外购件进行检查，确认与产品采购合同及技术协议约定的相关内容一致；当发现原材料及外购件不符合产品采购合同及技术协议要求(如原材料的型号、规格、供应商、主要技术性能参数,主要外购件的品牌、规格/型号、原产地等)时,及时向制造单位指出,要求纠正,并同时通知业主方。当合同设备交货期调整时,予以检查见证,及时见证记录承制方调整进度计划。

　　5. 信息管理监造工作

　　确保做到监造方的资料能及时编制整理,真实完整且分类有序。对承制方报验的文件资料及其与业主方的来往文件留底备查,在各阶段监造工作结束后及时整理归档。监造信息资料管理及归档的质量要符合《国家重大建设项目文件归档要求与档案整理规范》(GA/T28—2002)、《电子文件归档与管理规范》(GB/T 18894—2002)和《科技档案案卷构成的一般要求》(GB/T11822—2000),以及业主相关的档案管理规定,并向业主方指定的档案部门进行移交。

15.6　监造工作成效

　　完成该工程42台换流变压器、2台站用变压器、10台平抗、192组换流阀、4组阀冷设备、11间隔GIS、4组GIL、47台断路器、44台隔离开关、91台直流测量装置、227台电流互感器、19163台电容器驻厂监造工作,严格执行技术协议,监造过程下达监造联系单189份,协调和处理了众多质量、进度问题,促进提高设备生产质量,保障设备供货进度,充分体现了监造工作成效。以下列举几起典型监造案例进行说明。

　　1. 推动解决该工程滤波电容器噪声超标问题

　　在该工程招标技术规范书中,提高了滤波电容器噪声指标,明确单个电容器噪声不能超过55dB,迫使各中标电容器厂家分别采取新的降噪措施。因降噪措施影响电容器结构定型,对进度和质量均有较大影响,电容器监造项目部在项目开始之初就提醒电容器厂H、J、I及G等厂家尽快采取可靠降噪措施满足工程要求。然而,2016年11月,除H以外,在某特高压试验基地进行第一轮噪声电容器噪声试验时,J、I及G等3家生产的电容器噪声均超标,监造项目部及时下发联系单,要求各厂家进一步采取措施妥善解决噪声超标问题,并全程跟踪落实。2016年底,进行第二轮噪声试验时,G生产的电容器噪声合格,J、I的产品仍然不合格。为了及时推动问题的解决,总监根据多年电容器工艺及噪声控制方面研究经验,提出了控制空腔材质及加强降噪帽密封等降噪措施参考建议。采纳部分监造意见,改进了降噪措施。在2017年2月第三轮噪声试验中,I的产品噪音指标合格,而J的产品依然噪声超标。根据物流及该项目部相关领导的要求,总监对J电容器进一步采取降噪措施进行更细致的建议,2017年3月28日第四轮噪声试验中,6个型号产品噪声试验全部合格。

　　对于提前生产和试验的厂家,在噪声试验通过后,监造团队下联系单要求相关厂家重新进行与降噪措施相关的所有试验,验证降噪措施对电容器的绝缘及温升等性能无影响。此外,监造团队下联系单要求各厂家对滤波电容器组的支架载荷能力进行重新核算,避免因增加降噪措施而降低支架抗震能力。截至2017年3月中旬,除J的3个型号产品正在开展型式试验以外,其它厂家均提供了合格的试验报告和校验报告。

经过与业主的共同努力，监造团队及时推动各厂家成功解决了该工程各滤波电容器噪声控制问题，为建设优质环保的换流站把控产品质量，促进供货进度。

2. 协调解决换流变压器杂散电容测量的频率范围不满足技术协议的问题

该工程换流变压器技术协议要求杂散电容测量应分别提供网侧绕组和阀侧绕组 $1 \sim 10\,kHz$ 和 $100\,kHz \sim 10\,MHz$ 两个频率范围内的高频电容随频率变化的曲线。变压器厂 A 和 B 分别提供报审的试验方案中，对于杂散电容测量在频率 $1 \sim 10\,kHz$ 和 $100\,kHz \sim 5\,MHz$、$1 \sim 10\,kHz$ 和 $100\,kHz \sim 1\,MHz$ 范围下测量杂散电容曲线，高频段测量频率不满足技术协议要求，两个监造项目部分别在审核试验方案时就向厂家提出了这个问题。然而，变压器厂 A、B 因原有试验仪器的限制，在试验时仍然按不满足协议的方案进行，两个监造项目部分别下发联系单要求厂家纠正，并及时向物流、品控等业主单位反映。

经过与业主共同协调了几个月，变压器厂 A 和 B 终于分别使用新仪器按技术协议补做了杂散电容曲线测量，充分体现了监造人员落实产品技术协议的决心。

3. 协调解决该工程换流变压器雷电冲击试验波头时间偏差问题

该工程换流变压器的技术协议要求雷电冲击试验按照国标 GB1094 的规定进行，波头时间为 $1.2(1 \pm 30\%)\,\mu s$，而各厂家生产的换流变压器雷电冲击试验波头时间均有大于标准波头上限 $1.56\,\mu s$ 的现象，变压器厂 C 的波头时间最大达到 $2.07\,\mu s$，变压器厂 A 的波头时间最大达到 $1.9\,\mu s$，变压器厂 B 的波头时间最大达到 $1.68\,\mu s$。各监造项目部均下发联系单要求厂家加强控制雷电冲击试验波头时间，并提供允许偏差的试验标准依据，同时把实际情况向物流、品控部门反映。各厂家的回复均依据国标 GB1094.4—2005 的 7.1 条规定"进行大型电力变压器雷电全波冲击试验时，波头时间调节应兼顾电压震荡过冲值，允许有较大偏差"。标准中"允许有较大偏差"的规定缺少定量指标，致使各厂家忽视波头时间控制，对换流变压器绝缘考核明显不利。监造部对比了各大变压器厂家其它工程换流变压器的雷电冲击试验结果，发现波头时间超过标准波头上限 $1.56\,\mu s$ 的现象长期普遍存在，但各厂家均无明确的定量标准，于是协调物流、品控、设备部及厂家多次一起讨论，最终形成一致意见，明确本工程换流变压器雷电冲击试验波头时间一般网侧不宜大于 $2.0\,\mu s$、阀侧不宜大于 $1.8\,\mu s$，最大不能超过 IEC60076-3 中规定的 $2.5\,\mu s$。

在监造方强有力的管控下，各厂家均在后续换流变压器的雷电冲击试验中加强波头时间控制，试验结果比之前明显改善，未出现超过各方一致认可的标准。这项试验标准的明确，解决了一项历史遗留问题，为后续工程提供了借鉴。

4. 纠正继保公司 D 生产的直流测量装置试验结果不符合技术协议的问题

继保公司 D 提前生产了该工程部分直流测量装置，在监造工作尚未开始之前已完成了部分试验。监造人员审核试验报告时发现直流电流测量装置和直流电压测量装置的雷电波冲击、操作波冲击等型式试验项目均未按技术协议要求进行海拔 2400m 校正，试验电压明显偏低，并且对送端站 800kV 直流电压测量装置出厂试验只在 $288.5\,kV$ 下测量高压臂电容和介损，未按要求分别在 $288.5\,kV$、$577\,kV$、$866\,kV$ 下测量高压臂电容和介损。监造人员随即下发联系单，要求厂家按技术协议重新进行相关试验，同时把实际情况向物流、品控部门反映。

经过监造方多次协调，并得到业主有力协助，最终继保公司 D 重做了以上不符合技术协议的相关试验，试验结果合格，保障了该工程直流测量装置的质量。

5. 尽最大努力监管开关厂 E 生产的 GIS、GIL 设备质量和供货进度

本着对业主高度负责的态度，项目之初，监造部派出 3 位年富力强、经验丰富的技术骨干组成该工程开关厂 E 的 GIS、GIL 设备监造项目部，后续又加派两位从事几十年开关专业工作的技术骨干加入该项目部，一般监造单位只安排 1 个人的工作，我们派出了 5 名技术骨干。监造项目部从方案报审、原材料检验、元部件制造、各形态装配及试验等全过程密切监督 GIS、GIL 设备制造，一发现异常立即反映给相关方面，同时监造部及时提供技术支持。到 2017 年 6 月为止，针对开关厂 EGIS、GIL 设备问题共发出 42 份联系单、11 份专题快报、1 份放电问题分析报告。2017 年初，指出了 GIL 三支柱表面出现气泡、试验通过太低等问题，促使厂家进行了工艺改进，质量有所改善。发现 GIS 套管型式试验缺项，协调开关厂 E 及其供应商补做了相关试验。发现开关厂 E 存在 4 次 GIS 回路电阻测试不合格后再更改试验标准值，要求开关厂 E 做出了详细解释。分析 GIL 第一次放电问题，针对其绝缘结构设计缺陷、工艺细节及环境粉尘监控等方面提出了专业建议供厂家参考。指出 GIS、GIL 设备出厂试验一次通过率低等问题，要求厂家加强质量管控。

该工程开关厂 E 供货的 GIS、GIL 设备在制造过程中质量问题不断，供货进度也严重滞后，根本原因是产品设计超许用场强应用、工艺水平不佳及企业机制落后等问题，然而，作为监造方，我们无法改变生产厂家本身固有的深层次问题，只能尽最大努力加强设备监造，并及时向业主反映设备制造过程出现的问题。公司领导及监造部负责人多次亲自到开关厂 E 协调 GIS、GIL 设备问题。业主相关领导及其他人员也对开关厂 E 的 GIS、GIL 设备问题的解决做出了最大努力，并对我们在项目监造实施过程中高度负责任的表现给予充分肯定。最终，开关厂 E 的 GIS、GIL 设备按既定设计方案，均通过出厂试验考核，基本按供需双方确定的最终版供货计划进行供货。

6. 协调解决变压器厂 A 平波电抗器表面质量问题

监造代表发现变压器厂 A 平波电抗器表面质量不佳，与技术协议要求线圈表面要光滑、无滴流、无挂丝等规定不符，随即下发联系单要求厂家分析处理和改进，并提出了许多改进建议。变压器厂 A 对上述问题进行了初步分析并提出处理方案，分析结论是因玻璃纱张力不够导致的，对已经完成的产品即进行修剪、打磨等处理，而对后续的产品细化了涂膝工艺、环境控制及干燥工艺等方面要求。然而，问题并没有彻底解决，后续的第三台平波电抗器表面质量依然不佳。2016 年 10 月 13 日，监造代表再次协调变压器厂 A 工艺部负责人、设计人员、金属结构件检查员一起检查第三台平波电抗器线圈喷漆后的外观质量。检查结果是，线圈外观喷漆后表面挂丝，线圈下部有一束玻璃纱掉下产生离缝，线圈表面有棱、不光滑。于是，监造代表进一步提醒变压器厂 A 检讨绕组工艺。

在监造方严格要求下，变压器厂 A 为了确保产品的外观质量和绝缘性能，在工艺上做了改进，由原来工艺规定的平叠绕制改为半叠绕制。经过绕制工艺方案的改进和加强工艺质量的控制，后续生产的平波电抗器表面质量明显改善，原来的表面质量问题基本消除。

为了确保产品型式试验能够具备代表性地反映这批平波电抗器绝缘性能，监造方要求抽取按旧方案绕制的编号 17B0143 极线侧平波电抗器做型式试验，经业主和监造人员现场见证，试验通过，认定该产品设计性能可靠。其它产品所有出厂例行试验项目均一次性通过，证明这批平波电抗器质量良好。这个案例充分体现了认真负责的监造代表有效促进了产品制造工艺改进，保障产品质量。

7. 提前导入以往工程问题，促进开关厂 M 断路器工艺改良

在 2017 年 2 月 15 日 500kV 瓷柱式断路器开工启动会上，监造方根据以往工程同类产品所出现的 20 项问题及处理情况，提出瓷柱式断路器技术协议要求符合性检查表，品控中心、物流中心、监造代表和开关厂 M 公司技术人员、生产车间管理人员、试验人员等一起对照该检查表逐条讨论，形成一致意见，要求严格按照该检查表执行。

开关厂 M 根据瓷柱式断路器技术协议要求符合性检查表，改进了接线板材质和连接方式等 3 项，细化了 7 项，等效验证了 1 项。其中对于第 5 条要求"在机械操作和特性试验过程中断路器的须安装支柱绝缘部分，不得采用工装代替了绝缘拉杆等传动部分，须符合 GB1984—2003 中 7. 101 机械操作试验应在完整的断路器进行"争议最大，开关厂 M 认为断路器分成单元装配和运输，仍然无法保证出厂试验数据域现场一致，且标准也允许工装(GB1984—2003 6. 101. 1. 2)，工装方案已执行多年，可以保证现场的测试结果满足技术要求。经过讨论，与会人员达成共识，形成会议纪要，在该工程中抽取一组(三相)进行对比试验，监造人员严格按有关标准对全过程监造。最终对比试验结果符合预期，整体试验比工装试验各项时间小 2ms 左右。

监造方提前导入以往工程存在的问题的处理方法，让承制方提前了解用户的关注重点，避免了承制方许多重复工作和相关方之间的无谓争执，确保技术协议得到落实，有效保障产品质量。

8. 不计成本支持业主对物资质量管控的全覆盖

2017 上半年，虽然监造任务空前繁重，但是为了支持业主对物资质量监管的全覆盖，仍按业主要求抽调专业监造人员对监造合同以外的设备、物资进行驻厂监造。这类项目在 2017 年已开展的有该工程电阻器监造、因另一家监造单位监造不力而紧急派技术骨干对该工程监造等项目。本着对业主设备质量负责的态度，对于这类免费支持项目，我们和其它合同监造同等看待，派出能胜任的监造人员，以上 2 个项目共派出 2 名总监及 1 名专业监造工程师，一丝不苟地进行驻厂监造。监造人员针对各类问题共发出 8 份联系单，日报、周报、月报均按期发布。

16 监造合同履行情况

16.1 各设备质量指标与技术协议差异

各设备质量指标与技术协议差异如表 16 - 1 所示，重要指标履行情况如表 16 - 2 所示。

表 16 - 1 各设备生产与技术协议差异汇总

生产厂家	产品名称及型号规格	技术协议总条目数量	监造过程涉及技术协议条目数量	与技术协议差异条目数量	与技术协议差异项
变压器厂 A	换流变压器(HY、HD)	233	169	0	—
	平波电抗器(PKDGKL - 800)	47	47	0	—
	阻塞电抗器(ZKDGKL - 800)	46	46	0	—
变压器厂 B	换流变压器(LY、LD)	233	169	0	—
变压器厂 C	换流变压器(LY、LD)	233	169	0	—
继保公司 D	直流控制保护(PCS 型)	207	188	0	—
	直流测量装置(各种型号)	52	28	0	—
	直压电压测量装置	52	30	0	—
开关厂 E	GIS ZF8A - 550	86	46	2	触头不适用，导体符合 未提供型式试验报告有：外壳强度报告、防护等级验证(壳体)、电磁兼容试验(EMC)、隔板试验、绝缘子试验、抗震试验
	GIL 管型母线	48	39	0	—
开关厂 F	550kV 隔离开关	95	18	0	—
电容器厂 G	DT12/36 C_1 电容器 DAM 10.079 - 76.8W	83	55	0	
	DT12/36 C_2 电容器 AAM 14.113 - 361 - 1W	83	55	0	
	中性母线冲击电容器 DAM12.5 - 30W	83	55	0	

生产厂家	产品名称及型号规格	技术协议总条目数量	监造过程涉及技术协议条目数量	与技术协议差异条目数量	与技术协议差异项
电容器厂 G	50Hz 阻断电容器 AAM10 - 607 - 1W	83	55	0	—
	100Hz 阻断电容器 AAM11. 208 - 520 - 1W	83	55	0	—
电容器厂 H	DT12/36 直流滤波器 C1 电容器 DAM10. 08 - 76. 8	83	55	0	—
	DT12/36 直流滤波器 C2 电容器 DAM14. 12 - 5. 77	83	55	0	—
	中性母线冲击电容器 DAM15. 63 - 15	83	55	0	—
	50Hz 阻塞滤波器电容器 DAM7. 5 - 27. 02	83	55	0	—
	100Hz 阻塞滤波器电容器 DAM8. 41 - 21. 08	83	55	0	—
电容器厂 I	并联电容器 BAM7. 97 - 508. 6 - 1	83	55	2	没有提供复合绝缘子极限损伤应力试验报告 套管爬电距离实际为 785mm
电容器厂 J	交流滤波器电容器 AAM9. 32 - 448. 7 - 1W	83	55	1	未提供报告
	交流滤波器电容器 AAM8. 9 - 268. 4 - 1W	83	55	1	未提供报告
	交流滤波器电容器 AAM10. 38 - 174. 6 - 1W	83	55	1	未提供报告
	交流滤波器电容器 AAM7. 65 - 541. 1 - 1W	83	55	1	未提供报告
	交流滤波器电容器 AAM5 - 238. 3 - 1W	83	55	1	未提供报告
	交流滤波器电容器 AAM8. 13 - 185. 8 - 1W	83	55	1	未提供报告
变压器厂 K	500kV 站用变压器	131	76	7	厂家不能提供 1)、9) 的有效说明文件（套管） 套管电流互感器暂态特性试验不适用,

生产厂家	产品名称 及型号规格	技术协议 总条目数量	监造过程 涉及技术 协议条目 数量	与技术协议 差异条目 数量	与技术协议 差异项
变压器厂 K	500kV 站用变压器	131	76	7	厂家未能提供套管抗地震能力的型式试验报告 只进行油箱焊缝超声波焊缝探伤试验，其它无 未提交套管、分接开关型式试验报告 厂家未能提供有效的套管抗震报告 厂家未能提供复合套管的容许应力取极限损伤应力的 60%。复合套管供货厂家需提供型式试验报告及极限损伤应力试验报告 厂家未能提供有效的套管报告，具有国家授权检测资质的第三方出具的复合绝缘子耐紫外线、耐风沙、耐高低温循环的试验报告，国际权威检测机构出具的复合绝缘子 5000h 多因素人工加速老化试验报告。卖方厂家未能提供所选用的复合绝缘子组件满足设备机械强度性能要求相应的试验报告
阀厂 L	换流阀组件（A5000THYVS）	52	22	1	技术文件要求由于交货推迟，目前尚未开始
	阀冷系统（LWW2900 – 304F）	52	22	1	技术协议 6.3.1 的第 18 项
开关厂 M	500kV 罐式断路器	71	42	0	——
	500kV 瓷柱式断路器	71	42	0	——
互感器厂 N	电流互感器	71	42	0	——
开关厂 O	35kV 罐式断路器（受端站）	21	21	0	——
	35kV 罐式断路器（送端站）	21	21	0	——

表16-2 各设备重要质量指标履行情况

生产厂家	产品名称及型号规格	损耗、噪声及温升等重要指标履约情况
变压器厂A	换流变压器（HY、HD）	HY：空载损耗：额定频率额定电压时空载损耗140.8～143.5kW，额定频率1.1倍额定电压时空载损耗208.1～208.7kW 　主分接负载损耗（额定容量、80℃、不含辅机损耗）：487.3～490.0kW 　温升限值：顶层油28.3～29.7K，绕组（平均）温升39.6～41.7K，绕组热点温升51.3～53.1K，箱壁及拐角32.5～33.1K 　噪声水平：a. 空载不开启冷却器（0.3m）/空载并开启冷却器（2m）及b. 额定电流下带负载（2m）最大值71dB（A） 　HD：空载损耗：额定频率额定电压时空载损耗107.0～108.2kW，额定频率1.1倍额定电压时空载损耗147.5～156.3kW 　主分接负载损耗（额定容量、80℃、不含辅机损耗）：561.5～562.5 kW（含谐波） 　温升限值：顶层油28.4～29.8K，绕组（平均）温升40.4～41.7K，绕组热点温升51.4～55.1K，箱壁及拐角31.4～34.7K 　噪声水平：a. 空载不开启冷却器（0.3m）/空载并开启冷却器（2m）及b. 额定电流下带负载（2m）最大值69dB（A）
	平波电抗器（PKDGKL-800）	极线侧： 　1. 损耗：输送额定功率时的直流电流下的直流负载损耗（80℃）170.621～172.89kW，输送额定功率时的直流电流下的总损耗（80℃）185.057～187.191kW，最大连续直流电流时的负载损耗（80℃）212.440～213.788kW，最大连续直流电流时的总损耗（80℃）227.839～229.275kW 　2. 额定电感值（及容许偏差）73～74mH 　3. 直流额定电流时（含谐波）声压级（带隔声罩）70.2dB（A）（型式），直流额定电流时（含谐波）声功率级（带隔声罩）86.0dB（A）（型式），直流额定电流时（含谐波）声压级（不带隔声罩）72.1dB（A）（型式），直流额定电流时（含谐波）声功率级（不带隔声罩）88.0dB（A）（型式） 　4. 输送额定功率时的电流I_{dn}/最大连续直流电流3611～3614A，绕组平均温升限值49.5～54.9K，绕组热点温升限值64.7～71.8K 中性线侧： 　1. 损耗：输送额定功率时的直流电流下的直流负载损耗（80℃）170.136～171.214kW，输送额定功率时的直流电流下的总损耗（80℃）184.690～185.987kW，最大连续直流电流时的负载损耗（80℃）211.993～213.178kW，最大连续直流电流时的总损耗（80℃）226.391～227.796kW 　2. 额定电感值（及容许偏差）73.76～74.79mH 　3. 直流额定电流时（含谐波）声压级（带隔声罩）70.3dB（A）（型式），直流额定电流时（含谐波）声功率级（带隔声罩）86.1dB（A）（型式），直流额定电流时（含谐波）声压级（不带隔声

生产厂家	产品名称及型号规格	损耗、噪音及温升等重要指标履约情况
变压器厂 A	平波电抗器（PKDGKL – 800）	罩)72.2dB(A)(型式)，直流额定电流时(含谐波)声功率级(不带隔声罩)88.0dB(A)(型式) 4. 输送额定功率时的电流 I_{dn}/最大连续直流电流 3602 ～ 3611A，绕组平均温升限值 50.1 ～ 52.8K，绕组热点温升限值 65.7 ～ 72.1K
	阻塞电抗器（ZKDGKL – 800）	1. 损耗：输送额定功率时的直流电流下的直流负载损耗(80℃)169.96kW，输送额定功率时的直流电流下的总损耗(80℃)170.896kW，最大连续直流电流时的负载损耗(80℃)211.621kW，最大连续直流电流时的总损耗(80℃)212.554kW 2. 额定电感值(及容许偏差)74.23mH 3. 直流额定电流时(含谐波)声压级(带隔声罩)62.0dB(A)(型式)，直流额定电流时(含谐波)声功率级(带隔声罩)77.8dB(A)(型式)，直流额定电流时(含谐波)声压级(不带隔声罩)63.3dB(A)(型式)，直流额定电流时(含谐波)声功率级(不带隔声罩)79.2dB(A)(型式) 4. 输送额定功率时的电流 I_{dn}/最大连续直流电流 3495A，绕组平均温升限值 47.6K，绕组热点温升限值 68.3K
变压器厂 B	换流变压器（LY、LD）	LY：空载损耗：额定频率额定电压时空载损耗 87.78 ～ 90.07kW，额定频率 1.1 倍额定电压时空载损耗 118.55 ～121.54kW 主分接负载损耗(额定容量、80℃、不含辅机损耗)：524.64 ～532.459kW 温升限值：顶层油 20.0 ～ 20.8K，绕组(平均)温升 34.2 ～ 36.9K，绕组热点温升 41.4 ～ 45.6K，箱壁及拐角 46.9 ～ 48.8K 噪声水平：a. 空载不开启冷却器(0.3m)67dB(A)，空载并开启冷却器(2m)71dB(A)，b. 额定电流下带负载(2m)最大值 70dB(A) LD：空载损耗：额定频率额定电压时空载损耗 82.56 ～ 83.92kW，额定频率 1.1 倍额定电压时空载损耗 111.91 ～113.57kW 主分接负载损耗(额定容量、80℃、不含辅机损耗)：524.64 ～ 532.459kW(含谐波) 温升限值：顶层油 19.9 ～ 21.3K，绕组(平均)温升 32.2 ～ 39.8K，绕组热点温升 38.6 ～ 49.5K，箱壁及拐角 46. ～ 48.9K 噪声水平：a. 空载不开启冷却器(0.3m)68dB(A)，空载并开启冷却器(2m)72dB(A)，b. 额定电流下带负载(2m)最大值 70dB(A)

续表 16 - 2

生产厂家	产品名称及型号规格	损耗、噪音及温升等重要指标履约情况			
变压器厂 C	换流变压器 （LY、LD）	LY：空载损耗：额定频率额定电压时空载损耗 <99kW，额定频率 1.1 倍额定电压时空载损耗 <130kW 主分接负载损耗（额定容量、80℃、不含辅机损耗）（kW）：<548（最大值） 温升限值：顶层油 <40K，绕组（平均）温升 <47K，绕组热点温升 <57K，绕组热点温度 <114K，箱壁及拐角 <67K 噪声水平：a. 空载不开启冷却器（0.3m）/空载并开启冷却器（2m）≤73dB（A），b. 额定电流下带负载（2m）≤73dB（A） LD：空载损耗：额定频率额定电压时空载损耗 <90kW，额定频率 1.1 倍额定电压时空载损耗 <120kW 主分接负载损耗（额定容量、80℃、不含辅机损耗）：<567kW（最大值） 温升限值：顶层油 <40K，绕组（平均）温升 <47K，绕组热点温升 <57K，绕组热点温度 <114K，箱壁及拐角 <67K 噪声水平：a. 空载不开启冷却器（0.3m）/空载并开启冷却器（2m）≤73dB（A），b. 额定电流下带负载（2m）≤73dB（A）			
继保公司 D	直流控制保护（PCS 型）	—			
	直流测量装置 （各种型号）	直流极线、旁路开关、中性母线、金属中线电流测量装置： 一次侧额定电流：3125A，电阻：24 ± 0.5 μΩ 二次额定输电电压：75 ± 1.5kV 最大短路电流（有效值）40kA 短路持续时间：1s，直流测量系统阶跃响应时间：<200μs			
	直压电压测量装置	测量信号	U_{dH}	U_{dM}	U_{dN}
		额定直流电压/kV（1p. u）	±800	±400	±75
		最大直流电压/kV（MCOV）	±816	± 408	±75
		电压测量范围/kV（1.5 p. u）	±1200	± 600	± 200
		测量系统精度/%0.1～1.0p. u	0.2	0.2	0.2
		测量系统精度/%1.0～1.50p. u	0.5	0.5	0.5
开关厂 E	GIS ZF8A - 550	GIS 的年漏气率≤0.40% 合 - 分时间 36～44.9ms 开断时间≤60ms 额定峰值耐受电流 171kA 额定短路持续时间 3s			
	GIL 管型母线	年漏气率（整套装置）0.10%；额定电流 4000A 额定峰值耐受电流（峰值）≥171kA；额定短路持续时间 3s			
开关厂 F	550kV 隔离开关	分闸时间 12.5s；合闸时间 12.5s 回路电阻值（偏差为型式试验值 ±10%）74～79μΩ			

生产厂家	产品名称及型号规格	损耗、噪音及温升等重要指标履约情况
电容器厂 G	DT12/36 C1 电容器 DAM 10.079 – 76.8W	标称谐波电压 162kV 标称电容 1.2μF 电容器额定电压 290kV 正常电压时的噪音水平：单元电容器小于 55dB(A)
	DT12/36 C2 电容器 AAM 14.113 – 361 – 1W	标称谐波电压 39kV 标称电容 1.923μF 电容器额定电压 84.675kV 正常电压时的噪音水平：单元电容器小于 55dB(A)
	中性母线冲击电容器 DAM12.5 – 30W	标称谐波电压 16kV 标称电容 15μF 电容器额定电压 150kV 正常电压时的噪音水平：单元电容器小于 55dB(A)
	50Hz 阻断电容器 AAM10 – 607 – 1W	标称谐波电压 4kV 标称电容 135.1μF 电容器额定电压 60kV 正常电压时的噪音水平：单元电容器小于 55dB(A)
	100Hz 阻断电容器 AAM11.208 – 520 – 1W	标称谐波电压 52kV 标称电容 26.35μF 电容器额定电压 67.245kV 正常电压时的噪音水平：单元电容器小于 55dB(A)
电容器厂 H	DT12/36 直流滤波器 C_1 电容器 DAM10.08 – 76.8	标称谐波电压 162kV 标称电容 1.2μF 电容器额定电压 1290kV 正常电压时的噪音水平：单元电容器小于 55dB(A)
	DT12/36 直流滤波器 C_2 电容器 DAM14.12 – 5.77	标称谐波电压 39kV 标称电容 1.923μF 电容器额定电压 84.68kV 正常电压时的噪音水平：单元电容器小于 55dB(A)
	中性母线冲击电容器 DAM15.63 – 15	标称谐波电压 16kV 标称电容 15μF 电容器额定电压 125kV 正常电压时的噪音水平：单元电容器小于 55dB(A)
	50Hz 阻塞滤波器电容器 DAM7.5 – 27.02	标称谐波电压 4.23kV 标称电容 135.1μF 电容器额定电压 60kV 正常电压时的噪音水平：单元电容器小于 55dB(A)
	100Hz 阻塞滤波器电容器 DAM8.41 – 21.08	标称谐波电压 52kV 标称电容 26.35μF 电容器额定电压 67.5kV 正常电压时的噪音水平：单元电容器小于 55dB(A)

生产厂家	产品名称及型号规格	损耗、噪音及温升等重要指标履约情况
电容器厂 I	并联电容器 BAM7. 97 – 508. 6 – 1	电容器单元：额定电压 7. 97kV 噪声(声功率级/声压级)47. 9dB 介质损耗角正切值(tanδ)(在工频额定电压下，20℃时) 0. 0150%～0. 0178%
电容器厂 J	交流滤波器电容器 AAM9. 32 – 448. 7 – 1W	电容器单元：额定电压 9. 32kV 噪声(声功率级/声压级)≤69. 4dB(声功率级)，≤55dB(声压级) 介质损耗角正切值(tanδ)(在工频额定电压下，20℃时) ≤0. 018
	交流滤波器电容器 AAM8. 9 – 268. 4 – 1W	电容器单元：额定电压 8. 9kV 噪声(声功率级/声压级)≤69dB(声功率级)，≤55dB(声压级) 介质损耗角正切值(tanδ)(在工频额定电压下，20℃时) ≤0. 018
	交流滤波器电容器 AAM10. 38 – 174. 6 – 1W	电容器单元：额定电压 10. 38kV 噪声(声功率级/声压级)≤69. 3dB(声功率级)，≤55dB(声压级) 介质损耗角正切值(tanδ)(在工频额定电压下，20℃时) ≤0. 018
	交流滤波器电容器 AAM7. 65 – 541. 1 – 1W	电容器单元：额定电压 7. 65kV 噪声(声功率级/声压级)≤70dB(声功率级)，≤55dB(声压级) 介质损耗角正切值(tanδ)(在工频额定电压下，20℃时) ≤0. 018
	交流滤波器电容器 AAM5 – 238. 3 – 1W	电容器单元：额定电压 5kV 噪声(声功率级/声压级)≤68dB(声功率级)，≤55dB(声压级) 介质损耗角正切值(tanδ)(在工频额定电压下，20℃时) ≤0. 018
	交流滤波器电容器 AAM8. 13 – 185. 8 – 1W	电容器单元：额定电压 8. 13kV 噪声(声功率级/声压级)≤69dB(声功率级)，≤55dB(声压级) 介质损耗角正切值(tanδ)(在工频额定电压下，20℃时) ≤0. 018
变压器厂 K	500kV 站用变压器	空载损耗：额定频率额定电压时空载损耗 123. 3kW(最大值)，额定频率 1. 1 倍额定电压时空载损耗 168. 98kW(最大值) 负载损耗(额定容量、75℃、不含辅机损耗)：460. 18kW(最大值) 温升限值：顶层油 37. 6K，绕组(平均)高压平均 45. 4K、低压平均 47. 3K，绕组(热点)70. 1K，油箱、铁芯及金属结构件表面 52. 7K 噪声水平：a. 空载状态下 69. 9dB(A)，b. 100% 负荷状态下 69. 7dB(A)
阀厂 L	换流阀组件 (A5000THYVS)	额定功率时的标么值电阻性压降占 U_{dio}≤0. 11%
	阀冷系统 (LWW2900 – 304F)	连接晶闸管级散热器的冷却水管内，冷却介质的流速 1. 2m/s 晶闸管级散热器冷去水管最大水压降 2. 73bar

生产厂家	产品名称及型号规格	损耗、噪音及温升等重要指标履约情况
开关厂 M	500kV 罐式断路器	额定短时耐受电流 63kA；额定短路持续时间 2s；开断时间 ≤ 40ms；分闸时间 17.6～17.9ms；合闸时间 54.6～55.6ms；合－分时间 19.5～23.9ms；合闸不同期性相间 0.1～0.3ms，同相断口间 0.3～0.6ms；SF_6 断路器的年漏气率 ≤ 0.5%　断路器内 SF_6 允许的含水量（20℃时）≤ 150μL/L
	500kV 瓷柱式断路器	额定短时耐受电流 63kA；额定短路持续时间 3s；开断时间 ≤ 40ms　分闸时间 19.9～21.0ms；合闸时间 59.1～61.9ms；合－分时间 42.4～47.6ms　合闸不同期性相间 ≤ 5ms，同相断口间 1.0～2.5ms；SF_6 断路器的年漏气率 ≤ 0.5%；断路器内 SF_6 允许的含水量（20°C时）≤ 150μL/L
互感器厂 N	电流互感器	35kV 电流互感器额定二次电流 1A，额定变比分别为 500/1、400/1、800/1。66kV 电流互感器额定二次电流 1A，额定变比分别为 30/1、600/1、800/1。110kV 电流互感器：额定二次电流 1A，额定变比 60/1。330kV 电流互感器额定二次电流 1A，额定变比 0.5/1

16.2　进度控制协调与成效

在进度监控与协调工作中，监造方始终根据设备采购合同中的设备交货期及业主方的调整交货期要求，随时掌握监造设备设计、生产计划、产品生产、产品试验及厂内拆卸、包装发运的进展情况，满足进度控制的要求，发联系单给承制方要求落实供需双方达成一致的供货计划，以满足设备交货期。

实际上，工程进度受影响因素较多，在设备采购时一般无法准确预计现场设备需求时间，合同中的交货期仅为暂定时间，合同中相关条款也说明供货时间按供需双方确定的供货计划执行。然而，开关厂 E 生产的 GIL、GIS，J 生产的滤波电容器，变压器厂 A 生产的平波电抗器，一再推延按供需双方确定的供货时间。监造方一方面极力协调相关厂家尽快解决制约生产进度的问题，优化生产流程，在保证质量的前提下加快生产进度，遇到新问题及时通报各方和协调处理，其中对开关厂 E 的 GIL 发了 11 份监造快报，另一方面提醒业主调整现场施工安排，基于现况和各厂家能力重新确定供货计划。经过各方共同努力，19 906 台（组）设备均按 2017 年 3 月供需双方确定的最终版供货计划完成供货，进度协调的效果远超于该工程其它监造单位监造的设备。

16.3 职业健康安全与环境管理监造工作情况总结

监造方在本项目的监造工作中，始终按照监造合同的要求及南方电网行业管理的相关管理规定，以及公司三标体系相关管理规定，实施监造方的职业健康安全与环境管理的监控，同时根据公司综合管理体系（即三标体系）文件要求，即对相关方的环境、职业健康安全施加影响管理程序，对相关方即承制方提出必要的环境、职业健康安全要求，以促进其自觉保护环境，改进环境行为以及减少职业健康安全风险。最终进行的总结评定如表16-3所示。

表 16-3 职业健康安全与环境管理监造工作总结评定

序号	维度	指标名称	定义或说明	目标值	来源及依据	统计结果
1	监理咨询服务	合同违约事件	经业主人认定，监理公司自身存在合同违约行为的事件	0	监理公司指标	0
		顾客满意度	$\dfrac{顾客满意度调查表中满意选项总数}{顾客满意度调查表中全部选项总数} \times 100\%$	≥91%	监理公司指标	100%
		顾客通报批评事件	因设备监理服务不到位，受业主单位通报批评的事件	0	监理公司指标	0
2	监理咨询项目质量	项目合格率	设备监理：设备出厂合格率100%	100%	监理公司指标	100%
		设备重大质量事故	由业主单位认定，监理公司负有责任的设备重大质量事故	0	监理公司指标	0
3	生产安全	有责任的一般及以上人身事故	网公司电力事故事件调查规程中规定的一般及以上，监理公司负有责任的电力人身事故	0	监理公司指标	0
		有责任的五级及以上人身事件	网公司电力事故事件调查规程中规定的五级及以上，监理公司负有责任的电力人身事件	0	监理公司指标	0
4	后勤安全	食品安全事故	监造项目部发生5人及以上食物中毒的食品安全事故	0	监理公司指标	0
		消防安全事故	经消防管理部门认定，监造项目部负有责任的生产经营、生活场所火灾或火警	0	监理公司指标	0
5	职业健康	职业病伤害职工人数	因生产作业诱发或导致职业病的监造项目部职工人数	0	监理公司指标	0
6	环境保护	有责任的环境污染和生态破坏事件	由业主或政府部门认定，监理公司负有责任的，监造项目部自身或所监造项目对水源、土壤、自然遗迹、人文遗迹、古树名木等造成的污染或破坏的事件	0	监理公司指标	0

16.3.1 职业健康安全监理工作总结

监造方在本项目监造过程中，督促承制方在制造车间的现场安全生产风险管理工作中保持良好的可控状态，职工的职业健康安全状况符合相关规范标准要求的情况，予以了充分的肯定及鼓励。监造方遵循南方电网安全生产风险管理体系的要求，对承制方的安全生产状况进行多次抽查及定期检查，结果表明，承制方的安全生产管理体系是有效运行的，但个别职工在制作现场工作时仍然存在偶尔未能及时佩戴安全帽或佩戴不规范的问题，故监造方要求承制方加强对操作人员的安全生产风险意识教育，以杜绝个别操作人员的安全防护用具佩戴不及时、不规范的现象，保证实现本项目实施过程的安全生产零事故的目标，保证对业主方委托任务的可靠完成。监造方为此还专门通知承制方，以督促承制方尽快完善管控措施及加强控制力度。承制方因此对现场的职业健康安全管理工作进行了进一步的改进提高。监造方对本项要求的控制及最终结果如表 16-4 所示。

表 16-4　该工程安全风险控制情况表

序号	区域	活动点/工序/部位	危险源	可能的事故后果	现在控制措施	检查见证结果
1	设备监造现场	高压试验过程的见证作业	误入高压试验区域	死亡	检查厂家单位在试验区域是否设置安全围栏和警示标志牌等安全措施，并安排专人进行监护	控制措施符合体系标准要求
2	设备监造现场	高压试验过程的见证作业	误触碰带电设备	死亡	严格执行厂家规定，不随意触碰带电设备	控制措施符合体系标准要求
3	设备监造现场	高压试验过程的见证作业	有残余电荷的设备	重伤	监理人员要求施工人员试验完成后对被试品进行充分放电	控制措施符合体系标准要求
4	设备监造现场	监理巡视、见证作业	厂内车辆临近通过	重伤	1. 识别厂内标识标志，工作区域，尽量避免进入厂内车辆行驶区域 2. 监理人员提高注意力，当机动车通过时提前做出避让措施 3. 要求厂家控制车辆行驶速度	控制措施符合体系标准要求

16.3.2 环境监理工作情况总结

各项目分部严格按照公司体系文件规定，对承制方设备生产过程中固废治理措施、噪声治理措施等环境保护方面进行了严格的审查，监造方对承制方的各项环境管理检查见证的结果表明，承制方作为机电产品制造企业，影响环境的客观因素相对较少，项目全程的实际控制措施及效果符合相关规范要求。

加强对承制方的环境法律法规教育，既维护了环境法律的严肃性，又增强了企业相关人员的环境法律意识，收到了良好的效果。通过监造方的检查，提高了设备生产厂家环境保护意识，促进了环境管理工作的开展，有力地提高了环境管理水平。

16.4 监造信息管理

该工程各监造项目部分别配备了监造信息管理专责，建立了信息管理系统，统一实行承制方和生产设备信息编码，明确信息传输流程，制定信息采集制度，利用高效的信息处理手段，对该工程各类设备生产的各项信息资料进行有效的管理，特别是重视对承制方报验的文件资料及其与建设单位、设计单位和监造方的来往文件留底备查，在各阶段监造工作结束后及时整理归档。监造方对该工程设备监造资料档案的编制及移交，完全按照业主档案主管部门的有关规定及监造委托合同执行。

根据业主方的有关监造品控管理规定，监造方投入专门力量，开展监造信息分级管理工作。项目组监造资料管理由项目总监负责，监造工程师和信息员分工实施，总监和监造工程师负责各类监造见证文件和报审资料的形成和收集，以及进行预归档，信息员负责传递各类监造文件报告，最终整理和归档项目全部监造资料，确保做到监造方的资料能及时整理，真实完整且分类有序。

16.4.1 监造信息收集

(1)收集供货合同、技术协议、设计与冻结会纪要、进度调整通知及业主有关要求等文件。

(2)收集设备监造实施过程中的有关信息。主要包括：业主对该工程设备各方面的意见和看法、下达的指令；承制方发出的文件，设备制造工艺技术方案、进度计划、质检报告；项目监造分部生成的监造记录，主要包括体系、进度、工期、质量见证记录、监造审查文件、监造协调文件、监造照片等。监造项目总监应对当天所发生的重大事项、处理的相关问题、对承制方发出的监造指令进行记录；各监造工程师对生产过程的相关质量、进度监造见证情况进行记录。

16.4.2 监造信息传递

该工程监造信息传递，主要采用三种方式和业主取得联系，互通信息。一是通过电话及时与业主联系；二是通过电子邮件与业主联系。三是通过企业网盘将监造数据实时更新。

监造项目分部充分利用计算机对在监造过程中掌握的数据信息进行管理，以满足业主所需。监造项目分部在信息收集的基础上，按照要求向业主提交设备监造日报、周报、月报、监造快报、监造见证记录、监造审查协调文件、现场会议纪要等，及时、准确地将实时监造数据信息通过企业网盘传递至业主，使业主随时掌握生产动态信息和质量信息。

16.4.3 监造信息整理

(1)该工程监造资料文件主要包括由监造方、承制方和业主方形成的文件。

(2)项目设备完成出厂试验和发运后，监造项目分部将按照南方电网超高压输电公司相关的档案管理规定和该工程监造服务合同《监造档案归档目录》的要求，负责整理、归档、移交各类监造文件。

17 监造过程中出现的问题及其处理情况

17.1 出现的问题及其处理情况

在对本项目产品的监造工作全过程中，监造方本着对业主方高度负责以及对承制方管理工作能够给予促进的宗旨，对发现的问题，及时进行协调督促处理，如编发监造工作联系单及通知单进行督促，使存在的问题基本解决，有效促进承制方在质量管理方面的改进、管理体系的完善。

监造方在本项目产品制造过程中，对出现的各类问题，在监造现场及时处理解决，问题分类统计如表 17 – 1 所示。

表 17 – 1 监造过程问题统计表

生产厂家	产品名称及型号规格	1类（管理）	2类（原材料）	3类（装配）	4类（试验）	5类（运输）	6类（标准）	7类（协议）	问题总数
变压器厂 A	换流变压器（HY、HD）	4	4	2	8	2	0	1	21
	阻塞、平波电抗器	6	1	3	3	0	0	1	14
变压器厂 B	换流变压器（LY、LD）	3	0	8	7	0	1	2	21
变压器厂 C	换流变压器（LY、LD）	0	15	3	5	6	5	0	34
继保公司 D	控制保护	1	0	1	0	0	0	0	2
开关厂 E 电气	GIS ZF8A – 550	1	0	0	4	0	2	0	7
	GIL 管型母线	1	0	0	1	0	0	0	2
开关厂 E 有限	550kV 隔离开关	0	0	0	2	0	1	0	3
电容器厂 G	电容器	0	0	0	1	0	0	0	1
开关厂 M	500kV 瓷柱式断路器	1	1	1	3	0	0	0	6
电容器厂 H	电容器	0	0	1	4	0	0	0	6
电容器厂 I	并联电容器	6	0	0	10	0	7	0	23
电容器厂 J	交流滤波电容器	10	2	0	4	0	0	0	16
互感器厂	电流互感器	3	0	0	2	0	1	0	6
电阻器厂	电阻器	0	1	0	4	0	0	0	5
开关厂 O	35kV 罐式断路器	0	0	0	5	0	1	0	6
继保公司 D	直流测量装置	3	0	0	0	0	3	0	6

生产厂家	产品名称及型号规格	1类（管理）	2类（原材料）	3类（装配）	4类（试验）	5类（运输）	6类（标准）	7类（协议）	问题总数
变压器厂 K	500kV 站用变压器	0	0	0	0	0	3	0	3
阀厂 L	换流阀组件、阀冷系统	3	0	0	1	1	0	0	5
绝缘子厂	绝缘子	2	0	0	0	0	0	0	2
总计		44	24	19	64	9	25	4	189
占比		23%	13%	10%	34%	5%	13%	2%	100%

17.2　典型案例分析

17.2.1　电容器噪声改进

滤波电容器噪声是换流站主要噪声源之一，在环保要求日益严苛的背景下，对滤波电容器噪声控制越来越显得重要。业主方在该工程招标技术规范书中要求制造方应对电容器单元开展噪声试验，试验测得的噪声声压级的平均值不大于 55dB(A)，提高了滤波电容器噪声指标，迫使各中标电容器厂家分别采取新的降噪措施，而各厂家在应标时均承诺满足这项指标要求。这是一项典型技术改进问题，因降噪措施影响电容器结构定型，对进度和质量均有较大影响，各电容器监造代表在项目开始之初就提醒各厂家尽快采取可靠降噪措施以满足工程要求。然而，进行第一轮噪声电容器噪声试验时，J、I 及 G 等 3 家生产的电容器噪声均超标，具体情况如下。

（1）H 公司承担送端站直流场电容器的制造，对 C1 采用内部加隔音空腔的降噪措施，该型号 2 台产品噪声试验测得的噪声声压级平均值分别为 49.6dB(A)、49.4dB(A)；C2、中性母线冲击电容器、50Hz 阻塞滤波器未采取特殊的降噪措施，4 四个型号各取 2 台产品进行噪声试验，测得的噪声声压级平均值分别为 51.5dB(A)、51.5dB(A)、42.7dB(A)、42.9dB(A)、23.9dB(A)、23.9dB(A)、49.3dB(A)、49.1dB(A)。H 公司均在各型号产品通过噪声试验以后，再开始型式试验和批量生产，属于正常流程。

（2）G 承担受端站直流场电容器的制造，最初对 C1、C2 均在外部采用吸音棉加降噪帽的降噪措施（见图 17 - 1），2 个型号各取 2 台产品进行噪声试验，测得的噪声声压级平均值分别为 57.5dB(A)、56.8dB(A)、49.3dB(A)、49.8dB(A)，C1 不符技术协议要求。G 对 C1 内部增加一个隔音空腔的降噪措施，再取 2 台电容器重新试验，测得的噪声声压级平均值分别为 53.1dB(A)、53.2dB(A)，符合技术协议的要求。中性母线冲击电容器、50Hz 阻塞滤波器均未取采特殊的降噪措施，4 个型号各取 2 台产品进行噪声试验，测得的噪声声压级平均值分为 32.8dB(A)、33.0dB(A)、20.1dB(A)、20.3dB(A)、50.7dB(A)、51.4dB(A)，符合技术协议的要求。G 公司均在各型号产品通过噪声试验以后再开始型式试验和批量生产，属于正常流程。

图17-1　电容器外部加降噪帽

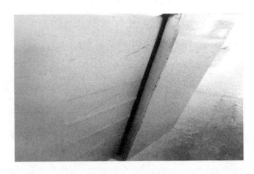

图17-2　降噪帽四周内侧边沿增加密封胶圈密封

（3）I公司承担送端站交流场SC并联电容器型号为BAM7.97-508.6-1W的制造。未采取降噪措施时，各取2台产品进行噪声试验，测得的噪声声压级平均值分别为58.7dB（A）、58.0dB（A），不符合技术协议的要求。在外部采用吸音棉加降噪帽的降噪措施后，重新进行试验，测得的噪声声压级平均值分别为47.9dB（A）、47.9dB（A），符合技术协议的要求。但I公司采用外部吸音棉加降噪帽的降噪措施，降噪帽四周只涂防水胶，密封不太可靠，监造代表建议在降噪帽四周内侧边沿增加密封胶圈，然后再涂防水胶密封。业主相关人员认为监造代表的建议非常合理，要求I公司增加密封胶圈密封，并写入相关的会议纪要中，I公司最后在产品上降噪帽四周内侧边沿增加密封胶圈密封（见图17-2）。I公司在噪声试验通过之前，已完成了产品部分型式试验。为了确保产品质量，在噪声试验通过之后，监造方要求I公司重新进行与降噪措施相关的所有试验，验证降噪措施对电容器的绝缘及温升等性能无影响。最终，重做的相关试验结果均合格。

（4）J公司承担送端站交流场滤波电容器的制造。第一次，J公司试制2台TT5/11/24 C_1 电容器进行噪声试验，测得的噪声声压级平均值分别为63.9dB（A）、60.4dB（A），大大超过技术协议的要求。第二次噪声试验，对所提供的2台TT5/11/24 C2电容器测得噪声声压级平均值分别为54.1dB（A）、55.2dB（A），其中1台不符合技术协议的要求；测得2台TT3/13/36 C_2 电容器噪声声压级平均值分别为59.5dB（A）、60.3dB（A），不符合技术协议的要求；2台TT3/13/36 C2电容器（外部已加装降噪帽）测得噪声声压级平均值分别为54.1dB（A）、53.6dB（A），符合技术协议要求。第三次噪声试验，TT5/11/24 C1电容器内部加加隔音空腔的降噪措施，测得2台产品噪声声压级平均值分别为55.8dB（A）、61.7dB（A），仍然不符合技术协议的要求。由于J公司对降噪的研究起步晚等方面原因，导致到业主要求供货的日期（2017年3）月仍未通过噪声试验。监造代表分析发现，J公司在电容器降噪方法和工艺上均有不足，为了不影响该工程按时投运，建议J公司对噪声不合格的三种型号电容器采用内部加隔音空腔降噪措施，并对隔音空腔的结构、尺寸、焊接方式及检漏要求等方面提出了建议。J公司接受了监造代表的建议，改进完善降噪措施。在2017年3月28日第四次噪声试验中，对TT3/13/36 C1、TT5/11/24 C1、C2、C3电容器各测试2台产品，噪声声压级平均值分别为48.6dB（A）、48.6dB（A）、51.5dB（A）、52.4dB（A）、53.2dB（A）、54.5dB（A）、50.0dB（A）、50.2dB（A），结果均符合技术协议的要求。

在各厂家电容器均通过噪声试验后，监造代表下联系单要求各厂家对滤波电容器组的支架载荷能力进行重新核算，避免因增加降噪措施而降低支架抗震能力。到 2017 年 6 月，各厂家均提供了合格的试验报告和校验报告。经过与业主的共同努力，监造团队及时推动各厂家成功解决了该工程各滤波电容器噪声控制问题。

17.2.2 开关厂 E 生产的 GIL 多次放电问题

开关厂 E 生产的 GIL 设备在第一个形态(M3 - 10)主回路工频耐压试验过程中，当逐步阶梯升压至 740kV 维持约 30s 时，出现了放电现象。解体发现是三支柱绝缘子沿面放电(见图 17 - 3)。在 286 个常规形态主回路工频耐压试验过程中，前后共出现 10 次形态放电现象(M3 - 13、M3 - 4、M1 - 22、M1 - 23、M1 - 30、M1 - 43、M1 - 44、M2 - 4、M1 - 13)，其中两次(M3 - 4、M1 - 13)经检查排除为工装放电，M1 - 23 未查找到放电点(后试验通过)，其余形态放电情况均与 M3 - 10 类似，均为三支柱绝缘子沿面放电。

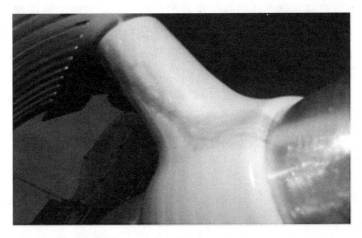

图 17 - 3　M3 - 10 放电痕迹照片

在第一个形态(M3 - 10)发生放电之后，监造方提出了分析报告，指出该三支柱绝缘子表面爬距约 150mm，而同为 GIL 绝缘部件的盆式绝缘子爬距为 280mm，约为三支柱爬距的 1.87 倍。三支柱绝缘子表面平均场强比较接近许用场强，局部场强达到 29kV/mm，已超过许用场强，绝缘裕度显然不足。在装配过程中产生金属粉末的环节较多，而结构中内部小缝隙较多，并且装配车间的洁净度控制严重不足。监造方要求开关厂 E 严格控制总装车间洁净度，确保各工序必须清除干净粉末等异物，并且提供以下建议供厂家参考：①如果条件允许，可以考虑采取措施增加三支柱绝缘子表面的爬距，如改进模具增加伞裙；②在不影响其它运行状态的条件下，尽量减少或避免各部件之间的缝隙，如考虑导体与三支柱嵌件之间完全密封，尽可能减少各部件之间的公差；③加强各接触部件材质的硬度等指标控制，尽可能减少部件摩擦产生粉末。

开关厂 E 组织了工艺部、设计部、技术部、生产部、绝缘车间等部门、专家及领导经过多次会议讨论分析及相关试验验证，最终给出以下说明：

(1)GIL 形态工装放电原因为：工装多次使用异物累积，使用时又未清理干净。

(2)通过对全部放电形态位置(放电路径)、放电形态内部检查及整个装配过程的分析，多次的放电现象为异物放电，由于三支柱绝缘子材料的特殊性，表面吸附异物能力较强。产生异物是因为在生产装配过程中封盖板前操作时间较长，且氩弧焊在焊制过程中产生的烟气未得到有效的防护，给防尘造成困难。车间洁净度在管理上也存在不足，对进出门控制不严导致灰尘进入装配车间，装配过程未能及时有效清理干净，导致试验过程产生了三支柱绝缘子沿面异物放电现象。

监造方督促厂家所做改进及效果：

监造方在问题发生后，编发了多个监造工作联系单和质量快报，及时向业主进行了汇报，并多次协助物流中心、品控中心等部门专家、领导在开关厂 E 召开质量协调会议，与开关厂 E 相关人员进行了沟通协调。对发现的可能影响质量的关键性问题，要求开关厂 E 立即进行整改，完善改进项目如下：

（1）加强母线车间粉尘颗粒物的控制，完成在车间北门增加缓冲带（搭建隔离防尘棚），杜绝外部灰尘大量进入车间，影响环境洁净度。

（2）母线车间须严格控制北门的开关次数和时间，在隔离防尘棚搭建完毕之前，设备的打磨、焊接、清理在清理区进行。北门隔离防尘棚启动之后，应固化各工艺处理区域和搬运线路设置，经过主装配车间必须做好防尘措施。

（3）用封条禁止物品、人员从南门进入装配车间，车间人员必须经过入口风淋设备。

（4）分别安排专人管控主装配车间西侧、北侧大门，并在出入口处放置吸尘脚垫，保持车间地面干净整洁。

（5）各装配环节结束应明确洁净度要求，并采取措施确保粉尘清除干净。

经过频繁放电之后，在业主压力下，开关厂 E 上级领导开始重视以上问题，组织相关部门人员对存在的问题进行完善整改，并积极开展了问题排查分析工作，加强生产现场的管理（包括生产环境、生产人员）。现场监造人员也根据上级指示，加大了日常巡查、监督工作，严格按照相关要求督促承制方进行落实。整改效果比较显著，GIL 形态在后期工频耐压试验过程中未再发生试验放电现象，并按供需双方确定的最终版供货计划完成供货。

17.2.3　开关厂 E 生产的 GIS 出厂试验一次通过率偏低问题

开关厂 E 生产的该工程 GIS 设备，本体 555 个单元，分支母线 770 个单元，在出厂高压试验中进行了 513 次雷电冲击试验、514 次工频耐压带局放测量试验，不能一次通过的有 31 次，高压试验一次通过率约为 94%，见表 17 - 2。

表 17 - 2　GIS 出厂试验

序号	发现日期	产品名称	产品编号	问题描述	处理措施及结果
1	2016 - 12 - 26	断路器	CB72 - A 相	局部放电试验时，局部放电量 10 ～ 12pC，超标	2016 - 12 - 30 复检超标，2017 - 01 - 06 复检局部放电，合格
2	2016 - 12 - 27	断路器	CB31 - A 相	局部放电试验时，局部放电量 20pC，超标	打开检查处理后，2016 - 12 - 30 再次局部放电，局部放电量 3.0pC

续表 17 - 2

序号	发现日期	产品名称	产品编号	问题描述	处理措施及结果
3	2017 - 01 - 02	断路器	CB21 - A 相	局部放电试验时，局部放电量 9pC 大于 5pC，超标	2017 - 01 - 06 复检局部放电，合格
4	2017 - 01 - 05	断路器	CB23 - B 相、C 相	雷电冲击试验出现两次截波	拆开后，发现放电痕迹，处理后，2017 - 01 - 12，通过高压试验
5	2017 - 01 - 05	电流互感器	5 - 03、22 - 02	雷电冲击试验出现两次截波	2017 - 01 - 07 再次进行高压试验 5 - 03、22 - 02 通过
6	2017 - 01 - 05	斜拉母线	32 - 01、31 - 01 - C	雷电冲击试验出现两次截波	拆开检查后，处理完成后，2017 - 01 - 10 二次高压试验通过
7	2017 - 01 - 12	隔离开关	22 - 05 - A 相、C 相、22 - 04 - A 相	局部放电试验时，局部放电量超标	2017 - 01 - 14 重做局部放电试验，通过
8	2017 - 01 - 19	隔离开关	23 - 05	雷电冲击试验时，负极性出现一次截波，安装在 23 - 05 上的放电显示仪灯亮	开盖检查发现静侧屏蔽罩有放电点，处理后，2017 - 01 - 25 复检高压试验，通过
9	2017 - 01 - 22	断路器	CB93 - C 相	雷电冲击试验时，出现截波，放电定位仪亮，后续工频耐压及局部放电试验未做，查找原因后，再进行试验	放电位置为非机芯侧导电臂和罐体内壁，处理后，2017 - 02 - 06 高压试验复检通过
10	2017 - 03 - 25	分支母线	M6 - 42、M3 - 22	M6 - 42、M3 - 22 局部放电试验，大于 5pC	拆解后处理，再次试验通过
11	2017 - 04 - 04	分支母线	M2 - 13、M6 - 18 等	雷电冲击试验时，第一次正极性出现截波，追加 3 次，通过，要求车间查找放电点	拆解母线查找出放电点，已处理，雷电出现截波后，补做 3 次，通过，按照开关厂 E 要求试验通过
12	2017 - 04 - 07	分支母线	M5 - 54	M5 - 54 进行雷电冲击试验时出现截波，追加 3 次，通过，要求车间查找放电点	分支母线解体，已找到放电点，已处理，雷电出现截波后，补做 3 次，通过，按照开关厂 E 要求试验通过
13	2017 - 04 - 12	分支母线	M5 - 15、M7 - 26	局部放电量 25pC，大于 5pC，不合格	要求查找原因，重新组装后局部放电试验通过

序号	发现日期	产品名称	产品编号	问题描述	处理措施及结果
14	2017 - 04 - 18	盆式绝缘子	517113H0632、517113H0315、517108Z1212	监造代表发现两个盆式绝缘子密封槽内局部存在有气孔，已要求开关厂 E 更换，开关厂 E 同意更换	要求开关厂 E 更换，开关厂 E 已更换
15	2017 - 04 - 21	工装	—	在进行耐压试验，升压到 462kV 时，分支母线与工装连接处的盆式绝缘子放电，已解体，找到了放电点	放电点已处理，再次试验通过
16	2017 - 04 - 24	分支母线	M5 - 29 等	分支母线：雷电冲击试验时出现截波	经解体，M5 - 29 的放电点已找到，处理后，4 月 25 日再次试验通过
17	2017 - 04 - 28	分支母线	M1 - 16 等	雷电冲击试验时出现截波，追加 3 次，通过试验	放电点是 M5 - 14 屏蔽头对工装外壳，已处理
18	2017 - 04 - 29	分支母线	M7 - 36 等	雷电冲击试验时出现截波，追加后，再次出现截波	放电点是 M7 - 36 形态四通筒内的 174 屏蔽表面和四通筒的内壁上，已处理，4 月 30 日复试通过
19	2017 - 04 - 29	分支母线	M7 - 37 等	雷电冲击试验时出现截波，追加 3 次，通过试验	放电点 M7 - 37 四通筒内的 174 屏蔽表面和四通筒的内壁上，已处理
20	2017 - 04 - 29	分支母线	M5 - 7 等	雷电冲击试验时出现截波，追加后，再次出现截波	放电点有两处：M5 - 7 的 174 屏蔽处和工装 1104 屏蔽处
21	2017 - 04 - 30	分支母线	M4 - 12 等	雷电冲击试验时出现截波，追加 3 次，通过试验	放电点是 M4 - 12 屏蔽罩对波纹管内壁截波放电，已处理
22	2017 - 05 - 03	分支母线	M4 - 14 等	耐压试验，电压升至 730.6kV 时放电，将 M4 - 14 甩开后，试验通过	M4 - 14，为通孔绝缘盆子沿面贯穿性放电，更换绝缘子
23	2017 - 05 - 03	分支母线	M5 - 8 等	雷电冲击试验出现截波，追加 3 次，试验通过	放电点在 M5 - 8 绝缘盆子处屏蔽罩对工装外缘圆弧处有截波放电点痕迹
24	2017 - 05 - 04	分支母线	M4 - 32 等	雷电冲击试验出现截波，追加 3 次，通过试验	M4 - 32 不通孔绝缘盆子屏蔽罩对波纹管内壁外缘圆弧倒角处有截波放电点痕迹
25	2017 - 05 - 15	分支母线	M5 - 10 等	耐压试验，电压升至 563kV 放电	已解体 M5 - 10，导体对筒壁放电，已处理，5 月 17 日再次耐压，通过试验

序号	发现日期	产品名称	产品编号	问题描述	处理措施及结果
26	2017 - 05 - 19	分支母线	F3 - 40 等	进行负极性雷电冲击试验时出现 1657kV 截波，追加 3 次通过，合格	F3 - 40 工装屏蔽头和工装筒内壁放电，已处理
27	2017 - 05 - 19	分支母线	F3 - 2 等	耐压试验，电压 740kV，维持 24s 击穿放电	放电点在 F3 - 2 前的工装触头对筒壁，处理后，5 - 20 复测通过，详见 5 月 19 监理日志
28	2017 - 05 - 19	分支母线	F3 - 3 等	电压 740kV，维持 2s，击穿放电	放电点在 F3 - 3 的导体对筒壁，详见 5 月 19 监理日志，处理后，5 - 20 复测通过
29	2017 - 06 - 06	套管	F1 - 23C	雷电冲击试验时，第二次正极性雷电冲击试验出现截波，已拆解，放电点在套管外壳内的屏蔽罩和壳体	追加 3 次，通过试验
30	2017 - 06 - 07	套管	F1 - 22B	第 3 次负极性雷电冲击试验时出现截波，已拆解，放电点在工装的屏蔽头对工装的壳体	追加 3 次，通过试验
31	2017 - 06 - 17	套管	F5 - 31B（12090003）	雷电冲击试验时试验出现截波，导体对屏蔽罩处有放电点，已处理，后续试验通过	追加 3 次，通过试验
32	2017 - 06 - 30	套管	F6 - 52C（12260401）F6 - 28A（01240213）	进行负极性雷电冲击试验时出现截波，放电点都在套管下部法兰内侧倒角 R 处对屏蔽罩放电	处理放电点，2017 - 07 - 01，再次进行雷电冲击试验，通过试验

出现高压试验不能一次通过后，监造代表通过下发监理联系单，要求厂家分析原因，每一个放电点都必须找到，由监造代表见证、拍照后，再由厂家处理和重新试验，并且加强后续产品工艺控制。

监造方分析了以上高压试验不能一次通过的数据，有以下特点：

（1）雷电冲击试验出现截波 20 次，耐压放电 5 次，局部放电试验超标 6 次，按单元计算，高压试验一次通过率约为 94%。

（2）从问题数量上看，一套 GIS 设备有 31 次高压试验不通过，问题发生频次确实较高。带有一定破坏性的高压试验重复进行这么多次，明显无益于产品绝缘性能。

（3）虽然出现了 25 次放电和 6 次局部放电超标，但是没有 1 次是因为产品元件质量问题而导致的，全部因装配工艺控制不严或工装问题所导致。

经过分析，本工程 GIS 在出厂试验中发生放电或局部放电超标主要原因以下：

（1）试验工装原因，由于工装使用时间较长，检修不及时，导致影响试验。

（2）装配过程中，对零部件表面打磨不光滑。

（3）职工质量意识下降，对产品内部的清洁不够。

（4）天气干燥，灰尘较大，车间防尘工作不到位。

（5）厂家为了筛选绝缘性能较差的产品，有意在出厂试验过程中降低了0.1MPa气压，使得试验条件更加苛刻，增加了试验不通过的风险。

针对以上原因，监造督促厂家采取以下应对措施。

（1）针对工装放电，对生产设备进行彻底清理和维护，防止生产设备对产品的二次污染。

（2）针对职工意识下降，产品清洁度不够，监造督促厂家召开职工现场会，整顿职工思想意识，扭转接连出现放电事故的局面，使全体职工紧绷"质量神经"；对全工序进行排查，特别是对清洁度和零件表面进行重点排查，进一步明确清理作业的部件、要领及部位；制作气体过滤工装对SF$_6$气体进行过滤，保证充入的气体干净无异物，同时控制充气速度，减小积尘效应；对触头座腔死角异物进行重点防控和检查，明确装配过程中无死角。

（3）针对灰尘较大，监造要求开关厂E每周对车间环境进行含尘量检测，如不合格，将采取措施处理。例如，车间门入口挂防尘帘；两个车间门互为闭锁，防止同时开启两道大门；进入车间的车辆必须在厂房外清洗轮胎、箱体等，防止把灰尘带入车间。直到符合要求才能进行生产、试验。按照开关厂E厂的规定：灭弧室含尘量应小于$3.52 \times 10^6 \ \mu m/m^3$（粒径大于$0.5 \mu m$的尘埃数量），总装车间的含尘量应小于$3.52 \times 10^7 \ \mu m/m^3$。

经过监造方和业主相关部门共同努力，本工程GIS产品质量得到有效控制，并按最终版供货计划完成供货。

17.2.4　变压器厂A换流变压器局部放电超标问题

某±800kV直流输电工程逆变侧（受端站）双极高端HY型换流变压器6台、HD型换流变压器6台、每种类型各备用1台，该14台换流变压器设备由变压器厂A负责生产供货，监造公司负责组建监造项目部，对设备制造的全过程实施驻厂监造。在出厂试验过程中，14台设备中有3台在产品绝缘项目的试验中出现了不同情况的局部放电超标现象。总结分析如下：

1. 关于型号为ZZDFPZ－237400/500－600、产品编号为厂17B02042的换流变压器前两次绝缘试验未通过的总结分析

2017年1月10日，对该产品进行绝缘试验。在冲前长时局部放电试验中，局部放电超标，线端电压$0.75U_m/\sqrt{3}$情况下，最大局部放电值约为54 000pC，超出要求值，局部放电超标定位在网侧套管下部的位置。1月17日，对该产品进行绝缘试验。在冲前长时局部放电试验中，局部放电超标，线端电压$1.3U_m/\sqrt{3}$情况下，网最大局部放电值闪现2 951pC，阀侧局部放电最大值17 000pC，稳定在3 000pC左右，超出要求值。

根据对第1次试验冲前局部放电的试验情况和定位情况，初步怀疑均压环处绝缘成型件存在问题。根据第2次试验冲前局部放电的试验情况，怀疑产生局部放电的原因是：阀侧局部放电大在阀侧首端，根据试验现象判断是阀套管，认为是阀套管在上次更换网上部

成型件后的工艺处理不到位。网侧偶尔有大局部放电闪现，怀疑是网首头出线装置成型件检查不彻底，下部成型件第 1 次未进行检查。第 1 次试验后检查结果是：首先对 3 层成型件整体进行 X 光检测，在一侧发现一小块阴影，判断存在疑似高密度异物，然后对 3 层成型件进行拆解，分层进行 X 光检测，由内向外的第 1 层、第 2 层未发现异物存在，在第 3 层成型件检测时发现整体检测时产生阴影的疑似高密度异物。监造方及业主方人员共同肉眼观察见证了 3 层成型件的表面情况，仅在第 3 层成型件内表面圆弧处发现阴影所呈现的浅色异物（直径约 1.5mm）且无磁性，在相邻位置发现附着在表面有深色异物（直径约 0.6mm）有磁性，并将异物取下留存，将此层成型件再次进行 X 光检测，未发现异物存在，检测通过。后续又将均压环皱纹纸进行拆解，在皱纹纸及均压环表面未发现放电痕迹及金属异物。第 2 次试验后检查：首先对网首头下部两层成型件整体进行 X 光检测，在一侧发现几小块阴影，判断存在异物，然后对两层成型件进行拆解，肉眼发现在第 1 层成型件表面有异物存在。根据试验及定位和检测情况，怀疑冲前局部放电超标的原因是：第 1 次，由于网侧首头套管均压球外面的绝缘成型件含有杂质，导致了局部放电超标；第 2 次，由于阀套管后期工艺处理不到位和网首头出线装置下部成型件检查不彻底导致了局部放电超标。经过检查后产品工艺处理，即抽真空及注油循环，2017 年 2 月 5 日，在南方电网品控工程师及监造方的参加见证下，进行了产品所有试验项目的出厂试验，试验顺利通过，本产品终于全面通过出厂试验，达到了技术协议约定的质量要求。

2. 关于型号为 ZZDFPZ – 237400/500 – 800、产品编号为厂 1×××× 的换流变压器前两次绝缘试验未通过的总结分析

2017 年 6 月 7 日进行阀侧外施交流电压耐受试验，试验电压升至 903kV，30s 后出现 600～965pC 局部放电量，5min 左右阀 b 端局部放电量 600pC，阀 a 端局部放电量 280pC。切除电源后，在油箱表面布置超声探头，再次施加电压对变压器进行超声定位，超声定位未收到信号。试验后，取变压器油样进行油色谱，结果没有异常。此产品前期试验项目即交直流耐压、冲击及负载等试验均已通过。根据试验现象及传递比关系，初步判断故障位置在阀 b 对应相关区域，于是决定进行排油内检并重点对阀 b 出线相关区域进行检查，如若没有发现问题，则对阀套管进行检查，并对阀 a、阀 b 套管进行互换，以排除阀套管存在问题的可能性。经内检并没发现问题，对阀 a、阀 b 套管进行互换，复装后按正常工艺进行处理。处理后的试验情况是：2017 年 7 月 3 日再次进行阀侧外施交流电压耐受试验，试验电压在 903kV 下维持 60min，阀侧 a 端局部放电量 230 pC，阀侧 b 端局部放电量 500 pC。基本符合阀侧 b 端传至阀 a 端的传递比，试验后油色谱没有异常。

2017 年 7 月 5 日，业主方及监造方人员，在变压器厂 A 参加了产品问题分析会，根据两次试验的试验情况及第 1 次试验后的处理情况，得出如下结论：

①根据第 1 次内检的情况，排除了阀出线附近接地件有悬浮的可能性；调换了阀 a 与阀 b 套管，进一步明确了阀套管没有问题；②阀 a 端局部放电波形与阀 b 端局部放电波形一致，且局部放电量基本符合阀 b 端传阀 a 端的传递比关系，阀 a 的局部放电是由阀 b 产生的局部放电传递过来导致的，可以认为阀 a 是没有问题的。③部放电起始电压比较高（额定试验电压），局部放电起始后局部放电量随时间的加长比较稳定，分析属于有悬浮放电，缺陷部位在电极附近而且被绝缘覆盖。会议确定，由变压器厂 A 组织相关专业人员制定处理方案，报监造方及业主方审定后实施。变压器厂 A 报告的处理方案为：

①检查阀 b 均压球。阀 b 均压球结构为，金属环型电极，其外表面缠绕一定厚度的绝缘皱纹纸。检查方法是，去除阀 b 均压球表面的皱纹纸并同时检查有无异物及异常，皱纹纸去除后露出环形金属电极并对电极表面进行检查，如没有异常则重新包扎绝缘。②检查阀 b 屏蔽管。阀 b 屏蔽管结构为，内部为铝制屏蔽管，其外表面缠绕一定厚度的绝缘皱纹纸。检查方法是，去除阀 b 屏蔽管表面的皱纹纸及瓦楞纸并同时检查有无异物及异常，皱纹纸去除后露出铝管电极并对电极表面进行检查，如没有异常则重新包扎绝缘。③检查阀 b"手拉手"。阀 b"手拉手"结构为，内部左右为铝制屏蔽管，中间连接处导线对焊，并由上下各半个有等位线连接的铝管扣住，其外表面缠绕一定厚度的绝缘皱纹纸。检查方法是，去除阀 b 屏蔽管表面的皱纹纸及瓦楞纸并同时检查有无异物及异常，皱纹纸去除后露出铝管电极并对电极表面进行检查，如没有异常则重新包扎绝缘。④检查阀 b 屏蔽管联接装置。拆开阀 b 屏蔽管中的铝管联接装置，检查其是否存在缺陷，检查后的阀 b 屏蔽联接装置要重新进行安装调整，更换新的铝管联接件。检查处理无异常后，产品按工艺方案重新恢复装配后开展试验。

3. 关于型号为 ZZDFPZ–237400/500–800、产品编号为厂1××××的换流变压器前两次绝缘试验未通过的总结分析

2017 年 6 月 14 日进行阀侧外施耐压试验，试验分接 20 挡，试验频率 50Hz，试验电压 903kV，试验时间 1h，局部放电量由小变大，而且不稳定，34min 后出现 1800pC，后又逐渐减小。6 月 15 日召开了本产品问题分析会，根据试验现象及结果，可以看出局部放电量不稳定，试验电压已经加到 903kV，在试验 20min 后出现几百的局部放电量，34min 后出现 1800pC 的局部放电量，之后局部放电量逐渐减小。试验后油色谱没有异常。初步怀疑可能存在间隙放电。经研究决定进行负载加热处理，循环后再试验来确定可能性。该产品经过循环处理后，于 2017 年 7 月 4 日，按照报送给监造方及甲方的经过审批的试验方案，再次进行了试验，首先进行了阀侧外施耐压试验，之后进行了网侧外施耐压试验及 ACLD / ACSD 试验，均一次性通过试验，技术指标合格，但之后进行转动油泵时的局部放电测量试验，过程中出现局部放电超标现象，阀及网侧达到 400pC 以上，通过现场各方会同，进行原因排查及分析，以及 2017 年 7 月 5 日召开的各方参加的专题分析会，一致认为油中存在气泡的可能性较大，故决定将本产品再次进行热油循环 – 高点抽真空处理，之后静放 2 天，再重新进行该项目试验及后续项目试验测量。

截至 2017 年 7 月 17 日，这个问题还在处理中，真正的原因尚未清楚，监造方将一如既往地认真协调监督厂家分析和处理问题，决不允许设备带着问题交给业主。

17.2.5　变压器厂 A 平波电抗器表面质量问题

1. 监造发现平波电抗器表面质量问题，厂家进行初步处理

当变压器厂 A 通知监造代表进厂监造时，已完成一台平波电抗器绕制入炉干燥，第 2 台正在绕制，监造代表发现其表面质量不佳，随即针对该问题提出以下意见：

(1) 编号 1××× 产品线圈表面喷 RTV 漆后，存在较为严重的挂丝现象，依据技术协议和工艺文件要求，线圈表面要光滑、无滴流、无挂丝，从而保证电抗器的绝缘性能在长期的运行中安全可靠，以免表面挂丝类缺陷引起的爬电距离改变及尖角放电产生。因此，承制方应保证产品漆膜质量满足要求，在消除了挂丝类缺陷后，才能入成品库。

（2）对产品涂漆工序工艺环境的控制，应满足产品生产许可条件，符合标准及工艺文件的要求，目前在室外露天进行喷漆施工的环境，不能够满足要求，需要进行改进。如果搭设轻钢结构的临时工棚，也可减少施工过程中风沙雨雪的干扰和对喷漆质量、厂区环境保护要求的影响。

变压器厂 A 对上述问题进行了初步分析并提出处理方案，分析结论是，问题是因玻璃纱张力不够导致的，对已经完成的产品即进行修剪、打磨等处理，而对后续的产品细化了涂膝工艺、环境控制及干燥工艺等方面要求。变压器厂 A 的回复见图 17－4。

签收意见：

对 DXBJZ-PBPK-SB-LXD-10-2016 监造工作联系单 17B01401 干抗线圈喷漆后的外观情况回复如下：

1. 端封下部一处玻璃纱出现离封问题：是下部端封起头绕制时张紧力不够导致的，后续产品加强产品控制，保证端封玻璃纱绕制张紧力，绕制后紧实无离封，达到产品质量要求，并纳入工艺方案进行执行。

2. 离封处理：将离封处用浸渍干抗树脂的玻璃纱束填充平整，玻璃纱固化后将表面涂 RTV 漆处理。

3. 按照 2015 年 12 月 22 日召开的干抗生产协调会的要求，将以往干抗产品涂漆情况进行总结，并将总结情况结合干抗所用 RTV 油漆性质做如下工艺规定：

（1）涂漆遍数及漆膜厚度

根据公司领导要求，干抗线圈涂漆方法由原来喷漆更改为刷漆。如果干抗产品线圈最外层包封为无纬带，则要求在线圈外表面刷漆两遍；如果线圈最外层包封为稀纬带，为保证漆膜的连续性，还需在刷涂两遍漆的基础上增加一遍喷漆。线圈撑条气道上下喷涂范围≥300mm 仍使用喷涂方式。

根据 RTV 漆性质，该漆开桶搅拌均匀后，不用加稀释剂，原漆黏度约 60 秒（涂 4# 杯黏度计），直接喷刷，在喷刷过程中严格控制涂层不漏涂、不滴流、不挂丝。形成的漆膜厚度约 0.3～0.5mm。

如果喷涂 RTV 漆，需要使用 W-871 SPRAY GUN 专用喷枪或枪嘴口径为 2.5mm 的喷枪进行喷涂，喷漆时所用压缩空气的压力控制在 0.3～0.4MPa。

（2）环境温度、湿度要求

根据 RTV 漆性质及近几年生产的经验，RTV 漆使用条件为：

环境温度控制为 0℃～40℃，湿度要求为不大于 70%

（3）干燥条件和时间

在每年 4 月 1 日至 10 月 31 日，室温下，表干 3 小时，实干不大于 72 小时

在每年 11 月 1 日至次年 3 月 31 日，操作环境温度必须保证 0℃ 以上，表干 12 小时，实干不大于 72 小时。

图 17－4　变压器厂 A 的回复

2. 进一步分析问题，促使厂家改进线圈绕制工艺

虽然变压器厂 A 在监造代表提出问题后加强了工艺控制，但第 3 台平波电抗器表面质

量依然不佳。2016 年 10 月 13 日，监造代表会同变压器厂工艺部负责人、设计人员、金属结构件检查员，一起检查 17B01403 号平波电抗器线圈喷漆后的外观质量。检查结果是，线圈外观喷漆后表面挂丝，线圈下部有一束玻璃纱下掉产生离缝，线圈表面有棱、不光滑，如图 17 - 5 所示。

图 17 - 5　线圈下部有一束玻璃纱下掉产生离缝

　　线圈表面外观不合格、喷漆后有严重的挂丝现象，不符合技术协议。当时监造代表下发了监造工作联系单，要求线圈表面喷漆后，要严格控制涂层不漏涂、不滴流、不挂丝，尤其要求工艺上找出消除通病的具体措施，吸收以往产品制造的成功经验，设计上要增加绝缘厚度，工艺上要进行技术革新。

　　在监造方严格要求下，为了确保产品的外观质量和绝缘性能，变压器厂 A 在工艺上做了改进，由原来工艺规定的平叠绕制，改为半叠绕制。新方案制作的产品绝缘性能优于原方案，旧工艺及新工艺包封绕制不同点见表 17 - 3。

表 17 - 3　旧工艺及新工艺包封绕制不同点

方案	类　　别	绕　制　要　求
旧工艺方案	内、外假包封绕制	胶束带半叠→稀纬带半叠→胶束带半叠→稀纬带半叠→胶束带平叠
	层绝缘包封底包、外包绕制	胶束带平叠→稀纬带半叠→导线→胶束带平叠
新工艺方案	内、外假包封绕制	胶束带半叠→稀纬带半叠→胶束带半叠→稀纬带半叠→胶束带平叠
	层绝缘包封底包、外包绕制	胶束带半叠→稀纬带半叠→导线→稀纬带半叠→胶束带平叠

　　半叠、平叠绕制说明：
　　(1)半叠绕制：带与带之间绕制重叠 40% ~ 50%。
　　(2)平叠绕制：带与带之间绕制重叠 0 ~ 2mm 之间。
　　(3)包封层数：共 21 层包封。

　　最终，1×××~1××× 号 3 台产品按旧工艺方案执行，1×××~1××× 号 7 台产品按新方案执行。根据以上新工艺方案绕制要求，由原来工艺规定的平叠绕制，改为半叠绕制，明显在原来工艺方案基础上增加了绝缘，线圈每层增加胶束带、稀纬带绕制，因此，新工艺方案制作的产品绝缘性能优于原工艺方案。经过绕制工艺方案的改进和加强工艺质量的控制，后续生产的平波电抗器表面质量明显改善，原来的问题基本消除。

为了确保产品型式试验能够具备代表性地反映这批平波电抗器绝缘性能，监造方要求抽取按旧方案绕制的编号 1×××极线侧平波电抗器做型式试验，经业主和监造人员现场见证，试验通过，认定该产品设计性能可靠。其它产品所有出厂例行试验项目均一次性通过，证明这批平波电抗器质量良好。这个案例充分体现了认真负责的监造代表，有效促进了产品制造工艺改进，保障产品质量。

17.2.6 变压器厂 C 冲击波头超标问题

送端换流站 LY/LD 换流变压器技术协议要求换流变压器雷电冲击试验按照国标 1094.3 的规定进行。网侧线端和阀侧线端需开展雷电全波和截波试验，全波试验和截波试验均需逐台开展。LY 型换流变压器雷电全波冲击电压(峰值)：网侧绕组线端 1550kV，网侧绕组中性点 185 kV；阀侧绕组线端 1300kV。LD 型换流变压器雷电全波冲击电压(峰值)：网侧绕组线端 1550kV，网侧绕组中性点 185kV；阀侧绕组 950kV。试验标准要求：视在波前时间一般为(1±30%)1.2μs，视在半波峰时间为(1±20%)50μs，峰值允差 ±3%。依据示波图，根据全电压及降低电压下的示波图比较结果，如无明显异常，且试验中无异常声响，则试验合格。

LY/LD 型换流变压器共 14 台，雷电冲击波形参数除波前时间大于标准值外，其它波形参数全部满足标准要求。雷电冲击试验波形参数统计结果如表 17-4 所示。

表 17-4　雷电冲击试验波形参数统计结果

产品型号	产品编号	网侧 1.1 波头时间/μs	阀侧首端波头时间/μs	阀侧末端波头时间/μs
ZZDFPZ-248600/500-400 （LY 型）	×××86	1.87～1.89	1.73～1.74	1.65～1.67
	×××87	1.89～1.90	1.76～1.77	1.68
	×××88	1.80～1.82	1.70～1.71	1.62～1.63
	×××89	1.84～1.86	1.73～1.74	1.66～1.68
	×××90	1.81～1.82	1.72	1.67～1.68
	×××91	1.85～1.87	1.72～1.74	1.66～1.67
	×××92	1.81～1.84	1.75～1.76	1.67～1.68
ZZDFPZ-248600/500—200 （LD 型）	×××93	1.99～2.01	1.78～1.83	1.59～1.61
	×××94	2.06～2.12	1.68～1.74	1.63～1.66
	×××95	2.06～2.07	1.76～1.78	1.63～1.65
	×××96	2.02～2.08	1.78～1.81	1.61～1.64
	×××97	2.05～2.06	1.74～1.78	1.61～1.65
	×××98	2.07～2.09	1.75～1.77	1.59
	×××99	2.03～2.08	1.74～1.75	1.57～1.61

从上述全部试验结果来看，该项目换流变压器雷电冲击波形参数的波前时间分布在 1.57～2.12μs 之间，大于标准要求的雷电冲击波形波前上限时间 1.56μs。试验过程中，

监造方见证了承制方试验人员兼顾时间参数和过冲值调节雷电冲击系统串并联电阻，使波头时间尽可能接近标准的过程。而 GB 1094.4 中规定当发生上述情况时由制造厂和用户协商波前时间的极限值，亦应尽量保证过冲值不大于 10%。

为此，在 LY/LD 两种类型换流变压器首台试验时，监造方下发联系单，要求承制方对两种类型换流变压器雷电冲击波形参数的波前时间大于标准问题提供解释说明，并与业主协商，达成对波前时间试验结果的一致意见。承制方对首台 LY 和首台 LD 换流变压器雷电冲击波形参数波前时间提供解释。

2017 年 4 月 11 日，在换流变压器质量督查会议上，监造方再次要求承制方提供换流变压器雷电冲击波形波前参数控制标准和依据，并与业主达成一致意见。承制方进一步提供了该公司承制过的其它直流项目换流变压器雷电冲击波形波前参数与本项目换流变压器雷电冲击波形波前参数统计对比分析报告，从中可看出本工程冲击波头时间误差与其它以往工程处于同一水平，有不少工程数据超过本工程。

IEC 60076.3：2013 规定：如因为需要减少相对过冲幅值小于 5% 而需要增加波前时间超过标准要求，将增加雷电冲击截波试验，但所有 $U_m \leqslant 800kV$ 的设备，其波前时间不应大于 2.5μs。依据以上标准和实际情况，监造方、业主及厂家多次一起讨论，最终形成一致意见，明确本工程换流变压器雷电冲击试验波头时间一般网侧不宜大于 2.0μs、阀侧不宜大于 1.8μs，最大不能超过 IEC60076 - 3 中规定的 2.5μs。

在监造方强有力的管控下，不但解决变压器厂 B 生产的换流变压器波头时间误差控制标准问题，而且促使各变压器厂家均在后续换流变压器的雷电冲击试验中加强波头时间控制，试验结果比之前明显改善，未出现超过各方一致认可标准的情况。此外，本项目变压器厂 B 生产的 LY/LD 型 14 台换流变压器全部做了截波试验，确保了波形陡度指标的考核效果。这项试验标准的明确，解决了一项历史遗留问题，为后续工程提供了借鉴。

17.2.7　提前导入以往工程问题促进开关厂 M 断路器工艺改良

在 2017 年 2 月 15 日 500kV 瓷柱式断路器开工启动会上，监造方根据以往工程同类产品所出现的 20 项问题及处理情况，提出瓷柱式断路器技术协议要求符合性检查表，业主代表、监造代表和开关厂 M 公司技术人员、生产车间管理人员、试验人员等一起对照该检查表逐条讨论，形成一致意见，要求本工程 500kV 瓷柱式断路器严格按照该检查表执行。

承制方根据瓷柱式断路器技术协议要求符合性检查表，改进了接线板材质和连接方式等 3 项，细化了 7 项，等效验证了 1 项。其中对于第 5 条要求："在机械操作和特性试验过程中断路器的须安装支柱绝缘部分，不得采用工装代替绝缘拉杆等传动部分，须符合 GB1984—2003 中 7.101 规定的机械操作试验应在完整的断路器进行"，开关厂 M 认为虽然按 GB1984—2003 7.101 规定机械操作试验应在完整的断路器进行，但是断路器分成单元装配和运输，仍然无法保证出厂试验数据与现场一致。因此，出厂试验可以按照 6.101.1.2 的规定对部件进行，在这种情况下断路器制造厂应给出在现场使用的交接试验的程序，以保证这样的单元试验和装配完整断路器的一致性。此方案已执行多年，完全可以保证现场的测试结果满足技术要求。经过讨论，与会人员达成共识，形成会议纪要，在生产过程中抽各取一组（三相）在完整的断路器进行机械操作试验，与通过工装按单元试验数据进行对比，监造人员严格按有关标准对全过程监造。最终对比试验结果符合预期，整体试验比工装试验各项时间小2ms左右，详见以下：

完整的断路器机械操作试验，行程A相210.4mm、B相210.5mm、C相210.6mm，分闸时间18.3～18.9ms，合闸时间56.6～57.6ms，合－分时间37.9～40.3ms，合闸速度5.1～5.1m/s，分闸速度9.8～9.9m/s；

工装代替绝缘拉杆进行断路器机械操作试验，行程A相209.5mm、B相209.9mm、C相209.2mm，分闸时间20.2～20.4ms，合闸时间59.3～60.4ms，合－分时间44.0～44.8ms，合闸速度4.7～4.7m/s，分闸速度8.6～8.8m/s。

监造方提前导入以往工程存在问题的做法，让承制方提前了解用户的重点关注，避免了承制方许多重复工作和相关方之间无谓的争执，确保技术协议得到落实，有效保障产品质量。

18 项目评价与总结

18.1 各设备制造质量及进度总评价

本项目所有设备的原材料及零部件的选用及进厂验收质量基本符合技术协议的要求，生产过程各工序制造质量基本符合产品设计要求及制造单位工艺和标准要求，所有产品均通过出厂试验，结果合格，技术指标基本满足技术协议设定要求。承制方对监造方提出的制造过程中出现的有关质量问题，经各方的协调督促与努力，最终能够予以处理解决。

1. 电容器(电容器厂 H 制造)

(1)本项目的原材料及零部件的选用及进厂验收质量总体符合技术协议的要求；生产过程各工序制造质量符合产品设计要求及承制方工艺和标准要求，全过程均未发生严重质量事故和缺陷，技术指标满足技术协议设定要求，一次性合格率达 99.91%。

(2)承制方对监造方提出的制造过程中出现的有关质量问题，经过监造方的协调督促与努力，最终能够予以处理解决，监造资料提供基本完备。制造进度过程受控，各个阶段的进度满足承制方设定计划要求，最终的交货期，达到委托方的要求。

2.500kV 罐式、瓷柱式高压交流 SF₆ 断路器(开关厂 M)

本项目产品的原材料及零部件的选用及进厂质量符合技术协议的要求，生产过程各工序制造质量符合制造单位工艺和企业标准，在监造方的监督检查下于装配阶段返工，避免了在出厂试验返工。满足合同、技术协议条件及相关标准规范的要求，交付用户方使用。制造进度受控，各个阶段的交货及最终的交货，均能够满足符合用户方要求。

3. 换流站电流互感器(互感器厂 N)

本项目产品的原材料及零部件的选用及进厂验收质量符合技术协议的要求，生产过程各工序制造质量符合产品设计要求及制造单位工艺和标准要求，全过程均未发生质量事故和缺陷，所有产品均一次性通过出厂试验，结果合格，技术指标满足技术协议设定要求。

4. 换流站 LY/LD 换流变压器(变压器厂 B)

本项目产品的原材料及零部件的选用及进厂验收质量符合技术协议的要求，生产过程各工序制造质量符合产品设计要求及制造单位工艺和标准要求，F 台(LD)阀侧套管介损超标，承制方对监造方提出的制造过程中出现的有关质量问题，经过监造方的协调督促努力，最终能够予以处理解决。制造进度过程受控，各个阶段的进度满足承制方设定计划要求，最终的交货期，达到委托方的要求。

5. HY/HD 型换流变压器(变压器厂 A)

本项目产品的原材料及零部件的选用及进厂验收质量符合技术协议的要求，生产过程各工序制造质量符合产品设计要求及制造单位工艺和标准要求，全过程均未发生质量事故和缺陷，10 台产品一次性通过出厂试验，4 台产品经过再次热油循环处理，排除了局部放电超标等故障，再次试验，结果合格，技术指标满足技术协议设定要求。承制方对监造方提出的制造过程中出现的有关质量预控问题，经过监造方的协调督促努力，最终能够予以处理解决。

6. 交流滤波器电阻器

本项目产品的原材料及零部件的选用及进厂验收质量符合技术协议的要求，生产过程各工序制造质量符合产品设计要求及制造单位工艺和标准要求，全过程均未发生质量事故和缺陷，所有产品均一次性通过出厂试验，结果合格，技术指标满足技术协议设定要求。

7. 平波电抗器及50Hz阻塞电抗器(变压器厂A)

本项目产品的原材料及零部件的选用及进厂验收质量符合技术协议的要求，生产过程各工序制造质量符合产品设计要求及制造单位工艺和标准要求，在监造方的监督检查下3台部件返工及1台总装返工，所有产品均一次性通过出厂试验，结果合格，技术指标满足技术协议设定要求。

8. 500kV 组合电器 GIS(开关厂E)

本项目产品的原材料及零部件的选用及进厂验收质量符合技术协议的要求，生产过程各工序制造质量符合产品设计要求及制造单位工艺和标准要求，全过程均未发生重大质量事故和缺陷，大部分单元产品一次性通过出厂试验，特别是高压试验一次通过率为97.06%，所有单元产品出厂试验结果均合格，技术指标满足技术协议设定要求。承制方对监造方提出的制造过程中出现的有关质量问题，经过监造方的协调督促努力，最终能够予以处理解决。由于套管的型式试验前期耽误了套管的出厂试验，在业主方的协调下，终于在2017年5月初完成了套管的型式试验，供货制约了生产进度，虽然承制方已派人去套管厂家监造，但由于套管厂家不能按期供货，建议业主在后期项目时招标时考虑承制方对配套厂家组部件的保证供货情况。

9. 直流控制和保护系统(继保公司D)

本项目产品的原材料及零部件的选用及进厂验收质量符合技术协议的要求，生产过程各工序制造质量符合产品设计要求及制造单位工艺和标准要求。出厂试验(包含FPT预试验、正式试验)FPT预试验中发现各项问题229项，其中重要问题43项。FPT正式试验发现问题40项，重要问题16项，已全部处理。产品技术指标满足技术协议设定要求。承制方对监造方提出的制造过程中出现的有关质量问题，经过监造方的协调督促与努力，最终能够予以处理解决。

10. 500kV 站用变压器(变压器厂K)

本项目产品的原材料及零部件的选用及进厂验收质量符合技术协议的要求，生产过程各工序制造质量符合产品设计要求及制造单位工艺和标准要求，全过程均未发生质量事故和缺陷，所有产品均一次性通过出厂试验，结果合格，技术指标满足技术协议设定要求。承制方不能提供组部件型式试验报告，如：不提供套管、开关供型式试验报告等资料，建议在招投标阶段加强审查。承制方对监造方提出的制造过程中出现的有关质量问题，经过监造方的协调督促与努力，最终能够予以处理解决。由于套管的供货制约了生产进度，虽然承制方已派人去套管厂家监造，但由于套管厂家不能按期供货，建议业主在后期项目招标时考虑要求承制方对组部件的保证供货情况。

11. ±800kV 换流阀(阀厂L)

本项目产品的原材料供货厂家及主要零部件的参数符合合同约定的要求。入厂检验严格检查，发现原材料有问题，要求厂家及时进行处理，生产过程各工序制造质量符合产品设计要求及制造单位工艺和标准要求。前期开工进度稍有退后，后期按合同要求按时完成了生产。由于换流站现场施工原因，交货期退后，截止 2017 年 7 月尚未交完。

12. 500kV 气体绝缘封闭母线 GIL（开关厂 E）

本项目产品的原材料及零部件的选用及进厂验收质量符合技术协议的要求，生产过程各工序制造质量符合产品设计要求及制造单位工艺和标准要求，全过程均未发生质量事故，虽然有部分产品形态在试验过程中出现放电现象，但都做出了合理分析，最终得到了解决，并全部合格通过试验，所有产品技术指标满足技术协议设定要求。承制方对监造方提出的制造过程中出现的有关质量问题，经过监造方的协调督促努力，最终能够予以处理解决。由于交货期的紧迫，在用户方多次的协调和监造督促下，承制方优化调整了生产计划，并加大生产资源的投入，保证了本项目产品质量的同时，按照用户方的要求完成了产品供货。

13. 直流场电容器（G 公司）

（1）本项目 G 公司生产产品的原材料及零部件的选用及进厂验收质量总体符合技术协议的要求；生产过程各工序制造质量符合产品设计要求及承制方工艺和标准要求，技术指标满足技术协议设定要求，一次性合格率达 99.15%。

（2）承制方对监造方提出的制造过程中出现的有关质量问题，能较快处理解决，监造资料提供基本完备。制造进度过程受控，各个阶段的进度满足承制方设定计划要求，产品的交货期达到委托方的要求。

14. 直流电流电压测量装置（D 公司）

监造人员对本次工程直流电流电压测量装置设备参数核对，基本和金中工程参数相同，审查符合技术协议及设备规范书要求，见证例行试验全部合格，另外部分产品在西安高压电器研究院有限公司安排了雷电冲击、操作冲击、直流湿耐压外绝缘试验，由监造代表参与见证，试验结果满足技术协议以及国标标准。

15. 35kV 罐式交流 SF_6 断路器（开关厂 O）

（1）本项目开关厂 O 生产产品的原材料及零部件的选用及进厂验收质量总体符合技术协议的要求；生产过程各工序制造质量符合产品设计要求及承制方工艺和标准要求，全过程均未发生严重质量事故和缺陷，所有产品均通过出厂试验，技术指标满足技术协议设定要求，合格率达 100%。

（2）承制方对监造方提出的制造过程中出现的有关质量问题，经过监造方的协调督促努力，最终能够予以处理解决，监造资料提供基本完备。制造进度过程受控，各个阶段的进度满足承制方设定计划要求，最终的交货期达到委托方的要求。

（3）承制方需要改进的有三点，一是必须严格按照合同和技术协议规定进行生产，决不能为了赶工期而忽视生产质量；二是必须加强对产品成品长期储存的质量意识和切实管理；三是应该及时配合监造单位做好设备生产过程监造资料的提供和完备。

16. 受端换流站隔离开关、接地开关（开关厂 F）

本项目产品的原材料及零部件的选用及进厂验收质量符合技术协议的要求，生产过程各工序制造质量符合产品设计要求及制造单位工艺和标准要求，所有产品均一次性通过出厂试验，技术指标满足技术协议设定要求。承制方对监造方提出的制造过程中出现的有关质量问题，经过监造方的协调督促努力，最终能够予以处理解决。由于套管的供货制约了生产进度，虽然承制方已派人去套管厂家监造，但由于套管厂家不能按期供货，建议业主在后期项目招标时考虑要求承制方对组部件的保证供货情况。

17. 换流变压器(LY、LD)(变压器厂C)

本项目产品的原材料及零部件的选用及进厂验收质量符合技术协议的要求，生产过程各工序制造质量符合产品设计要求及制造单位工艺和标准要求，14台产品一次性通过出厂试验，技术指标满足技术协议设定要求。承制方对监造方提出的制造过程中出现的有关质量预控问题，经过监造方的协调督促努力，最终能够予以处理解决。

18. 500kV 交流滤波器电容器(电容器厂J)

本项目产品的原材料及零部件的选用及进厂验收质量符合技术协议的要求，生产过程各工序制造质量符合产品设计要求及制造单位工艺和标准要求，技术指标满足技术协议设定要求。装配过程在密封试验时发现焊缝漏油1处并进行处理。2个单元电容器搬动过程中损坏进行返工。经过监造方的协调督促努力，最终能够予以处理解决。

18.2 各设备制造质量扣分情况

各设备制造质量扣分情况如表18－1所示。

表18－1 各设备制造质量扣分项汇总表

序号	设备名称	设备厂家	质量扣分项
1	电容器	电容器厂 H	C1，1台重新生产成品返工1次扣3分，1台被击穿最终试验结果不合格1项扣3分
2	500kV 罐式、瓷柱式高压交流 SF$_6$ 断路器	开关厂 M	罐式：夹紧力不够2项扣1分；部件返工扣1分；总装返工扣1分；一般条文每项不符合扣1分 瓷柱式：重要原材料不使用但同批次有不合格者扣1分；部件返工扣1分
3	电流互感器	互感器厂 N	无
4	LY/LD 型换流变压器	变压器厂 B	LY/LD：F台阀侧套管介损超标扣0.5分
5	HY/HD 型换流变压器	变压器厂 A	HY/HD：套管不提供型式试验报告扣3分；其它5项不符合扣5分
6	交流滤波器电阻器	电阻器厂	无
7	平波电抗器	变压器厂 A	1. ×××07、8 隔声板返工扣1分 2. ×××02 总装返工1次扣1.5分
	50Hz 阻塞电抗器		1. 隔声板返工扣0.5分
8	500kV 组合电器 GIS	开关厂 E	1. 有两个盆式绝缘子密封槽内局部存在有气孔，扣1分；灭弧室喷口座有 8mm×6mm×4mm 深坑，已退货。扣0.5分 2. 扣1.125分 3. 型式试验报告少6项，扣6分；隔离开关无观察触头的观察窗，扣1分

序号	设备名称	设备厂家	质量扣分项
9	直流控制和保护系统	继保公司 D	FPT 预试验中发现各项问题 229 项，其中重要问题 43 项。FPT 正式试验发现问题 40 项，重要问题 16 项，已全部处理。此项扣除 10 分
10	500kV 站用变压器	变压器厂 K	1. 套管不提供型式试验报告扣 3 分 2. 其它 5 项不符合扣 5 分
11	±800kV 换流阀	阀厂 L	原材料：电抗器一台水嘴丝扣不好，扣 0.5 分。电容入厂检发现 4 只有磕碰，扣 2.0 分。 母排安装时发现 3 件磕碰，扣 1.5 分。水管安装时发现一件丝扣损坏，扣 0.5 分。水电阻发现 11 只有毛刺，扣 5.5 分。试验水管漏水一次扣 1 分，水处理机校验不完善扣 1 分。TTM 板试验一块不合格，扣 0.5 分。146 号模块试验发现一块 TTM 版损坏，扣 1 分
12	500kV 气体绝缘封闭母线 GIL	开关厂 E	三支柱绝缘子多次出现制造缺陷扣 1.5 分，装一车间及母线车间分别有 11 天未检测扣 2.2 分，12 个形态放电返工扣 1.2 分，12 个形态试验放电不通过扣 3.6 分
13	DT12/36 直流场滤波电容器及直流中性母线冲击电容器、阻塞滤波电容器	电容器厂 G	C1：4 台重新生产，扣 3 分。3 台被击穿、1 台试验前后电容略有偏差，扣 3.3 分 中性母线冲击电容器：3 台产品的元件卷制耐压后，未按工艺要求从专门的洁净通道进入元件压装工序车间，而是用拖车拉出元件卷制耐压车间，从外面未做洁净处理的走道进入元件压装工序车间，扣 1 分。3 台元件重新卷制，5 台重新生产，扣 3.5 分。出厂试验 3 台被击穿、2 台试验前后电容略有偏差，扣 3.6 分
14	直流电流电压测量装置	继保公司 D	电流测量装置：部分型式试验项目需要高海拔修正，经过协商厂家安排试验见证，扣 6 分。电压测量装置：部分型式试验项目需要高海拔修正，经过协商厂家安排试验见证，扣 6 分
15	35kV 罐式交流 SF6 断路器	开关厂 O	—
16	550kV 隔离开关	开关厂 F	1. 名牌不符返工扣 0.5 分 2. 操作按钮颜色与技术协议不符，返工，扣 3 分 3. 机构箱接地铜排未装，返工，扣 3 分 4. 隔离开关净空距离尺寸不合格返工，扣 0.3 分
17	换流变压器（LY、LD）	变压器厂 K	LY：套管不提供型式试验报告，扣 3 分 LD：2017020091 开关更换组件，扣 0.5 分 套管不提供型式试验报告，扣 3 分
18	500kV 交流滤波器电容器	电容器厂 J	1. 密封试验焊缝漏油 1 处，扣 5 分 2. 2 个单元电容器搬动过程中损坏，扣 6 分

18.2 各设备制造进度扣分情况

各设备制造进度扣分情况如表 18 - 2 所示。

表 18 - 2　各设备制造进度扣分项汇总表

序号	设备名称	设备厂家	进度扣分项(或奖励项)
1	某 ±800kV 直流输电工程电容器	电容器厂 H	无
2	500kV 罐式、瓷柱式高压交流 SF$_6$ 断路器	开关厂 M	瓷柱式:比进度计划(合同供货计划或业主主动调整供货)滞后 1 天,扣 1 分
3	送端换流站电流互感器	互感器厂 N	无
4	受端换流站 LY/LD 型换流变压器	变压器厂 B	无
5	受端换流站 HY/HD 型换流变压器	变压器厂 A	HY:1. 扣 50 分。2. 扣 10 分。因厂家原因修改一次供货进度 HD:1. 扣 30 分。2. 扣 10 分。因厂家原因修改一次供货进度
6	交流滤波器电阻器	电阻器厂	无
7	受端换流站平波电抗器	变压器厂 A	1. 扣 10 分。5 月 16 日 17B01407 主体具备发运条件,比 2017 年 5 月版生产计划滞后 25 天。6 月 15 日 17B01408 主体具备发运条件,比 2017 年 5 月版生产计划滞后 31 天 2. 扣 20 分。因厂家原因(套管不能到厂)修改两次供货进度 3. 扣 10 分。因厂家原因(试验场地紧张)修改一次供货进度
7	受端换流站 50Hz 阻塞电抗器	变压器厂 A	1. 扣 28 分。5 月 17 日主体具备发运条件,比 2017 年 5 月版生产计划滞后 17 天 2. 扣 20 分。因厂家原因(试验场地紧张)修改一次供货进度
8	送端换流站 500kV 组合电器 GIS	开关厂 E	1. 开关厂 E 生产滞后,与业主协商后发货又改为 2017 年 7 月 15 日,扣 10 分。GIS 部分虚报发货,经查,直到 2017 年 5 月底发货完成,扣 10 分 2. 修改一次供货进度,合同工期为 2017 年 1 月 20 日,因现场施工进度滞后,改为 2017 年 3 月 20 日发货,奖励 5 分
9	直流控制和保护系统	继保公司 D	工厂系统试验滞后 30 天,扣 15 分

序号	设备名称	设备厂家	进度扣分项(或奖励项)
10	送端换流站 500kV 站用变压器	变压器厂 K	第一台：扣 10 分。4 月 13 日主体具备发运条件，比 2017 年 2 月 16 日版生产计划滞后 10 天。扣 10 分。因厂家原因(套管不能到厂)修改一次供货进度。第二台：扣 28 分。5 月 6 日主体具备发运条件，比 2017 年 2 月 16 日版生产计划滞后 28 天，扣 20 分。因厂家原因(套管不能到厂)修改二次供货进度
11	受端换流站 ±800kV 换流阀	阀厂 L	开工推迟扣 5 分。第一个组件完工推迟扣 5 分，型式试验推迟扣 5 分(最后交货满足工期推迟)
12	送端换流站 500kV 气体绝缘封闭母线 GIL	开关厂 E	厂家分阶段供货，非最后节点阶段滞后 16 天，扣 8 分
13	受端换流站 DT12/36 直流场滤波电容器及直流中性母线冲击电容器、阻塞滤波电容器	电容器厂 G	C1、C2、中性母线冲击电容器：第 2 套供货晚 12 天，各扣 6 分
14	送端站和受端站的直流电流电压测量装置	继保公司 D	电流测量装置：厂家根据现场安装需求供货，在产品最后试验阶段由于现场无供货需求，厂家暂缓试验安排导致供货进度滞后，扣 20 分。电压测量装置：厂家根据现场安装需求供货，在产品最后试验阶段由于现场无供货需求，厂家暂缓试验安排导致供货进度滞后，扣 20 分
15	35kV 罐式交流 SF$_6$ 断路器	开关厂 O	
16	550kV 隔离开关	开关厂 F	比要求工期晚，业主因设计院二次图确认时间延迟，调整供货为 2017 年 2 月 27 日发货合同工期为 2017 年 1 月 30 日，后开关厂 E 又将供货时间改为 2017 年 3 月 22 日，延期 23 天，扣 23 分。因厂家原因修改一次供货进度计划扣 10 分。后配合业主修改计划最终交货期改为 2017 年 4 月 20 日加 5 分
17	送端站换流变(LY、LD)	变压器厂 K	LY：扣 30 分。因厂家原因修改一次供货进度 LD：扣 20 分。因厂家原因修改一次供货进度
18	送端换流站 500kV 交流滤波器电容器	电容器厂 J	1. 扣 8 分。因 7 月 8 日完成发货较计划滞后 8 天 2. 扣 10 分。因厂家原因(噪声试验未完成)修改一次供货进度 3. 扣 9 分。因 7 月 9 日完成发货较计划滞后 9 天 4. 扣 10 分。因厂家原因(噪声试验未完成)修改一次供货进度

18.4 项目反思与建议

本项目完成 42 台换流变压器、2 台站用变压器、10 台平波电抗器、192 组换流阀、4 组阀冷设备、11 间隔 GIS、4 组 GIL、47 台断路器、44 台隔离开关、91 台直流测量装置、227 台电流互感器、19 163 台电容器、81 台电阻器以及 67 种 5 397 支复合绝缘子驻厂监造工作。这批设备质量总评得分为 96.4 分(95 分以上为优质产品),显示产品质量较好;进度总评平均得分为 85.6 分,处于进度基本符合下限(85 以上 95 分以下评为进度基本符合),有效保障了该工程整体进度。然而,监造过程下达监造联系单 189 份,协调和处理了众多质量、进度问题,有些问题值得反思。

1. 招标技术规范书需要进一步优化

该工程所有设备招标技术规范书对型式试验均有要求,但对部分设备(如电容器、套管等)完成型式试验和提交试验报告的时限未做明确规定,部分厂家迟迟未能完成型式试验或提交型式试验报告,对设备供货进度和质量都有较大影响。建议在后续工程中,如果可以在评标阶段提供型式试验报告的设备,务必要求卖方在投保时提供,否则当废标处理。如果工程有特殊要求,设备需要在履约阶段开展型式试验者,应该明确在首台或首批完成型式试验和提交试验报告的时限,这个时限的确定应考虑该设备型式试验未能通过需要更换供应商的时间。对于噪声试验、海拔校正等本工程特殊要求,以及新技术、新材料的应用等,也应该设定评估和处理卖方履约能力的最后时限,以免个别厂家出现问题而影响整个项目的进程。此外,部分设备在生产过程中出现的问题并不是新问题,如 GIL 内部绝缘部件超许用场强应用在以往工程一直存在等,建议把以往工程验收及运行中出现过问题的设备内部重要参数设定最低标准,明确反映在招标技术规范书中。

2. 应尽早确定监造单位,监造工作从设备的设计阶段开始效果会更好

由于确定监造单位较晚,大多数设备的监造是从生产阶段才开始进厂监造,甚至个别设备大部分已完成生产才通知监造方进厂,这样监造工作就难以达到满意的效果。其实设备是否完全落实技术协议的要求,产品设计是最关键的,并且如果发现有偏差,在设计阶段纠正对各方来说影响都是最小的,因此,监造工作应在产品设计冻结前开始。至少应该通知监造代表参加产品设计冻结会,让监造代表对产品设计有比较充分的了解,对后续原材料应用和生产工艺的监督非常有益。目前,许多厂家不愿意提供产品设计给监造审核,需要在技术协议中进一步明确相关要求,并需要业主方有力推动。

3. 应选择可靠的监造单位,避免信誉较好的供应商的质量分散性影响

变压器厂 A 等厂家在以往工程供应的换流变压器质量相对较好,但是因其人员变动幅度较大等内部原因,在近期换流变压器制造过程中出现了不少问题,在监造代表非常负责任和细致的工作下才能控制好产品质量。这其实是契约型商品存在的固有风险,买方在购买时只能根据以往业绩评估卖方的履约能力,而永远无法确定买到的产品的质量。对于以往信誉比较好的供应商出现质量分散性较大这种情况,只能选择可靠的监造单位,对产品生产过程加强监造,才能确保产品质量。

4. 应全面推广监造启动会上提前导入以往工程存在问题的做法

在本工程断路器监造启动会上，监造方提前导入以往工程存在问题的做法，让卖方提前了解用户的关注重点，避免了卖方许多重复工作和相关方之间无谓的争执，确保技术协议得到落实，有效保障产品质量。

5. 物流、品控及监造单位密切沟通是设备问题处理的有力保障

在本项目监造过程中之所以能发现这么多问题，重要原因是监理公司背靠业主，多年的监造工作已培养了一支经验丰富和技术过硬的监造队伍。监造人员责任感强，在监造过程中非常认真、细致。另外监理公司在这方面体现出监管和协调方面较大优势，其中背靠业主对厂家的重视程度有一定影响，但重大问题必须由业主物流、品控及监造单位密切沟通、协同推动才能解决，如开关厂 E 的 GIL 质量及供货进度问题的解决。这是本工程许多棘手问题得以妥善解决的根本原因，应该在后续工程延续和加强。